财政部"十三五"规划教材

运 筹 学

王玉梅 编著

中国财经出版传媒集团
经济科学出版社
Economic Science Press

图书在版编目（CIP）数据

运筹学/王玉梅编著．—北京：经济科学出版社，2017.11
ISBN 978-7-5141-8621-5

Ⅰ.①运⋯　Ⅱ.①王⋯　Ⅲ.①运筹学-教材　Ⅳ.①O22

中国版本图书馆 CIP 数据核字（2017）第 269815 号

责任编辑：于海汛　段小青
责任校对：靳玉环
责任印制：潘泽新

运 筹 学
王玉梅　编著

经济科学出版社出版、发行　新华书店经销
社址：北京市海淀区阜成路甲 28 号　邮编：100142
总编部电话：010-88191217　发行部电话：010-88191522
网址：www.esp.com.cn
电子邮件：esp@esp.com.cn
天猫网店：经济科学出版社旗舰店
网址：http://jjkxcbs.tmall.com
北京密兴印刷有限公司印装
787×1092　16 开　24.25 印张　440000 字
2017 年 12 月第 1 版　2017 年 12 月第 1 次印刷
印数：0001—2000 册
ISBN 978-7-5141-8621-5　定价：50.00 元
（图书出现印装问题，本社负责调换．电话：010-88191510）
（版权所有　侵权必究　举报电话：010-88191586
电子邮箱：dbts@esp.com.cn）

前　言

通过本教材的理论教学和案例教学，使学生认识运筹学的现状与趋势，理解运筹学的内涵、运筹学应用的过程，培养科学决策思维。理解决策者需要具备的独特技能与素质，并运用特定的求解方法进行求解，为管理决策提供科学依据。《运筹学》的主要内容包括最优计划、最优分配、最优管理和最优决策等一系列问题，重点掌握线性规划、整数规划、目标规划、图与网络分析和决策分析等理论和方法等。

一是熟悉有关运筹学的发展过程、基本概念、理解运筹学解决问题的逻辑；二是熟悉有关线性规划的基本概念、理解线性规划的含义、理解掌握线性规划解的概念、掌握单纯形法的计算过程、掌握构建模型的技巧；三是熟悉有关线性规划对偶问题的基本概念、基本性质、影子价格的含义、理解掌握对偶理论求解线性规划问题的逻辑、掌握对偶单纯形法的计算过程、掌握构建模型的技巧；四是熟悉有关整数规划的基本概念、基本性质、特点、掌握分配问题与匈牙利法的求解过程、理解掌握分支定界法、割平面法求解整数规划问题的逻辑、掌握构建模型的技巧；五是熟悉有关目标规划的基本概念、基本性质、特点、掌握图解分析法过程、理解掌握用单纯形法求解目标规划的逻辑、掌握构建模型的技巧；六是熟悉有关图的基本概念与模型、特点、掌握最小部分树求解过程、理解掌握最短路问题、网络最大流问题和最小费用流求解过程、掌握构建模型的技巧；七是熟悉有关PERT网络图的构成与特点、掌握PERT网络图的计算过程、理解掌握关键路线和网络计划的优化过程、掌握构建模型的技巧；八是熟悉有关多阶段的决策问题概念与特点、掌握最优化原理与动态规划的数学模型的计算过程、掌握构建模型的技巧。

目　录

第1章　线性规划与单纯形法 ······················ 1
　　1.1　线性规划问题及其数学模型 ················ 1
　　1.2　线性规划问题的几何意义 ·················· 11
　　1.3　单纯形法 ································ 16
　　1.4　单纯形法的计算步骤 ······················ 27
　　1.5　单纯形法的进一步讨论 ···················· 31
　　1.6　应用举例 ································ 38

第2章　对偶理论和灵敏度分析 ···················· 46
　　2.1　单纯形法的矩阵描述 ······················ 46
　　2.2　改进单纯形法 ···························· 48
　　2.3　对偶问题的提出 ·························· 52
　　2.4　线性规划的对偶理论 ······················ 54
　　2.5　对偶问题的经济解释——影子价格 ·········· 62
　　2.6　对偶单纯形法 ···························· 63
　　2.7　灵敏度分析 ······························ 67
　　2.8　参数线性规划 ···························· 74

第3章　运输问题 ································ 79
　　3.1　运输问题的数学模型 ······················ 79
　　3.2　表上作业法 ······························ 81
　　3.3　产销不平衡的运输问题及其求解方法 ········ 93
　　3.4　应用举例 ································ 96

第4章　目标规划 ································ 103
　　4.1　目标规划的数学模型 ······················ 103
　　4.2　解目标规划的图解法 ······················ 106
　　4.3　解目标规划的单纯形法 ···················· 108

4.4　灵敏度分析 …………………………………… 111
　　4.5　应用举例 ……………………………………… 113

第5章　整数规划 …………………………………… 117
　　5.1　整数规划问题的提出 …………………………… 117
　　5.2　分枝定界解法 …………………………………… 119
　　5.3　割平面解法 ……………………………………… 123
　　5.4　0-1型整数规划 ………………………………… 127
　　5.5　指派问题 ………………………………………… 132

第6章　无约束问题 ………………………………… 139
　　6.1　基本概念 ………………………………………… 139
　　6.2　一维搜索 ………………………………………… 154
　　6.3　无约束极值问题的解法 ………………………… 161

第7章　约束极值问题 ……………………………… 184
　　7.1　最优性条件 ……………………………………… 184
　　7.2　二次规划 ………………………………………… 189
　　7.3　可行方向法 ……………………………………… 192
　　7.4　制约函数法 ……………………………………… 196

第8章　动态规划的基本方法 ……………………… 204
　　8.1　多阶段决策过程及实例 ………………………… 204
　　8.2　动态规划的基本概念和基本方程 ……………… 205
　　8.3　动态规划的最优性原理和最优性定理 ………… 215
　　8.4　动态规划和静态规划的关系 …………………… 218

第9章　动态规划应用举例 ………………………… 227
　　9.1　资源分配问题 …………………………………… 227
　　9.2　生产与存储问题 ………………………………… 240
　　9.3　背包问题 ………………………………………… 251
　　9.4　复合系统工作可靠性问题 ……………………… 254
　　9.5　排序问题 ………………………………………… 257
　　9.6　设备更新问题 …………………………………… 260
　　9.7　货郎担问题 ……………………………………… 263

第10章　图与网络优化 ……………………………… 266
　　10.1　图的基本概念 …………………………………… 267

10.2 树 ·· 273
10.3 最短路问题 ·· 282
10.4 网络最大流问题 ·· 292
10.5 最小费用最大流问题 ··· 299
10.6 中国邮递员问题 ·· 302

第 11 章 网络计划 309

11.1 网络计划图 ··· 310
11.2 网络计划图的时间参数计算 ····································· 314
11.3 网络计划的优化 ·· 320
11.4 网络计划软件 ·· 325

第 12 章 排队论 329

12.1 基本概念 ··· 329
12.2 到达间隔的分布和服务时间的分布 ····························· 335
12.3 单服务台负指数分布排队系统的分析 ·························· 343
12.4 多服务台负指数分布排队系统的分析 ·························· 354
12.5 一般服务时间 M/G/1 模型 ······································ 362
12.6 经济分析——系统的最优化 ····································· 365
12.7 分析排队系统的随机模拟法 ····································· 370

参考文献 ·· 375

第1章
线性规划与单纯形法

1.1 线性规划问题及其数学模型

线性规划是运筹学的一个重要分支。自 1947 年丹捷格（G. B. Dantzig）提出了一般线性规划问题求解的方法——单纯形法之后，线性规划在理论上趋向成熟，在实用中日益广泛与深入。特别是在电子计算机能处理成千上万个约束条件和决策变量的线性规划问题之后，线性规划的适用领域更广泛了。从解决技术问题的最优化设计到工业、农业、商业、交通运输业、军事、经济计划和管理决策等领域都可以发挥作用。它已是现代科学管理的重要手段之一。

1.1.1 问题的提出

在生产管理和经营活动中经常提出一类问题，即如何合理地利用有限的人力、物力、财力等资源，以便得到最好的经济效果。

例1：某工厂在计划期内要安排生产 Ⅰ、Ⅱ 两种产品，已知生产单位产品所需的设备台时及 A、B 两种原材料的消耗，如表 1 – 1 所示。

表 1 – 1

	Ⅰ	Ⅱ	
设备	1	2	8 台时
原材料 A	4	0	16 公斤
原材料 B	0	4	12 公斤

该工厂每生产一件产品Ⅰ可获利2元,每生产一件产品Ⅱ可获利3元,问应如何安排计划使该工厂获利最多?这问题可以用以下的数学模型来描述,设x_1、x_2分别表示在计划期内产品Ⅰ、Ⅱ的产量。因为设备的有效台时是8,这是一个限制产量的条件,所以在确定产品Ⅰ、Ⅱ的产量时,要考虑不超过设备的有效台时数,即可用不等式表示为:

$$x_1 + 2x_2 \leq 8$$

同理,因原材料A、B的限量,可以得到以下不等式

$$4x_1 \leq 16$$
$$4x_2 \leq 12$$

该工厂的目标是在不超过所有资源限量的条件下,如何确定产量x_1、x_2以得到最大的利润。若用z表示利润,这时$z = 2x_1 + 3x_2$。综合上述,该计划问题可用数学模型表示为:

目标函数 $\max z = 2x_1 + 3x_2$

满足约束条件 $\begin{cases} x_1 + 2x_2 \leq 8 \\ 4x_1 \leq 16 \\ 4x_2 \leq 12 \\ x_1, x_2 \geq 0 \end{cases}$

例2:靠近某河流有两个化工厂(见图1-1),流经第一化工厂的河流流量为每天500万立方米,在两个工厂之间有一条流量为每天200万立方米的支流。第一化工厂每天排放含有某种有害物质的工业污水2万立方米,第二化工厂每天排放这种工业污水1.4万立方米。从第一化工厂排出的工业污水流到第二化工厂以前,有20%可自然净化。根据环保要求,河流中工业污水的含量应不大于0.2%。这两个工厂都需各自处理一部分工业污水。第一化工厂处理工业污水的成本是1 000元/万立方米,第二化工厂处理工业污水的成本是800元/万立方米。现在要问在满足环保要求的条件下,每厂各应处理多少工业污水,使这两个工厂总的处理工业污水费用最小。

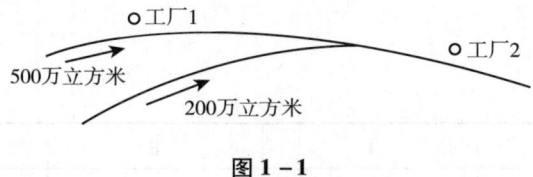

图1-1

这个问题可用数学模型来描述。设第一化工厂每天处理工业污水量为x_1万立方米,第二化工厂每天处理工业污水量为x_2万立方米,从第一化工厂到第二化工厂之间,河流中工业污水含量要不大于

0.2%，由此可得近似关系式 $(2-x_1)/500 \leqslant 2/1\,000$。

流经第二化工厂后，河流中的工业污水量仍要不大于 0.2%，这时有近似关系式

$$[0.8 \times (2-x_1) + (1.4-x_2)]/700 \leqslant 2/1\,000$$

由于每个工厂每天处理的工业污水量不会大于每天的排放量，故有 $x_1 \leqslant 2$；$x_2 \leqslant 1.4$。

这问题的目标是要求两厂用于处理工业污水的总费用最小，即 $z = 1\,000x_1 + 800x_2$。综合上述，这个环保问题可用数学模型表示为：

目标函数 $\min z = 1\,000x_1 + 800x_2$

满足约束条件 $\begin{cases} x_1 \geqslant 1 \\ 0.8x_1 + x_2 \geqslant 1.6 \\ x_1 \leqslant 2 \\ x_2 \leqslant 1.4 \\ x_1, x_2 \geqslant 0 \end{cases}$

从以上两例可以看出，它们都是属于一类优化问题。它们的共同特征：

(1) 每一个问题都用一组决策变量 $(x_1, x_2, \cdots, x_n)^T$ 表示某一方案，这组决策变量的值就代表一个具体方案。一般这些变量的取值是非负且连续的。

(2) 存在有关的数据，同决策变量构成互不矛盾的约束条件，这些约束条件可以用一组线性等式或线性不等式来表示。

(3) 都有一个要求达到的目标，它可用决策变量及其有关的价值系数构成的线性函数（称为目标函数）来表示。按问题的不同，要求目标函数实现最大化或最小化。

满足以上三个条件的数学模型称为线性规划的数学模型。其一般形式为：

目标函数 $\max(\min) z = c_1 x_1 + c_2 x_2 + \cdots + c_n x_n$ （1-1）

满足约束条件 $\begin{cases} a_{11}x_1 + a_{12}x_2 + \cdots + a_{1n}x_n \leqslant (=, \geqslant) b_1 \\ a_{21}x_1 + a_{22}x_2 + \cdots + a_{2n}x_n \leqslant (=, \geqslant) b_2 \\ \cdots \\ a_{m1}x_1 + a_{m2}x_2 + \cdots + a_{mn}x_n \leqslant (=, \geqslant) b_m \\ x_1, x_2, \cdots, x_n \geqslant 0 \end{cases}$ （1-2）

（1-3）

在线性规划的数学模型中，式（1-1）称为目标函数 c_j 为价值系数；式（1-2）、式（1-3）称为约束条件；a_{ij} 称为技术系数，b_i 称为限额系数；式（1-3）也称为变量的非负约束条件。

例 3：用一块边长为 a 的正方形铁皮做一个容器，应如何裁剪，使做成的容器的容积为最大。

对于这一问题一般只要在铁皮四个角上剪去四个边长各为 x 的正方形，折叠起来就做成一个容器，容积为 $V=(a-2x)^2 x$，要使容积最大，就是要确定 x 的值，使 V 达到最大。

可见这一问题的目标函数不是线性的，所以例 3 不是线性规划问题。

1.1.2 图解法

图解法简单直观，有助于了解线性规划问题求解的基本原理。现对上述例 1 用图解法求解。在以 x_1，x_2 为坐标轴的直角坐标系中，非负条件 x_1，$x_2 \geq 0$ 是指第一象限。例 1 的每个约束条件都代表一个半平面。如约束条件 $x_1+2x_2 \leq 8$ 是代表以直线 $x_1+2x_2=8$ 为边界的左下方的半平面，若同时满足 x_1，$x_2 \geq 0$，$x_1+2x_2 \leq 8$，$4x_1 \leq 16$ 和 $4x_2 \leq 12$ 的约束条件的点，必然落在 x_1，x_2 坐标轴和由这三个半平面交成的区域内。由例 1 的所有约束条件为半平面交成的区域见图 1-2 中的阴影部分。阴影区域中的每一个点（包括边界点）都是这个线性规划问题的解（称可行解），因而此区域是例 1 的线性规划问题的解集合，称它为可行域。

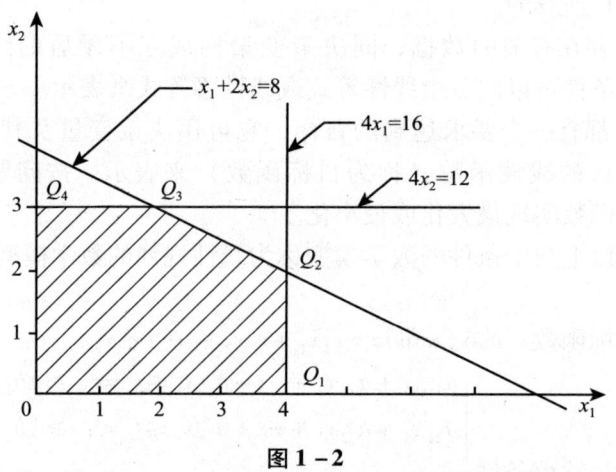

图 1-2

再分析目标函数 $z=2x_1+3x_2$，在这坐标平面上，它可表示以 z 为参数、$-\frac{2}{3}$ 为斜率的一族平行线：$x_2=-\frac{2}{3}x_1+z/3$。位于同一直线上的点，具有相同的目标函数值，因而称它为"等值线"。当 z 值由小变大时，直线 $x_2=-\frac{2}{3}x_1+z/3$ 沿其法线方向向右上方移动。当移动到 Q_2 点时，使 z 值在可行域边界实现最大化（见图 1-3），就得到了例 1

的最优解 Q_2，Q_2 点的坐标为 (4, 2)。于是可计算出满足所有约束条件下的最大值 $z = 14$。

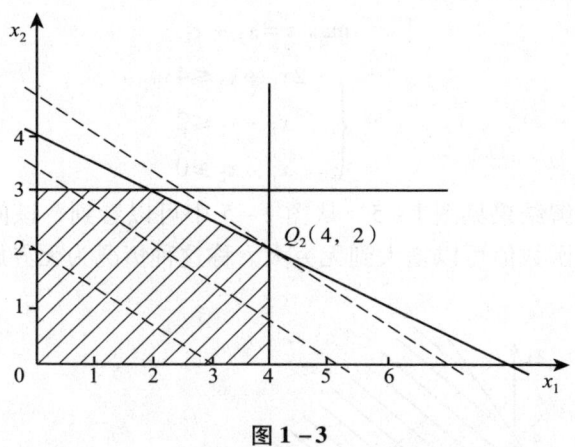

图 1-3

这说明该厂的最优生产计划方案是：生产 4 件产品Ⅰ，生产 2 件产品Ⅱ，可得最大利润为 14 元。

上例中求解得到问题的最优解是唯一的，但对一般线性规划问题，求解结果还可能出现以下几种情况：

1. 无穷多最优解（多重最优解）

若将例 1 中的目标函数变为求 $\max z = 2x_1 + 4x_2$，则表示目标函数中以参数 z 的这族平行直线与约束条件 $x_1 + 2x_2 \leq 8$ 的边界线平行。当 z 值由小变大时，将与线段 Q_2Q_3 重合（见图 1-4）。线段 Q_2Q_3 上任意一点都使 z 取得相同的最大值，这个线性规划问题有无穷多最优解（多重最优解）。

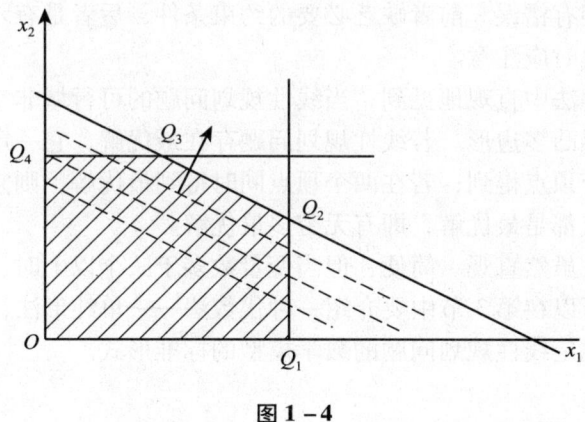

图 1-4

2. 无界解

对下述线性规划问题

$$\max z = x_1 + x_2$$

$$\begin{cases} -2x_1 + x_2 \leq 4 \\ x_1 - x_2 \leq 2 \\ x_1, \ x_2 \geq 0 \end{cases}$$

用图解法求解结果见图 1-5。从图 1-5 中可以看到，该问题可行域无界，目标函数值可以增大到无穷大。称这种情况为无界解。

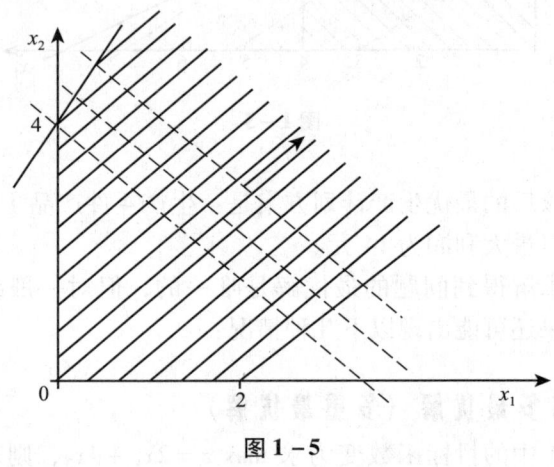

图 1-5

3. 无可行解

如果在例 1 的数学模型中增加一个约束条件 $-2x_1 + x_2 \geq 4$，该问题的可行域为空集，既无可行解，也不存在最优解。

当求解结果出现第 2、第 3 两种情况时，一般说明线性规划问题的数学模型有错误。前者缺乏必要的约束条件，后者是有矛盾的约束条件，建模时应注意。

从图解法中直观地见到，当线性规划问题的可行域非空时，它是有界或无界凸多边形。若线性规划问题存在最优解，它一定在有界可行域的某个顶点得到；若在两个顶点同时得到最优解，则它们连线上的任意一点都是最优解，即有无穷多最优解。

图解法虽然直观、简便，但当变量数多于三个以上时，它就无能为力了。所以在第 3 节中要介绍一种代数法——单纯形法，为了便于讨论，先规定线性规划问题的数学模型的标准形式。

1.1.3 线性规划问题的标准形式

由前节可知，线性规划问题有各种不同的形式。目标函数有的要求 max，有的要求 min；约束条件可以是"≤"，也可以是"≥"形式的不等式，还可以是等式。决策变量一般是非负约束，但也允许在 $(-\infty, \infty)$ 范围内取值，即无约束。将这些多种形式的数学模型统一变换为标准形式。

这里规定的标准形式为：

$$\max z = c_1 x_1 + c_2 x_2 + \cdots + c_n x_n$$

$$\begin{cases} a_{11} x_1 + a_{12} x_2 + \cdots + a_{1n} x_n = b_1 \\ a_{21} x_1 + a_{22} x_2 + \cdots + a_{2n} x_n = b_2 \\ \cdots \\ a_{m1} x_1 + a_{m2} x_2 + \cdots + a_{mn} x_n = b_m \\ x_1, x_2, \cdots, x_n \geq 0 \end{cases}$$

简写为：

$$\max z = \sum_{j=1}^{n} c_j x_j$$

$$\begin{cases} \sum_{j=1}^{n} a_{ij} x_j = b_i, & i = 1, 2, \cdots, m \\ x_j \geq 0, & j = 1, 2, \cdots, n \end{cases}$$

用向量和矩阵符号表述时为：

$$\max z = CX$$

$$\begin{cases} \sum_{j=1}^{n} p_j x_j = b \\ x_j \geq 0, \quad j = 1, 2, \cdots, n \end{cases}$$

$C = (c_1, c_2, \cdots, c_n); X = (x_1, x_2, \cdots, x_n)^T;$
$P_j = (a_{1j}, a_{2j}, \cdots, a_{mj})^T; b = (b_1, b_2, \cdots, b_m)^T$

向量 P_j 为决策变量是 x_j 在约束条件方程中所对应的系数向量。

用矩阵描述时为：

$$\max z = CX$$
$$AX = b$$
$$X \geq 0$$

其中：

$$A = \begin{pmatrix} a_{11} & a_{12} & \cdots & a_{1n} \\ \vdots & \vdots & & \vdots \\ a_{m1} & a_{m2} & \cdots & a_{mn} \end{pmatrix} = (P_1, P_2, \cdots, P_n); \quad 0 = \begin{pmatrix} 0 \\ 0 \\ \vdots \\ 0 \end{pmatrix}$$

A——约束条件的 $m \times n$ 维系数矩阵，一般 $m < n$；

b——资源向量；

C——价值向量；

X——决策变量向量。

实际碰到各种线性规划问题的数学模型都应变换为标准型式后求解。（松弛变量和剩余变量在目标函数中的系数为0）

以下讨论如何变换为标准型的问题。

（1）目标函数的标准化。

①若原线性规划问题模型的目标函数要求实现最大化，即 $\max Z = CX$，则不用进行标准化处理。

②若原线性规划问题模型的目标函数要求实现最小化，即 $\min Z = CX$，这时需将目标函数最小化变换求目标函数最大化，即令 $Z' = -Z$，于是得到 $\max Z' = -CX$。这就同标准型的目标函数的形式一致了。

（2）约束条件方程的标准化。

①原线性规划问题模型的约束条件方程为"≤"不等式，可以在"≤"不等式的左端加入非负松弛变量，把原"≤"不等式变为等式。

②原线性规划问题模型的约束条件方程为"≥"不等式，则可在"≥"不等式的左端减去一个非负剩余变量（也可称松弛变量），把不等式约束条件变为等式约束条件。

③原线性规划问题模型的约束条件方程为"="等式，则不用进行标准化处理。

（3）决策变量的标准化。

①原线性规划问题模型的决策变量"$x_j \geq 0$"，则不用进行标准化处理。

②原线性规划问题模型的决策变量"$x_j \leq 0$"，可令 $x_j' = -x_j$，$x_j' \geq 0$，将 $x_j = -x_j'$ 代入模型。

③原线性规划问题模型的决策变量 x_j 的取值无约束，则可令 $x_j = x_j' - x_j''$，$x_j' \geq 0$，$x_j'' \geq 0$，将 $x_j = x_j' - x_j''$ 代入模型。

若存在某些约束条件方程中的右端项 $b_i \leq 0$，则在标准化之前，需在该约束条件方程两端同时乘以"-1"。

下面举例说明。

例4：将下述线性规划问题化为标准型

$$\min z = -x_1 + 2x_2 - 3x_3$$

$$\begin{cases} x_1 + x_2 + x_3 \leq 7 \\ x_1 - x_2 + x_3 \geq 2 \\ -3x_1 + x_2 + 2x_3 = -5 \\ x_1 \geq 0, \ x_2 \leq 0, \ x_3 \text{ 为无约束} \end{cases}$$

解：步骤：先将第三个约束条件方程两端同时乘以"-1"。

（1）设 $Z' = -Z$，$x_2 = -x_4$，$x_3 = x_5 - x_6$，x_4，x_5，$x_6 \geq 0$。

（2）分别用 $-x_4$ 替换 x_2，用 $x_5 - x_6$ 替换 x_3。

（3）第一个约束条件不等式"$\leq$"左端加入非负松弛变量 x_7，将不等式变为等式。

（4）第二个约束条件不等式"$\geq$"左端减去非负剩余变量 x_8，将不等式变为等式。

（5）目标函数变为 $\max Z' = -\min Z$。

按以上步骤，可得到该线性规划问题的标准型：

$$\max z' = x_1 + 2x_4 + 3(x_5 - x_6) + 0x_7 + 0x_8$$

$$\begin{cases} x_1 - x_4 + (x_5 - x_6) + x_7 = 7 \\ x_1 + x_4 + (x_5 - x_6) - x_8 = 2 \\ 3x_1 + x_4 - 2(x_5 - x_6) = 5 \\ x_1, \ x_4, \ x_5, \ x_7, \ x_8 \geq 0 \end{cases}$$

1.1.4 线性规划问题解的概念

在讨论线性规划问题的求解前，先要了解线性规划问题的解的概念。由 1.3 节可知，一般线性规划问题的标准型为

$$\max z = \sum_{j=1}^{n} c_j x_j \qquad (1-4)$$

$$\begin{cases} \sum_{j=1}^{n} a_{ij} x_j = b_i, \ i = 1, 2, \cdots, m & (1-5) \\ x_j \geq 0, \ j = 1, 2, \cdots, n & (1-6) \end{cases}$$

1. 可行解

满足约束条件（1-5）、式（1-6）的解 $X = (x_1, x_2, \cdots, x_n)^T$，称为线性规划问题的可行解。

2. 最优解

使目标函数达到最大值的可行解称为最优解。

3. 基

设 A 是约束方程组的 $m \times n$ 维系数矩阵，其秩为 m。B 是矩阵 A

中 $m \times n$ 阶非奇异子矩阵（$|B| \neq 0$），则称 B 是线性规划问题的一个基。这就是说，矩阵 B 是由 m 个线性独立的列向量组成。为不失一般性，可设

$$B = \begin{pmatrix} a_{11} & a_{12} & \cdots & a_{1m} \\ \vdots & \vdots & & \vdots \\ a_{m1} & a_{m2} & \cdots & a_{mm} \end{pmatrix} = (P_1, P_2, \cdots, P_m);$$

称 $P_j(j=1, 2, \cdots, m)$ 为基向量，与基向量 P_j 相应的变量 $x_j(j=1, 2, \cdots, m)$ 为基变量，否则称为非基变量，为了进一步讨论线性规划问题的解，下面研究约束方程组（1-5）的求解问题。假设该方程组系数矩阵 A 的秩为 m，因 $m < n$，故它有无穷多个解。假设前 m 个变量的系数列向量是线性独立的。这时式（1-5）可写成

$$\begin{pmatrix} a_{11} \\ a_{21} \\ \vdots \\ a_{m1} \end{pmatrix} x_1 + \begin{pmatrix} a_{12} \\ a_{22} \\ \vdots \\ a_{m2} \end{pmatrix} x_2 + \cdots + \begin{pmatrix} a_{1n} \\ a_{2n} \\ \vdots \\ a_{mn} \end{pmatrix} x_m$$

$$= \begin{pmatrix} b_1 \\ b_2 \\ \vdots \\ b_m \end{pmatrix} - \begin{pmatrix} a_{1,m+1} \\ a_{2,m+1} \\ \vdots \\ a_{m,m+1} \end{pmatrix} x_{m+1} - \cdots - \begin{pmatrix} a_{1n} \\ a_{2n} \\ \vdots \\ a_{mn} \end{pmatrix} x_n \quad (1-7)$$

或

$$\sum_{j=1}^{m} P_j x_j = b - \sum_{j=m+1}^{n} P_j x_j$$

方程组（1-7）的一个基是

$$B = \begin{pmatrix} a_{11} & a_{12} & \cdots & a_{1m} \\ a_{21} & a_{22} & \cdots & a_{2m} \\ \vdots & \vdots & & \vdots \\ a_{m1} & a_{m2} & \cdots & a_{mm} \end{pmatrix} = (P_1, P_2, \cdots, P_m)$$

设 X_B 是对应于这个基的基变量

$$X_B = (x_1, x_2, \cdots, x_m)^T$$

现若令式（1-7）的非基变量 $x_{m+1} = x_{m+2} = \cdots = x_n = 0$，这时变量的个数等于线性方程的个数。用高斯消去法，求出一个解

$$X = (x_1, x_2, \cdots, x_m, 0, \cdots, 0)^T$$

该解的非零分量的数目不大于方程个数 m，称 X 为基解。由此可见，有一个基，就可以求出一个基解。如图 1-2 中的点 O, Q_1, Q_2, Q_3, Q_4 以及延长各条线（包括 $x_1 = 0$, $x_2 = 0$）的交点都代表基解。

4. 基可行解

满足非负条件式（1-6）的基解，称为基可行解。图1-2中的点 O，Q_1，Q_2，Q_3，Q_4 代表基可行解。可见，基可行解的非零分量的数目也不大于 m，并且都是非负的。

5. 可行基

对应于基可行解的基，称为可行基。

约束方程组（1-5）具有基解的数目最多是 C_n^m 个。一般基可行解的数目要小于基解的数目。以上提到的几种解的概念，它们之间的关系可用图1-6表明。另外还要说明一点，基解中的非零分量的个数小于 m 个时，该基解是退化解。在以下讨论时，假设不出现退化的情况。以上给出了线性规划问题的解的概念和定义，它们将有助于用来分析线性规划问题的求解过程。

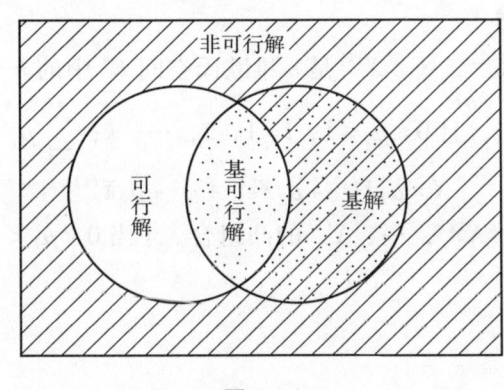

图 1-6

1.2 线性规划问题的几何意义

在 1.1.2 节介绍图解法时，已直观地看到可行域和最优解的几何意义，这一节从理论上进一步讨论。

1.2.1 基本概念

1. 凸集

设 K 是 n 维欧氏空间的一点集，若任意两点 $X^{(1)} \in K$，$X^{(2)} \in K$

的连线上的所有点 $\alpha X^{(1)} + (1-\alpha)X^{(2)} \in K$，$(0 \leq \alpha \leq 1)$，则称 K 为凸集。

实心圆、实心球体、实心立方体等都是凸集，圆环不是凸集。从直观上讲，凸集没有凹入部分，其内部没有空洞。图 1-7 中的 (a)、(b) 是凸集，(c) 不是凸集。图 1-2 中的交叉阴影部分是凸集，非交叉阴影部分不是凸集。任何两个凸集的交集是凸集，见图 1-7 (d)。

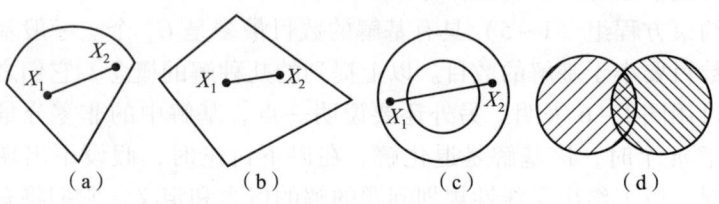

图 1-7

2. 凸组合

设 $X^{(1)}, X^{(2)}, \cdots, X^{(k)}$ 是 n 维欧氏空间 E^n 中的 k 个点。若存在 $\mu_1, \mu_2, \cdots, \mu_k$，且 $0 \leq \mu_i \leq 1$，$i = 1, 2, \cdots, k$；$\sum_{i=1}^{k} \mu_i = 1$，使

$$X = \mu_1 X^{(1)} + \mu_2 X^{(2)} + \cdots + \mu_k X^{(k)}$$

则称 X 为 $X^{(1)}, X^{(2)}, \cdots, X^{(k)}$ 的凸组合。（当 $0 < \mu_i < 1$ 时，称为严格凸组合）

3. 顶点

设 K 是凸集，$X \in K$，若 X 不能用不同的两点 $X^{(1)} \in K$ 和 $X^{(2)} \in K$ 的线性组合表示为

$$X = \alpha X^{(1)} + (1-\alpha)X^{(2)}, \quad (0 < \alpha < 1)$$

则称 X 为 K 的一个顶点（或极点）。

1.2.2 几何定理

定理 1：若线性规划问题存在可行域，则其可行域

$$D = \left\{ X \,\middle|\, \sum_{j=1}^{n} P_j x_j = b, \; x_j \geq 0 \right\} \text{ 是凸集}$$

证：为了证明满足线性规划问题的约束条件

$$\left| \sum_{j=1}^{n} P_j x_j = b x_j \geq 0, \; j = 1, 2, \cdots, n \right.$$

的所有点（可行解）组成的集合是凸集，只要证明 D 中任意两点连线上的点必然在 D 内即可。

设
$$X^{(1)} = (x_1^{(1)}, x_2^{(1)}, \cdots, x_n^{(1)})^T$$
$$X^{(2)} = (x_1^{(2)}, x_2^{(2)}, \cdots, x_n^{(2)})^T$$

是 D 内任意两点；$X^{(1)} \neq X^{(2)}$。

则有
$$\sum_{j=1}^n P_j x_j^{(1)} = b, \quad x_j^{(1)} \geq 0, \quad j=1,2,\cdots,n$$
$$\sum_{j=1}^n P_j x_j^{(2)} = b, \quad x_j^{(2)} \geq 0, \quad j=1,2,\cdots,n$$

令 $X = (x_1, x_2, \cdots, x_n)^T$ 为 $x^{(1)}$，$x^{(2)}$ 连线上的任意一点，即
$$X = \alpha X^{(1)} + (1-\alpha) X^{(2)} \quad (0 \leq \alpha \leq 1)$$

X 的每一个分量是 $x_j = \alpha x_j^{(1)} + (1-\alpha) x_j^{(2)}$，将它代入约束条件，得到
$$\sum_{j=1}^n P_j x_j = \sum_{j=1}^n P_j [\alpha x_j^{(1)} + (1-\alpha) x_j^{(2)}]$$
$$= \alpha \sum_{j=1}^n P_j x_j^{(1)} + \sum_{j=1}^n P_j x_j^{(2)} - \alpha \sum_{j=1}^n P_j x_j^{(2)}$$
$$= \alpha b + b - \alpha b = b$$

又因 $x_j^{(1)}$，$x_j^{(2)} \geq 0$，$\alpha > 0$，$1-\alpha > 0$，所以 $x_j \geq 0$，$j=1,2,\cdots,n$。由此可见 $X \in D$，D 是凸集。

证毕。

引理 1：线性规划问题的可行解 $X = (x_1, x_2, \cdots, x_n)^T$ 为基可行解的充要条件是 X 的正分量所对应的系数列向量是线性独立的。

证：（1）必要性　由基可行解的定义可知。

（2）充分性　若向量 $P_1, P_2, \cdots, P_k$ 线性独立，则必有 $k \leq m$；当 $k = m$ 时，它们恰构成一个基，从而 $X = (x_1, x_2, \cdots, x_k, 0, \cdots, 0)^T$ 为相应的基可行解。当 $k < m$ 时，则一定可以从其余的列向量中取出 $m-k$ 个与 $P_1, P_2, \cdots, P_k$ 构成最大的线性独立向量组，其对应的解恰为 X，所以根据定义它是基可行解。

定理 2：线性规划问题的基可行解 X 对应于可行域 D 的顶点。

证：不失一般性，假设基可行解 X 的前 m 个分量为正。故
$$\sum_{j=1}^n P_j x_j = b \tag{1-8}$$

现在分两步来讨论，分别用反证法。

（1）若 X 不是基可行解，则它一定不是可行域 D 的顶点。

根据引理 1，若 X 不是基可行解，则其正分量所对应的系数列向量 $P_1, P_2, \cdots, P_m$ 线性相关，即存在一组不全为零的数 α_i，$i=1$，$2, \cdots, m$ 使得

$$\alpha_1 P_1 + \alpha_2 P_2 + \cdots + \alpha_m P_m = 0 \tag{1-9}$$

用一个 $\mu > 0$ 的数乘式（1-9）再分别与式（1-8）相加和相减，这样得到

$$(x_1 - \mu\alpha_1)P_1 + (x_2 - \mu\alpha_2)P_2 + \cdots + (x_m - \mu\alpha_m)P_m = b$$

$$(x_1 + \mu\alpha_1)P_1 + (x_2 + \mu\alpha_2)P_2 + \cdots + (x_m + \mu\alpha_m)P_m = b$$

现取

$$X^{(1)} = [(x_1 - \mu\alpha_1), (x_2 - \mu\alpha_2), \cdots, (x_m - \mu\alpha_m), 0, \cdots, 0]^T$$

$$X^{(2)} = [(x_1 + \mu\alpha_1), (x_2 + \mu\alpha_2), \cdots, (x_m + \mu\alpha_m), 0, \cdots, 0]^T$$

由 $X^{(1)}$，$X^{(2)}$ 可以得到 $X = \frac{1}{2}X^{(1)} + \frac{1}{2}X^{(2)}$，即 X 是 $X^{(1)}$，$X^{(2)}$ 连线的中点。

另一方面，当 μ 充分小时，可保证

$$x_i \pm \mu\alpha_i \geq 0, \quad i = 1, 2, \cdots, m$$

即 $X^{(1)}$，$X^{(2)}$ 是可行解。这证明了 X 不是可行域 D 的顶点。

（2）若 X 不是可行域 D 的顶点，则它一定不是基可行解。

因为 X 不是可行域 D 的顶点，故在可行域 D 中可找到不同的两点

$$X^{(1)} = (x_1^{(1)}, x_2^{(1)}, \cdots, x_n^{(1)})^T$$

$$X^{(2)} = (x_1^{(2)}, x_2^{(2)}, \cdots, x_n^{(2)})^T$$

使 $\qquad X = \alpha X^{(1)} + (1-\alpha)X^{(2)} \quad 0 < \alpha < 1$

设 X 是基可行解，对应向量组 $P_1, \cdots, P_m$ 线性独立。当 $j > m$ 时，有 $x_j = x_j^{(1)} = x_j^{(2)} = 0$，由于 $X^{(1)}$，$X^{(2)}$ 是可行域的两点。应满足

$$\sum_{j=1}^{m} P_j x_j^{(1)} = b \quad \text{与} \quad \sum_{j=1}^{m} P_j x_j^{(2)} = b$$

将这两式相减，即得

$$\sum_{j=1}^{m} P_j (x_j^{(1)} - x_j^{(2)}) = 0$$

因 $X^{(1)} \neq X^{(2)}$，所以上式系数 $(x_j^{(1)} - x_j^{(2)})$ 不全为零，故向量组 $P_1, P_2, \cdots, P_m$ 线性相关，与假设矛盾。即 X 不是基可行解。

引理 2：若 K 是有界凸集，则任何一点 $X \in K$ 可表示为 K 的顶点的凸组合。

本引理证明从略，用以下例子说明这引理。

例 5：设 X 是三角形中任意一点，$X^{(1)}$，$X^{(2)}$ 和 $X^{(3)}$ 是三角形的三个顶点，试用三个顶点的坐标表示 X（见图 1-8）。

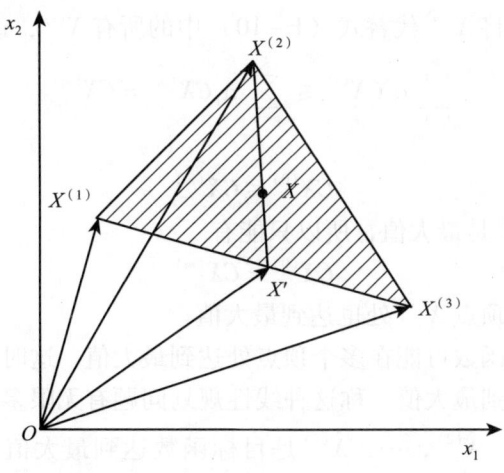

图 1-8

解：任选一顶点 $X^{(2)}$，做一条连线 $XX^{(2)}$；并延长交于 $X^{(1)}$、$X^{(3)}$ 连接线上一点 X'。因 X' 是 $X^{(1)}$、$X^{(3)}$ 连线上一点，故可用 $X^{(1)}$、$X^{(3)}$ 线性组合表示为

$$X' = \alpha X^{(1)} + (1-\alpha) X^{(3)} \quad 0 < \alpha < 1$$

又因 X 是 X' 与 $X^{(2)}$ 连线上的一个点，故

$$X = \lambda X' + (1-\lambda) X^{(2)} \quad 0 < \lambda < 1$$

将 X' 的表达式代入上式得到

$$\begin{aligned} X &= \lambda[\alpha X^{(1)} + (1-\alpha) X^{(3)}] + (1-\lambda) X^{(2)} \\ &= \lambda \alpha X^{(1)} + \lambda(1-\alpha) X^{(3)} + (1-\lambda) X^{(2)} \end{aligned}$$

令 $\mu_1 = \alpha \lambda$，$\mu_2 = (1-\lambda)$，$\mu_3 = \lambda(1-\alpha)$

这就得到

$$X = \mu_1 X^{(1)} + \mu_2 X^{(2)} + \mu_3 X^{(3)}$$

$$\sum_i \mu_i = 1, \ 0 < \mu_i < 1$$

定理 3：若可行域有界，线性规划问题的目标函数一定可以在其可行域的顶点上达到最优。

证：设 $X^{(1)}$，$X^{(2)}$，…，$X^{(k)}$ 是可行域的顶点，若 $X^{(0)}$ 不是顶点，且目标函数在 $X^{(0)}$ 处达到最优 $z^* = CX^{(0)}$（标准型是 $z^* = \max z$）。

因 $X^{(0)}$ 不是顶点，所以它可以用 D 的顶点线性表示为

$$X^{(0)} = \sum_{i=1}^{k} \alpha_i X^{(i)}, \ \alpha_i > 0, \ \sum_{i=1}^{k} \alpha_i = 1$$

因此

$$CX^{(0)} = C \sum_{i=1}^{k} \alpha_i X^{(i)} = \sum_{i=1}^{k} \alpha_i CX^{(i)} \qquad (1-10)$$

在所有的顶点中必然能找到某一个顶点 $X^{(m)}$，使 $CX^{(m)}$ 是所有 $CX^{(i)}$ 中

最大者。并且将 $X^{(m)}$ 代替式（1-10）中的所有 $X^{(i)}$，这就得到

$$\sum_{i=1}^{k} \alpha_i CX^{(i)} \leq \sum_{i=1}^{k} \alpha_i CX^{(m)} = CX^{(m)}$$

由此得到

$$CX^{(0)} \leq CX^{(m)}$$

根据假设 $CX^{(0)}$ 是最大值，所以只能有

$$CX^{(0)} = CX^{(m)}$$

即目标函数在顶点 $X^{(m)}$ 处也达到最大值。

有时目标函数可能在多个顶点处达到最大值。这时在这些顶点的凸组合上也达到最大值。称这种线性规划问题有无限多个最优解。

假设 $\hat{X}^{(1)}$，$\hat{X}^{(2)}$，…，$\hat{X}^{(k)}$ 是目标函数达到最大值的顶点，若 $\hat{X}$ 是这些顶点的凸组合，即

$$\hat{X} = \sum_{i=1}^{k} \alpha_i \hat{X}^{(i)}, \quad \alpha_i > 0, \quad \sum_{i=1}^{k} \alpha_i = 1$$

于是

$$C\hat{X} = C \sum_{i=1}^{k} \alpha_i \hat{X}^{(i)} = \sum_{i=1}^{k} \alpha_i C\hat{X}^{(i)}$$

设

$$C\hat{X}^{(i)} = m, \quad i = 1, 2, \cdots, k$$

于是

$$C\hat{X} = \sum_{i=1}^{k} \alpha_i m = m$$

需要说明的是，当线性规划问题为无穷多最优解时，其目标函数也可以在其可行域的非顶点上达到。

另外，若可行域为无界，则可能无最优解，也可能有最优解，若有也必定可以在某顶点上得到。根据以上讨论，可以得到以下结论：

线性规划问题的所有可行解构成的集合是凸集，也可能为无界域，它们有有限个顶点，线性规划问题的每个基可行解对应可行域的一个顶点；若线性规划问题有最优解，必可以在某顶点上得到。虽然顶点数目是有限的（它不大于 C_n^m 个），若采用"枚举法"找所有基可行解，然后一一比较，最终可能找到最优解。但当 m，n 的数较大时，这种办法是行不通的，所以要继续讨论，如何有效地找到最优解，有多种方法，这里仅介绍单纯形法。

1.3 单纯形法

一般线性规划问题具有线性方程组的变量数大于方程个数，这时

有不定的解。但可以从线性方程组中找出一个个的单纯形，每一个单纯形可以求得一组解，然后再判断该解使目标函数值是增大还是变小，决定下一步选择的单纯形。这就是迭代，直到目标函数实现最大值或最小值为止。这样问题就得到了最优解，先举一例来说明。

1.3.1 举例

例6：试以例1来讨论如何用单纯形法求解。例1的标准型为：

$$\max z = 2x_1 + 3x_2 + 0x_3 + 0x_4 + 0x_5 \quad (1-11)$$

$$\begin{cases} x_1 + 2x_2 + x_3 = 8 \\ 4x_1 + x_4 = 16 \\ 4x_2 + x_5 = 12 \end{cases} \quad (1-12)$$

$$x_j \geq 0, \ j = 1, 2, \cdots, 5$$

约束方程式（1-12）的系数矩阵

$$A = (P_1, P_2, P_3, P_4, P_5) = \begin{pmatrix} 1 & 2 & 1 & 0 & 0 \\ 4 & 0 & 0 & 1 & 0 \\ 0 & 4 & 0 & 0 & 1 \end{pmatrix}$$

从式（1-12）中可以看到 x_3, x_4, x_5 的系数列向量

$$P_3 = \begin{pmatrix} 1 \\ 0 \\ 0 \end{pmatrix}, P_4 = \begin{pmatrix} 0 \\ 1 \\ 0 \end{pmatrix}, P_5 = \begin{pmatrix} 0 \\ 0 \\ 1 \end{pmatrix}$$

是线性独立的，这些向量构成一个基

$$B = (P_3, P_4, P_5) = \begin{pmatrix} 1 & 0 & 0 \\ 0 & 1 & 0 \\ 0 & 0 & 1 \end{pmatrix}$$

对应于 B 的变量 x_3, x_4, x_5 为基变量，从式（1-12）中可以得到

$$\begin{cases} x_3 = 8 - x_1 - 2x_2 \\ x_4 = 16 - 4x_1 \\ x_5 = 12 - 4x_2 \end{cases} \quad (1-13)$$

将式（1-13）代入目标函数式（1-11）得到

$$z = 0 + 2x_1 + 3x_2 \quad (1-14)$$

当令非基变量 $x_1 = x_2 = 0$，便得到 $z = 0$。这时得到一个基可行解 $X^{(0)}$

$$X^{(0)} = (0, 0, 8, 16, 12)^T$$

这个基可行解表示：工厂没有安排生产产品Ⅰ、Ⅱ；资源都没有被利用，所以工厂的利润指标 $z = 0$。

从分析目标函数的表达式（1-14）可以看到：非基变量 x_1, x_2（即没有安排生产产品Ⅰ、Ⅱ）的系数都是正数，因此将非基变量变

换为基变量，目标函数的值就可能增大。从经济意义上讲，安排生产产品Ⅰ或产品Ⅱ，就可以使工厂的利润指标增加。所以只要在目标函数的表达式（1-14）中还存在有正系数的非基变量，这表示目标函数值还有增加的可能，就需要将非基变量与基变量进行对换。一般选择正系数最大的那个非基变量 x_2 为换入变量，将它换入到基变量中去，同时还要确定基变量中有一个要换出来成为非基变量，可按以下方法来确定换出变量。

现分析式（1-13），当将 x_2 定为换入变量后，必须从 x_3, x_4, x_5 中确定一个换出变量，并保证其余的都是非负，即 x_3, x_4, $x_5 \geq 0$。当 $x_1 = 0$，由式（1-13）得到

$$\begin{cases} x_3 = 8 - 2x_2 \geq 0 \\ x_4 = 16 \geq 0 \\ x_5 = 12 - 4x_2 \geq 0 \end{cases} \quad (1-15)$$

从式（1-15）中可以看出，只有选择

$$x_2 = \min(8/2, \ -, \ 12/4) = 3$$

时，才能使式（1-15）成立。因当 $x_2 = 3$ 时，基变量 $x_5 = 0$，这就决定用 x_2 去替换 x_5。以上数学描述说明了每生产一件产品Ⅱ，需要用掉各种资源数为（2，0，4）。由这些资源中的薄弱环节，就确定了产品Ⅱ的产量。这里就是由原材料 B 的数量确定了产品Ⅱ的产量

$$x_2 = \frac{12}{4} = 3 \ （件）$$

为了求得以 x_3, x_4, x_2 为基变量的一个基可行解和进一步分析问题，需将式（1-13）中 x_2 的位置与 x_5 的位置对换。得到

$$\begin{cases} x_3 + 2x_2 = 8 - x_1 & (1) \\ x_4 = 16 - 4x_1 & (2) \\ 4x_2 = 12 - x_5 & (3) \end{cases} \quad (1-16)$$

用高斯消去法，将式（1-16）中 x_2 的系数列向量变换为单位列向量。其运算步骤是：$(3)' = (3)/4$；$(1)' = (1) - 2 \times (3)'$；$(2)' = (2)$，并将结果仍按原顺序排列有：

$$\begin{cases} x_3 = 2 - x_1 + \frac{1}{2}x_5 & (1)' \\ x_4 = 16 - 4x_1 & (2)' \\ x_2 = 3 \quad - \frac{1}{4}x_5 & (3)' \end{cases} \quad (1-17)$$

再将式（1-17）代入目标函数式（1-11）得到

$$z = 9 + 2x_1 - \frac{3}{4}x_5 \quad (1-18)$$

令非基变量 $x_1 = x_5 = 0$，得到 $z = 9$，并得到另一个基可行解 $X^{(1)}$

$$X^{(1)} = (0, 3, 2, 16, 0)^T$$

从目标函数的表达式（1-18）中可以看到，非基变量 x_1 的系数是正的，说明目标函数值还可以增大，$X^{(1)}$ 不一定是最优解。于是再用上述方法，确定换入、换出变量，继续迭代，再得到另一个基可行解 $X^{(2)}$

$$X^{(2)} = (2, 3, 0, 8, 0)^T$$

再经过一次迭代，再得到另一个基可行解 $X^{(3)}$

$$X^{(3)} = (4, 2, 0, 0, 4)^T$$

而这时得到目标函数的表达式是：

$$z = 14 - 1.5x_3 - 0.125x_4 \tag{1-19}$$

再检查式（1-19），可见到所有非基变量 x_3，x_4 的系数都是负数。这说明若要用剩余资源 x_3，x_4，就必须支付附加费用。所以当 $x_3 = x_4 = 0$ 时，即不再利用这些资源时，目标函数达到最大值。所以 $X^{(3)}$ 是最优解。即当产品 I 生产4件，产品 II 生产2件，工厂才能得到最大利润。通过上例，可以了解利用单纯形法求解线性规划问题的思路。现将每步迭代得到的结果与图解法做一对比，其几何意义就很清楚了。

原例1的线性规划问题是二维的，即两个变量 x_1，x_2；当加入松弛变量 x_3，x_4，x_5 后，变换为高维的。这时可以想象，满足所有约束条件的可行域是高维空间的凸多面体（凸集）。这凸多面体上的顶点，就是基可行解。初始基可行解 $X^{(0)} = (0, 0, 8, 16, 12)^T$ 就相当于图1-2中的原点 (0, 0)，$X^{(1)} = (0, 3, 2, 16, 0)^T$ 相当于图1-2中的 Q_4 点 (0, 3)；$X^{(2)} = (2, 3, 0, 8, 0)^T$ 相当于图1-2中的 Q_3 点 (2, 3)；最优解 $X^{(3)} = (4, 2, 0, 0, 4)^T$ 相当于图1-2中的 Q_2 点 (4, 2)。从初始基可行解 $X^{(0)}$ 开始迭代，依次得到 $X^{(1)}$，$X^{(2)}$，$X^{(3)}$。这相当于图1-2中的目标函数平移时，从0点开始，首先碰到 Q_4，然后碰到 Q_3，最后达到 Q_2。下面讨论一般线性规划问题的求解。

单纯形法求解线性规划问题的思路是：针对标准化的线性规划问题模型，先找到一个初始基可行解，设法判别其是否为最优解。如果是最优解停止运算，否则由该基可行解过渡到另一个基可行解，并使目标函数有所增加。再重新判断新基可行解是否为最优解。以此反复进行，直到找到最优解为止。

1.3.2 初始基可行解的确定

为了确定初始基可行解，要首先找出初始可行基，其方法如下。

(1) 若线性规划问题。

$$\max z = \sum_{j=1}^{n} c_j x_j \quad (1-20)$$

$$\sum_{j=1}^{n} P_j x_j = b \quad (1-21)$$

$$x_j \geq 0, \ j = 1, 2, \cdots, n$$

从 $P_j(j=1, 2, \cdots, n)$ 中一般能直接观察到存在一个初始可行基

$$B = (P_1, P_2, \cdots, P_m) = \begin{pmatrix} 1 & 0 & \cdots & 0 \\ 0 & 1 & \cdots & 0 \\ \vdots & \vdots & & \vdots \\ 0 & 0 & \cdots & 1 \end{pmatrix}$$

(2) 对所有约束条件是"≤"形式的不等式,可以利用化为标准型的方法,在每个约束条件的左端加上一个松弛变量。经过整理,重新对 x_j 及 $a_{ij}(i=1, 2, \cdots, m; j=1, 2, \cdots, n)$ 进行编号,则可得下列方程组

$$\begin{cases} x_1 \quad\quad + a_{1,m+1}x_{m+1} + \cdots + a_{1n}x_n = b_1 \\ \quad x_2 \quad + a_{2,m+1}x_{m+1} + \cdots + a_{2n}x_n = b_2 \\ \quad\quad\quad \cdots \\ \quad\quad\quad x_m + a_{m,m+1}x_{m+1} + \cdots + a_{mn}x_n = b_m \end{cases} \quad (1-22)$$

$$x_j \geq 0, \ j = 1, 2, \cdots, n$$

显然得到一个 $m \times m$ 单位矩阵

$$B = (P_1, P_2, \cdots, P_m) = \begin{pmatrix} 1 & 0 & \cdots & 0 \\ 0 & 1 & \cdots & 0 \\ \vdots & \vdots & & \vdots \\ 0 & 0 & \cdots & 1 \end{pmatrix}$$

以 B 作为可行基。将式(1-22)每个等式移项得

$$\begin{cases} x_1 \quad\quad = b_1 - a_{1,m+1}x_{m+1} - \cdots - a_{1n}x_n \\ \quad x_2 \quad = b_2 - a_{2,m+1}x_{m+1} - \cdots - a_{2n}x_n \\ \quad\quad \cdots \\ \quad\quad x_m = b_m - a_{m,m+1}x_{m+1} - \cdots - a_{mn}x_n \end{cases} \quad (1-23)$$

令 $x_{m+1} = x_{m+2} = \cdots = x_n = 0$,由式(1-23)可得

$$x_i = b_i (i = 1, 2, \cdots, m)$$

又因 $b_i \geq 0$(在 1.1.3 节中已做过规定),所以得到一个初始基可行解

$$X = (x_1, x_2, \cdots, x_m, \underbrace{0, \cdots, 0}_{n-m \text{ 个}})^T$$

$$= (b_1, b_2, \cdots, b_m, \underbrace{0, \cdots, 0}_{n-m \text{ 个}})^T$$

(3) 对所有约束条件是"≥"形式的不等式及等式约束情况,若不存在单位矩阵时,就采用人造基方法。即对不等式约束减去一个

非负的剩余变量后,再加上一个非负的人工变量;对于等式约束再加上一个非负的人工变量,总能得到一个单位矩阵。关于这个方法将在本章1.5节中进一步讨论。

1.3.3 最优性检验与解的判别

对线性规划问题的求解结果可能出现唯一最优解、无穷多最优解、无界解和无可行解四种情况,为此需要建立对解的判别准则。一般情况下,经过迭代后式(1-23)变成

$$x_i = b'_i - \sum_{j=m+1}^{n} a'_{ij} x_j \quad (i=1, 2, \cdots, m) \quad (1-24)$$

将式(1-24)代入目标函数式(1-20),整理后得

$$z = \sum_{i=1}^{m} c_i b'_i + \sum_{j=m+1}^{n} \left(c_j - \sum_{i=1}^{m} c_i a'_{ij} \right) x_j \quad (1-25)$$

令

$$z_0 = \sum_{i=1}^{m} c_i b'_i, \quad z_j = \sum_{i=1}^{m} c_i a'_{ij}, \quad j = m+1, \cdots, n$$

于是

$$z = z_0 + \sum_{j=m+1}^{n} (c_j - z_j) x_j \quad (1-26)$$

再令

$$\sigma_j = c_j - z_j \quad (j = m+1, \cdots, n)$$

则

$$z = z_0 + \sum_{j=m+1}^{n} \sigma_j x_j \quad (1-27)$$

1. 最优解的判别定理

若 $X^{(0)} = (b'_1, b'_2, \cdots, b'_m, 0, \cdots, 0)^T$ 为对应于基 B 的一个基可行解,且对于一切 $j = m+1, \cdots, n$,有 $\sigma_j \leq 0$,则 $X^{(0)}$ 为最优解。称 σ_j 为检验数。

2. 无穷多最优解判别定理

若 $X^{(0)} = (b'_1, b'_2, \cdots, b'_m, 0, \cdots, 0)^T$ 为一个基可行解,对于一切 $j = m+1, \cdots, n$,有 $\sigma_j \leq 0$,又存在某个非基变量的检验数 $\sigma_{m+k} = 0$,则线性规划问题有无穷多最优解。

证:只需将非基变量 x_{m+k} 换入基变量中,找到一个新基可行解 $X^{(1)}$。因 $\sigma_{m+k} = 0$,由式(1-27)知 $z = z_0$,故 $X^{(1)}$ 也是最优解。由1.2.2节的定理3可知 $X^{(0)}$,$X^{(1)}$ 连线上所有点都是最优解。

3. 无界解判别定理

若 $X^{(0)} = (b'_1, b'_2, \cdots, b'_m, 0, \cdots, 0)^T$ 为一基可行解，有一个 $\sigma_{m+k} > 0$，并且对 $i = 1, 2, \cdots, m$，有 $a'_{i,m+k} \leq 0$，那么该线性规划问题具有无界解（或称无最优解）。

证：构造一个新的解 $X^{(1)}$，它的分量为

$$x_i^{(1)} = b'_i - \lambda a'_{i,m+k} \quad (\lambda > 0)$$

$$x_{m+k}^{(1)} = \lambda$$

$$x_j^{(1)} = 0, \quad j = m+1, \cdots, n \text{ 且 } j \neq m+k$$

因 $a'_{i,m+k} \leq 0$，所以对任意的 $\lambda > 0$ 都是可行解，把 $x^{(1)}$ 代入目标函数内得

$$z = z_0 + \lambda \sigma_{m+k}$$

因 $\sigma_{m+k} > 0$，故当 $\lambda \to +\infty$，则 $z \to +\infty$，故该问题目标函数无界。

以上讨论都是针对标准型，即求目标函数极大化时的情况。当求目标函数极小化时，一种情况如前所述，将其化为标准型。如果不化为标准型，只需在上述 1, 2 点中把 $\sigma_j \leq 0$ 改为 $\sigma_j \geq 0$，第 3 点中将 $\sigma_{m+k} > 0$ 改写为 $\sigma_{m+k} < 0$ 即可。

1.3.4 基变换

若初始基可行解 $X^{(0)}$ 不是最优解及不能判别无界时，需要找一个新的基可行解。具体做法是从原可行解基中换一个列向量（当然要保证线性独立），得到一个新的可行基，这称为基变换。为了换基，先要确定换入变量，再确定换出变量，让它们相应的系数列向量进行对换，就得到一个新的基可行解。

1. 换入变量的确定

由式（1-27）看到，当某些 $\sigma_j > 0$ 时，x_j 增加则目标函数值还可以增大，这时要将某个非基变量 x_j 换到基变量中去（称为换入变量）。若有两个以上的 $\sigma_j > 0$，那么选哪个非基变量作为换入变量呢？为了使目标函数值增加得快，从直观上一般选 $\sigma_j > 0$ 中的大者，即

$$\max_j (\sigma_j > 0) = \sigma_k$$

则对应的 x_k 为换入变量。但也可以任选或按最小足码选。

2. 换出变量的确定

设 $P_1, P_2, \cdots, P_m$ 是一组线性独立的向量组，它们对应的基可行解是 $X^{(0)}$。将它代入约束方程组（1-21）得到

$$\sum_{i=1}^{m} x_i^{(0)} P_i = b \qquad (1-28)$$

其他的向量 P_{m+1}，P_{m+2}，…，P_{m+t}，…，P_n 都可以用 P_1，P_2，…，P_m 线性表示，若确定非基变量 P_{m+t} 为换入变量，必然可以找到一组不全为0的数 ($i=1$，2，…，m) 使得

$$P_{m+t} = \sum_{i=1}^{m} \beta_{i,m+t} P_i$$

或

$$P_{m+t} - \sum_{i=1}^{m} \beta_{i,m+t} P_i = 0 \qquad (1-29)$$

在式（1-29）两边同乘一个正数 θ，然后将它加到式（1-28）上，得到

$$\sum_{i=1}^{m} x_i^{(0)} P_i + \theta \left(P_{m+t} - \sum_{i=1}^{m} \beta_{i,m+t} P_i \right) = b$$

或

$$\sum_{i=1}^{m} (x_i^{(0)} - \theta \beta_{i,m+t}) P_i + \theta P_{m+t} = b \qquad (1-30)$$

当 θ 取适当值时，就能得到满足约束条件的一个可行解（即非零分量的数目不大于 m 个）。就应使 $(x_i^{(0)} - \theta \beta_{i,m+t})$ ($i=1$，2，…，m) 中的某一个为零，并保证其余的分量为非负。这个要求可以用以下的办法达到：比较各比值 $\dfrac{x_i^{(0)}}{\beta_{i,m+t}}$ ($i=1$，2，…，m)。又因为 θ 必须是正数，所以只选择 $\left(\dfrac{x_i^{(0)}}{\beta_{i,m+t}}\right) > 0$ ($i=1$，2，…，m) 中比值最小的等于 θ。以上描述用数学式表示为：

$$\theta = \min_i \left(\dfrac{x_i^{(0)}}{\beta_{i,m+t}} \,\bigg|\, \beta_{i,m+t} > 0 \right) = \dfrac{x_l^{(0)}}{\beta_{l,m+t}}$$

这时 x_l 为换出变量。按最小比值确定 θ 值，称为最小比值规则。将 $\theta = \dfrac{x_l^{(0)}}{\beta_{l,m+t}}$ 代入 X 中，便得到新的基可行解。

$$X^{(1)} = \Big(x_1^{(0)} - \dfrac{x_l^{(0)}}{\beta_{l,m+t}} \cdot \beta_{1,m+t},\ \cdots,\ 0,\ \cdots,$$

↑
第 l 个分量

$$x_m^{(0)} - \dfrac{x_l^{(0)}}{\beta_{l,m+t}} \cdot \beta_{m,m+t},\ 0,\ \cdots,\ \dfrac{x_l^{(0)}}{\beta_{l,m+t}},\ \cdots,\ 0 \Big)$$

↑
第 $m+t$ 个分量

由此得到由 $X^{(0)}$ 转换到 $X^{(1)}$ 的各分量的转换公式

$$x_i^{(1)} = \begin{cases} x_i^{(0)} - \dfrac{x_l^{(0)}}{\beta_{l,m+t}} \cdot \beta_{i,m+t}, & i \neq l \\ \dfrac{x_l^{(0)}}{\beta_{l,m+t}}, & i = l \end{cases}$$

这里 $x_i^{(0)}$ 是原基可行解 $X^{(0)}$ 的各分量；$x_i^{(1)}$ 是新基可行解 $X^{(1)}$ 的各分量；$\beta_{i,m+t}$ 是换入向量 P_{m+t} 的对应原来一组基向量的坐标。现在的问题是，这个新解 $X^{(1)}$ 的 m 个非零分量对应的列向量是否线性独立？事实上，因 $X^{(0)}$ 的第 l 个分量对应于 $X^{(1)}$ 的相应分量是零，即

$$x_l^{(0)} - \theta \beta_{l,m+t} = 0$$

其中 $x_l^{(0)}$，θ 均不为零，根据 θ 规则（最小比值），$\beta_{l,m+t} \neq 0$。$X^{(1)}$ 中的 m 个非零分量对应的 m 个列向量 $P_j(j=1,2,\cdots,m, j \neq l)$ 和 P_{m+t}。若这组向量不是线性独立，则一定可以找到不全为零的数 α_j，使

$$P_{m+t} = \sum_{j=1}^{m} \alpha_j P_j \quad j \neq l \tag{1-31}$$

成立。又因

$$P_{m+t} = \sum_{j=1}^{m} \beta_{j,m+t} P_j \tag{1-32}$$

将式（1-32）减式（1-31）得到

$$\sum_{\substack{j=1 \\ j \neq l}}^{m} (\beta_{j,m+t} - \alpha_j) P_j + \beta_{l,m+t} P_l = 0$$

由于上式中至少有 $\beta_{l,m+t} \neq 0$，所以上式表明 P_1，P_2，$\cdots$，P_m 是线性相关，这与假设相矛盾。

由此可见，$X^{(1)}$ 的 m 个非零分量对应的列向量 $P_j(j=1,2,\cdots,m, j \neq l)$ 与 P_{m+t} 是线性独立的，即经过基变换得到的解是基可行解。实际上，从一个基可行解到另一个基可行解的变换，就是进行一次基变换。从几何意义上讲，就是从可行域的一个顶点转向另一个顶点（见 1-2 图解法）。

1.3.5　迭代（旋转运算）

上述讨论的基可行解的转换方法是用向量方程来描述，在实际计算时不太方便，因此采用系数矩阵法。现考虑以下形式的约束方程组

$$\begin{cases} x_1 & + a_{1,m+1}x_{m+1} + \cdots + a_{1k}x_k + \cdots + a_{1n}x_n = b_1 \\ x_2 & + a_{2,m+1}x_{m+1} + \cdots + a_{2k}x_k + \cdots + a_{2n}x_n = b_2 \\ \quad \ddots \\ \qquad x_l & + a_{l,m+1}x_{m+1} + \cdots + a_{lk}x_k + \cdots + a_{ln}x_n = b_l \\ \qquad \quad \ddots \\ \qquad \qquad x_m + a_{m,m+1}x_{m+1} + \cdots + a_{mk}x_k + \cdots + a_{mn}x_n = b_m \end{cases}$$

$$(1-33)$$

在一般线性规划问题的约束方程组中加入松弛变量或人工变量后，很容易得到上述形式。

设 $x_1, x_2, \cdots, x_m$ 为基变量，对应的系数矩阵是 $m \times m$ 单位阵 I，它是可行基。令非基变量 $x_{m+1}, x_{m+2}, \cdots, x_n$ 为零，即可得到一个基可行解。若它不是最优解，则要另找一个使目标函数值增大的基可行解。这时从非基变量中确定 x_k 为换入变量。显然这时 θ 为

$$\theta = \min_i \left(\frac{b_i}{a_{ik}} \,\middle|\, a_{ik} > 0 \right) = \frac{b_l}{a_{lk}}$$

在迭代过程中 θ 可表示为

$$\theta = \min_i \left(\frac{b_i'}{a_{ik}'} \,\middle|\, a_{ik}' > 0 \right) = \frac{b_l'}{a_{lk}'}$$

其中 b_i'，a_{ik}' 是经过迭代后对应于 b_i，a_{ik} 的元素值（读者可自己验证）。

按 θ 规则确定 x_l 为换出变量，x_k，x_l 的系数列向量分别为 $P_k = \begin{pmatrix} a_{1k} \\ a_{2k} \\ \vdots \\ a_{ik} \\ \vdots \\ a_{mk} \end{pmatrix}$；$P_l = \begin{pmatrix} 0 \\ \vdots \\ 1 \\ 0 \\ \vdots \\ 0 \end{pmatrix} \leftarrow$ 第 l 个分量

为了使 x_k 与 x_l 进行对换，须把 P_k 变为单位向量，这可以通过式（1-33）系数矩阵的增广矩阵进行初等变换来实现。

$$\begin{array}{c c c c c c c c c|c} x_1 & \cdots & x_l & \cdots & x_m & x_{m+1} & \cdots & x_k & \cdots & x_n & b \end{array}$$

$$\begin{bmatrix} 1 & & & & & a_{1,m+1} & \cdots & a_{1k} & \cdots & a_{1n} & b_1 \\ & \ddots & & & & & & & & & \vdots \\ & & 1 & & & a_{l,m+1} & \cdots & a_{lk} & \cdots & a_{ln} & b_l \\ & & & \ddots & & & & & & & \vdots \\ & & & & 1 & a_{m,m+1} & \cdots & a_{mk} & \cdots & a_{mn} & b_m \end{bmatrix}$$

$$(1-34)$$

变换的步骤是：

（1）将增广矩阵式（1-34）中的第 l 行除以 a_{lk}，得到

$$\left(0, \cdots, 0, \frac{1}{a_{lk}}, 0, \cdots, 0, \frac{a_{l,m+1}}{a_{l,k}}, \cdots, 1, \cdots, \frac{a_{1n}}{a_{lk}} \middle| \frac{b_l}{a_{lk}}\right)$$

(1-35)

（2）将式（1-34）中 x_k 列的各元素，除 a_{lk} 变换为 1 以外，其他都应变换为零。其他行的变换是将式（1-35）乘以 $a_{ik}(i \neq l)$ 后，从式（1-34）的第 i 行减去，得到新的第 i 行。

$$\left(0, \cdots, 0, -\frac{a_{ik}}{a_{lk}}, 0, \cdots, 0, a_{i,m+1} - \frac{a_{l,m+1}}{a_{lk}}a_{ik}, \cdots, 0, \cdots, \right.$$
$$\left. a_{1n} - \frac{a_{1n}}{a_{lk}} \cdot a_{ik} \middle| b_i - \frac{b_l}{a_{lk}}a_{ik}\right)$$

由此可得到变换后系数矩阵各元素的变换关系式：

$$a'_{ij} = \begin{cases} a_{ij} - \frac{a_{lj}}{a_{lk}}a_{ik} & (i \neq l) \\ \frac{a_{lj}}{a_{lk}} & (i = l) \end{cases}; \quad b'_i = \begin{cases} b_i - \frac{a_{ik}}{a_{lk}}b_l & (i \neq l) \\ \frac{b_l}{a_{lk}} & (i = l) \end{cases}$$

a'_{ij}，b'_i 是变换后的新元素。

（3）经过初等变换后的新增广矩阵是

$$\begin{array}{c c c c c c c c c | c}
x_1 & \cdots & x_l & \cdots & x_m & x_{m+1} & \cdots & x_k & \cdots & x_n & b \\
\end{array}$$

$$\begin{bmatrix}
1 & \cdots & -\frac{a_{1k}}{a_{lk}} & \cdots & 0 & a'_{1,m+1} & \cdots & 0 & \cdots & a'_{1n} & b'_1 \\
\vdots & & \vdots & & & \vdots & & & & \vdots & \vdots \\
0 & \cdots & +\frac{1}{a_{1k}} & \cdots & 0 & a'_{l,m+1} & \cdots & 1 & \cdots & a'_{ln} & b'_l \\
\vdots & & \vdots & & & \vdots & & & & \vdots & \vdots \\
0 & \cdots & -\frac{a_{mk}}{a_{lk}} & \cdots & 1 & a'_{m,m+1} & \cdots & 0 & \cdots & a'_{mn} & b'_m
\end{bmatrix}$$

(1-36)

（4）由式（1-36）中可以看到 $x_1, x_2, \cdots, x_k, \cdots, x_m$ 的系数列向量构成 $m \times m$ 单位矩阵，它是可行基，当非基变量 $x_{m+1}, \cdots, x_i, \cdots, x_n$ 为零时，就得到一个基可行解 $X^{(1)}$。

$$X^{(1)} = (b'_1 \cdots b'_{l-1}, 0, b'_{l+1} \cdots b'_m, 0 \cdots b'_k, 0 \cdots 0)^T$$

在上述系数矩阵的变换中，元素 a_{lk} 称为主元素，它所在列称为主元列，它所在行称为主元行。元素 a_{lk} 位置变换后为 1。

例 7：试用上述方法计算例 6 的两个基变换。

解：将例 6 的约束方程组的系数矩阵写成增广矩阵

$$\begin{pmatrix} x_1 & x_2 & x_3 & x_4 & x_5 & b \\ 1 & 2 & 1 & 0 & 0 & 8 \\ 4 & 0 & 0 & 1 & 0 & 16 \\ 0 & 4 & 0 & 0 & 1 & 12 \end{pmatrix}$$

当以 x_3，x_4，x_5 为基变量，x_1，x_2 为非基变量，令 x_1，$x_2 = 0$，可得到一个基可行解

$$X^{(0)} = (0, 0, 8, 16, 12)^T$$

现用 x_2 去替换 x_5，于是将 x_3，x_4，x_2 的系数矩阵变换为单位矩阵，经变换后为

$$\begin{pmatrix} x_1 & x_2 & x_3 & x_4 & x_5 & b \\ 1 & 0 & 1 & 0 & -\frac{1}{2} & 2 \\ 4 & 0 & 0 & 1 & 0 & 16 \\ 0 & 1 & 0 & 0 & \frac{1}{4} & 3 \end{pmatrix}$$

令非基变量 x_1，$x_5 = 0$，得到新的基可行解

$$X^{(1)} = (0, 3, 2, 16, 0)^T$$

1.4 单纯形法的计算步骤

根据以上讨论的结果，将求解线性规划问题的单纯形法的计算步骤归纳如下。

1.4.1 单纯形表

为了便于理解计算关系，现设计一种计算表，称为单纯形表，其功能与增广矩阵相似，下面来建立这种计算表。

将式（1-22）与目标函数组成 $n+1$ 个变量，$m+1$ 个方程的方程组。

$$\begin{aligned} x_1 \qquad\qquad\qquad + a_{1m+1}x_{m+1} + \cdots + a_{1n}x_n &= b_1 \\ x_2 \qquad\qquad\qquad + a_{2m+1}x_{m+1} + \cdots + a_{2n}x_n &= b_2 \\ \cdots \\ x_m + a_{mm+1}x_{m+1} + \cdots + a_{mn}x_n &= b_m \\ -z + c_1 x_1 + c_2 x_2 + \cdots + c_m x_m + c_{m+1}x_{m+1} + \cdots + c_n x_n &= 0 \end{aligned}$$

为了便于迭代运算，可将上述方程组写成增广矩阵形式

$$\begin{bmatrix} -z & x_1 & x_2 & \cdots & x_m & x_{m+1} & \cdots & x_n & b \\ 0 & 1 & 0 & \cdots & 0 & a_{1,m+1} & \cdots & a_{1n} & b_1 \\ 0 & 0 & 1 & \cdots & 0 & a_{2,m+1} & \cdots & a_{2n} & b_2 \\ & & & \vdots & & & & & \\ 0 & 0 & 0 & \cdots & 1 & a_{m,m+1} & \cdots & a_{mn} & b_m \\ 1 & c_1 & c_2 & \cdots & c_m & c_{m+1} & \cdots & c_n & 0 \end{bmatrix}$$

若将 z 看作不参与基变换的基变量，它与 $x_1, x_2, \cdots, x_m$ 的系数构成一个基，这时可采用行初等变换将 $c_1, c_2, \cdots, c_m$ 变换为零，使其对应的系数矩阵为单位矩阵。得到

$$\begin{bmatrix} -z & x_1 & x_2 & \cdots & x_m & x_{m+1} & \cdots & x_n & b \\ 0 & 1 & 0 & \cdots & 0 & a_{1,m+1} & \cdots & a_{1n} & b_1 \\ 0 & 0 & 1 & \cdots & 0 & a_{2,m+1} & \cdots & a_{2n} & b_2 \\ \vdots & \vdots & \vdots & & \vdots & \vdots & & \vdots & \vdots \\ 0 & 0 & 0 & \cdots & 1 & a_{m,m+1} & \cdots & a_{mn} & b_m \\ 1 & 0 & 0 & \cdots & 0 & c_{m+1} - \sum_{i=1}^{m} c_i a_{i,m+1} & \cdots & c_n - \sum_{i=1}^{m} c_i a_{in} & -\sum_{i=1}^{m} c_i b_i \end{bmatrix}$$

可根据上述增广矩阵设计计算表，见表 1-2。

表 1-2

C_B	X_B	b	$c_j \rightarrow$ x_1	$\cdots$	c_m x_m	c_{m+1} x_{m+1}	$\cdots$	c_n x_n	θ_i
c_1	x_1	b_1	1	$\cdots$	0	$a_{1,m+1}$	$\cdots$	a_{1n}	θ_1
c_2	x_2	b_2	0	$\cdots$	0	$a_{2,m+1}$	$\cdots$	a_{2n}	θ_2
$\cdots$	$\cdots$	$\cdots$	$\cdots$	$\cdots$	$\cdots$	$\cdots$	$\cdots$	$\cdots$	$\cdots$
c_m	x_m	b_m	0	$\cdots$	1	$a_{m,m+1}$	$\cdots$	a_{mn}	θ_m
	$c_j - z_j$		0	$\cdots$	0	$c_{m+1} - \sum_{i=1}^{m} c_i a_{i,m+1}$	$\cdots$	$c_n - \sum_{i=1}^{m} c_i a_{in}$	

X_B 列中填入基变量，这里是 $x_1, x_2, \cdots, x_m$；

C_B 列中填入基变量的价值系数，这里是 $c_1, c_2, \cdots, c_m$；它们是与基变量相对应的；

b 列中填入约束方程组右端的常数；

c_j 行中填入基变量的价值系数 $c_1, c_2, \cdots, c_n$；

θ_i 列的数字是在确定换入变量后，按 θ 规则计算后填入；

最后一行称为检验数行，对应各非基变量 x_j 的检验数是：

$$c_j - \sum_{i=1}^{m} c_i a_{ij}, \quad j = 1, 2, \cdots, n$$

表 1-2 称为初始单纯形表，每迭代一步构造一个新单纯形表。

1.4.2 计算步骤

（1）找出初始可行基，确定初始基可行解，建立初始单纯形表。

（2）检验各非基变量 x_j 的检验数是

$$\sigma_j = c_j - \sum_{i=1}^{m} c_i a_{ij}, \quad 若 \sigma_j \leq 0, \ j = m+1, \cdots, n$$

则已得到最优解，可停止计算。否则转入下一步。

（3）在 $\sigma_j > 0$，$j = m+1, \cdots, n$ 中，若有某个 σ_k 对应 x_k 的系数列向量 $P_k \leq 0$，则此问题是无界，停止计算。否则，转入下一步。

（4）根据 $\max(\sigma_j > 0) = \sigma_k$，确定 x_k 为换入变量，按 θ 规则计算

$$\theta = \min\left(\frac{b_i}{a_{ik}} \ \middle| \ a_{ik} > 0\right) = \frac{b_l}{a_{lk}}$$

可确定 x_l 为换出变量，转入下一步。

（5）以 a_{lk} 为主元素进行迭代（即用高斯消去法或称为旋转运算），把 x_k 所对应的列向量

$$P_k = \begin{pmatrix} a_{1k} \\ a_{2k} \\ \vdots \\ a_{lk} \\ \vdots \\ a_{mk} \end{pmatrix} 变换 \Rightarrow \begin{pmatrix} 0 \\ 0 \\ \vdots \\ 1 \\ \vdots \\ 0 \end{pmatrix} \leftarrow 第\ l\ 行$$

将 X_B 列中的 x_l 换为 x_k，得到新的单纯形表。重复（2）～（5），直到终止。

现用例1的标准型来说明上述计算步骤。

（1）根据例1的标准型，取松弛变量 x_3，x_4，x_5 为基变量，它对应的单位矩阵为基。这就得到初始基可行解

$$X^{(0)} = (0, 0, 8, 16, 12)^T$$

将有关数字填入表中，得到初始单纯形表，见表1-3。

表 1-3

	$c_j \rightarrow$		2	3	0	0	0	
C_B	X_B	b	x_1	x_2	x_3	x_4	x_5	θ_i
0	x_3	8	1	2	1	0	0	4

续表

$c_j \rightarrow$			2	3	0	0	0	θ_i
C_B	X_B	b	x_1	x_2	x_3	x_4	x_5	
0	x_4	16	4	0	0	1	0	—
0	x_5	12	0	[4]	0	0	1	3
	$c_j - z_j$		2	3	0	0	0	

表1-3中左上角的 c_j 是表示目标函数中各变量的价值系数。在 C_B 列填入初始基变量的价值系数，它们都为零，各非基变量的检验数为

$$\sigma_1 = c_1 - z_1 = 2 - (0 \times 1 + 0 \times 4 + 0 \times 0) = 2$$
$$\sigma_2 = c_2 - z_2 = 3 - (0 \times 2 + 0 \times 0 + 0 \times 4) = 3$$

(2) 因检验数都大于零，且 P_1，P_2 有正分量存在，转入下一步；

(3) $\max(\sigma_1, \sigma_2) = \max(2, 3) = 3$，对应的变量 x_2 为换入变量，计算 θ

$$\theta = \min_i \left(\frac{b_i}{a_{i2}} \middle| a_{i2} > 0 \right) = \min(8/2, \ -, \ 12/4) = 3$$

它所在行对应的 x_5 为换出变量。x_2 所在列和 x_5 所在行的交叉处 [4] 称为主元素或枢元素（pivot element）。

(4) 以 [4] 为主元素进行旋转运算，即初等行变换，使 P_2 变换为 $(0, 0, 1)^T$，在 X_B 列中将 x_2 替换 x_5，于是得到新表1-4。

表1-4

$c_j \rightarrow$			2	3	0	0	0	θ_i
C_B	X_B	b	x_1	x_2	x_3	x_4	x_5	
0	x_3	2	[1]	0	1	0	-1/2	2
0	x_4	16	4	0	0	1	0	4
3	x_2	3	0	1	0	0	1/4	—
	$c_j - z_j$		2	0	0	0	-3/4	

b 列的数字是 $x_3 = 2$，$x_4 = 16$，$x_2 = 3$。

于是得到新的基可行解 $X^{(1)} = (0, 3, 2, 16, 0)^T$。

目标函数的取值 $z = 9$。

(5) 检查表1-4的所有 $c_j - z_j$，这时有 $c_1 - z_1 = 2$；说明 x_1 应为换入变量。重复 (2)~(4) 的计算步骤，得表1-5。

表 1-5

$c_j \rightarrow$			2	3	0	0	0	θ_i
C_B	X_B	b	x_1	x_2	x_3	x_4	x_5	
2	x_1	2	1	0	1	0	-1/2	—
0	x_4	8	0	0	-4	1	[2]	4
3	x_2	3	0	1	0	0	1/4	12
$c_j - z_j$			0	0	-2	0	1/4	
2	x_1	4	1	0	0	1/4	0	
0	x_5	4	0	0	-2	1/2	1	
3	x_2	2	0	1	1/2	-1/8	0	
$c_j - z_j$			0	0	-3/2	-1/8	0	

（6）表 1-5 最后一行的所有检验数都已为负或零。这表示目标函数值已不可能再增大，于是得到最优解

$$X^* = X^{(3)} = (4, 2, 0, 0, 4)^T$$

目标函数值

$$z^* = 14$$

1.5 单纯形法的进一步讨论

1.5.1 人工变量法

在 1.3.2 节中提到用人工变量法可以得到初始基可行解。这里加以讨论。

设线性规划问题的约束条件是 $\sum_{j=1}^{n} P_j x_j = b$

分别给每一个约束方程加入人工变量 $x_{n+1}, \cdots, x_{n+m}$，得到

$$\begin{cases} a_{11}x_1 + a_{12}x_2 + \cdots + a_{1n}x_n + x_{n+1} = b_1 \\ a_{21}x_1 + a_{22}x_2 + \cdots + a_{2n}x_n \quad\quad + x_{n+2} = b_2 \\ \cdots \\ a_{m1}x_1 + a_{m2}x_2 + \cdots + a_{mn}x_n \quad\quad\quad + x_{n+m} = b_m \\ x_1, x_2, \cdots, x_n \geq 0, x_{n+1}, \cdots, x_{n+m} \geq 0 \end{cases}$$

以 $x_{n+1}, \cdots, x_{n+m}$ 为基变量，并可得到一个 $m \times m$ 单位矩阵。令非基变量 $x_1, x_2, \cdots, x_n$ 为零，便可得到一个初始基可行解 $X^{(0)} =$

$(0, 0, \cdots, 0, b_1, b_2, \cdots, b_m)^T$。因为人工变量是后加入到原约束条件中的虚拟变量,要求经过基的变换将它们从基变量中逐个替换出来。基变量中不再含有非零的人工变量,这表示原问题有解。若在最终表中当所有 $c_j - z_j \leq 0$,而在其中还有某个非零人工变量,这表示无可行解。

1. 大 M 法

在一个线性规划问题的约束条件中加进人工变量后,要求人工变量对目标函数取值不受影响,为此假定人工变量在目标函数中的系数为 $(-M)$(M 为任意大的正数),这样目标函数要实现最大化时,必须把人工变量从基变量换出。否则目标函数不可能实现最大化。

例 8:现有线性规划问题

$$\min z = -3x_1 + x_2 + x_3$$

$$\begin{cases} x_1 - 2x_2 + x_3 \leq 11 \\ -4x_1 + x_2 + 2x_3 \geq 3 \\ -2x_1 + x_3 = 1 \\ x_1, x_2, x_3 \geq 0 \end{cases}$$

试用大 M 法求解。

解:在上述问题的约束条件中加入松弛变量 x_4,剩余变量 x_5,人工变量 x_6, x_7,得到

$$\min z = -3x_1 + x_2 + x_3 + 0x_4 + 0x_5 + Mx_6 + Mx_7$$

$$\begin{cases} x_1 - 2x_2 + x_3 + x_4 = 11 \\ -4x_1 + x_2 + 2x_3 - x_5 + x_6 = 3 \\ -2x_1 + x_3 + x_7 = 1 \\ x_1, x_2, x_3, x_4, x_5, x_6, x_7 \geq 0 \end{cases}$$

这里 M 是一个任意大的正数。

用单纯形法进行计算时,见表 1-6。因本例的目标函数是要求 min,所以用所有 $c_j - z_j \geq 0$ 来判别目标函数是否实现了最小化。表 1-6 的最终表表明得到最优解是:$x_1 = 4$, $x_2 = 1$, $x_3 = 9$, $x_4 = x_5 = x_6 = x_7 = 0$,目标函数 $z = -2$。

表 1-6

	$c_j \rightarrow$		-3	1	1	0	0	M	M	θ_i
C_B	X_B	b	x_1	x_2	x_3	x_4	x_5	x_6	x_7	
0	x_4	11	1	-2	1	1	0	0	0	11
M	x_6	3	-4	1	2	0	-1	1	0	$3/2$

续表

$c_j \rightarrow$			-3	1	1	0	0	M	M	θ_i
C_B	X_B	b	x_1	x_2	x_3	x_4	x_5	x_6	x_7	
M	x_7	1	-2	0	[1]	0	0	0	1	1
	$c_j - z_j$		-3+6M	1-M	1-3M	0	M	0	0	
0	x_4	10	3	-2	0	1	0	0	-1	
M	x_6	1	0	[1]	0	0	-1	1	-2	1
1	x_3	1	-2	0	1	0	0	0	1	
	$c_j - z_j$		-1	1-M	0	0	M	0	3M-1	
0	x_4	12	[3]	0	0	1	-2	2	-5	4
1	x_2	1	0	1	0	0	-1	1	-2	
1	x_3	1	-2	0	1	0	0	0	1	
	$c_j - z_j$		-1	0	0	0	1	M-1	M+1	
-3	x_1	4	1	0	0	1/3	-2/3	2/3	-5/3	
1	x_2	1	0	1	0	0	-1	1	-2	
1	x_3	9	0	0	1	2/3	-4/3	4/3	-7/3	
	$c_j - z_j$		0	0	0	1/3	1/3	M-1/3	M-2/3	

2. 两阶段法

下面介绍求解加入人工变量的线性规划问题的两阶段法。

第一阶段：不考虑原问题是否存在基可行解；给原线性规划问题加入人工变量，并构造仅含人工变量的目标函数和要求实现最小化。如

$$\min \omega = x_{n+1} + \cdots + x_{n+m} + 0x_1 + \cdots + 0x_n$$

$$\begin{cases} a_{11}x_1 + \cdots + a_{1n}x_n + x_{n+1} = b_1 \\ a_{21}x_1 + \cdots + a_{2n}x_n + x_{n+2} = b_2 \\ \cdots \\ a_{m1}x_1 + \cdots + a_{mn}x_n + x_{n+m} = b_m \\ x_1, x_2, \cdots, x_{n+m} \geq 0 \end{cases}$$

然后用单纯形法求解上述模型，若得到 $\omega = 0$，这说明原问题存在基可行解，可以进行第二段计算。否则原问题无可行解，应停止计算。

第二阶段：将第一阶段计算得到的最终表，除去人工变量。将目标函数行的系数，换原问题的目标函数系数，作为第二阶段计算的初始表。

各阶段的计算方法及步骤与 1.3 节单纯形法相同。下面举例

说明。

例9：线性规划问题

$$\min z = -3x_1 + x_2 + x_3$$

$$\begin{cases} x_1 - 2x_2 + x_3 \leq 11 \\ -4x_1 + x_2 + 2x_3 \geq 3 \\ -2x_1 + x_3 = 1 \\ x_1, \ x_2, \ x_3 \geq 0 \end{cases}$$

试用两阶段法求解。

解：先在上述线性规划问题的约束方程中加入人工变量，给出第一阶段的数学模型为：

$$\min \omega = x_6 + x_7$$

$$\begin{cases} x_1 - 2x_2 + x_3 + x_4 = 11 \\ -4x_1 + x_2 + 2x_3 - x_5 + x_6 = 3 \\ -2x_1 + x_3 + x_7 = 1 \\ x_1, \ x_2, \ x_3, \ x_4, \ x_5, \ x_6, \ x_7 \geq 0 \end{cases}$$

这里 x_6，x_7 是人工变量。用单纯形法求解，见表1-7。第一阶段求得的结果是 $\omega = 0$，得到最优解是

$$x_1 = 0, \ x_2 = 1, \ x_3 = 1, \ x_4 = 12, \ x_5 = x_6 = x_7 = 0$$

表1-7

C_B	X_B	$c_j \rightarrow$ b	0 x_1	0 x_2	0 x_3	0 x_4	0 x_5	1 x_6	1 x_7	θ_i
0	x_4	11	1	-2	1	1	0	0	0	11
1	x_6	3	-4	1	2	0	-1	1	0	3/2
1	x_7	1	-2	0	[1]	0	0	0	1	1
	$c_j - z_j$		6	-1	-3	0	1	0	0	
0	x_4	10	3	-2	0	1	0	0	-1	—
1	x_6	1	0	[1]	0	0	-1	1	-2	1
0	x_3	1	-2	0	1	0	0	0	1	—
	$c_j - z_j$		0	-1	0	0	1	0	3	
0	x_4	12	3	0	0	1	-2	2	-5	4
0	x_2	1	0	1	0	0	-1	1	-2	
0	x_3	1	-2	0	1	0	0	0	1	
	$c_j - z_j$		0	0	0	0	0	1	1	

因人工变量 $x_6 = x_7 = 0$，所以 $(0, 1, 1, 12, 0)^T$ 是这线性规划问题的基可行解。于是可以进行第二阶段运算。将第一阶段的最终表中的人工变量取消填入原问题的目标函数的系数。进行第二阶段计算，见表 1-8。

表 1-8

C_B	X_B	b	$c_j \rightarrow$ x_1	-3 x_2	1 x_3	1 x_4	0 x_5	0 θ_i
0	x_4	12	[3]	0	0	1	-2	4
1	x_2	1	0	1	0	0	-1	—
1	x_3	1	-2	0	1	0	0	—
	$c_j - z_j$		-1	0	0	0	1	
-3	x_1	4	1	0	0	1/3	$-2/3$	
1	x_2	1	0	1	0	0	-1	
1	x_3	9	0	0	1	2/3	$-4/3$	
	$c_j - z_j$		0	0	0	1/3	1/3	

从表 1-8 中得到最优解为 $x_1 = 4$，$x_2 = 1$，$x_3 = 9$，目标函数值 $z = -2$。

1.5.2 退化

单纯形法计算中用 θ 规则确定换出变量时，有时存在两个以上相同的最小比值，这样在下一次迭代中就有一个或几个基变量等于零，这就出现退化解。这时换出变量 $x_l = 0$，迭代后目标函数值不变。这时不同基表示为同一顶点。有人构造了一个特例，当出现退化时，进行多次迭代，而基从 B_1，B_2，…，又返回到 B_1，即出现计算过程的循环，便永远达不到最优解。

尽管计算过程的循环现象极少出现，但还是有可能的。如何解决这问题？先后有人提出了"摄动法"，"字典序法"。1974 年由勃兰特（Bland）提出一种简便的规则，简称勃兰特规则：

(1) 选取 $c_j - z_j > 0$ 中下标最小的非基变量 x_k 为换入变量，即
$$k = \min(j \mid c_j - z_j > 0)$$

(2) 当按 θ 规则计算存在两个和两个以上最小比值时，选取下标最小的基变量为换出变量。

按勃兰特规则计算时，一定能避免出现循环。

1.5.3 检验数的几种表示形式

本书以 $\max z = CX$；$AX = b$，$X \geqslant 0$ 为标准型；以 $c_j - z_j \leqslant 0$，$(j = 1, 2, \cdots, n)$ 为最优解的判别准则。还有其他的形式。为了避免混淆，现将几种情况归纳如下。

设 $x_1, x_2, \cdots, x_m$ 为约束方程的基变量，于是可得

$$x_i = b_i - \sum_{j=m+1}^{n} a_{ij} x_j, \quad i = 1, 2, \cdots, m$$

将它们代入目标函数后，可有两种表达形式

$$(1) \quad z = \sum_{i=1}^{m} c_i b_i + \sum_{j=m+1}^{n} \left(c_j - \sum_{i=1}^{m} c_i a_{ij} \right) x_j \tag{1-37}$$

$$= z_0 + \sum_{j=m+1}^{n} (c_j - z_j) x_j$$

$$(2) \quad z = \sum_{i=1}^{m} c_i b_i - \sum_{j=m+1}^{n} \left(\sum_{i=1}^{m} c_i a_{ij} - c_j \right) x_j \tag{1-38}$$

$$= z_0 - \sum_{j=m+1}^{n} (z_j - c_j) x_j$$

要求目标函数实现最大化时，若用式（1-37）来分析，就得到 $c_j - z_j \leqslant 0 (j = 1, 2, \cdots, n)$ 的判别准则。若用式（1-38）来分析，就得到 $z_j - c_j \geqslant 0 (j = 1, 2, \cdots, n)$ 的判别准则。

同样，在要求目标函数实现最小化时，可用式（1-37）或式（1-38）来分析，这时分别用 $c_j - z_j \geqslant 0$ 或 $z_j - c_j \leqslant 0 (j = 1, 2, \cdots, n)$ 来判别目标函数已达到最小。现将几种情况汇总于表 1-9。

表 1-9

标准型 检验数	$\max z = CX$ $AX = b, X \geqslant 0$	$\min z = CX$ $AX = b, X \geqslant 0$
$c_j - z_j$	$\leqslant 0$	$\geqslant 0$
$z_j - c_j$	$\geqslant 0$	$\leqslant 0$

1.5.4 单纯形法小结

（1）根据实际问题给出数学模型，列出初始单纯形表。进行标准化，见表 1-10。

分别以每个约束条件中的松弛变量或人工变量为基变量，列出初始单纯形表。

（2）对目标函数求 max 的线性规划问题，用单纯形法计算步骤的框图见图 1-9。

表 1-10

变量	$x_j \geq 0$		不需要处理
	$x_j \leq 0$		令 $x_j' = -x_j$；$x_j' \geq 0$
	x_j 无约束		令 $x_j = x_j' - x_j''$；$x_j', x_j'' \geq 0$
约束条件	$b \geq 0$		不需要处理
	$b < 0$		约束条件两端同乘 -1
	$\leq$		加松弛变量 x_{si}
	$=$		加人工变量 x_{ai}
	$\geq$		减去剩余（松弛）变量 x_{si}，加人工变量 x_{ai}
目标函数	max z		不需要处理
	min z		令 $z' = -z$，求 max z'
	加入变量的系数	松弛变量 x_{si}	0
		人工变量 x_{ai}	$-M$

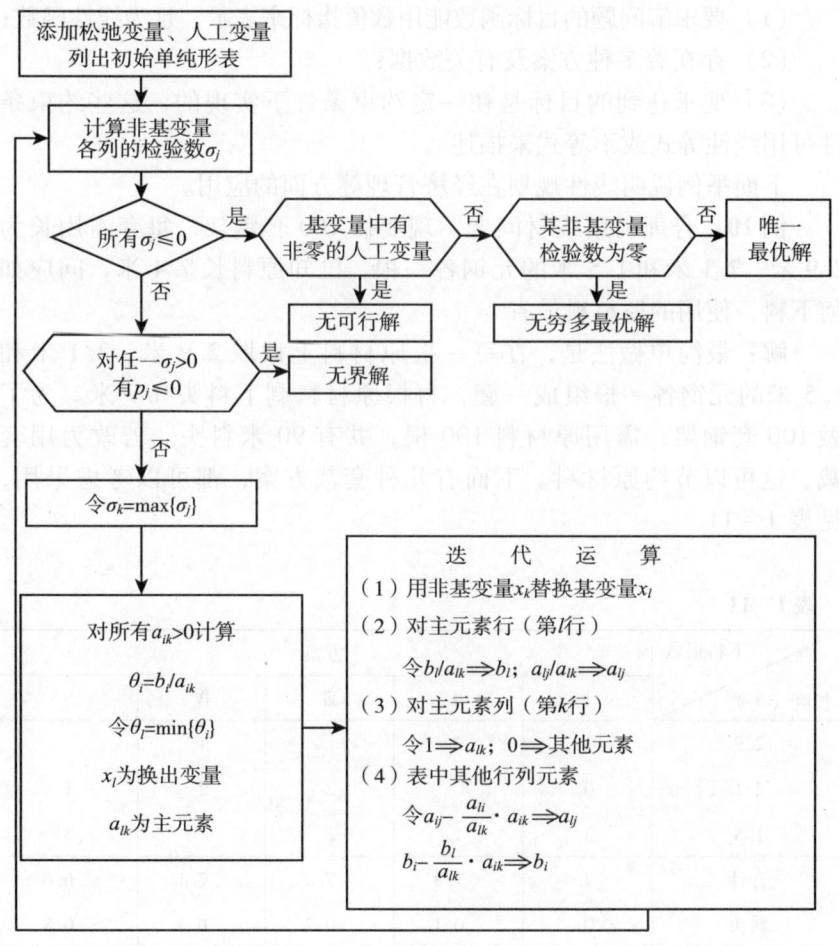

图 1-9

需要说明的是，以上所讲述的单纯形法求解线性规划问题的过程，针对的是标准型的线性规划问题模型。在这里我们规定其标准型的目标函数为极大化，约束条件方程为等式，决策变量为非负。对于目标函数为极小化，约束条件方程为等式，决策变量为非负的线性规划问题模型也可以采用单纯形法求解，只是此时最优解的判别标准，以及换入变量的确定标准有所改变。

1.6 应用举例

一般讲，一个经济、管理问题凡满足以下条件时，才能建立线性规划的模型。

（1）要求解问题的目标函数能用数值指标来表示，且为线性函数；
（2）存在着多种方案及有关数据；
（3）要求达到的目标是在一定约束条件下实现的，这些约束条件可用线性等式或不等式来描述。

下面举例说明线性规划在经济管理等方面的应用。

例 10：合理利用线材问题。现要做 100 套钢架，每套需用长为 2.9 米、2.1 米和 1.5 米的元钢各一根。已知原料长 7.4 米，问应如何下料，使用的原材料最省。

解：最简单做法是，在每一根原材料上截取 2.9 米、2.1 米和 1.5 米的元钢各一根组成一套，每根原材料剩下料头 0.9 米。为了做 100 套钢架，需用原材料 100 根，共有 90 米料头。若改为用套裁，这可以节约原材料。下面有几种套裁方案，都可以考虑采用，见表 1-11。

表 1-11

长度（米） \ 下料根数	方案 I	方案 II	方案 III	方案 IV	方案 V
2.9	1	2		1	
2.1	0	0	2	2	1
1.5	3	1	2		3
合计	7.4	7.3	7.2	7.1	6.6
料头	0	0.1	0.2	0.3	0.8

为了得到 100 套钢架，需要混合使用各种下料方案。设按 I 方案

下料的原材料根数为 x_1，Ⅱ方案为 x_2，Ⅲ方案为 x_3，Ⅳ方案为 x_4，Ⅴ方案为 x_5。根据表 1-11 的方案，可列出以下数学模型：

$$\min z = 0x_1 + 0.1x_2 + 0.2x_3 + 0.3x_4 + 0.8x_5$$

$$\begin{cases} x_1 + 2x_2 + x_4 = 100 \\ 2x_3 + 2x_4 + x_5 = 100 \\ 3x_1 + x_2 + 2x_3 + 3x_5 = 100 \\ x_1, x_2, x_3, x_4, x_5 \geq 0 \end{cases}$$

在以上约束条件中加入人工变量 x_6, x_7, x_8；然后用表 1-12 进行计算。

表 1-12

	$c_j \rightarrow$		0	-0.1	-0.2	-0.3	-0.8	-M	-M	-M	
C_B	X_B	b	x_1	x_2	x_3	x_4	x_5	x_6	x_7	x_8	θ_i
-M	x_6	100	1	2	0	1	0	1	0	0	$\frac{100}{1}$
-M	x_7	100	0	0	2	2	1	0	1	0	—
-M	x_8	100	[3]	1	2	0	3	0	0	1	$\frac{100}{3}$
	$c_j - z_j$		4M	-0.1+3M	-0.2+4M	-0.3+3M	-0.8+4M	0	0	0	
-M	x_6	200/3	0	5/3	-2/3	1	-1	1	0	-1/3	$\frac{200}{3}$
-M	x_7	100	0	0	2	[2]	1	0	1	0	$\frac{100}{2}$
0	x_1	100/3	1	1/3	2/3	0	1	0	0	1/3	—
	$c_j - z_j$		0	-0.1+5/3M	-0.2+4/3M	-0.3+3M	-0.8	0	0	-4/3M	
-M	x_6	50/3	0	[5/3]	-5/3	0	-3/2	1	-1/2	-1/3	$\frac{150}{15}$
-0.3	x_4	50	0	0	1	1	1/2	0	1/2	0	
0	x_1	100/3	1	1/3	2/3	0	1	0	0	1/3	$\frac{100}{1}$
	$c_j - z_j$		0	-0.1+5/3M	0.1-5/3M	0	-0.65-3/2M	0	0.15-3/2M	-4/3M	
0.1	x_2	10	0	1	-1	0	-9/10	3/5	-3/10	-1/5	
-0.3	x_4	50	0	0	1	1	1/2	0	1/2	0	
0	x_1	30	1	0	1	0	13/10	-1/5	1/10	2/5	
	$c_j - z_j$		0	0	0	0	-0.74	-M+0.06	-M+0.12	-M-0.02	

由计算得到最优下料方案是：按 I 方案下料 30 根；II 方案下料 10 根；IV 方案下料 50 根。即需 90 根原材料可以制造 100 套钢架。

例 11：配料问题。

某工厂要用三种原材料 C、P、H 混合调配出三种不同规格的产品 A、B、D。已知产品的规格要求、产品单价、每天能供应的原材料数量及原材料单价，分别见表 1–13 和表 1–14。该厂应如何安排生产，使利润收入为最大？

表 1–13

产品名称	规格要求	单价（元/公斤）
A	原材料 C 不少于 50% 原材料 P 不超过 25%	50
B	原材料 C 不少于 25% 原材料 P 不超过 50%	35
D	不限	25

表 1–14

原材料名称	每天最多供应量（公斤）	单价（元/公斤）
C	100	65
P	100	25
H	60	35

解：如以 A_C 表示产品 A 中 C 的成分，A_P 表示产品 A 中 P 的成分，依次类推。

根据表 1–13 有：

$$A_C \geq \frac{1}{2}A, \quad A_P \leq \frac{1}{4}A, \quad B_C \geq \frac{1}{4}B, \quad B_P \leq \frac{1}{2}B \quad (1-39)$$

这里

$$A_C + A_P + A_H = A \quad (1-40)$$
$$B_C + B_P + B_H = B$$

将式（1–40）逐个代入式（1–39）并整理得到：$-\frac{1}{2}A_C + \frac{1}{2}A_P + \frac{1}{2}A_H \leq 0$

本例中存在多重最优解，请读者自检。

$$-\frac{1}{4}A_C + \frac{3}{4}A_P - \frac{1}{4}A_H \leq 0$$

$$-\frac{3}{4}B_C + \frac{1}{4}B_P + \frac{1}{4}B_H \leq 0$$

$$-\frac{1}{2}B_C + \frac{1}{2}B_P - \frac{1}{2}B_H \leq 0$$

表 1-14 表明这些原材料供应数量的限额。加入到产品 A、B、D 的原材料 C 总量每天不超过 100 公斤，P 的总量不超过 100 公斤，H 总量不超过 60 公斤。由此

$$A_C + B_C + D_C \leq 100$$
$$A_P + B_P + D_P \leq 100$$
$$A_H + B_H + D_H \leq 60$$

在约束条件中共有 9 个变量，为计算和叙述方便，分别用 $x_1, \cdots, x_9$ 表示。令

$$x_1 = A_C \quad x_2 = A_P \quad x_3 = A_H$$
$$x_4 = B_C \quad x_5 = B_P \quad x_6 = B_H$$
$$x_7 = D_C \quad x_8 = D_P \quad x_9 = D_H$$

由此约束条件可表示为：

$$\begin{cases} -\frac{1}{2}x_1 + \frac{1}{2}x_2 + \frac{1}{2}x_3 & \leq 0 \\ -\frac{1}{4}x_1 + \frac{3}{4}x_2 - \frac{1}{4}x_3 & \leq 0 \\ \quad -\frac{3}{4}x_4 + \frac{1}{4}x_5 + \frac{1}{4}x_6 & \leq 0 \\ \quad -\frac{1}{2}x_4 + \frac{1}{2}x_5 - \frac{1}{2}x_6 & \leq 0 \\ x_1 \quad\quad + x_4 \quad\quad + x_7 \quad\quad \leq 100 \\ \quad x_2 \quad\quad + x_5 \quad\quad + x_8 \quad \leq 100 \\ \quad\quad x_3 \quad\quad + x_6 \quad\quad + x_9 \leq 60 \\ x_1, \cdots, x_9 \geq 0 \end{cases}$$

我们的目的是使利润最大，即产品价格减去原材料的价格为最大。

产品价格为： $50(x_1 + x_2 + x_3)$ ——产品 A
$35(x_4 + x_5 + x_6)$ ——产品 B
$25(x_7 + x_8 + x_9)$ ——产品 D

原材料价格为： $65(x_1 + x_4 + x_7)$ ——原材料 C
$25(x_2 + x_5 + x_8)$ ——原材料 P
$35(x_3 + x_6 + x_9)$ ——原材料 H

目标函数
$$\begin{aligned}\max z &= 50(x_1 + x_2 + x_3) + 35(x_4 + x_5 + x_6) + 25(x_7 + x_8 + x_9) \\ &\quad - 65(x_1 + x_4 + x_7) - 25(x_2 + x_5 + x_8) - 35(x_3 + x_6 + x_9) \\ &= -15x_1 + 25x_2 + 15x_3 - 30x_4 + 10x_5 - 40x_7 - 10x_9\end{aligned}$$

为了得到初始解，在约束条件中加入松弛变量 $x_{10} \sim x_{16}$，得到数学模型：

$$\max z = -15x_1 + 25x_2 + 15x_3 - 30x_4 + 10x_5 - 40x_7 - 10x_9 + 0 \times (x_{10} + x_{11} + x_{12} + x_{13} + x_{14} + x_{15} + x_{16})$$

$$\begin{cases} -\frac{1}{2}x_1 + \frac{1}{2}x_2 + \frac{1}{2}x_3 + x_{10} = 0 \\ -\frac{1}{4}x_1 + \frac{3}{4}x_2 - \frac{1}{4}x_3 + x_{11} = 0 \\ -\frac{3}{4}x_4 + \frac{1}{4}x_5 + \frac{1}{4}x_6 + x_{12} = 0 \\ -\frac{1}{2}x_4 + \frac{1}{2}x_5 - \frac{1}{2}x_6 + x_{13} = 0 \\ x_1 + x_4 + x_7 + x_{14} = 100 \\ x_2 + x_5 + x_8 + x_{15} = 100 \\ x_3 + x_6 + x_9 + x_{16} = 60 \\ x_i \geq 0, \; i = 1, 2, \cdots, 16 \end{cases}$$

上述数学模型，可用单纯形法计算，计算结果是：每天只生产产品 A 为 200 公斤，分别需要用原料 C 为 100 公斤；P 为 50 公斤；H 为 50 公斤。

总的利润收入是 $z = 500$ 元/天

例 12：生产与库存的优化安排。

某工厂生产五种产品（$i = 1, \cdots, 5$），上半年各月对每种产品的最大市场需求量为 $d_{ij}(i = 1, \cdots, 5; j = 1, \cdots, 6)$。已知每件产品的单件售价为 S_i 元，生产每件产品所需要工时为 a_i，单件成本为 C_i 元；该工厂上半年各月正常生产工时为 $r_j(j = 1, \cdots, 6)$，各月内允许的最大加班工时为 r'_j；C'_i 为加班单件成本。又每月生产的各种产品如当月销售不完，可以库存。库存费用为 H_i（元/件·月）。假设 1 月初所有产品的库存为零，要求 6 月底各产品库存量分别为 k_i 件。现要求为该工厂制订一个生产计划，在尽可能利用生产能力的条件下，获取最大利润。

解：设 x_{ij}，x'_{ij} 分别为该工厂第 i 种产品的第 j 个月在正常时间和加班时间内的生产量；y_{ij} 为 i 种产品在第 j 月的销售量，ω_{ij} 为第 i 种产品第 j 月末的库存量。根据题意，可用以下模型描述：

（1）各种产品每月的生产量不能超过允许的生产能力，表示为：

$$\sum_{i=1}^{5} a_i x_{ij} \leq r_j \quad (j = 1, \cdots, 6)$$

$$\sum_{i=1}^{5} a_i x'_{ij} \leq r'_j \quad (j = 1, \cdots, 6)$$

(2) 各种产品每月销售量不超过市场最大需求量

$$y_{ij} \leq d_{ij} \quad (i=1, \cdots, 5; j=1, \cdots, 6)$$

(3) 每月末库存量等于上月末库存量加上该月产量减掉当月的销售量

$$\omega_{ij} = \omega_{i,j-1} + x_{ij} + x'_{ij} - y_{ij} \quad (i=1, \cdots, 5; j=1, \cdots, 6);$$

其中 $\omega_{i0} = 0,\ \omega_{i6} = k_i$

(4) 满足各变量的非负约束

$$x_{ij} \geq 0,\ x'_{ij} \geq 0,\ y_{ij} \geq 0,\ (i=1, \cdots, 5; j=1, \cdots, 6)$$

$$\omega_{ij} \geq 0 \quad (i=1, \cdots, 5; j=1, \cdots, 5)$$

(5) 该工厂上半年总盈利最大可表示为：目标函数

$$\max z = \sum_{i=1}^{5} \sum_{j=1}^{6} \left[S_i y_{ij} - C_i x_{ij} - C'_i x'_{ij} \right] - \sum_{i=1}^{5} \sum_{j=1}^{6} H_i \omega_{ij}$$

例 13：连续投资问题。

某部门在今后五年内考虑给下列项目投资，已知：

项目 A，从第一年到第四年每年年初需要投资，并于次年年末回收本利 115%；

项目 B，第三年初需要投资，到第五年末能回收本利 125%，但规定最大投资额不超过 4 万元；

项目 C，第二年初需要投资，到第五年末能回收本利 140%，但规定最大投资额不超过 3 万元；

项目 D，五年内每年年初可购买公债，于当年末归还，并加利息 6%。

该部门现有资金 10 万元，问它应如何确定给这些项目每年的投资额，使到第五年末拥有的资金的本利总额为最大？

解：

(1) 确定变量。

这是一个连续投资问题，与时间有关。但这里设法用线性规划方法，静态地处理。以 x_{iA}，x_{iB}，x_{iC}，$x_{iD}(i=1, 2, \cdots, 5)$ 分别表示第 i 年年初给项目 A，B，C，D 的投资额，它们都是待定的未知变量。根据给定的条件，将变量列于表 1-15 中。

表 1-15

项目	第一年	第二年	第三年	第四年	第五年
A	x_{1A}	x_{2A}	x_{3A}	x_{4A}	
B			x_{3B}		
C		x_{2C}			
D	x_{1D}	x_{2D}	x_{3D}	x_{4D}	x_{5D}

(2) 投资额应等于手中拥有的资金额。

由于项目 D 每年都可以投资,并且当年末即能回收本息。所以该部门每年应把资金全部投出去,手中不应当有剩余的呆滞资金。因此

第一年:该部门年初拥有 100 000 元,所以有
$$x_{1A} + x_{1D} = 100\,000$$

第二年:因第一年给项目 A 的投资要到第二年末才能回收。所以该部门在第二年初拥有资金额仅为项目 D 在第一年回收的本息 $x_{1D}(1+6\%)$。于是第二年的投资分配是
$$x_{2A} + x_{2C} + x_{2D} = 1.06 x_{1D}$$

第三年:第三年初的资金额是从项目 A 第一年投资及项目 D 第二年投资中回收的本利总和:$x_{1A}(1+15\%)$ 及 $x_{2D}(1+6\%)$。于是第三年的资金分配为
$$x_{3A} + x_{3B} + x_{3D} = 1.15 x_{1A} + 1.06 x_{2D}$$

第四年:与以上分析相同,可得
$$x_{4A} + x_{4D} = 1.15 x_{2A} + 1.06 x_{3D}$$

第五年:
$$x_{5D} = 1.15 x_{3A} + 1.06 x_{4D}$$

此外,由于对项目 B、C 的投资有限额的规定,即:
$$x_{3B} \leqslant 40\,000$$
$$x_{2C} \leqslant 30\,000$$

(3) 目标函数。

问题是要求在第五年末该部门手中拥有的资金额达到最大,这个目标函数可表示为
$$\max z = 1.15 x_{4A} + 1.40 x_{2C} + 1.25 x_{3B} + 1.06 x_{5D}$$

(4) 数学模型。

经过以上分析,这个与时间有关的投资问题可以用以下线性规划模型来描述:
$$\max z = 1.15 x_{4A} + 1.40 x_{2C} + 1.25 x_{3B} + 1.06 x_{5D}$$

满足
$$\begin{cases} x_{1A} + x_{1D} = 100\,000 \\ -1.06 x_{1D} + x_{2A} + x_{2C} + x_{2D} = 0 \\ -1.15 x_{1A} - 1.06 x_{2D} + x_{3A} + x_{3B} + x_{3D} = 0 \\ -1.15 x_{2A} - 1.06 x_{3D} + x_{4A} + x_{4D} = 0 \\ -1.15 x_{3A} - 1.06 x_{4D} + x_{5D} = 0 \\ x_{2C} \leqslant 30\,000 \\ x_{3B} \leqslant 40\,000 \\ x_{iA}, x_{iB}, x_{iC}, x_{iD} \geqslant 0 \quad i = 1, 2, \cdots, 5 \end{cases}$$

(5) 用单纯形法计算结果得到。

第一年：$x_{1A} = 34\ 783$ 元，$x_{1D} = 65\ 217$ 元

第二年：$x_{2A} = 39\ 130$ 元，$x_{2C} = 30\ 000$ 元，$x_{2D} = 0$

第三年：$x_{3A} = 0$，$x_{3B} = 40\ 000$ 元，$x_{3D} = 0$

第四年：$x_{4A} = 45\ 000$ 元，$x_{4D} = 0$

第五年：$x_{5D} = 0$

到第五年末该部门拥有资金总额为 143 750 元，即盈利 43.75%。

第 2 章
对偶理论和灵敏度分析

2.1 单纯形法的矩阵描述

现在用矩阵描述单纯形法的计算过程。它将有助于对单纯形法的理解，以及学习对偶理论和灵敏度分析。

设线性规划问题：$\max z = CX$；$AX \leq b$；$X \geq 0$。给该线性规划问题的约束条件加入松弛变量 $X_s = (x_{s1}, x_{s2}, \cdots, x_{sm})^T$ 以后，得到标准型：

$$\max z = CX + OX_s;\ AX + IX_s = b;\ X, X_s \geq 0$$

这里的 I 是 $m \times m$ 单位矩阵。若以 X_s 为基变量，这时可标记成 X_B。其对应的单位矩阵就是基矩阵 B，这时将系数矩阵 (A, I) 分为 (B, N) 两块。N 是非基变量的系数矩阵，相应的决策变量被分为 $X = \begin{bmatrix} X_B \\ X_N \end{bmatrix}$，同时目标函数的系数 C 分为 C_B，C_N 分别对应于基变量和非基变量，并记作 $C = (C_B, C_N)$。经过迭代运算后，在基矩阵中可能存在松弛变量或全无松弛变量。为了阐述方便起见，设

$$X_B = \begin{bmatrix} X_{B1} \\ X_{S1} \end{bmatrix};\ X_N = \begin{bmatrix} X_{N1} \\ X_{S2} \end{bmatrix};\ X_S = \begin{bmatrix} X_{S1} \\ X_{S2} \end{bmatrix};\ A = \begin{bmatrix} B \\ N \end{bmatrix};\ N = \begin{bmatrix} N_1 \\ S_2 \end{bmatrix}$$

B，N，S 分别表示对应基变量、非基变量、松弛变量的系数矩阵。这时线性规划问题可以表示为

目标函数　　$\max z = C_B X_B + C_N X_N = C_B X_B + C_{N1} X_{N1} + C_{S2} X_{S2}$ 　　(2-1)

约束条件　　$B X_B + N X_N = B X_B + N_1 X_{N1} + S_2 X_{S2} = b$ 　　(2-2)

非负条件　　$X_B, X_N \geq 0$ 　　(2-3)

将式（2-2）移项后，得到 $B X_B = b - N_1 X_{N1} - S_2 X_{S2}$；然后给等式两边左乘 B^{-1} 后，得到

$$X_B = B^{-1}b - B^{-1}N_1 X_{N1} - B^{-1}S_2 X_{S2} \quad (2-4)$$

将式（2-4）代入目标函数式（2-1），因 S_2 是单位矩阵，得到

$$z = C_B B^{-1} b + (C_{N1} - C_B B^{-1} N_1) X_{N1} + (C_{S2} - C_B B^{-1} I) X_S \quad (2-5)$$

令非基变量 $X_N = 0$，可得到一个基可行解 $X^{(1)} = \begin{bmatrix} B^{-1}b \\ 0 \end{bmatrix}$，这时目标函数 $z = C_B B^{-1} b$。

从表达式中可以见到：

(1) 非基变量的系数 $(C_{N1} - C_B B^{-1} N_1)$ 就是第 1 章中用符号 $c_j - z_j (j = 1, 2, \cdots, n)$ 表示的检验数。因为 $C_{S2} = 0$，I 是单位矩阵，所以 X_{S2} 的系数是 $-C_B B^{-1}$，X_B 在式（2-5）中的系数是 0，实质上是 $C_B - C_B B^{-1} B = 0$，因此所有检验数可以用 $C - C_B B^{-1} A$ 与 $-C_B B^{-1}$ 表示。

(2) 用矩阵描述时，θ 规则的表达式是

$$\theta = \min_i \left[\frac{(B^{-1}b)_i}{(B^{-1}P_j)_i} \middle| (B^{-1}P_j)_i > 0 \right] = \frac{(B^{-1}b)_i}{(B^{-1}P_j)_i} \quad (2-6)$$

这里的 $(B^{-1}b)_i$ 表示 $(B^{-1}b)$ 中的第 i 个元素，$(B^{-1}P_j)_i$ 表示向量 $(B^{-1}P_j)$ 中的第 i 个元素。这里的表达式的形式与第 1 章中有所不同，但其含义完全相同，这里不再重述。

(3) 单纯形表与矩阵表示的关系。

先将式（2-4）、式（2-5）改写成：

$$X_B + B^{-1} N_1 X_{N1} + B^{-1} X_{S2} = B^{-1} b - z + (C_{N1} - C_B B^{-1} N_1) X_{N1} - C_B B^{-1} X_{S2}$$
$$= -C_B B^{-1} b$$

再将以上两式用矩阵关系式表示为

$$\begin{bmatrix} 0 & I & B^{-1}N_1 & B^{-1} \\ 1 & 0 & C_N - C_B B^{-1} N_1 & -C_B B^{-1} \end{bmatrix} \begin{bmatrix} -z \\ X_B \\ X_{N1} \\ X_{S2} \end{bmatrix} = \begin{bmatrix} B^{-1}b \\ -C_B B^{-1}b \end{bmatrix} \quad (2-7)$$

式（2-7）的分块矩阵也可用表 2-1 表示，因 $(0, 1)^T$ 这列不参加运算，所以在表中不填这些数据。

表 2-1

	基变量 X_B	非基变量		等式右边
		X_N	X_S	RHS
系数矩阵	$B^{-1}B = I$	$B^{-1}N_1$	B^{-1}	$B^{-1}b$
检验数	0	$C_{N1} - C_B B^{-1} N_1$	$-C_B B^{-1}$	$-C_B B^{-1} b$

表 2-1 即为迭代后的单纯形计算表，各部分的数字都用 B^{-1} 来计算。此外还可以见到，在初始单位矩阵的位置经过迭代运算后，就是 B^{-1} 的位置。

2.2 改进单纯形法

当用单纯形表求解线性规划问题时，每行每列的数字都要计算，而有些行列的数字在下一步计算时并不需要。改进单纯形法通过矩阵运算求解线性规划问题的关键是计算 B^{-1}。以下介绍一种比较简便的计算 B^{-1} 的方法。

设：系数矩阵 $A = \begin{pmatrix} a_{11} & a_{12} & \cdots & a_{1m} \\ a_{21} & a_{22} & \cdots & a_{2m} \\ \vdots & \vdots & & \vdots \\ a_{m1} & a_{m2} & \cdots & a_{mm} \end{pmatrix}$，求其逆矩阵时，可以先从第 1 列开始。

$P_1 = \begin{pmatrix} a_{11} \\ a_{21} \\ \vdots \\ a_{m1} \end{pmatrix}$，以 a_{11} 为主元素，进行变换为：$\xi_1 = \begin{pmatrix} 1/a_{11} \\ -a_{21}/a_{11} \\ \vdots \\ -a_{m1}/a_{11} \end{pmatrix}$。

然后构造含有该列而其他列都是单位列的矩阵

$E_1 = \begin{pmatrix} 1/a_{11} & 0 & \cdots & 0 \\ -a_{21}/a_{11} & 1 & & \\ \vdots & & \ddots & \\ -a_{m1}/a_{11} & & & 1 \end{pmatrix}$，这时有 $E_1 P_1 = \begin{pmatrix} 1 \\ 0 \\ \vdots \\ 0 \end{pmatrix}$;

$E_1 A = \begin{pmatrix} 1 & a_{12}^{(1)} & \cdots & a_{1m}^{(1)} \\ 0 & a_{22}^{(1)} & \cdots & a_{2m}^{(1)} \\ \vdots & \vdots & & \vdots \\ 0 & a_{m2}^{(1)} & \cdots & a_{mm}^{(1)} \end{pmatrix}$

再以第 2 列的 $a_{22}^{(1)}$ 为主元素，进行变换为 $\xi_2 = \begin{pmatrix} -a_{12}^{(1)}/a_{22}^{(1)} \\ 1/a_{22}^{(1)} \\ \vdots \\ -a_{m2}^{(1)}/a_{22}^{(1)} \end{pmatrix}$，然

后构造 $E_2 = \begin{pmatrix} 1 & -a_{12}^{(1)}/a_{22}^{(1)} & \cdots & 0 \\ 0 & 1/a_{22}^{(1)} & \cdots & 0 \\ \vdots & \vdots & & \vdots \\ 0 & -a_{m2}^{(1)}/a_{22}^{(1)} & \cdots & 1 \end{pmatrix}$,这时有 $E_2 E_1 A =$

$\begin{pmatrix} 1 & 0 & a_{13}^{(2)} & \cdots & a_{1m}^{(2)} \\ 0 & 1 & a_{23}^{(2)} & \cdots & a_{2m}^{(2)} \\ \vdots & \vdots & \vdots & & \vdots \\ 0 & 0 & a_{m3}^{(2)} & \cdots & a_{mm}^{(2)} \end{pmatrix}$。如此一步步地进行,直到获得 $E_m \cdots$

$E_2 E_1 A = \begin{pmatrix} 1 & & & \\ & 1 & & \\ & & \ddots & \\ & & & 1 \end{pmatrix}$ 为止。可见 $E_m \cdots E_2 E_1 = A^{-1}$。用该方法可以求

得单纯形表基矩阵 B 的逆矩阵 B^{-1}。以下用例子说明具体计算过程。

例1:用改进单纯形法求解线性规划问题。

$$\max z = 2x_1 + 3x_2 + 0x_3 + 0x_4 + 0x_5$$

$$\begin{cases} x_1 + 2x_2 + x_3 = 8 \\ 4x_1 + x_4 = 16 \\ 4x_2 + x_5 = 12 \end{cases}$$

解:第一步:利用前面矩阵描述线性规划问题的表达式,给出初始基

$$B_0 = (P_3, P_4, P_5) = \begin{pmatrix} 1 & 0 & 0 \\ 0 & 1 & 0 \\ 0 & 0 & 1 \end{pmatrix}$$

这是单位矩阵,其逆矩阵也是单位矩阵。初始基变量 $X_{B0} = \begin{pmatrix} x_3 \\ x_4 \\ x_5 \end{pmatrix}$;

对应的系数 $C_{B0} = (0, 0, 0)$;非基变量 $X_{N0} = \begin{pmatrix} x_1 \\ x_2 \end{pmatrix}$;对应的系数

$C_{N0} = (2, 3)$。计算非基变量的检验数。

$$\sigma_{N0} = C_{N0} - C_{B0} B_0^{-1} N_0 = (2, 3) - (0, 0, 0) \begin{pmatrix} 1 & 0 & 0 \\ 0 & 1 & 0 \\ 0 & 0 & 1 \end{pmatrix} \begin{pmatrix} 1 & 2 \\ 4 & 0 \\ 0 & 4 \end{pmatrix}$$

$$= (2, 3)$$

由此可确定 x_2 为换入变量,计算 $\theta = \min \left\{ \dfrac{(B_0^{-1} b)_i}{(B_0^{-1} P_2)_i} \middle| B_0^{-1} P_2 > 0 \right\} =$

$$\min\left(\frac{8}{2}, -, \frac{12}{4}\right) = 3$$

对应的换出变量为 x_5,由换入变量 x_2 的系数向量 $P_2 = \begin{pmatrix} 2 \\ 0 \\ 4 \end{pmatrix}$,确定 4 为主元素,然后计算 $\xi_1 = \begin{pmatrix} -1/2 \\ 0 \\ 1/4 \end{pmatrix}$,求逆矩阵 $B^{-1} = E_1 B_0^{-1} =$

$$\begin{pmatrix} 1 & 0 & -1/2 \\ 0 & 1 & 0 \\ 0 & 0 & 1/4 \end{pmatrix} \begin{pmatrix} 1 & 0 & 0 \\ 0 & 1 & 0 \\ 0 & 0 & 1 \end{pmatrix} = \begin{pmatrix} 1 & 0 & -1/2 \\ 0 & 1 & 0 \\ 0 & 0 & 1/4 \end{pmatrix}$$

计算非基变量 (x_1, x_5) 的系数矩阵:由 $N_1 = \begin{pmatrix} 1 & 0 \\ 4 & 0 \\ 0 & 1 \end{pmatrix}$;变换为:

$$B_1^{-1} N_1 = \begin{pmatrix} 1 & 0 & -1/2 \\ 0 & 1 & 0 \\ 0 & 0 & 1/4 \end{pmatrix} \begin{pmatrix} 1 & 0 \\ 4 & 0 \\ 0 & 1 \end{pmatrix} = \begin{pmatrix} 1 & -1/2 \\ 4 & 0 \\ 0 & 1/4 \end{pmatrix}$$

并且计算:

$$B_1^{-1} b = \begin{pmatrix} 1 & 0 & -1/2 \\ 0 & 1 & 0 \\ 0 & 0 & 1/4 \end{pmatrix} \begin{pmatrix} 8 \\ 16 \\ 12 \end{pmatrix} = \begin{pmatrix} 2 \\ 16 \\ 3 \end{pmatrix}$$

于是得到新的基 $B_1 = (P_3, P_4, P_2)$。

新基变量 $X_{B1} = \begin{pmatrix} x_3 \\ x_4 \\ x_2 \end{pmatrix}$,非基变量 $X_{N1} = \begin{pmatrix} x_1 \\ x_5 \end{pmatrix}$;相应的 $C_{B1} = (0, 0, 3)$,$C_{N1} = (2, 0)$

第二步:计算非基变量的检验数

非基变量的检验数:

$$\sigma_{N1} = C_{N1} - C_{B1} B_1^{-1} N_1 = (2, 0) - (0, 0, 3) \begin{pmatrix} 1 & 0 & -1/2 \\ 0 & 1 & 0 \\ 0 & 0 & 1/4 \end{pmatrix} \begin{pmatrix} 1 & 0 \\ 4 & 0 \\ 0 & 1 \end{pmatrix}$$

$$= (2, -3/4)$$

确定对应的换入变量为 x_1,计算:

$$\theta = \min\left\{\frac{(B_1^{-1} b)_i}{(B_1^{-1} P_1)_i} \middle| B_1^{-1} P_1 > 0\right\} = \min\left(\frac{2}{1}, \frac{16}{4}, \frac{3}{0}\right) = 2$$

对应的换出变量为 x_3,由此得到新的基 $B_2 = (P_1, P_4, P_2)$。由 x_1 的系数向量 $P_1 = \begin{pmatrix} 1 \\ 4 \\ 0 \end{pmatrix}$,确定以 1 为主元素,计算 $\xi_2 = \begin{pmatrix} 1 \\ -4 \\ 0 \end{pmatrix}$ 和新的

基矩阵的逆矩阵

$$B_2^{-1} = E_2 B_1^{-1} = \begin{pmatrix} 1 & 0 & 0 \\ -4 & 1 & 0 \\ 0 & 0 & 1 \end{pmatrix} \begin{pmatrix} 1 & 0 & -1/2 \\ 0 & 1 & 0 \\ 0 & 0 & 1/4 \end{pmatrix} = \begin{pmatrix} 1 & 0 & -1/2 \\ -4 & 1 & 2 \\ 0 & 0 & 1/4 \end{pmatrix}$$

并且计算：

$$B_2^{-1} b = \begin{pmatrix} 1 & 0 & -1/2 \\ -4 & 1 & 2 \\ 0 & 0 & 1/4 \end{pmatrix} \begin{pmatrix} 8 \\ 16 \\ 12 \end{pmatrix} = \begin{pmatrix} 2 \\ 8 \\ 3 \end{pmatrix}$$

第三步：计算非基变量（x_3，x_5）的检验数

非基变量的检验数：

$$\sigma_{N2} = C_{N2} - C_{B2} B_2^{-1} N_2 = (0, 0) - (2, 0, 3) \begin{pmatrix} 1 & 0 & -1/2 \\ -4 & 1 & 2 \\ 0 & 0 & 1/4 \end{pmatrix} \begin{pmatrix} 1 & 0 \\ 0 & 0 \\ 0 & 1 \end{pmatrix}$$

$$= (-2, 1/4)$$

对应的换入变量为 x_5，计算

$$\theta = \min \left\{ \frac{(B_2^{-1} b)_i}{(B_2^{-1} P_5)_i} \,\Big|\, B_2^{-1} P_5 > 0 \right\} = \min \left(-, \frac{8}{2}, \frac{3}{1/4} \right) = 4$$

对应的换出变量为 x_4，由此得到新的基 $B_3 = (P_1, P_5, P_2)$。

这时换入变量 x_5 的系数向量是 $B_2^{-1} P_5 = \begin{pmatrix} -1/2 \\ 2 \\ 1/4 \end{pmatrix}$，以 2 为主元素，计算 $\xi_3 = \begin{pmatrix} 1/4 \\ 1/2 \\ -1/8 \end{pmatrix}$

B_3 的逆矩阵

$$B_3^{-1} = E_3 B_2^{-1} = \begin{pmatrix} 1 & 1/4 & 0 \\ 0 & 1/2 & 0 \\ 0 & -1/8 & 1 \end{pmatrix} \begin{pmatrix} 1 & 0 & -1/2 \\ -4 & 1 & 2 \\ 0 & 0 & 1/4 \end{pmatrix} = \begin{pmatrix} 0 & 1/4 & 0 \\ -2 & 1/2 & 1 \\ 1/2 & -1/8 & 0 \end{pmatrix}$$

再计算非基变量 $X_{N3} = (x_3, x_4)$ 的检验数：

$$\sigma_{N3} = C_{N3} - C_{B3} B_3^{-1} N_3 = (0, 0) - (2, 0, 3) \begin{pmatrix} 0 & 1/4 & 0 \\ -2 & 1/2 & 1 \\ 1/2 & -1/8 & 0 \end{pmatrix} \begin{pmatrix} 1 & 0 \\ 0 & 1 \\ 0 & 0 \end{pmatrix}$$

$$= (-3/2, -1/8)$$

都是负值，得到了最优解为

$$X^* = \begin{pmatrix} x_1 \\ x_5 \\ x_2 \end{pmatrix} = B_3^{-1} b = \begin{pmatrix} 0 & 1/4 & 0 \\ -2 & 1/2 & 1 \\ 1/2 & -1/8 & 0 \end{pmatrix} \begin{pmatrix} 8 \\ 16 \\ 12 \end{pmatrix} = \begin{pmatrix} 4 \\ 4 \\ 2 \end{pmatrix}$$

目标函数的值：$z^* = C_B B_3^{-1} b = (2, 0, 3) \begin{pmatrix} 4 \\ 4 \\ 2 \end{pmatrix} = 14$

2.3 对偶问题的提出

这里的对偶是指对同一事物（问题）从不同的角度（立场）观察，有两种对立的表述。

在第 1 章例 1 中讨论了工厂生产计划模型及其解法，现从另一角度来讨论这个问题。假设该工厂的决策者决定不生产产品Ⅰ、Ⅱ，而将其所有资源出租或外售。这时工厂的决策者就要考虑给每种资源如何定价的问题。设用 y_1，y_2，y_3 分别表示出租单位设备台时的租金和出让单位原材料 A、B 的附加额。他在做定价决策时，做如下比较：若用 1 个单位设备台时和 4 个单位原材料 A 可以生产一件产品Ⅰ，可获利 2 元，那么生产每件产品Ⅰ的设备台时和原材料出租或出让的所有收入应不低于生产一件产品Ⅰ的利润，这就有

$$y_1 + 4y_2 \geq 2$$

同理将生产每件产品Ⅱ的设备台时和原材料出租或出让的所有收入应不低于生产一件产品Ⅱ的利润，这就有

$$2y_1 + 4y_3 \geq 3$$

把工厂所有设备台时和资源都出租或出让，其收入为

$$\omega = 8y_1 + 16y_2 + 12y_3$$

从工厂的决策者来看当然 ω 愈大愈好，但从接受者来看他的支付愈少愈好，所以工厂的决策者只有在满足大于等于所有产品的利润条件下，提出一个尽可能低的出租或出让价格，才能实现其原意，为此需解如下的线性规划问题

$$\min \omega = 8y_1 + 16y_2 + 12y_3$$

$$\begin{cases} y_1 + 4y_2 \geq 2 \\ 2y_1 + 4y_3 \geq 3 \\ y_i \geq 0, \ i = 1, 2, 3 \end{cases} \quad (2-8)$$

称这个线性规划问题为例 1 线性规划问题（这里称原问题）的对偶问题。该对偶问题的模型可以用经济学中的 $S - D$（供需平衡）关系来解释，如图 2-1 所示。

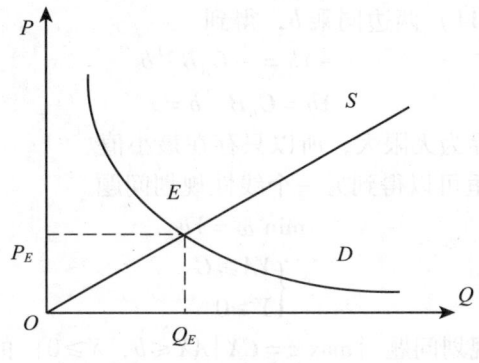

图 2−1

图 2−1 中，横坐标 Q 为产品的产量（供应量），纵坐标 P 为价格（金额），S 线描述了产品的供应方随着产品价格的增加而增加供应量的关系，D 线描述了资源的接受方随着产品价格的增加而减少接受量的关系。S 线与 D 线的交点 E 所对应的 Q_E 和 P_E 为市场均衡时的产品产量和价格，是既满足资源的提供方也满足资源接受方意愿的均衡点。E 对应的 D 线体现了接受方的意愿，可以用对偶问题的目标函数方程来表达，均衡点 E 对应的 S 线体现了供应方的意愿，可以用对偶问题约束条件方程来表达。

下面再从另一角度来讨论。

从 2.1 节得到检验数的表达式是
$$C_N - C_B B^{-1} N \text{ 与 } -C_B B^{-1}$$
在第 1 章已提到，当检验数

$$C_N - C_B B^{-1} N \leqslant 0 \tag{2-9}$$

$$-C_B B^{-1} \leqslant 0 \tag{2-10}$$

这表示线性规划问题已得到最优解。可见式（2−9）、式（2−10）是作为得到最优解的条件。

现在讨论这两个条件。

(1) 式（2−9）、式（2−10）中都有乘子 $C_B B^{-1}$，称它为单纯形乘子，用符号 $Y = C_B B^{-1}$ 表示。由式（2−10），可得到
$$Y \geqslant 0$$

(2) 对应基变量 X_B 的检验数是 0。它是 $C - C_B B^{-1} B = 0$。包括基变量在内的所有检验数可用 $C - C_B B^{-1} A \leqslant 0$ 表示。从此可得
$$C - C_B B^{-1} A = C - YA \leqslant 0$$
移项后，得到
$$YA \geqslant C$$

(3) Y 由式（2−10），得到
$$-Y = -C_B B^{-1} \tag{2-11}$$

将式（2-11）两边同乘 b，得到
$$-Yb = -C_B B^{-1} b \qquad (2-12)$$
$$Yb = C_B B^{-1} b = z$$

因 Y 的上界为无限大，所以只存在最小值。

（4）从这里可以得到另一个线性规划问题
$$\min \omega = Yb$$
$$\begin{cases} YA \geq C \\ Y \geq 0 \end{cases}$$

称它为原线性规划问题 $\{\max z = CX \mid AX \leq b, X \geq 0\}$ 的对偶问题。

从这两个规划问题的表达式可看出：根据原线性规划问题的系数矩阵 A，C，b 就可以写出它的对偶问题。如第 1 章的例 1，原线性规划问题的各系数矩阵是

$$A = \begin{bmatrix} 1 & 2 \\ 4 & 0 \\ 0 & 4 \end{bmatrix};\ C = (2, 3);\ b = \begin{bmatrix} 8 \\ 16 \\ 12 \end{bmatrix}$$

那么它的对偶问题便是

$$\min \omega = Y(8, 16, 12)^T$$
$$\begin{cases} Y \begin{bmatrix} 1 & 2 \\ 4 & 0 \\ 0 & 4 \end{bmatrix} \geq (2, 3) \\ Y \geq 0 \\ Y = (y_1, y_2, y_3) \end{cases}$$

即
$$\min \omega = 8y_1 + 16y_2 + 12y_3$$
$$\begin{cases} y_1 + 4y_2 \quad\quad \geq 2 \\ 2y_1 \quad\quad + 4y_3 \geq 3 \\ y_1, y_2, y_3 \geq 0 \end{cases}$$

2.4 线性规划的对偶理论

以上讨论可直观地了解到原线性规划问题与对偶问题之间的关系；本节将从理论上进一步讨论线性规划的对偶问题。

2.4.1 原问题与对偶问题的关系

对于"$\leq$"不等式约束条件的原问题与"$\geq$"不等式约束条件

的对偶问题的展开形式是

原问题
$$\max z = c_1 x_1 + c_2 x_2 + \cdots + c_n x_n$$

$$\begin{bmatrix} a_{11} & a_{12} & \cdots & a_{1n} \\ \vdots & \vdots & & \vdots \\ a_{m1} & a_{m2} & \cdots & a_{mn} \end{bmatrix} \begin{bmatrix} x_1 \\ x_2 \\ \vdots \\ x_n \end{bmatrix} \leq \begin{bmatrix} b_1 \\ \vdots \\ b_m \end{bmatrix}$$

$$x_1, x_2, \cdots, x_n \geq 0$$

对偶问题
$$\min \omega = y_1 b_1 + y_2 b_2 + \cdots + y_m b_m$$

$$(y_1, y_2, \cdots, y_m) \begin{bmatrix} a_{11} & a_{12} & \cdots & a_{1n} \\ \vdots & \vdots & & \vdots \\ a_{m1} & a_{m2} & \cdots & a_{mn} \end{bmatrix} \geq (c_1, c_2, \cdots, c_n)$$

$$y_1, y_2, \cdots, y_m \geq 0$$

以上是原问题与对偶问题的标准形式，它们之间的关系可以用表 2-2 表示。

表 2-2

y_j \ x_j	x_1	x_2	$\cdots$	x_n	原关系	$\min \omega$
y_1	a_{11}	a_{12}	$\cdots$	a_{1n}	$\leq$	b_1
y_2	a_{21}	a_{22}	$\cdots$	a_{2n}	$\leq$	b_2
$\vdots$	$\vdots$	$\vdots$		$\vdots$	$\vdots$	$\vdots$
y_m	a_{m1}	a_{m2}	$\cdots$	a_{mn}	$\leq$	b_m
对偶关系	$\geq$	$\geq$	$\cdots$	$\geq$	\multicolumn{2}{c}{$\max z = \min \omega$}
$\max z$	c_1	c_2	$\cdots$	c_n		

表 2-2 是将原问题与对偶问题的关系汇总于一个表中，从正面看是原问题，将它转 90°后看是对偶问题。若将第 1 章的原线性规划的系数列成如表 2-2 的形式，这就是表 2-3。

例 2：根据表 2-3 写出原问题与对偶问题的表达式。

表 2-3

y_j \ x_j	x_1	x_2	b
y_1	1	2	8

续表

y_j \ x_j	x_1	x_2	b
y_2	4	0	16
y_3	0	4	12
c	2	3	

解：原问题

$\max z = 2x_1 + 3x_2$ 　　　　　$\min \omega = 8y_1 + 16y_2 + 12y_3$

$$\begin{cases} x_1 + 2x_2 \leqslant 8 \\ 4x_1 \leqslant 16 \\ 4x_2 \leqslant 12 \\ x_1, x_2 \geqslant 0 \end{cases} \Rightarrow \begin{cases} y_1 + 4y_2 \geqslant 2 \\ 2y_1 + 4y_3 \geqslant 3 \\ y_1, y_2, y_3 \geqslant 0 \end{cases}$$

将上述原问题与对偶问题之间的变换关系称为对称形式。一般线性规划问题中遇到非对称形式时，处理如下。

原问题的约束条件中含有等式约束条件时，按以下步骤处理。

设等式约束条件的线性规划问题

$$\max z = \sum_{j=1}^{n} c_j x_j$$

$$\begin{cases} \sum_{j=1}^{n} a_{ij} x_j = b_i, \ i = 1, 2, \cdots, m \\ x_j \geqslant 0, \ j = 1, 2, \cdots, n \end{cases}$$

第一步：先将等式约束条件分解为两个不等式约束条件。这时上述线性规划问题可表示为

$$\max z = \sum_{j=1}^{n} c_j x_j$$

$$\begin{cases} \sum_{j=1}^{n} a_{ij} x_j \leqslant b_i, \ i = 1, 2, \cdots, m & (2-13) \\ -\sum_{j=1}^{n} a_{ij} x_j \leqslant -b_i, \ i = 1, 2, \cdots, m & (2-14) \\ x_j \geqslant 0, \ j = 1, 2, \cdots, m \end{cases}$$

设 y_i' 是对应式（2-13）的对偶变量

y_i'' 是对应式（2-14）的对偶变量。这里 $i = 1, 2, \cdots, m$。

第二步：按对称形式变换关系可写出它的对偶问题

$$\min \omega = \sum_{i=1}^{m} b_i y_i' + \sum_{i=1}^{m} (-b_i y_i'')$$

$$\begin{cases} \sum_{i=1}^{m} a_{ij}y_i' + \sum_{i=1}^{m}(-a_{ij}y_i'') \geq c_j, \quad j=1, 2, \cdots, n \\ y_i', y_i'' \geq 0, \quad i=1, 2, \cdots, m \end{cases}$$

将上述规划问题的各式整理后得到

$$\min \omega = \sum_{i=1}^{m} b_i(y_i' - y_i'')$$

$$\sum_{i=1}^{m} a_{ij}(y_i' - y_i'') \geq c_j, \quad j=1, 2, \cdots, n$$

令 $y_i = y_i' - y_i''$，y_i'，$y_i'' \geq 0$。由此可见，y_i 不受正、负限制。将 y_i 代入上述规划问题，便得到对偶问题

$$\min \omega = \sum_{i=1}^{m} b_i y_i$$

$$\begin{cases} \sum_{i=1}^{m} a_{ij} y_i \geq c_j, \quad j=1, 2, \cdots, n \\ y_i \text{为无约束}, \quad i=1, 2, \cdots, m \end{cases}$$

综合上述，线性规划的原问题与对偶问题的关系，其变换形式归纳为表 2-4 中所示的对应关系。

表 2-4

原问题（或对偶问题）	对偶问题（或原问题）
目标函数 max z	目标函数 min ω
变量 $\begin{cases} n\ \uparrow \\ \geq 0 \\ \leq 0 \\ \text{无约束} \end{cases}$	$\left.\begin{matrix} n\ \uparrow \\ \geq \\ \leq \\ = \end{matrix}\right\}$ 约束条件
约束条件 $\begin{cases} m\ \uparrow \\ \leq \\ \geq \\ = \end{cases}$	$\left.\begin{matrix} m\ \uparrow \\ \geq 0 \\ \leq 0 \\ \text{无约束} \end{matrix}\right\}$ 变量
约束条件右端项 目标函数变量的系数	目标函数变量的系数 约束条件右端项

例 3：试求下述线性规划原问题的对偶问题

$$\min z = 2x_1 + 3x_2 - 5x_3 + x_4$$

$$\begin{cases} x_1 + x_2 - 3x_3 + x_4 \geq 5 & \text{①} \\ 2x_1 \quad\quad + 2x_3 - x_4 \leq 4 & \text{②} \\ \quad\quad x_2 + x_3 + x_4 = 6 & \text{③} \\ x_1 \leq 0; \ x_2, x_3 \geq 0; \ x_4 \text{ 无约束} \end{cases}$$

解：设对应于约束条件①、②、③的对偶变量分别为 y_1，y_2，

y_3；则由表 2-4 中原问题和对偶问题的对应关系，可以直接写出上述问题的对偶问题，即

$$\max z' = 5y_1 + 4y_2 + 6y_3$$

$$\begin{cases} y_1 + 2y_2 \geq 2 \\ y_1 + y_3 \leq 3 \\ -3y_1 + 2y_2 + y_3 \leq -5 \\ y_1 - y_2 + y_3 = 1 \\ y_1 \geq 0, \ y_2 \leq 0, \ y_3 \text{ 无约束} \end{cases}$$

2.4.2 对偶问题的基本性质

（1）**对称性** 对偶问题的对偶是原问题。

证：设原问题是

$$\max z = CX; \ AX \leq b; \ X \geq 0$$

根据对偶问题的对称变换关系，可以找到它的对偶问题是

$$\min \omega = Yb; \ YA \geq C; \ Y \geq 0$$

若将上式两边取负号，又因 $\min \omega = \max(-\omega)$ 可得到

$$\max(-\omega) = -Yb; \ -YA \leq -C; \ Y \geq 0$$

根据对称变换关系，得到上式的对偶问题是

$$\min(-\omega') = -CX; \ -AX \geq -b; \ X \geq 0$$

又因

$$\min(-\omega') = \max \omega'$$

可得

$$\max \omega' = \max z = CX; \ AX \leq b; \ X \geq 0$$

这就是原问题。

证毕。

（2）**弱对偶性** 若 $\overline{X}$ 是原问题的可行解，$\overline{Y}$ 是对偶问题的可行解。则存在 $C\overline{X} \leq \overline{Y}b$。

证：设原问题是

$$\max z = CX; \ AX \leq b; \ X \geq 0$$

因 $\overline{X}$ 是原问题的可行解，所以满足约束条件，即

$$A\overline{X} \leq b$$

若 $\overline{Y}$ 是给定的一组值，设它是对偶问题的可行解，将 $\overline{Y}$ 左乘上式，得到

$$\overline{Y}A\overline{X} \leq \overline{Y}b$$

原问题的对偶问题是

$$\min \omega = Yb; \ YA \geq C; \ Y \geq 0$$

因为 $\bar{Y}$ 是对偶问题的可行解，所以满足
$$\bar{Y}A \geq C$$
将 $\bar{X}$ 右乘上式，得到
$$\bar{Y}A\bar{X} \geq C\bar{X}$$
于是得到
$$C\bar{X} \leq \bar{Y}A\bar{X} \leq \bar{Y}b$$
证毕。

(3) **无界性** 若原问题（对偶问题）为无界解，则其对偶问题（原问题）无可行解。

证：由弱对偶性显然得。

注意这个问题的性质不存在逆。当原问题（对偶问题）无可行解时，其对偶问题（原问题）或具有无界解或无可行解。例如下述一对问题两者皆无可行解。

原问题（对偶问题）　　　　对偶问题（原问题）

$\min \omega = -x_1 - x_2$　　　　$\max z = y_1 + y_2$

$$\begin{cases} x_1 - x_2 \geq 1 \\ -x_1 + x_2 \geq 1 \\ x_1, x_2 \geq 0 \end{cases} \qquad \begin{cases} y_1 - y_2 \leq -1 \\ -y_1 + y_2 \leq -1 \\ y_1, y_2 \geq 0 \end{cases}$$

(4) **可行解是最优解时的性质** 设 $\hat{X}$ 是原问题的可行解，$\hat{Y}$ 是对偶问题的可行解，当 $C\hat{X} = \hat{Y}b$ 时，$\hat{X}$，$\hat{Y}$ 是最优解。

证：若 $C\hat{X} = \hat{Y}b$，根据性质（2）可知：对偶问题的所有可行解 $\bar{Y}$ 都存在 $\bar{Y}b \geq C\hat{X}$，因 $C\hat{X} = \hat{Y}b$，所以 $\bar{Y}b \geq \hat{Y}b$。可见 $\hat{Y}$ 是使目标函数取值最小的可行解，因而是最优解。同样可证明：对于原问题的所有可行解 $\bar{X}$，存在
$$C\hat{X} = \hat{Y}b \geq C\bar{X}$$
所以 $\hat{X}$ 是最优解。

证毕。

(5) **对偶定理** 若原问题有最优解，那么对偶问题也有最优解；且目标函数值相等。

证：设 $\hat{X}$ 是原问题的最优解，它对应的基矩阵 B 必存在 $C - C_B B^{-1} A \leq 0$。即得到 $\hat{Y}A \geq C$，其中 $\hat{Y} = C_B B^{-1}$。

若这时 $\hat{Y}$ 是对偶问题的可行解，它使
$$\omega = \hat{Y}b = C_B B^{-1} b$$
因原问题的最优解是 $\hat{X}$，使目标函数取值
$$z = C\hat{X} = C_B B^{-1} b$$

由此，得到
$$\hat{Y}b = C_B B^{-1} b = \hat{C} X$$
可见 $\hat{Y}$ 是对偶问题的最优解。

证毕。

(6) 互补松弛性　若 $\hat{X}$, $\hat{Y}$ 分别是原问题和对偶问题的可行解，那么 $\hat{Y} X_S = 0$ 和 $Y_S \hat{X} = 0$，当且仅当 $\hat{X}$, $\hat{Y}$ 为最优解。

证：设原问题和对偶问题的标准型是

$$\begin{array}{ll} \text{原问题} & \text{对偶问题} \\ \max z = CX & \min \omega = Yb \\ \begin{cases} AX + X_S = b \\ X, X_S \geq 0 \end{cases} & \begin{cases} YA - Y_S = C \\ Y, Y_S \geq 0 \end{cases} \end{array}$$

将原问题目标函数中的系数向量 C 用 $C = YA - Y_S$ 代替后，得到
$$z = (YA - Y_S) X = YAX - Y_S X \tag{2-15}$$
将对偶问题的目标函数中系数列向量，用 $b = AX + X_S$ 代替后，得到
$$\omega = Y(AX + X_S) = YAX + Y X_S \tag{2-16}$$
若 $Y_S \hat{X} = 0$，$\hat{Y} X_S = 0$；则 $\hat{Y} b = \hat{Y} A \hat{X} = C \hat{X}$，由性质（4）可知 $\hat{X}$, $\hat{Y}$ 是最优解。

又若 $\hat{X}$, $\hat{Y}$ 分别是原问题和对偶问题的最优解，根据性质（4），则有
$$C \hat{X} = \hat{Y} A \hat{X} = \hat{Y} b$$
由式（2-15）、式（2-16）可知，必有 $\hat{Y} X_S = 0$，$Y_S \hat{X} = 0$。

证毕。

(7) 设原问题是
$$\max z = CX; \quad AX + X_S = b; \quad X, X_S \geq 0$$
它的对偶问题是
$$\min \omega = Yb; \quad YA - Y_S = C; \quad Y, Y_S \geq 0$$
则原问题单纯形表的检验数行对应其对偶问题的一个基解，其对应关系见表 2-5。

表 2-5

X_B	X_N	X_S
0	$C_N - C_B B^{-1} N$	$-C_B B^{-1}$
Y_{S1}	$-Y_{S2}$	$-Y$

这里 Y_{S1} 是对应原问题中基变量 X_B 的剩余变量，Y_{S2} 是对应原问题中

非基变量 X_N 的剩余变量。

证：设 B 是原问题的一个可行基，于是 $A = (B, N)$；原问题可以改写为

$$\max z = C_B X_B + C_N X_N$$
$$\begin{cases} B X_B + N X_N + X_S = b \\ X_B, \ X_N, \ X_S \geq 0 \end{cases}$$

相应的对偶问题可表示为

$$\min \omega = Yb$$
$$\begin{cases} Y_B - Y_{S1} = C_B & (2-17) \\ Y_N - Y_{S2} = C_N & (2-18) \\ Y, \ Y_{S1}, \ Y_{S2} \geq 0 \end{cases}$$

这里 $Y_S = (Y_{S1}, Y_{S2})$。
当求得原问题的一个解：

$$X_B = B^{-1} b$$

其相应的检验数为 $C_N - C_B B^{-1} N$ 与 $-C_B B^{-1}$。现分析这些检验数与对偶问题的解之间的关系：令 $Y = C_B B^{-1}$，将它代入式（2-17）、式（2-18）得

$$Y_{S1} = 0$$
$$-Y_{S2} = C_N - C_B B^{-1} N$$

证毕。

例 4：已知线性规划问题

$$\max z = x_1 + x_2$$
$$\begin{cases} -x_1 + x_2 + x_3 \leq 2 \\ -2x_1 + x_2 - x_3 \leq 1 \\ x_1, \ x_2, \ x_3 \geq 0 \end{cases}$$

试用对偶理论证明上述线性规划问题无最优解。

证：首先看到该问题存在可行解，例如 $X = (0, 0, 0)$；而上述问题的对偶问题为

$$\min \omega = 2y_1 + y_2$$
$$\begin{cases} -y_1 - 2y_2 \geq 1 \\ y_1 + y_2 \geq 1 \\ y_1 - y_2 \geq 0 \\ y_1, \ y_2 \geq 0 \end{cases}$$

由第一约束条件可知对偶问题无可行解，因原问题有可行解，故无最优解。

例 5：已知线性规划问题

$$\min \omega = 2x_1 + 3x_2 + 5x_3 + 2x_4 + 3x_5$$

$$\begin{cases} x_1 + x_2 + 2x_3 + x_4 + 3x_5 \geq 4 \\ 2x_1 - x_2 + 3x_3 + x_4 + x_5 \geq 3 \\ x_j \geq 0, \ j = 1, 2, \cdots, 5 \end{cases}$$

已知其对偶问题的最优解为 $y_1^* = 4/5$，$y_2^* = 3/5$；$z = 5$。试用对偶理论找出原问题的最优解。

解：先写出它的对偶问题

$$\max z = 4y_1 + 3y_2$$

$$\begin{cases} y_1 + 2y_2 \leq 2 & ① \\ y_1 - y_2 \leq 3 & ② \\ 2y_1 + 3y_2 \leq 5 & ③ \\ y_1 + y_2 \leq 2 & ④ \\ 3y_1 + y_2 \leq 3 & ⑤ \\ y_1, y_2 \geq 0 \end{cases}$$

将 y_1^*，y_2^* 的值代入约束条件，得②、③、④式为严格不等式；由互补松弛性得 $x_2^* = x_3^* = x_4^* = 0$。因 y_1，$y_2 \geq 0$；原问题的两个约束条件应取等式，故有

$$x_1^* + 3x_5^* = 4$$
$$2x_1^* + x_5^* = 3$$

求解后得到 $x_1^* = 1$，$x_5^* = 1$；故原问题的最优解为

$$X^* = (1, 0, 0, 0, 1)^T; \ \omega^* = 5$$

2.5　对偶问题的经济解释——影子价格

前面讲到，在单纯形法的每步迭代中，目标函数取值 $z = C_B B^{-1} b$ 和检验数 $C_N - C_B B^{-1} N$ 中都有乘子 $Y = C_B B^{-1}$，那么 Y 的经济意义是什么？

设 B 是 $\{\max z = CX | AX \leq b, X \geq 0\}$ 的最优基，由式（2-12）可知

$$z^* = C_B B^{-1} b = Y^* b$$

由此

$$\frac{\partial z^*}{\partial b} = C_B B^{-1} = Y^*$$

所以变量 y_i^* 的经济意义是在其他条件不变的情况下，单位资源变化所引起的目标函数的最优值的变化。

由第 1 章例 1 的最终计算表（见表 1-5）可见，$y_1^* = 1.5$，$y_2^* = 0.125$，$y_3^* = 0$。这说明是其他条件不变的情况下，若设备增加一台时，该厂按最优计划安排生产可多获利 1.5 元；原材料 A 增加 1 公斤，可多获利 0.125 元；原材料 B 增加 1 公斤，对获利无影响。从图 2-2 可看到，设备增加一台时，代表该约束条件的直线由①移至①′，相应的最优解由 (4, 2) 变为 (4, 2.5)，目标函数 $z = 2 \times 4 + 3 \times 2.5 = 15.5$，即比原来的增大 1.5。又若原材料 A 增加 1 公斤时，代表该约束方程的直线由②移至②′，相应的最优解从 (4, 2) 变为 (4.25, 1.875)，目标函数 $z = 2 \times 4.25 + 3 \times 1.875 = 14.125$。比原来的增加 0.125。原材料 B 增加 1 公斤时，该约束方程的直线由③移至③′，这时的最优解不变。

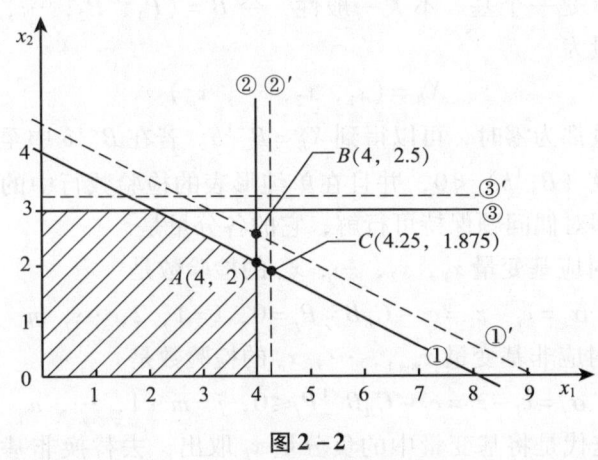

图 2-2

y_i^* 的值代表对第 i 种资源的估价。这种估价是针对具体工厂的具体产品而存在的一种特殊价格，称它为"影子价格"。在该厂现有资源和现有生产方案的条件下，设备的每小时租费为 1.5 元，1 公斤原材料 A 的出让费为除成本外再附加 0.125 元，1 公斤原材料 B 可按原成本出让，这时该厂的收入与自己组织生产时获利相等。影子价格随具体情况而异，在完全市场经济的条件下，当某种资源的市场价低于影子价格时，企业应买进该资源用于扩大生产；而当某种资源的市场价高于企业影子价格时，则企业的决策者应把已有资源卖掉。可见影子价格对市场有调节作用。

2.6 对偶单纯形法

前面讲到原问题与对偶问题的解之间的对应关系时指出：在单纯

形表中进行迭代时,在 b 列中得到的是原问题的基可行解,而在检验数行得到的是对偶问题的基解。通过逐步迭代,当在检验数行得到对偶问题的解也是基可行解时,根据性质(2)、性质(3)可知,已得到最优解。即原问题与对偶问题都是最优解。

根据对偶问题的对称性,也可以这样考虑:若保持对偶问题的解是基可行解,即 $c_j - C_B B^{-1} P_j \leq 0$,而原问题在非可行解的基础上,通过逐步迭代达到基可行解,这样也得到了最优解。其优点是原问题的初始解不一定是基可行解,可从非基可行解开始迭代,方法如下。

设原问题
$$\max z = CX$$
$$\begin{cases} AX = b \\ X \geq 0 \end{cases}$$

又设 B 是一个基。不失一般性,令 $B = (P_1, P_2, \cdots, P_m)$,它对应的变量为
$$X_B = (x_1, x_2, \cdots, x_m)$$

当非基变量都为零时,可以得到 $X_B = B^{-1}b$。若在 $B^{-1}b$ 中至少有一个负分量,设 $(B^{-1}b)_i < 0$,并且在单纯形表的检验数行中的检验数都为非正,即对偶问题保持可行解,它的各分量是

(1)对应基变量 $x_1, x_2, \cdots, x_m$ 的检验数是
$$\sigma_i = c_i - z_i = c_i - C_B B^{-1} P_j = 0, \quad i = 1, 2, \cdots, m$$

(2)对应非基变量 $x_{m+1}, \cdots, x_n$ 的检验数是
$$\sigma_j = c_j - z_j = c_j - C_B B^{-1} P_j \leq 0, \quad j = m+1, \cdots, n$$

每次迭代是将基变量中的负分量 x_l 取出,去替换非基变量中的 x_k,经基变换,所有检验数仍保持非正。从原问题来看,经过每次迭代,原问题由非可行解往可行解靠近。当原问题得到可行解时,便得到了最优解。

对偶单纯形法的计算步骤如下:

(1)根据线性规划问题,列出初始单纯形表。检查 b 列的数字,若都为非负,检验数都为非正,则已得到最优解。停止计算。若检查 b 列的数字时,至少还有一个负分量,检验数保持非正,那么进行以下计算。

(2)确定换出变量。

按 $\min\{(B^{-1}b)_i \mid (B^{-1}b)_i < 0\} = (B^{-1}b)_l$ 对应的基变量 x_l 为换出变量。

(3)确定换入变量。

在单纯形表中检查 x_l 所在行的各系数 $\alpha_{lj}(j = 1, 2, \cdots, n)$。若所有 $\alpha_{lj} \geq 0$,则无可行解,停止计算。若存在 $\alpha_{lj} < 0 (j = 1, 2, \cdots, n)$,计算

$$\theta = \min_j\left\{\frac{c_j - z_j}{\alpha_{lj}} \,\bigg|\, \alpha_{lj} < 0\right\} = \frac{c_k - z_k}{\alpha_{lk}}$$

按 θ 规则所对应的列的非基变量 x_k 为换入变量，这样才能保持得到的对偶问题解仍为可行解。

（4）以 α_{lk} 为主元素，按原单纯形法在表中进行迭代运算，得到新的计算表。

重复步骤（1）~（4）。

下面举例来说明具体算法。

例 6：用对偶单纯形法求解

$$\min \omega = 2x_1 + 3x_2 + 4x_3$$

$$\begin{cases} x_1 + 2x_2 + x_3 \geq 3 \\ 2x_1 - x_2 + 3x_3 \geq 4 \\ x_1, x_2, x_3 \geq 0 \end{cases}$$

解：先将此问题化成下列形式，以便得到对偶问题的初始可行基

$$\max z = -2x_1 - 3x_2 - 4x_3$$

$$\begin{cases} -x_1 - 2x_2 - x_3 + x_4 = -3 \\ -2x_1 + x_2 - 3x_3 + x_5 = -4 \\ x_j \geq 0, j = 1, 2, \cdots, 5 \end{cases}$$

建立此问题的初始单纯形表，见表 2 - 6。

表 2 - 6

C_B	X_B	$c_j \to$	-2	-3	-4	0	0
		b	x_1	x_2	x_3	x_4	x_5
0	x_4	-3	-1	-2	-1	1	0
0	x_5	-4	[-2]	1	-3	0	1
	$c_j - z_j$		-2	-3	-4	0	0

从表 2 - 6 中看到，检验数行对应的对偶问题的解是可行解。因 b 列数字为负，故需进行迭代运算。

换出变量的确定：按上述对偶单纯形法计算步骤（2），计算

$$\min(-3, -4) = -4$$

故 x_5 为换出变量。

换入变量的确定：按上述对偶单纯形法计算步骤（3），计算

$$\theta = \min\left(\frac{-2}{-2}, -, \frac{-4}{-3}\right) = \frac{-2}{-2} = 1$$

计算故 x_1 为换入变量。换入、换出变量的所在列、行的交叉处 "-2" 为主元素。按单纯形法计算步骤进行迭代，得表 2 - 7。

由表2-7看出，对偶问题仍是可行解，而 b 列中仍有负分量。故重复上述迭代步骤，得表2-8。

表2-7

C_B	X_B	b	$c_j \rightarrow$ x_1	-2 x_2	-3 x_3	-4 x_4	0 x_5
0	x_4	-1	0	$[-5/2]$	$1/2$	1	$-1/2$
-2	x_1	2	1	$-1/2$	$3/2$	0	$-1/2$
	$c_j - z_j$		0	-4	-1	0	-1

表2-8

C_B	X_B	b	$c_j \rightarrow$ x_1	-2 x_2	-3 x_3	-4 x_4	0 x_5
-3	x_2	$2/5$	0	1	$-1/5$	$-2/5$	$1/5$
-2	x_1	$11/5$	1	0	$7/5$	$-1/5$	$-2/5$
	$c_j - z_j$		0	0	$-3/5$	$-8/5$	$-1/5$

表2-8中，b 列数字全为非负，检验数全为非正，故问题的最优解为

$$X^* = (11/5, 2/5, 0, 0, 0)^T$$

若对应两个约束条件的对偶变量分别为 y_1 和 y_2，则对偶问题的最优解为

$$Y^* = (y_1^*, y_2^*) = (8/5, 1/5)$$

从以上求解过程可以看到对偶单纯形法有以下优点：

（1）初始解可以是非可行解，当检验数都为负数时就可以进行基的变换，这时不需要加入人工变量，因此可以简化计算。

（2）当变量多于约束条件，对这样的线性规划问题，用对偶单纯形法计算可以减少计算工作量，因此对变量较少，而约束条件很多的线性规划问题，可先将它变换成对偶问题，然后用对偶单纯形法求解。

（3）在灵敏度分析及求解整数规划的割平面法中，有时需要用对偶单纯形法，这样可使问题的处理简化。无论是对偶单纯形法，还是单纯形法，都是在单纯形表中进行的求解，通过上述介绍，我们可以看出，单纯形法和对偶单纯形法各有优点与不足。当单纯形表中原问题为非基可行解，对偶问题为基可行解时，应使用对偶单纯形法进行迭代求最优解；当原问题为基可行解，对偶问题为非基可行解时应

使用单纯形法进行迭代求最优解；当原问题和对偶问题皆为非基可行解时用人工变量法进行迭代求最优解；当原问题和对偶问题皆为基可行解时，已求得最优解。对偶单纯形法的局限性主要是，对大多数线性规划问题，很难找到一个初始可行基，因而这种方法在求解线性规划问题时很少单独应用。

2.7 灵敏度分析

以前讨论线性规划问题时，假定 a_{ij}，b_i，c_j 都是常数。但实际上这些系数往往是估计值和预测值。如市场条件一变，c_j 值就会变化；a_{ij} 往往是因工艺条件的改变而改变；b_i 是根据资源投入后的经济效果决定的一种决策选择。因此提出这样两个问题：当这些系数有一个或几个发生变化时，已求得的线性规划问题的最优解会有什么变化；或者这些系数在什么范围内变化时，线性规划问题的最优解或最优基不变。后一个问题将在 2.8 节参数线性规划中讨论。

显然，当线性规划问题中某一个或几个系数发生变化后，原来已得结果一般会发生变化。当然可以用单纯形法从头计算，以便得到新的最优解。这样做很麻烦，而且也没有必要。因在单纯形法迭代时，每次运算都和基变量的系数矩阵 B 有关，因此可以把发生变化的个别系数，经过一定计算后直接填入最终计算表中，并进行检查和分析，可按表 2-9 中的几种情况进行处理。

表 2-9

原问题	对偶问题	结论或继续计算的步骤
可行解	可行解	表中的解仍为最优解
可行解	非可行解	用单纯形法继续迭代求最优解
非可行解	可行解	用对偶单纯形法继续迭代求最优解
非可行解	非可行解	引进人工变量，编制新的单纯形表，求最优解

下面就各种情况进行讨论。

2.7.1 资源数量变化的分析

资源数量变化是指系数 b_r 发生变化，即 $b_r' = b_r + \Delta b_r$。并假设规划问题的其他系数都不变。这样使最终表中原问题的解相应地变化为

$$X'_B = B^{-1}(b + \Delta b)$$

这里 $\Delta b = (0, \cdots, \Delta b_r, 0, \cdots, 0)^T$。只要 $X'_B \geq 0$，因最终表中检验数不变，故最优基不变，但最优解的值发生了变化，所以 X'_B 为新的最优解。新的最优解的值可允许变化范围用以下方法确定。

$$B^{-1}(b + \Delta b) = B^{-1}b + B^{-1}\Delta b = B^{-1}b + B^{-1}\begin{pmatrix} 0 \\ \vdots \\ \Delta b_r \\ \vdots \\ 0 \end{pmatrix}$$

$$B^{-1}\begin{pmatrix} 0 \\ \vdots \\ \Delta b_r \\ \vdots \\ 0 \end{pmatrix} = \begin{pmatrix} \bar{a}_{1r}\Delta b_r \\ \vdots \\ \bar{a}_{ir}\Delta b_r \\ \vdots \\ \bar{a}_{mr}\Delta b_r \end{pmatrix} = \Delta b_r \begin{pmatrix} \bar{a}_{1r} \\ \vdots \\ \bar{a}_{ir} \\ \vdots \\ \bar{a}_{mr} \end{pmatrix}$$

要求在最终表中求得的 b 列的所有元素 $\bar{b}_i + \bar{a}_{ir}\Delta b_r \geq 0$, $i = 1, 2, \cdots, m$。由此可得

$$\bar{a}_{ir}\Delta b_r \geq -\bar{b}_i, \quad i = 1, 2, \cdots, m$$

当 $\bar{a}_{ir} > 0$ 时，$\Delta b_r \geq -\bar{b}_i/\bar{a}_{ir}$；$\bar{a}_{ir} < 0$ 时，$\Delta b_r \leq -\bar{b}_i/\bar{a}_{ir}$；于是得到

$$\max_i \{-\bar{b}_i/\bar{a}_{ir} | \bar{a}_{ir} > 0\} \leq \Delta b_r \leq \min_i \{-\bar{b}_i/\bar{a}_{ir} | \bar{a}_{ir} < 0\}$$

例如求第 1 章例 1 中第二个约束条件 b_2 的变化范围 Δb_2 时，可计算

$$B^{-1}b + B^{-1}\begin{bmatrix} 0 \\ \Delta b_2 \\ 0 \end{bmatrix} = \begin{bmatrix} 4 \\ 4 \\ 2 \end{bmatrix} + \begin{bmatrix} 0.25 \\ 0.5 \\ -0.125 \end{bmatrix}\Delta b_2 \geq \begin{bmatrix} 0 \\ 0 \\ 0 \end{bmatrix}$$

可得 $\Delta b_2 \geq -4/0.25 = -16$，$\Delta b_2 \geq -4/0.5 = -8$，$\Delta b_2 \leq 2/0.125 = 16$。所以 Δb_2 的变化范围是 $[-8, 16]$；显然 b_2 的变化范围是 $[8, 32]$。

例 7：从表 1-5 得知第 1 章例 1 中，每设备台时的影子价格为 1.5 元，若该厂又从其他处抽调 4 台时用于生产产品 Ⅰ、Ⅱ。求这时该厂生产产品 Ⅰ、Ⅱ 的最优方案。

解：先计算 $B^{-1}\Delta b$，

$$B^{-1}\Delta b = \begin{pmatrix} 0 & 0.25 & 0 \\ -2 & 0.5 & 1 \\ 0.5 & -0.125 & 0 \end{pmatrix}\begin{pmatrix} 4 \\ 0 \\ 0 \end{pmatrix} = \begin{pmatrix} 0 \\ -8 \\ 2 \end{pmatrix}$$

将上述结果反映到最终表 1-5 中，得表 2-10。

表 2-10

C_B	X_B	b	$c_j \to$ 2 x_1	3 x_2	0 x_3	0 x_4	0 x_5
2	x_1	4+0	1	0	0	0.25	0
0	x_5	4−8	0	0	[−2]	0.5	1
3	x_2	2+2	0	1	0.5	−0.125	0
	$c_j - z_j$		0	0	−1.5	−0.125	0

由于表 2-10 中 b 列有负数，故用对偶单纯形法求新的最优解。计算结果见表 2-11。

表 2-11

C_B	X_B	b	$c_j \to$ 2 x_1	3 x_2	0 x_3	0 x_4	0 x_5
2	x_1	4	1	0	0	0.25	0
0	x_3	2	0	0	1	−0.25	−0.5
3	x_2	3	0	1	0	0	0.25
	$c_j - z_j$		0	0	0	−0.5	−0.75

即该厂最优生产方案应改为生产 4 件产品 I，生产 3 件产品 II，获利

$z^* = 4 \times 2 + 3 \times 3 = 17$（元）

从表 2-11 看出 $x_3 = 2$，即设备有 2 小时未被利用。

2.7.2 目标函数中价值系数 c_j 的变化分析

可以分别就 c_j 是对应的非基变量和基变量两种情况来讨论。

（1）若 c_j 是非基变量 x_j 的系数，这时它在计算表中所对应的检验数是

$$\sigma_j = c_j - C_B B^{-1} P_j$$

或

$$\sigma_j = c_j - \sum_{i=1}^{m} a_{ij} y_i$$

当 c_j 变化 Δc_j 后，要保证最终表中这个检验数仍小于或等于零，即

$$\sigma_j' = c_j + \Delta c_j - C_B B^{-1} P_j \leq 0$$

那么 $c_j + \Delta c_j \leq YP_j$，即 Δc_j 的值必须小于或等于 $YP_j - c_j$，才可以满足

原最优解条件。这就可以确定 Δc_j 的范围了。

（2）若 c_r 是基变量 x_r 的系数。因 $c_r \in C_B$，当 c_r 变化 Δc_r 时，就引起 C_B 的变化，这时

$$(C_B + \Delta C_B)B^{-1}A = C_B B^{-1}A + (0, \cdots, \Delta c_r, \cdots, 0)B^{-1}A$$
$$= C_B B^{-1}A + \Delta c_r(a_{r1}, a_{r2}, \cdots, a_{rn})$$

可见，当 c_r 变化 Δc_r 后，最终表中的检验数是

$$\sigma_j' = c_j - C_B B^{-1}A - \Delta c_r \bar{a}_{rj}, \quad j = 1, 2, \cdots, n$$

若要求原最优解不变，即必须满足 $\sigma_j' \leq 0$。于是得到

当 $\bar{a}_{rj} < 0, \quad \Delta c_r \leq \sigma_j / \bar{a}_{rj}$;
$\bar{a}_{rj} > 0, \quad \Delta c_r \geq \sigma_j / \bar{a}_{rj} \quad j = 1, 2, \cdots, n$

Δc_r 可变化的范围是

$$\max_j \{\sigma_j / \bar{a}_{rj} \mid \bar{a}_{rj} > 0\} \leq \Delta c_r \leq \min_j \{\sigma_j / \bar{a}_{rj} \mid \bar{a}_{rj} < 0\}$$

例 8：试以第 1 章例 1 的最终表表 1-5 为例。设基变量 x_2 的系数 c_2 变化 Δc_2，在原最优解不变的条件下，确定 Δc_2 的变化范围。

解：这时表 1-5 最终计算表便成为表 2-12 所示。

表 2-12

C_B	X_B	$c_j \to$	2	$3 + \Delta c_2$	0	0	0
		b	x_1	x_2	x_3	x_4	x_5
2	x_1	4	1	0	0	0.25	0
0	x_5	4	0	0	-2	0.5	1
$3 + \Delta c_2$	x_2	2	0	1	0.5	-0.125	0
	$c_j - z_j$		0	0	$-1.5 - \Delta c_2/2$	$\Delta c_2/8 - 1/8$	0

从表 2-12 可见有：$-1.5 - \Delta c_2/2 \leq 0$ 和 $\Delta c_2/8 - 1/8 \leq 0$。由此可得 $\Delta c_2 \geq -1.5/0.5$；$\Delta c_2 \leq 1$。Δc_2 的变化范围为：$-3 \leq \Delta c_2 \leq 1$，即 x_2 的价值系数 c_2 可以在 [0, 4] 之间变化，而不影响原最优解。

2.7.3 技术系数 α_{ij} 的变化

分两种情况来讨论技术系数 α_{ij} 的变化，下面以具体例子来说明。

例 9：分析在原计划中是否应该安排一种新产品。以第 1 章例 1 为例。设该厂除了生产产品 I、II 外，现有一种新产品 III。已知生产产品 III，每件需消耗原材料 A、B 各为 6 公斤、3 公斤，使用设备 2 台时；每件可获利 5 元。问该厂是否应生产该产品和生产多少？

解：分析该问题的步骤是：

(1) 设生产产品Ⅲ为 x_3' 台，其技术系数向量 $P_3' = (2, 6, 3)^T$，然后计算最终表中对应 x_3' 的检验数

$$\sigma_3' = c_3' - C_B B^{-1} P_3' = 5 - (1.5, 0.125, 0)(2, 6, 3)^T = 1.25 > 0$$

说明安排生产产品Ⅲ是有利的。

(2) 计算产品Ⅲ在最终表中对应 x_3' 的列向量

$$B^{-1} P_3' = \begin{bmatrix} 0 & 0.25 & 0 \\ -2 & 0.5 & 1 \\ 0.5 & -0.125 & 0 \end{bmatrix} \begin{bmatrix} 2 \\ 6 \\ 3 \end{bmatrix} = \begin{bmatrix} 1.5 \\ 2 \\ 0.25 \end{bmatrix}$$

并将（1）、（2）中的计算结果填入最终计算表1-5，得表2-13（a）。

表 2-13（a）

C_B	X_B	$c_j \rightarrow$	2	3	0	0	0	5
		b	x_1	x_2	x_3	x_4	x_5	x_3'
2	x_1	4	1	0	0	0.25	0	1.5
0	x_5	4	0	0	-2	0.5	1	[2]
3	x_2	2	0	1	0.5	-0.125	0	0.25
	$c_j - z_j$		0	0	-1.5	-0.125	0	1.25

由于 b 列的数字没有变化，原问题的解是可行解。但检验数行中还有正检验数，说明目标函数值还可以改善。

(3) 将 x_3' 作为换入变量，x_5 作为换出变量，进行迭代，求出最优解。计算结果见表2-13（b），这时得最优解：$x_1 = 1$，$x_2 = 1.5$，$x_3' = 2$。总的利润为16.5元。比原计划增加了2.5元。

表 2-13（b）

C_B	X_B	$c_j \rightarrow$	2	3	0	0	0	5
		b	x_1	x_2	x_3	x_4	x_5	x_3'
2	x_1	1	1	0	1.5	-0.125	-0.75	0
0	x_3'	2	0	0	-1	0.25	0.5	1
3	x_2	1.5	0	1	0.75	-0.1875	-0.125	0
	$c_j - z_j$		0	0	-0.25	-0.4375	-0.625	0

例10：分析原计划生产产品的工艺结构发生变化。仍以第1章例1为例，若原计划生产产品Ⅰ的工艺结构有了改进，这时有关它的技术系数向量变为 $P_1' = (2, 5, 2)^T$，每件利润为4元，试分析对原最优计划有什么影响？

解：把改进工艺结构的产品 I 看作产品 I′，设 x_1' 为其产量。于是计算在最终表中对应 x_1' 的列向量，并以 x_1' 代替 x_1。

$$B^{-1}P_1' = \begin{bmatrix} 0 & 0.25 & 0 \\ -2 & 0.5 & 1 \\ 0.5 & -0.125 & 0 \end{bmatrix} \begin{bmatrix} 2 \\ 5 \\ 2 \end{bmatrix} = \begin{bmatrix} 1.25 \\ 0.5 \\ 0.375 \end{bmatrix}$$

同时计算出 x_1' 的检验数为

$$c_1' - C_B B^{-1} P_1' = 4 - (1.5, 0.125, 0)(2, 5, 2)^T$$
$$= 0.375$$

将以上计算结果填入最终表 x_1 的列向量位置，得表 2–14。

表 2–14

C_B	X_B	b	x_1'	x_2	x_3	x_4	x_5
2	x_1	4	1.25	0	0	0.25	0
0	x_5	4	0.5	0	-2	0.5	1
3	x_2	2	0.375	1	0.5	-0.125	0
	$c_j - z_j$		0.375	0	-1.5	-0.125	0

由表 2–14 可见 x_1' 为换入变量，经过迭代得到表 2–15。

表 2–15

C_B	X_B	b	x_1'	x_2	x_3	x_4	x_5
4	x_1'	3.2	1	0	0	0.2	0
0	x_5	2.4	0	0	-2	0.4	1
3	x_2	0.8	0	1	0.5	-0.2	0
	$c_j - z_j$		0	0	-1.5	-0.2	0

表 2–15 表明原问题和对偶问题的解都是可行解。所以表中的结果已是最优解。即应当生产产品 I′，3.2 单位；生产产品 II，0.8 单位。可获利 15.2 元。

例 11：假设例 10 的产品 I′ 的技术系数向量变为 $P_1' = (4, 5, 2)^T$，而每件获利仍为 4 元。试问该厂应如何安排最优生产方案？

解：方法与例 10 相同，以 x_1' 代替 x_1，计算

$$B^{-1}P_1' = \begin{bmatrix} 0 & 0.25 & 0 \\ -2 & 0.5 & 1 \\ 0.5 & -0.125 & 0 \end{bmatrix} \begin{bmatrix} 4 \\ 5 \\ 2 \end{bmatrix} = \begin{bmatrix} 1.25 \\ -3.5 \\ 1.375 \end{bmatrix}$$

x_1' 的检验数为 $c_1' - C_B B^{-1} P_1' = 4 - (1.5, 0.125, 0)(4, 5, 2)^T =$

−2.625。将这些数字填入最终表 1−15 的 x_1 列的位置，得到表 2−16。

表 2−16

C_B	X_B	b	x_1'	x_2	x_3	x_4	x_5
2	x_1	4	1.25	0	0	0.25	0
0	x_5	4	−3.5	0	−2	0.5	1
3	x_2	2	1.375	1	0.5	−0.125	0
	$c_j - z_j$		−2.625	0	−1.5	−0.125	0

将表 2−16 的 x_1' 替换基变量中 x_1，得表 2−17。

表 2−17

C_B	X_B	b	x_1'	x_2	x_3	x_4	x_5
4	x_1'	3.2	1	0	0	0.2	0
0	x_5	15.2	0	0	−2	1.2	1
3	x_2	−2.4	0	1	0.5	−0.4	0
	$c_j - z_j$		0	0	−1.5	0.4	0

从表 2−17 可见原问题和对偶问题都是非可行解。于是引入人工变量 x_6。因在表 2−17 中 x_2 所在行，用方程表示时为

$$0x_1' + x_2 + 0.5x_3 - 0.4x_4 + 0x_5 = -2.4$$

引入人工变量 x_6 后，便为

$$-x_2 - 0.5x_3 + 0.4x_4 + x_6 = 2.4$$

将 x_6 作为基变量代替 x_2，填入表 2−17，得到表 2−18。

表 2−18

C_B	X_B	b	x_1'	x_2	x_3	x_4	x_5	x_6
4	x_1'	3.2	1	0	0	0.2	0	0
0	x_5	15.2	0	0	−2	1.2	1	0
−M	x_6	2.4	0	−1	−0.5	[0.4]	0	1
	$c_j - z_j$		0	3−M	−0.5M	−0.8+0.4M	0	0

这时可按单纯形法求解。x_4 为换入变量，x_6 为换出变量。经基变换运算后，得到表 2−19 的上半部分。在表 2−19 的上半部分，确

定 x_2 为换入变量，x_5 为换出变量。经基变换运算后，得到表 2-19 的下半部分。此表的所有检验数都为非正，已得最优解。最优生产方案为生产产品 Ⅰ′，0.667 单位；产品 Ⅱ，2.667 单位，可得最大利润 10.67 元。

表 2-19

C_B	X_B	$c_j \rightarrow$	4	3	0	0	0	$-M$
		b	x_1'	x_2	x_3	x_4	x_5	x_6
4	x_1'	2	1	0.5	0.25	0	0	0.5
0	x_5	8	0	[3]	-0.5	0	1	-3
0	x_4	6	0	-2.5	-1.25	1	0	2.5
	$c_j - z_j$		0	1	-1	0	0	$-M+2$
4	x_1'	0.667	1	0	0.33	0	-0.33	0
3	x_2	2.667	0	1	-0.167	0	0.33	-1
0	x_4	12.667	0	0	1.667	1	0.83	0
	$c_j - z_j$		0	0	-0.83	0	-0.33	$-M+3$

2.8 参数线性规划

灵敏度分析时，主要讨论在最优基不变情况下，确定系数 a_{ij}，b_i，c_j 的变化范围。而参数线性规划是研究这些参数中某一参数连续变化时，使最优解发生变化的各临界点的值。即把某一参数作为参变量，而目标函数在某区间内是这个参变量的线性函数，含这个参变量的约束条件是线性等式或不等式。因此仍可用单纯形法和对偶单纯形法分析参数线性规划问题。其步骤是：

（1）对含有某参变量 t 的参数线性规划问题。先令 $t=0$，用单纯形法求出最优解。

（2）用灵敏度分析法，将参变量 t 直接反映到最终表中。

（3）当参变量 t 连续变大或变小时，观察 b 列和检验数行各数字的变化。若在 b 列首先出现某负值时，则以它对应的变量为换出变量；于是用对偶单纯形法迭代一步。若在检验数行首先出现某正值时，则将它对应的变量为换入变量；用单纯形法迭代一步。

（4）在经迭代一步后得到的新表上，令参变量 t 继续变大或变小，重复步骤（3），直到 b 列不能再出现负值，检验数行不能再出现正值为止。

2.8.1 参数 c 的变化

例12：试分析以下参数线性规划问题。当参数 $t \geq 0$ 时的最优解变化。

$$\max z(t) = (3+2t)x_1 + (5-t)x_2$$

$$\begin{cases} x_1 & \leq 4 \\ & 2x_2 \leq 12 \\ 3x_1 + 2x_2 \leq 18 \\ x_1, x_2 \geq 0 \end{cases}$$

解：将此模型化为标准型

$$\max z(t) = (3+2t)x_1 + (5-t)x_2$$

$$\begin{cases} x_1 + x_3 = 4 \\ 2x_2 + x_4 = 12 \\ 3x_1 + 2x_2 + x_5 = 18 \\ x_j \geq 0, j = 1, 2, \cdots, 5 \end{cases}$$

令 $t=0$，用单纯形法求解，见表 2-20。

表 2-20

	$c_j \rightarrow$		3	5	0	0	0
C_B	X_B	b	x_1	x_2	x_3	x_4	x_5
0	x_3	2	0	0	1	1/3	-1/3
5	x_2	6	0	1	0	1/2	0
3	x_1	2	1	0	0	-1/3	1/3
	$c_j - z_j$		0	0	0	-3/2	-1

将 c 的变化直接反映到最终表 2-20 中，得表 2-21。

表 2-21

	$c_j \rightarrow$		$3+2t$	$5-t$	0	0	0
C_B	X_B	b	x_1	x_2	x_3	x_4	x_5
0	x_3	2	0	0	1	1/3	-1/3
$5-t$	x_2	6	0	1	0	1/2	0
$3+2t$	x_1	2	1	0	0	-1/3	1/3
	$c_j - z_j$		0	0	0	$-3/2 + \frac{7}{6}t$	$-1 - \frac{2}{3}t$

当 t 增大，$t \geq \dfrac{3/2}{7/6} = \dfrac{9}{7}$ 时，首先出现 $\sigma_4 \geq 0$，在 $\sigma_4 \leq 0$，即 $0 \leq t \leq 9/7$ 时，得最优解 $(2, 6, 2, 0, 0)^T$。$t = 9/7$ 为第一临界点。当 $t > 9/7$ 时，$\sigma_4 > 0$，这时 x_4 作为换入变量。用单纯形法迭代一步，得表 2-22。

表 2-22

C_B	X_B	$c_j \rightarrow$ b	$3+2t$ x_1	$5-t$ x_2	0 x_3	0 x_4	0 x_5
0	x_4	6	0	0	3	1	-1
$5-t$	x_2	3	0	1	$-3/2$	0	$1/2$
$3+2t$	x_1	4	1	0	1	0	0
	$c_j - z_j$		0	0	$9/2 - \dfrac{7}{2}t$	0	$-5/2 + \dfrac{1}{2}t$

当 t 继续增大 $t \geq \dfrac{5/2}{1/2} = 5$ 时，首先出现 $\sigma_5 \geq 0$，在 $\sigma_5 \leq 0$，即 $9/7 \leq t \leq 5$ 时，得最优解 $(4, 3, 0, 6, 0)^T$。$t = 5$ 为第二临界点。当 $t > 5$ 时，$\sigma_5 > 0$，这时 x_5 作为换入变量，用单纯形法迭代一步，得表 2-23。

表 2-23

C_B	X_B	$c_j \rightarrow$ b	$3+2t$ x_1	$5-t$ x_2	0 x_3	0 x_4	0 x_5
0	x_4	12	0	2	0	1	0
0	x_5	6	0	2	-3	0	1
$3+2t$	x_1	4	1	0	1	0	0
	$c_j - z_j$		0	$5-t$	$-3-2t$	0	

表 2-23 中 t 继续增大时，恒有 σ_2，$\sigma_3 < 0$，故当 $t \geq 5$ 时，最优解为 $(4, 0, 0, 12, 6)^T$。

2.8.2 参数 b 的变化分析

例 13：分析以下线性规划问题，当 $t \geq 0$ 时，其最优解的变化范围。

$$\max z = x_1 + 3x_2$$
$$\begin{cases} x_1 + x_2 \leqslant 6 - t \\ -x_1 + 2x_2 \leqslant 6 + t \\ x_1, \ x_2 \geqslant 0 \end{cases}$$

解：将上述模型化为标准型

$$\max z = x_1 + 3x_2$$
$$\begin{cases} x_1 + x_2 + x_3 = 6 - t \\ -x_1 + 2x_2 + x_4 = 6 + t \\ x_1, \ x_2, \ x_3, \ x_4 \geqslant 0 \end{cases}$$

令 $t = 0$，用单纯形法求解，见表 2-24。

表 2-24

C_B	X_B	$c_j \to$ b	1 x_1	3 x_2	0 x_3	0 x_4
1	x_1	2	1	0	2/3	-1/3
3	x_2	4	0	1	1/3	1/3
	$c_j - z_j$		0	0	-5/3	-2/3

计算

$$B^{-1}\Delta b = \begin{bmatrix} 2/3 & -1/3 \\ 1/3 & 1/3 \end{bmatrix} \begin{bmatrix} -t \\ t \end{bmatrix} = \begin{bmatrix} -t \\ 0 \end{bmatrix}$$

将此计算结果反映到最终表 2-24，得表 2-25。

表 2-25

C_B	X_B	$c_j \to$ b	1 x_1	3 x_2	0 x_3	0 x_4
1	x_1	$2-t$	1	0	2/3	-1/3
3	x_2	4	0	1	1/3	1/3
	$c_j - z_j$		0	0	-5/3	-2/3

在表 2-25 中，当 t 增大至 $t \geqslant 2$ 时，则 $b \leqslant 0$。即 $0 \leqslant t \leqslant 2$ 时，最优解为 $(2-t, 4, 0, 0)^T$。当 $t > 2$ 时，则 $b_1 < 0$；故将 x_1 作为换出变量，用对偶单纯形法迭代一步，得表 2-26。

表 2-26

C_B	X_B	$c_j \rightarrow$ b	1 x_1	3 x_2	0 x_3	0 x_4
0	x_4	$-6+3t$	-3	0	-2	1
3	x_2	$6-t$	1	1	1	0
		$c_j - z_j$	-2	0	-3	0

从表 2-26 可见，当 $t>6$ 时，问题无可行解；当 $2 \leq t \leq 6$ 时，问题的最优解为 $(0, 6-t, 0, -6+3y)^T$。

第 3 章
运 输 问 题

前两章讨论了一般线性规划问题的单纯形法求解方法。但在实际工作中,往往碰到有些线性规划问题,它们的约束方程组的系数矩阵具有特殊的结构,这就有可能找到比单纯形法更为简便的求解方法。从而可节约计算时间和费用。本章讨论的运输问题就是属于这样一类特殊的线性规划问题。

3.1 运输问题的数学模型

在经济建设中,经常碰到大宗物资调运问题。如煤、钢铁、木材、粮食等物资,在全国有若干生产基地,据已有的交通网,应如何制订调运方案,将这些物资运到各消费地点,而总运费要最小。这问题可用以下数学语言描述。

已知有 m 个生产地点 A_i,$i=1,2,\cdots,m$。可供应某种物资,其供应量(产量)分别为 a_i,$i=1,2,\cdots,m$,有 n 个销地 B_j,$j=1,2,\cdots,n$,其需要量分别为 b_j,$j=1,2,\cdots,n$,从 A_i 到 B_j 运输单位物资的运价(单价)为 c_{ij},这些数据可汇总于产销平衡表和单位运价表中,见表 3-1、表 3-2。有时可把这两表合二为一。

表 3-1

产地＼销地	1	2	⋯	n	产量
1					a_1
2					a_2
⋮					⋮
m					a_m
销量	b_1	b_2	⋯	b_n	

表 3-2

产地\销地	1	2	⋯	n
1	c_{11}	c_{12}	⋯	c_{1n}
2	c_{21}	c_{22}	⋯	c_{2n}
⋮			⋮	
m	c_{m1}	c_{m2}	⋯	c_{mn}

若用 x_{ij} 表示从 A_i 到 B_j 的运量，那么在产销平衡的条件下，即在总产量和总销量相等的条件下要求得总运费最小的调运方案，可求解以下数学模型

$$\min z = \sum_{i=1}^{m}\sum_{j=1}^{n} c_{ij}x_{ij}$$

$$\begin{cases} \sum_{i=1}^{m} x_{ij} = b_j,\ j=1,2,\cdots,n & (3-1) \\ \sum_{j=1}^{n} x_{ij} = a_i,\ i=1,2,\cdots,m & (3-2) \\ x_{ij} \geq 0 \end{cases}$$

这就是运输问题的数学模型。它包含 $m \times n$ 个变量，$(m+n)$ 个约束方程。其系数矩阵的结构比较松散，且特殊。

$$\begin{array}{c} \quad\quad x_{11}\ x_{12}\ \cdots\ x_{1n}\ x_{21}\ x_{22}\ \cdots\ x_{2n}\ \cdots\ x_{m1}\ x_{m2}\ \cdots\ x_{mn} \\ \begin{array}{c} u_1 \\ u_2 \\ \vdots \\ u_m \\ v_1 \\ v_2 \\ \vdots \\ v_n \end{array} \left[\begin{array}{cccccccccccc} 1 & 1 & \cdots & 1 & & & & & & & & \\ & & & & 1 & 1 & \cdots & 1 & & & & \\ & & & & & & & & \ddots & & & \\ & & & & & & & & & 1 & 1 & \cdots & 1 \\ 1 & & & & 1 & & & & \cdots & 1 & & \\ & 1 & & & & 1 & & & \cdots & & 1 & \\ & & \ddots & & & & \ddots & & \cdots & & & \ddots \\ & & & 1 & & & & 1 & \cdots & & & & 1 \end{array}\right] \begin{array}{l} \Big\}m\ 行 \\ \\ \Big\}n\ 行 \end{array} \end{array}$$

该系数矩阵中对应于变量 x_{ij} 的系数向量 P_{ij}，其分量中除第 i 个和第 $m+j$ 个为 1 以外，其余的都为零。即

$$P_{ij} = (0\cdots1\cdots0\cdots1\cdots0)^T = e_i + e_{m+j}$$

对产销平衡的运输问题，由于有以下关系式存在：

$$\sum_{j=1}^{n} b_j = \sum_{i=1}^{m}\Big(\sum_{j=1}^{n} x_{ij}\Big) = \sum_{j=1}^{n}\Big(\sum_{i=1}^{m} x_{ij}\Big) = \sum_{i=1}^{m} a_i$$

所以模型最多只有 $m+n-1$ 个独立约束方程。即系数矩阵的秩 $\leq m+n-1$。根据运输问题的数学模型可知,运输问题符合线性规划问题的条件要求。所以运输问题在理论上可以使用单纯形法求解。但是对于有 m 个产地,n 个销地的运输问题所涉及的决策变量有 $m \times n$ 个,再加上人工变量,如果使用单纯形法求解,十分不便。由于有以上特征,所以求解运输问题时,可用比较简便的计算方法,习惯上称为表上作业法。

3.2 表上作业法

表上作业法是单纯形法在求解运输问题时的一种简化方法,其实质是单纯形法。但具体计算和术语有所不同。对于产销平衡的运输问题,求解思路为:先找到运输问题的初始调运方案,设法判别该调运方案的总运费是否为最省。如果是最省的调运方案,停止运算。否则,过渡到另外一个新的调运方案,并使总运费有所下降。以此反复进行,直到找到最优方案。以上过程可归纳为:

(1) 找出初始基可行解。即在 ($m \times n$) 产销平衡表上给出 $m+n-1$ 个数字格。这 $m+n-1$ 个数字格就是初始基变量的值。

(2) 最优方案的判别。求各非基变量的检验数,即在表上计算空格的检验数,判别是否达到最优解的要求。如已是最优解,则停止计算,否则转到下一步。

(3) 确定换入变量和换出变量,找出新的基可行解。在表上用闭回路法调整。

(4) 重复 (2)、(3) 直到得到最优解为止。

以上运算都可以在表上完成,下面通过例子说明表上作业法的计算步骤。

例1: 某公司经销甲产品。它下设三个加工厂。每日的产量分别是:A_1 为 7 吨,A_2 为 4 吨,A_3 为 9 吨。该公司把这些产品分别运往四个销售点。各销售点每日销量为:B_1 为 3 吨,B_2 为 6 吨,B_3 为 5 吨,B_4 为 6 吨。已知从各工厂到各销售点的单位产品的运价为表 3-3 所示。问该公司应如何调运产品,在满足各销点的需要量的前提下,使总运费为最少。

解: 先画出这问题的产销平衡表和单位运价表,见表 3-3、表 3-4。

表 3-3　　　　　　　　　　　单位运价表

销地＼加工厂	B_1	B_2	B_3	B_4
A_1	3	11	3	10
A_2	1	9	2	8
A_3	7	4	10	5

表 3-4　　　　　　　　　　　产销平衡表

销地＼产地	B_1	B_2	B_3	B_4	产量
A_1					7
A_2					4
A_3					9
销量	3	6	5	6	

3.2.1 确定初始基可行解

这与一般线性规划问题不同。产销平衡的运输问题总是存在可行解。因有

$$\sum_{i=1}^{m} a_i = \sum_{j=1}^{n} b_j = d$$

必存在

$$x_{ij} \geq 0, \quad i=1, \cdots, m, \quad j=1, \cdots, n$$

这就是可行解。又因

$$0 \leq x_{ij} \leq \min(a_i, b_j)$$

故运输问题必存在最优解。

确定初始基可行解的方法很多，一般希望的方法是既简便，又尽可能接近最优解。下面介绍两种方法：最小元素法和伏格尔 (Vogel) 法。

1. 最小元素法

这方法的基本思想是就近供应，即从单位运价表中最小的运价开始确定供销关系，然后次小。一直到给出初始基可行解为止。以例 1 进行讨论。

第一步：从表 3-3 中找出最小运价为 1，这表示先将 A_2 的产品供应给 B_1。因 $a_2 > b_1$，A_2 除满足 B_1 的全部需要外，还可多余 1 吨产品。在表 3-4 的 (A_2, B_1) 的交叉格处填上 3，得表 3-5。并将

表 3-3 的 B_1 列运价划去,得表 3-6。

第二步:在表 3-6 未划去的元素中再找出最小运价 2,确定 A_2 多余的 1 吨供应 B_3,并给出表 3-7、表 3-8。

表 3-5

加工厂＼销地	B_1	B_2	B_3	B_4	产量
A_1					7
A_2	3				4
A_3					9
销量	3	6	5	6	

表 3-6

产地＼销地	B_1	B_2	B_3	B_4
A_1	3	11	3	10
A_2	1	9	2	8
A_3	7	4	10	5

表 3-7

加工厂＼销地	B_1	B_2	B_3	B_4	产量
A_1					7
A_2	3		1		4
A_3					9
销量	3	6	5	6	

表 3-8

产地＼销地	B_1	B_2	B_3	B_4
A_1	3	11	3	10
A_2	1	9	2	8
A_3	7	4	10	5

第三步:在表 3-8 未划去的元素中再找出最小运价 3;这样一步步地进行下去,直到单位运价表上的所有元素划去为止,最后在

产销平衡表上得到一个调运方案,见表 3-9。这方案的总运费为 86 元。

表 3-9

产地＼销地	B_1	B_2	B_3	B_4	产量
A_1			4	3	7
A_2	3		1		4
A_3		6		3	9
销量	3	6	5	6	

用最小元素法给出的初始解是运输问题的基可行解,其理由为:

(1) 用最小元素法给出的初始解,是从单位运价表中逐次地挑选最小元素,并比较产量和销量。当产大于销,划去该元素所在列。当产小于销,划去该元素所在行。然后在未划去的元素中再找最小元素,再确定供应关系。这样在产销平衡表上每填入一个数字,在运价表上就划去一行或一列。表中共有 m 行 n 列,总共可划 $(n+m)$ 条直线。但当表中只剩一个元素时,这时当在产销平衡表上填这个数字时,而在运价表上同时划去一行和一列。此时把单价表上所有元素都划去了,相应地在产销平衡表上填了 $(m+n-1)$ 个数字。即给出了 $(m+n-1)$ 个基变量的值。

(2) 这 $(m+n-1)$ 个基变量对应的系数列向量是线性独立的。

证:若表中确定的第一个基变量为 $x_{i_1j_1}$ 它对应的系数列向量为

$$P_{i_1j_1} = e_{i_1} + e_{m+j_1}$$

因当给定 $x_{i_1j_1}$ 的值后,将划去第 i_1 行或第 j_1 列,即其后的系数列向量中再不出现 e_{i_1} 或 e_{m+j_1},因而 $P_{i_1j_1}$ 不可能用解中的其他向量的线性组合表示。类似地给出第二个,……,第 $(m+n-1)$ 个。这 $(m+n-1)$ 个向量都不可能用解中的其他向量的线性组合表示。故这 $(m+n-1)$ 个向量是线性独立的。

用最小元素法给出初始解时,有可能在产销平衡表上填入一个数字后,在单位运价表上同时划去一行和一列。这时就出现退化。关于退化时的处理将在 3.2.4 节中讲述。

2. 伏格尔法

最小元素法的缺点是:为了节省一处的费用,有时造成在其他处要多花几倍的运费。伏格尔法考虑到,一产地的产品假如不能按最小运费就近供应,就考虑次小运费,这就有一个差额。差额越大,说明

不能按最小运费调运时,运费增加越多。因而对差额最大处,就应当采用最小运费调运。基于此,伏格尔法的步骤是:

第一步:在表 3-3 中分别计算出各行和各列的最小运费和次最小运费的差额,并填入该表的最右列和最下行,见表 3-10。

表 3-10

销地 产地	B_1	B_2	B_3	B_4	行差额
A_1	3	11	3	10	0
A_2	1	9	2	8	1
A_3	7	4	10	5	1
列差额	2	5	1	3	

第二步:从行或列差额中选出最大者,选择它所在行或列中的最小元素。在表 3-10 中 B_2 列是最大差额所在列。B_2 列中最小元素为 4,可确定 A_3 的产品先供应 B_2 的需要,得表 3-11。同时将运价表中的 B_2 列数字划去,如表 3-12 所示。

表 3-11

销地 产地	B_1	B_2	B_3	B_4	产量
A_1					7
A_2					4
A_3		6			9
销量	3	6	5	6	

表 3-12

销地 产地	B_1	B_2	B_3	B_4	行差额
A_1	3	11	3	10	0
A_2	1	9	2	8	1
A_3	7	4	10	5	2
列差额	2		1	3	

第三步:对表 3-12 中未划去的元素再分别计算出各行、各列的最小运费和次最小运费的差额,并填入该表的最右列和最下行。重复

第一、第二步。直到给出初始解为止。用此法给出例1的初始解列于表 3-13。

表 3-13

销地 产地	B_1	B_2	B_3	B_4	产量
A_1			5	2	7
A_2	3			1	4
A_3		6		3	9
销量	3	6	5	6	

由以上可见,伏格尔法同最小元素法除在确定供求关系的原则上不同外,其余步骤相同。伏格尔法给出的初始解比用最小元素法给出的初始解更接近最优解。

本例用伏格尔法给出的初始解就是最优解。

3.2.2 最优解的判别

判别的方法是计算空格(非基变量)的检验数 $c_{ij} - C_B B^{-1} P_{ij}(i, j \in N)$。因运输问题的目标函数是要求实现最小化,故当所有的 $c_{ij} - C_B B^{-1} P_{ij} \geq 0$ 时,为最优解。下面介绍两种求空格检验数的方法。

1. 闭回路法

在给出调运方案的计算表上,如表 3-13 所示,从每一空格出发找一条闭回路。它是以某空格为起点。用水平或垂直线向前划,当碰到一数字格时可以转 90°后,继续前进,直到回到起始空格为止。闭回路如图 3-1 的(a)、(b)、(c)所示。

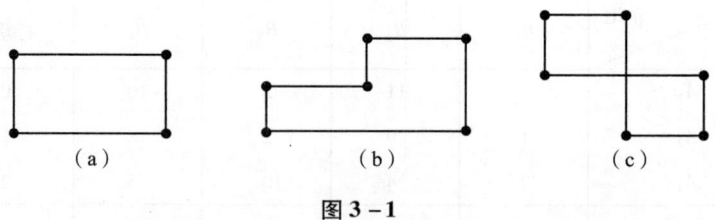

图 3-1

从每一空格出发一定存在和可以找到唯一的闭回路。因 $(m+n-1)$ 个数字格(基变量)对应的系数向量是一个基。任一空格

(非基变量)对应的系数向量是这个基的线性组合。如 P_{ij},i,$j \in N$ 可表示为

$$P_{ij} = e_i + e_{m+j}$$
$$= e_i + e_{m+k} - e_{m+k} + e_l - e_l + e_{m+s} - e_{m+s} + e_u - e_u + e_{m+j}$$
$$= (e_i + e_{m+k}) - (e_l + e_{m+k}) + (e_l + e_{m+s}) - (e_u + e_{m+s}) + (e_u + e_{m+j})$$
$$= P_{ik} - P_{lk} + P_{ls} - P_{us} + P_{uj}$$

其中 P_{ik},P_{lk},P_{ls},P_{us},$P_{uj} \in B$。而这些向量构成了闭回路(见图 3-2)。

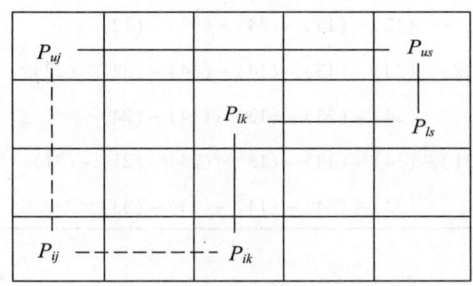

图 3-2

闭回路法计算检验数的经济解释为:在已给出初始解的表 3-9 中,可从任一空格出发,如 (A_1, B_1),若让 A_1 的产品调运 1 吨给 B_1。为了保持产销平衡,就要依次作调整:在 (A_1, B_3) 处减少 1 吨,(A_2, B_3) 处增加 1 吨,(A_2, B_1) 处减少 1 吨,即构成了以 (A_1, B_1) 空格为起点,其他为数字格的闭回路。如表 3-14 中的虚线所示。在这表中闭回路各顶点所在格的右上角数字是单位运价。

表 3-14

产地\销地	B_1	B_2	B_3	B_4	产量
A_1	3 (+1)	11	3 4(−1)	10 3	7
A_2	1 3(−1)	9	2 1(+1)	8	4
A_3	7	4 6	10	5 3	9
销量	3	6	5	6	

可见这调整的方案使运费增加

$(+1) \times 3 + (-1) \times 3 + (+1) \times 2 + (-1) \times 1 = 1$（元）

这表明若这样调整运量将增加运费。将"1"这个数填入(A_1, B_1)格，这就是检验数。按以上所述，可找出所有空格的检验数，见表 3-15。

表 3-15

空格	闭回路	检验数
(11)	(11)-(13)-(23)-(21)-(11)	1
(12)	(12)-(14)-(34)-(32)-(12)	2
(22)	(22)-(23)-(13)-(14)-(34)-(32)-(22)	1
(24)	(24)-(23)-(13)-(14)-(24)	-1
(31)	(31)-(34)-(14)-(13)-(23)-(21)-(31)	10
(33)	(33)-(34)-(14)-(13)-(33)	12

当检验数还存在负数时，说明原方案不是最优解，改进方法见 3.2.3 小节。

2. 位势法

用闭回路法求检验数时，需给每一空格找一条闭回路。当产销点很多时，这种计算很繁杂。下面介绍较为简便的方法——位势法。

设 $u_1, u_2, \cdots, u_m; v_1, v_2, \cdots, v_n$ 是对应运输问题的 $m+n$ 个约束条件的对偶变量。B 是含有一个人工变量 x_a 的 $(m+n) \times (m+n)$ 初始基矩阵。人工变量 x_a 在目标函数中的系数 $c_a = 0$，从线性规划的对偶理论可知。

$$C_B B^{-1} = (u_1, u_2, \cdots, u_m; v_1, v_2, \cdots, v_n)$$

而每个决策变量 x_{ij} 的系数向量 $P_{ij} = e_i + e_{m+j}$，所以 $C_B B^{-1} P_{ij} = u_i + v_j$。于是检验数

$$\sigma_{ij} = c_{ij} - C_B B^{-1} P_{ij} = c_{ij} - (u_i + v_j)$$

由单纯形法得知所有基变量的检验数等于 0。即

$$c_{ij} - (u_i + v_j) = 0, \quad i, j \in B$$

例如，在例 1 的由最小元素法得到的初始解中 $x_{23}, x_{34}, x_{21}, x_{32}, x_{13}, x_{14}$ 是基变量。x_a 为人工变量，这时对应的检验数是：

基变量	检验数	
x_a	$c_a - u_1 = 0$	$\because c_a = 0 \therefore u_1 = 0$
x_{23}	$c_{23} - (u_2 + v_3) = 0$	即 $2 - (u_2 + v_3) = 0$
x_{34}	$c_{34} - (u_3 + v_4) = 0$	$5 - (u_3 + v_4) = 0$
x_{21}	$c_{21} - (u_2 + v_1) = 0$	$1 - (u_2 + v_1) = 0$
x_{32}	$c_{32} - (u_3 + v_2) = 0$	$4 - (u_3 + v_2) = 0$
x_{13}	$c_{13} - (u_1 + v_3) = 0$	$3 - (u_1 + v_3) = 0$
x_{14}	$c_{14} - (u_1 + v_4) = 0$	$10 - (u_1 + v_4) = 0$

从以上 7 个方程中，由 $u_1 = 0$ 可求得

$$u_2 = -1, \ u_3 = -5, \ v_1 = 2, \ v_2 = 9, \ v_3 = 3, \ v_4 = 10$$

因非基变量的检验数

$$\sigma_{ij} = c_{ij} - (u_i + v_j), \ i, j \in N$$

这就可以从已知的 u_i，v_j 值中求得。这些计算可在表格中进行。以例 1 说明。

第一步：按最小元素法给出表 3 – 9 的初始解，做表 3 – 16。即在对应表 3 – 9 的数字格处填入单位运价，见表 3 – 16。

表 3 – 16

产地＼销地	B_1	B_2	B_3	B_4
A_1			3	10
A_2	1		2	
A_3		4		5

第二步：在表 3 – 16 上增加一行一列，在列中填入 u_i，在行中填入 v_j，得表 3 – 17。

表 3 – 17

产地＼销地	B_1	B_2	B_3	B_4	u_i
A_1			3	10	0
A_2	1		2		-1
A_3		4		5	-5
v_j	2	9	3	10	

先令 $u_1 = 0$，然后按 $u_i + v_j = c_{ij}$，$i, j \in B$，相继地确定 u_i, v_j。由表 3-17 可见，当 $u_1 = 0$ 时，由 $u_1 + v_3 = 3$ 可得 $v_3 = 3$，由 $u_1 + v_4 = 10$ 可得 $v_4 = 10$；在 $v_4 = 10$ 时，由 $u_3 + v_4 = 5$ 可得 $u_3 = -5$，以此类推可确定所有的 u_i, v_j 的数值。

第三步：按 $\sigma_{ij} = c_{ij} - (u_i + v_j)$，$i, j \in N$ 计算所有空格的检验数。如

$$\sigma_{11} = c_{11} - (u_1 + v_1) = 3 - (0 + 2) = 1$$
$$\sigma_{12} = c_{12} - (u_1 + v_2) = 11 - (0 + 9) = 2$$

这些计算可直接在表 3-17 上进行。为了方便，特设计计算表，如表 3-18 所示。

表 3-18

产地＼销地	B_1	B_2	B_3	B_4	u_i
A_1	3 1	11 2	3 0	10 0	0
A_2	1 0	9 1	2 0	8 -1	-1
A_3	7 10	4 0	10 12	5 0	-5
v_j	2	9	3	10	

在表 3-18 中还有负检验数。说明未得最优解，还可以改进。

3.2.3 改进的方法——闭回路调整法

当在表中空格处出现负检验数时，表明未得最优解。若有两个和两个以上的负检验数时，一般选其中最小的负检验数，以它对应的空格为调入格。即以它对应的非基变量为换入变量。由表 3-18 得（2，4）为调入格。以此格为出发点，作一闭回路，如表 3-19 所示。

（2，4）格的调入量 θ 是选择闭回路上具有（-1）的数字格中的最小者。即 $\theta = \min(1, 3) = 1$（其原理与单纯形法中按 θ 规划来确定换出变量相同）。然后按闭回路上的正、负号，加入和减去此值，得到调整方案，如表 3-20 所示。

表 3-19

产地＼销地	B_1	B_2	B_3	B_4	产量
A_1			4(+1)	3(-1)	7
A_2	3		1(-1)	(+1)	4
A_3		6			9
销量	3	6	5	6	

表 3-20

产地＼销地	B_1	B_2	B_3	B_4	产量
A_1			5	2	7
A_2	3		1		4
A_3		6		3	9
销量	3	6	5	6	

对表 3-20 给出的解，再用闭回路法或位势法求各空格的检验数，见表 3-21。表中的所有检验数都非负，故表 3-20 中的解为最优解。这时得到的总运费最小是 85 元。

表 3-21

产地＼销地	B_1	B_2	B_3	B_4
A_1	0	2		
A_2		2		1
A_3	9		12	

3.2.4 表上作业法计算中的问题

1. 无穷多最优解

在 3.2.1 节中提到，产销平衡的运输问题必定存在最优解。那么有唯一最优解还是无穷多最优解？判别依据与第 1 章 1.3.3 节讲述的相同。即某个非基变量（空格）的检验数为 0 时，该问题有无穷多最优解。表 3-21 空格 (1, 1) 的检验数是 0，表明例 1 有无穷多最优解。可在表 3-20 中以 (1, 1) 为调入格，作闭回路 (1, 1)₊ -

$(1,4)_- - (2,4)_+ - (2,1)_- - (1,1)_+$。确定 $\theta = \min(2,3) = 2$。经调整后得到另一最优解，见表 3-22。

表 3-22

产地＼销地	B_1	B_2	B_3	B_4	产量
A_1	2		5		7
A_2	1			3	4
A_3		6		3	9
销量	3	6	5	6	

2. 退化

用表上作业法求解运输问题当出现退化时，在相应的格中一定要填一个 0，以表示此格为数字格。有以下两种情况：

（1）当确定初始解的各供需关系时，若在 (i,j) 格填入某数字后，出现 A_i 处的余量等于 B_j 处的需量。这时在产销平衡表上填一个数，而在单位运价表上相应地要划去一行和一列。为了使在产销平衡表上有 $(m+n-1)$ 个数字格。这时需要添一个"0"。它的位置可在对应同时划去的那行或那列的任一空格处。如表 3-23、表 3-24 所示。因第一次划去第一列，剩下最小元素为 2，其对应的销地 B_2，需要量为 6，而对应的产地 A_3 未分配量也是 6。这时在产销表（3，2）交叉格中填入 6，这时在单位运价表 3-24 中需同时划去 B_2 列和 A_3 行。在表 3-23 的空格（1，2），（2，2），（3，3），（3，4）中任选一格添加一个 0。

表 3-23

产地＼销地	B_1	B_2	B_3	B_4	产量
A_1					7
A_2					4
A_3	3	6			9
销量	3	6	5	6	

表 3-24

销地 产地	B_1	B_2	B_3	B_4
A_1	3	11	4	5
A_2	7	7	3	8
A_3	1	2	10	6

（2）在用闭回路法调整时，在闭回路上出现两个和两个以上的具有（-1）标记的相等的最小值。这时只能选择其中一个作为调入格。而经调整后，得到退化解。这时另一个数字格必须填入一个 0，表明它是基变量。当出现退化解后，并作改进调整时，可能在某闭回路上有标记为（-1）的取值为 0 的数字格，这时应取调整量 $\theta = 0$。

3.3 产销不平衡的运输问题及其求解方法

前面讲的表上作业法，都是以产销平衡，即

$$\sum_{i=1}^{m} a_i = \sum_{j=1}^{n} b_j$$

为前提的，但是实际问题中产销往往是不平衡的。就需要把产销不平衡的问题化成产销平衡的问题。分以下两种情况。

第一种情况是总产量大于总销量的产销不平衡问题。即

$$\sum_{i=1}^{m} a_i > \sum_{j=1}^{n} b_j$$

此时，运输问题的数学模型可写成

$$\min z = \sum_{i=1}^{m} \sum_{j=1}^{n} c_{ij} x_{ij}$$

满足

$$\begin{cases} \sum_{j=1}^{n} x_{ij} \leq a_i, & (i = 1, 2, \cdots, m) \\ \sum_{i=1}^{m} x_{ij} = b_j, & (j = 1, 2, \cdots, n) \\ x_{ij} \geq 0 \end{cases}$$

由于总的产量大于总的销量，就要考虑多余的物资在哪一个产地就地储存的问题。设 $x_{i,n+1}$ 是产地 A_i 的储存量，于是有：

$$\sum_{j=1}^{n} x_{ij} + x_{i,n+1} = \sum_{j=1}^{n+1} x_{ij} = a_i, \ (i=1, 2, \cdots, m)$$

$$\sum_{i=1}^{m} x_{ij} = b_j \ (j=1, 2, \cdots, n)$$

$$\sum_{i=1}^{m} x_{i,n+1} = \sum_{i=1}^{m} a_i - \sum_{j=1}^{n} b_j = b_{n+1}$$

令 $c'_{ij} = c_{ij}$，当 $i=1, \cdots, m, j=1, \cdots, n$ 时

$c'_{ij} = 0$，当 $i=1, \cdots, m, j=n+1$ 时

将其分别代入，得到

$$\min z' = \sum_{i=1}^{m}\sum_{j=1}^{n+1} c'_{ij} x_{ij} = \sum_{i=1}^{m}\sum_{j=1}^{n} c'_{ij} x_{ij} + \sum_{i=1}^{m} c'_{i,n+1} x_{ij}$$

$$= \sum_{i=1}^{m}\sum_{j=1}^{n} c_{ij} x_{ij}$$

满足

$$\begin{cases} \sum_{j=1}^{n+1} x_{ij} = a_i \\ \sum_{i=1}^{m} x_{ij} = b_j \\ x_{ij} \geq 0 \end{cases}$$

由于这个模型中

$$\sum_{i=1}^{m} a_i = \sum_{j=1}^{n} b_j + b_{n+1} = \sum_{j=1}^{n+1} b_j$$

所以这是一个产销平衡的运输问题。

当总产量大于总销量时，只要增加一个假想的销地 $j=n+1$（实际上是储存），该销地总需要量为：$\sum_{i=1}^{m} a_i - \sum_{j=1}^{n} b_j$。如果没有特殊要求，在单位运价表中从各产地到假想销地的单位运价为 $c'_{i,n+1}=0$，就转化成一个产销平衡的运输问题。

另一种情况，当总销量大于总产量时，可以在产销平衡表中增加一个假想的产地 $i=m+1$，该地产量为：$\sum_{j=1}^{n} b_j - \sum_{i=1}^{m} a_i$。在单位运价表上令从该假想产地到各销地的运价 $c'_{m+1,j}=0$，同样可以转化为一个产销平衡的运输问题。

例2：设有三个化肥厂（A，B，C）供应四个地区（Ⅰ，Ⅱ，Ⅲ，Ⅳ）的农用化肥。假定等量的化肥在这些地区使用效果相同。各化肥厂年产量，各地区年需要量及从各化肥厂到各地区运送单位化肥的运价如表 3-25 所示。试求出总的运费最节省的化肥调拨方案。

表 3-25

需求地区 化肥厂	Ⅰ	Ⅱ	Ⅲ	Ⅳ	产量（万吨）
A	16	13	22	17	50
B	14	13	19	15	60
C	19	20	23	—	50
最低需求（万吨）	30	70	0	10	
最高需求（万吨）	50	70	30	不限	

解：这是一个产销不平衡的运输问题，总产量为 160 万吨，四个地区的最低需求为 110 万吨，最高需求为无限。根据现有产量，第 Ⅳ 个地区每年最多能分配到 60 万吨，这样最高需求为 210 万吨，大于产量。为了求得平衡，在产销平衡表中增加一个假想的化肥厂 D，其年产量为 50 万吨。由于各地区的需要量包含两部分，如地区 Ⅰ，其中 30 万吨是最低需求，故不能由假想化肥厂 D 供给，令相应运价为 M（任意大正数），而另一部分 20 万吨满足或不满足均可以，因此可以由假想化肥厂 D 供给，按前面讲的，令相应运价为 0。对凡是需求分两种情况的地区，实际上可按照两个地区看待。这样可以写出这个问题的产销平衡表（见表 3-26）和单位运价表（见表 3-27）。

表 3-26　　　　　　　　　　产销平衡表

销地 产地	Ⅰ′	Ⅰ″	Ⅱ	Ⅲ	Ⅳ′	Ⅳ″	产量
A							50
B							60
C							50
D							50
销量	30	20	70	30	10	50	

表 3-27　　　　　　　　　　单位运价表

销地 产地	Ⅰ′	Ⅰ″	Ⅱ	Ⅲ	Ⅳ′	Ⅳ″
A	16	16	13	22	17	17
B	14	14	13	19	15	15
C	19	19	20	23	M	M
D	M	0	M	0	M	0

根据表上作业法计算，可以求得这个问题的最优方案如表 3-28 所示。

表 3-28

产地＼销地	Ⅰ′	Ⅰ″	Ⅱ	Ⅲ	Ⅳ′	Ⅳ″	产量
A			50				50
B			20		10	30	60
C	30	20	0				50
D				30		20	50
销量	30	20	70	30	10	50	

3.4 应用举例

由于在变量个数相等的情况下，表上作业法的计算远比单纯形法简单得多。所以在解决实际问题时，人们常常尽可能把某些线性规划的问题化为运输问题的数学模型。下面介绍几个典型的例子。

例 3：某厂按合同规定须于当年每个季度末分别提供 10、15、25、20 台同一规格的柴油机。已知该厂各季度的生产能力及生产每台柴油机的成本如表 3-29 所示。又如果生产出来的柴油机当季不交货的，每台每积压一个季度需储存、维护等费用 0.15 万元。要求在完成合同的情况下，作出使该厂全年生产（包括储存、维护）费用最小的决策。

表 2-29

季度	生产能力（台）	单位成本（万元）
Ⅰ	25	10.8
Ⅱ	35	11.1
Ⅲ	30	11.0
Ⅳ	10	11.3

解：由于每个季度生产出来的柴油机不一定当季交货，所以设 x_{ij} 为第 i 季度生产的用于第 j 季度交货的柴油机数。

根据合同要求，必须满足

$$\begin{cases} x_{11} & = 10 \\ x_{12} + x_{22} & = 15 \\ x_{13} + x_{23} + x_{33} & = 25 \\ x_{14} + x_{24} + x_{34} + x_{44} & = 20 \end{cases}$$

又每季度生产的用于当季和以后各季交货的柴油机数不可能超过该季度的生产能力，故又有：

$$\begin{cases} x_{11} + x_{12} + x_{13} + x_{14} \leq 25 \\ x_{22} + x_{23} + x_{24} \leq 35 \\ x_{33} + x_{34} \leq 30 \\ x_{44} \leq 10 \end{cases}$$

第 i 季度生产的用于 j 季度交货的每台柴油机的实际成本 c_{ij} 应该是该季度单位成本加上储存、维护等费用。c_{ij} 的具体数值见表 3-30。

表 3-30 c_{ij} 的值

i \ j	I	II	III	IV
I	10.8	10.95	11.10	11.25
II		11.10	11.25	11.40
III			11.00	11.15
IV				11.30

设用 a_i 表示该厂第 i 季度的生产能力，b_j 表示第 i 季度的合同供应量，则问题可写成：

$$\min z = \sum_{i=1}^{4} \sum_{j=1}^{4} c_{ij} x_{ij}$$

满足

$$\begin{cases} \sum_{j=1}^{4} x_{ij} \leq a_i \\ \sum_{i=1}^{4} x_{ij} = b_j \\ x_{ij} \geq 0 \end{cases}$$

显然，这是一个产大于销的运输问题模型。注意到这个问题中当 $i > j$ 时，$x_{ij} = 0$，所以应令对应的 $c_{ij} = M$，再加上一个假想的需求 D，就可以把这个问题变成产销平衡的运输模型，并写出产销平衡表和单位运价表（合在一起，见表 3-31）。

表 3-31

产地＼销地	I	II	III	IV	D	产量
I	10.8	10.95	11.10	11.25	0	25
II	M	11.10	11.25	11.40	0	35
III	M	M	11.00	11.15	0	30
IV	M	M	M	11.30	0	10
销量	10	15	25	20	30	

经用表上作业法求解，可得多个最优方案，表 3-32 中列出最优方案之一。即第 I 季度生产 25 台，10 台当季交货，15 台 II 季度交货；II 季度生产 5 台，用于 III 季度交货；III 季度生产 30 台，其中 20 台于当季交货，10 台于 IV 季度交货。IV 季度生产 10 台，于当季交货。按此方案生产，该厂总的生产（包括储存、维护）的费用为 773 万元。

表 3-32

生产季度＼销售季度	I	II	III	IV	D	产量
I	10	15	0			25
II			5		30	35
III			20	10		30
IV				10		10
销量	10	15	25	20	30	

例 4：某航运公司承担六个港口城市 A、B、C、D、E、F 的四条固定航线的物资运输任务。已知各条航线的起点、终点城市及每天航班数见表 3-33。假定各条航线使用相同型号的船只，又各城市间的航程天数见表 3-34。

又知每条船只每次装卸货的时间各需 1 天，则该航运公司至少应配备多少条船，才能满足所有航线的运货需求？

表 3-33

航线	起点城市	终点城市	每天航班数
1	E	D	3
2	B	C	2
3	A	F	1
4	D	B	1

表 3-34

从 \ 到	A	B	C	D	E	F
A	0	1	2	14	7	7
B	1	0	3	13	8	8
C	2	3	0	15	5	5
D	14	13	15	0	17	20
E	7	8	5	17	0	3
F	7	8	5	20	3	0

解：该公司所需配备船只分两部分。

（1）载货航程需要的周转船只数。例如航线1，在港口 E 装货1天，E→D 航程17天，在 D 卸货1天，总计19天。每天3航班，故该航线周转船只需 57 条。各条航线周转所需船只数见表 3-35。以上累计共需周转船只数 91 条。

表 3-35

航线	装卸天数	航程天数	卸货天数	小计	航班数	需周转船只数
1	1	17	1	19	3	57
2	1	3	1	5	2	10
3	1	7	1	9	1	9
4	1	13	1	15	1	15

（2）各港口间调度所需船只数。有些港口每天到达船数多于需要船数，例如港口 D，每天到达3条，需求1条；而有些港口到达数少于需求数，例如港口 B。各港口每天余缺船只数的计算见表 3-36。

表 3-36

港口城市	每天到达	每天需求	余缺数
A	0	1	-1
B	1	2	-1
C	2	0	2
D	3	1	2
E	0	3	-3
F	1	0	1

为使配备船只数最少，应做到周转的空船数为最少。因此建立以下运输问题，其产销平衡表见表 3-37。

表 3-37

港口	A	B	E	每天多余船只
C				2
D				2
F				1
每天缺少船只	1	1	3	

单位运价表应为相应各港口之间的船只航程天数，见表 3-38。

表 3-38

港口	A	B	E
C	2	3	5
D	14	13	17
F	7	8	3

用表上作业法求出空船的最优调度方案见表 3-39。

表 3-39

港口	A	B	E	每天多余船只
C	1		1	2
D		1	1	2
F			1	1
每天缺少船只	1	1	3	

由表 3-39 可知最少需周转的空船数为 40 条。这样在不考虑维修、储备等情况下，该公司至少应配备 131 条船。

例 5：在本章的例 1 中，如果假定（1）每个工厂生产的产品不一定直接发运到销售点，可以将其中几个产地集中一起运；（2）运往各销地的产品可以先运给其中几个销地，再转运给其他销地；（3）除产、销地之外，中间还可以有几个转运站，在产地之间、销地之间或产地与销地间转运。已知各产地、销地、中间转运站及相互之间每吨产品的运价如表 3-40 所示，问在考虑到产销地之间直接运输和非直接运输的各种可能方案的情况下，如何将三个厂每天生产的产品运往销售地，使总的运费最少。

解：从表 3-40 中看出，从 A_1 到 B_2 每吨产品的直接运费为 11 元，如从 A_1 经 A_3 运往 B_2，每吨运价为 $3+4=7$（元），从 A_1 经 T_2 运往 B_2 只需 $1+5=6$（元），而从 A_1 到 B_2 运费最少的路径是从 A_1 经 A_2，B_1 到 B_2，每吨产品的运费只需 $1+1+1=3$（元）。可见这个问题中从每个产地到各销地之间的运输方案是很多的。为了把这个问题仍当作一般的运输问题处理，可以这样做：

表 3-40

项目		产地			中间转运站				销地			
		A_1	A_2	A_3	T_1	T_2	T_3	T_4	B_1	B_2	B_3	B_4
产地	A_1		1	3	2	1	4	3	3	11	3	10
	A_2	1	—		3	5	—	2	1	9	2	8
	A_3	3	—		1	—	2	3	7	4	10	5
中间转运站	T_1	2	3	1		1	3	2	2	8	4	6
	T_2	1	5	—	1			1	4	5	2	7
	T_3	4	—	2	3			1	1	8	2	4
	T_4	3	2	3	2	1	2		1	—	2	6
销地	B_1	3	1	7	2	4	1	1		1	4	2
	B_2	11	9	4	8	5	8		1		2	1
	B_3	3	2	10	4	2	2	2	4	2		3
	B_4	10	8	5	6	7	4	6	2	1	3	

(1) 由于问题中所有产地、中间转运站、销地都可以看作产地，又可看作销地。因此把整个问题当作有 11 个产地和 11 个销地的扩大的运输问题。

(2) 对扩大的运输问题建立单位运价表。方法将表 3-40 中不可能的运输方案的运价用任意大的正数 M 代替。

(3) 所有中间转运站的产量等于销量。由于运费最少时不可能出现一批物资来回倒运的现象，所以每个转运站的转运数不超过 20 吨。可以规定 T_1，T_2，T_3，T_4 的产量和销量均为 20 吨。由于实际的转运量

$$\sum_{j=1}^{n} x_{ij} \leq a_i, \quad \sum_{i=1}^{m} x_{ij} \leq b_j$$

可以在每个约束条件中增加一个松弛变量 x_{ii}，x_{ii} 相当于一个虚构的转运站，意义就是自己运给自己。（$20 - x_{ii}$）就是每个转运站的实际转运量，x_{ii} 的对应运价 $c_{ii} = 0$。

（4）扩大的运输问题中原来的产地与销地因为也有转运站的作用，所以同样在原来产量与销量的数字上加 20 吨，即三个厂每天糖果产量改成 27 吨、24 吨、29 吨，销量均为 20 吨；四个销售点的每天销量改为 23 吨、26 吨、25 吨、26 吨，产量均为 20 吨，同时引进 x_{ii} 作为松弛变量。

下面写出扩大运输问题的产销平衡表与单位运价表（见表 3 - 41），由于这是一个产销平衡的运输问题，所以可以用表上作业法求解（计算略）。

表 3 - 41

产地\销地	A_1	A_2	A_3	T_1	T_2	T_3	T_4	B_1	B_2	B_3	B_4	产量
A_1	0	1	3	2	1	4	3	3	11	3	10	27
A_2	1	0	M	3	5	M	2	1	9	2	8	24
A_3	3	M	0	1	M	2	3	7	4	10	5	29
T_1	2	3	1	0	1	3	2	2	8	4	6	20
T_2	1	5	M	1	0	1	1	4	5	2	7	20
T_3	4	M	2	3	1	0	2	1	8	2	4	20
T_4	3	2	3	2	1	2	0	M	2	6		20
B_1	3	1	7	2	4	1	1	0	1	4	2	20
B_2	11	9	4	8	5	8	M	1	0	2	1	20
B_3	3	2	10	4	2	2	2	4	2	0	3	20
B_4	10	8	5	6	7	4	6	2	1	3	0	20
销量	20	20	20	20	20	20	20	23	26	25	26	

第 4 章 目标规划

4.1 目标规划的数学模型

为了具体说明目标规划与线性规划在处理问题的方法上的区别,先通过例子来介绍目标规划的有关概念及数学模型。

例1:某工厂生产Ⅰ、Ⅱ两种产品,已知有关数据见表4-1,试求获利最大的生产方案。

表 4-1

	Ⅰ	Ⅱ	拥有量
原材料(公斤)	2	1	11
设备(hr)	1	2	10
利润(元/件)	8	10	

解:这是求获利最大的单目标的规划问题,用 x_1,x_2 分别表示Ⅰ、Ⅱ产品的产量,其线性规划模型表述为:

$$\max z = 8x_1 + 10x_2$$

$$\begin{cases} 2x_1 + x_2 \leq 11 \\ x_1 + 2x_2 \leq 10 \\ x_1, x_2 \geq 0 \end{cases}$$

用图解法求得最优决策方案为:$x_1^* = 4$,$x_2^* = 3$,$z^* = 62$(元)。

但实际上工厂在作决策时,要考虑市场等一系列其他条件。

(1)根据市场信息,产品Ⅰ的销售量有下降的趋势,故考虑产品Ⅰ的产量不大于产品Ⅱ。

（2）超过计划供应的原材料时，需要高价采购，会使成本大幅度增加。

（3）应尽可能充分利用设备台时，但不希望加班。

（4）应尽可能达到并超过计划利润指标56元。

这样考虑产品决策时，便为多目标决策问题。目标规划方法是解决这类问题的方法之一。下面引入与建立目标规划数学模型有关的概念。

4.1.1 设 x_1，x_2 为决策变量，此外，引进正、负偏差变量 d^+，d^-

正偏差变量 d^+ 表示决策值超过目标值的部分；负偏差变量 d^- 表示决策值未达到目标值的部分。因决策值不可能既超过目标值同时又未达到目标值，即恒有 $d^+ \times d^- = 0$。

4.1.2 绝对约束和目标约束

绝对约束是指必须严格满足的等式约束和不等式约束；如线性规划问题的所有约束条件，不能满足这些约束条件的解称为非可行解，所以它们是硬约束。目标约束是目标规划特有的，可把约束右端项看作要追求的目标值。在达到此目标值时允许发生正或负偏差，因此在这些约束中加入正、负偏差变量，它们是软约束。线性规划问题的目标函数，在给定目标值和加入正、负偏差变量后可变换为目标约束。也可根据问题的需要将绝对约束变换为目标约束。例1的目标函数 $\max z = 8x_1 + 10x_2$ 可变换为目标约束 $8x_1 + 10x_2 + d_1^- - d_1^+ = 56$。约束条件 $2x_1 + x_2 \leq 11$ 可变换为目标约束 $2x_1 + x_2 + d_2^- - d_2^+ = 11$。

4.1.3 优先因子（优先等级）与权系数

一个规划问题常常有若干目标。决策者在要求达到这些目标时，是有主次或轻重缓急的不同。要求第一位达到的目标赋予优先因子 p_1，次位的目标赋予优先因子 p_2，……，并规定 $p_k \gg p_{k+1}$，$k = 1, 2, 3, \cdots, K$。表示 p_k 比 p_{k+1} 有更大的优先权。即首先保证 p_1 级目标的实现，这时可不考虑次级目标；而 p_2 级目标是在实现 p_1 级目标的基础上考虑的；依此类推。若要区别具有相同优先因子的两个目标的差别，这时可分别赋予它们不同的权系数 w_j，这些都由决策者按具体情况而定。

4.1.4 目标规划的目标函数

目标规划的目标函数（准则函数）是按各自目标约束的正、负偏差变量和赋予相应的优先因子级权系数而构造的。当每一目标值确定后，决策者的要求是尽可能缩小偏离目标值。因此目标规划的目标函数只能是 $\min z = f(d^+, d^-)$。其基本形式有三种：

（1）要求恰好达到目标值，即正负偏差变量都要尽可能地小，这时

$$\min z = f(d^+ + d^-)$$

（2）要求不超过目标值，即允许达不到目标值，就是正偏差变量要尽可能地小。这时

$$\min z = f(d^+)$$

（3）要求超过目标值，即超过量不限，但必须是负偏差变量要尽可能地小，这时

$$\min z = f(d^-)$$

对每一个具体目标规划问题，可根据决策者的要求和赋予各目标的优先因子构造目标函数，以下用例子说明。

例 2：例 1 的决策者在原材料供应受严格限制的基础上考虑：首先是产品 Ⅱ 的产量不低于产品 Ⅰ 的产量；其次是充分利用设备有效台时，不加班；再次是利润额不小于 56 元。求决策方案。

解：按决策者所要求的，分别赋予这三个目标 p_1，p_2，p_3 优先因子。这问题的数学模型是：

$$\min z = p_1 d_1^+ + p_2(d_2^- + d_2^+) + p_3 d_3^-$$

$$\begin{cases} 2x_1 + x_2 \leqslant 11 \\ x_1 - x_2 + d_1^- - d_1^+ = 0 \\ x_1 + 2x_2 + d_2^- - d_2^+ = 10 \\ 8x_1 + 10x_2 + d_3^- - d_3^+ = 56 \\ x_1, x_2, d_i^-, d_i^+ \geqslant 0, i = 1, 2, 3 \end{cases}$$

目标规划的一般数学模型为

$$\min z = \sum_{l=1}^{L} p_l \sum_{k=1}^{K} (\omega_{lk}^- d_k^- + \omega_{lk}^+ d_k^+) \qquad (4-1)$$

式中 ω_{lk}^-，ω_{lk}^+ 为权系数，

$$\begin{cases} \sum_{j=1}^{n} c_{kj}x_j + d_k^- - d_k^+ = g_k, & k = 1, \cdots, K \\ \sum_{j=1}^{n} a_{ij}x_j \leq (=, \geq) b_i, & i = 1, \cdots, m \\ x_j \geq 0, & j = 1, \cdots, n \\ d_k^-, d_k^+ \geq 0, & k = 1, \cdots, K \end{cases}$$

建立目标规划的数学模型时，需要确定目标值、优先等级、权系数等，它都具有一定的主观性和模糊性，可以用专家评定法给以量化。

4.2 解目标规划的图解法

对只有两个决策变量的目标规划的数学模型，可以用图解法来分析求解。用例 2 来说明。现在平面直角坐标系的第一象限内，做各约束条件。绝对约束条件的可行域为三角形 OAB。做目标约束时，先令 d_i^-，$d_i^+ = 0$，做相应的直线，然后在这直线旁标上 d_i^-，d_i^+，如图 4 – 1 所示。

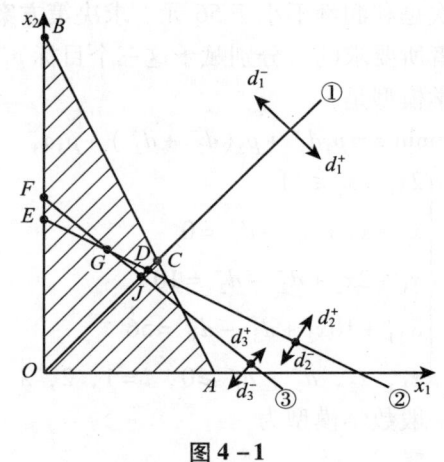

图 4 – 1

这表明目标约束可以沿 d_i^-，d_i^+ 所示的方向平移。下面根据目标函数中的优先因子来分析求解。首先考虑具有 P_1 优先因子的目标的实现，在目标函数中要求实现 $\min d_1^+$。从图中可见，可以满足 $d_1^+ = 0$。这时 x_1，x_2 只能在三角形 OBC 的边界和其中取值，接着考虑具有 P_2 优先因子的目标的实现。在目标函数中要求实现 $\min(d_2^+ + d_2^-)$，

当 d_2^+, $d_2^- =0$ 时，x_1, x_2 可在线段 ED 上取值。最后考虑具有 P_3 优先因子的目标的实现，在目标函数中要求实现 $\min d_3^-$。从图 4-1 中判断可以使 $d_3^- =0$，这就使 x_1, x_2 取值范围缩小到线段 GD 上，这就是该目标规划问题的解。可求得 G 的坐标是（2，4），D 的坐标是（10/3，10/3），G，D 的凸线性组合都是该目标规划问题的解。

目标规划问题求解时，把绝对约束作最高优先级考虑。在本例中能优先后次序都满足 $d_1^+ =0$，$d_2^+ + d_2^- =0$，$d_3^- =0$，因而 $z^* =0$。但在大多数问题中并非如此，会出现某些约束得不到满足，故将目标规划问题的最优解成为满意解。

例 3：某电视机厂装配黑白和彩色两种电视机，每装配一台电视机需占用装配线 1 小时，装配线每周计划开动 40 小时。预计市场每周彩色电视机的销量是 24 台，每台可获利 80 元；黑白电视机的销量是 30 台，每台可获利 40 元。该厂确定的目标为：

第一优先级：充分利用装配线每周计划开动 40 小时；

第二优先级：允许装配线加班；但加班时间每周尽量不超过 10 小时；

第三优先级：装配电视机的数量尽量满足市场需要。因彩色电视机的利润高，取其权系数为 2。试建立这问题的目标规划模型，并求解黑白和彩色电视机的产量。

解：设 x_1, x_2 分别表示黑白和彩色电视机的产量。

这个问题的目标规划模型为
$$\min z = P_1 d_1^- + P_2 d_2^+ + P_3 (2d_3^- + d_4^-)$$
$$\begin{cases} x_1 + x_2 + d_1^- - d_1^+ = 40 \\ x_1 + x_2 + d_2^- - d_2^+ = 50 \\ x_1 + d_3^- - d_3^+ = 24 \\ x_2 + d_4^- - d_4^+ = 30 \\ x_1, x_2, d_i^-, d_i^+ \geq 0, \ i=1, \cdots, 4 \end{cases}$$

用图解法求解见图 4-2。

从图 4-2 中看到，在考虑具有 P_1、P_2 的目标实现后，x_1, x_2 的取值范围为 $ABCD$。考虑 P_3 的目标要求时，因 d_3^- 的权系数大于 d_4^-，故先考虑 $\min d_3^- =0$；这时 x_1, x_2 的取值范围为 $ABEF$。然后考虑 d_4^-，因在 $ABEF$ 中无法满足 $d_4^- =0$，所以只能在 $ABEF$ 中取一点，使 d_4^- 尽可能小，这就是 E 点，故取 E 点为满意解。其坐标为（24，26），即该厂每周应装配彩色电视机 24 台，黑白电视机 26 台。

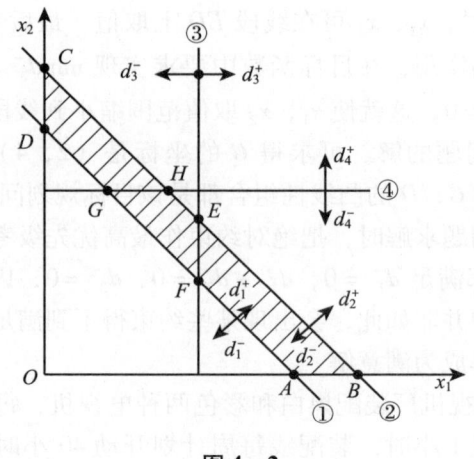

图 4-2

4.3 解目标规划的单纯形法

目标规划的数学模型机构与线性规划的数学模型结构形式上没有本质的区别,所以可用单纯形法求解。但要考虑目标规划的数学模型一些特点,作以下规定:

(1) 因目标规划问题的目标函数都是求最小化,所以以 $c_j - z_j \geqslant 0$ $(j = 1, 2, \cdots, n)$ 为最优准则。

(2) 因非基因变量的检验数中含有不同等级的优先因子,即

$$c_j - z_j = \sum a_{kj} P_k, \ j = 1, 2, \cdots, n; \ k = 1, 2, \cdots, K$$

因 $P_1 \gg P_2 \gg \cdots \gg P_K$;从每个检验数的整体来看:检验数的正负首先决定 P_1 的系数 a_{1j} 的正负。若 $a_{1j} = 0$,这时此检验数的正、负就决定于 P_2 的系数 a_{2j} 的正、负,下面可依此类推。

解目标规划问题的单纯形法的计算步骤:

(1) 建立初始单纯形表,在表中将检验数行按优先因子的个数分别列成 K 行,置 $k = 1$。

(2) 检查该行中是否存在负数,且对应的前 $k-1$ 行的系数是零。若有负数取其中最小者对应的变量为换入变量,转(3)。若无负数,则转(5)。

(3) 按最小比值规则确定换出变量,当存在两个和两个以上相同的最小比值时,选取具有较高优先级别的变量为换出变量。

(4) 按单纯形法进行基变量运算,建立新的计算表,返回(2)。

(5) 当 $k=K$ 时，计算结束。表中的解即为满意解。否则置 $k=k+1$，返回到（2）。

例4：试用单纯形法来求解例2。

将例2的数学模型化为标准型：

$$\min z = p_1 d_1^+ + p_2(d_2^- + d_2^+) + p_3 d_3^-$$

$$\begin{cases} 2x_1 + x_2 + x_s = 11 \\ x_1 - x_2 + d_1^- - d_1^+ = 0 \\ x_1 + 2x_2 + d_2^- - d_2^+ = 10 \\ 8x_1 + 10x_2 + d_3^- - d_3^+ = 56 \\ x_1, x_2, x_s, d_i^-, d_i^+ \geq 0, i=1, 2, 3 \end{cases}$$

(1) 取 x_s，d_1^-，d_2^-，d_3^- 为初始基变量，列初始单纯形表，见表4-2。

表4-2

C_B	X_B	c_j b	x_1	x_2	x_s	d_1^-	P_1 d_1^+	P_2 d_2^-	P_2 d_2^+	P_3 d_3^-	d_3^+	θ
	x_s	11	2	1	1							11/1
	d_1^-	0	1	-1		1	-1					
P_2	d_2^-	10	1	[2]				1	-1			10/2
P_3	d_3^-	56	8	10						1	-1	56/10
$c_j - z_j$	P_1						1					
	P_2		-1	-2					2			
	P_3		-8	-10							1	

(2) 取 $k=1$，检查检验数的 P_1 行，因该行无负检验数，故转（5）。

(3) 因 $k(=2) < K(=3)$，置 $k=k+1=3$，返回到（2）。

(4) 查出检验数 P_2 行中有 -1，-2；取 $\min(-1, -2) = -2$。它对应的变量 x_2 为换入变量，转入（3）。

(5) 在表4-2上计算最小比值：

$$\theta = \min(11/1, 10/2, 56/10) = 10/2$$

它对应的变量 d_2^- 为换出变量，转入（4）。

(6) 进行基变换运算，得表4-3，返回到（2）。依此类推，直至得到最终表为止，见表4-4。

表 4-3

C_B	X_B	b	x_1	x_2	x_s	d_1^-	P_1 d_1^+	P_2 d_2^-	P_2 d_2^+	P_3 d_3^-	d_3^+	θ
	x_s	6	3/2		1			-1/2	1/2			4
	d_1^-	5	3/2			1	-1	1/2	-1/2			10/3
	x_2	5	1/2	1				1/2	-1/2			10
P_3	d_3^-	6	[3]					-5	5	1	-1	6/3
$c_j - z_j$	P_1						1					
	P_2							1	1			
	P_3		-3					5	-5		1	

表 4-4

C_B	X_B	b	x_1	x_2	x_s	d_1^-	P_1 d_1^+	P_2 d_2^-	P_2 d_2^+	P_3 d_3^-	d_3^+	θ
	x_s	3			1			2	-2	-1/2	1/2	6
	d_1^-	2				1	-1	3	-3	-1/2	1/2	4
	x_2	4		1				4/3	-4/3	-1/6	1/6	24
	x_1	2	1					-5/3	5/3	1/3	-1/3	
$c_j - z_j$	P_1						1					
	P_2							1	1			
	P_3		-3							1		

表 4-4 所示的解 $x_1^* = 2$，$x_2^* = 4$ 为例 1 的满意解。此解相当于图 4-1 的 G 点。检查表 4-4 的检验数行，发现非基变量 d_3^+ 的检验数为 0，这表示存在多重解。在表 4-4 中以非基变量 d_3^+ 为换入变量，d_1^- 为换出变量，经迭代得到表 4-5。由表 4-5 得到解 $x_1^* = 10/3$，$x_2^* = 10/3$，此解相当于图 4-1 的 D 点，G、D 两点的凸线性组合都是例 1 的满意解。

表 4-5

C_B	X_B	b	x_1	x_2	x_s	d_1^-	P_1 d_1^+	P_2 d_2^-	P_2 d_2^+	P_3 d_3^-	d_3^+	θ
	x_s	1			1	-1	1	-1	1			
	d_1^+	4				2	-2	6	-6	-1	1	

续表

C_B	X_B	b	x_1	x_2	x_s	d_1^-	P_1 d_1^+	P_2 d_2^-	P_2 d_2^+	P_3 d_3^-	d_3^+	θ
	x_2	10/3		1		−1/3	1/3	1/3	−1/3			
	x_1	10/3	1			2/3	−2/3	1/3	−1/3			
$c_j - z_j$	P_1						1					
	P_2							1	1			
	P_3		−3								1	

4.4 灵敏度分析

目标规划的灵敏度分析方法与线性规划相似,这里除分析各项系数的变化外,还有优先因子的变化问题,下面举例说明。

改变目标优先等级的分析。

例 5:已知目标规划问题

$$\min z = P_1(2d_1^+ + 3d_2^+) + P_2 d_3^- + P_3 d_4^+$$

$$\begin{cases} x_1 + x_2 + d_1^- - d_1^+ = 10 \\ x_1 + d_2^- - d_2^+ = 4 \\ 5x_1 + 3x_2 + d_3^- - d_3^+ = 56 \\ x_1 + x_2 + d_4^- - d_4^+ = 12 \\ x_1, x_2, d_i^-, d_i^+ \geq 0, i = 1, \cdots, 4 \end{cases}$$

在得到最终表后,见表 4 − 6。

目标函数的优先等级变化为:

(1) $\min z = P_1(2d_1^+ + 3d_2^+) + P_2 d_4^+ + P_3 d_3^-$

(2) $\min z = P_1 d_3^- + P_2(2d_1^+ + 3d_2^+) + P_3 d_4^+$

试分析原解有什么变化。

解:分析(1),实际是将原目标函数中 d_4^+,d_3^- 的优先因子对换了一下。这时将表 4 − 5 的检验数中的 P_2、P_3 行和 c_j 的 P_2,P_3 对换即可。这时可见原解仍满足最优解条件。

分析(2),将变化了的优先等级直接反映到表 4 − 6,再计算检验数,得表 4 − 7。然后进行迭代,直到求得新的满意解为止。从表 4 − 8 中得到新的满意解 $x_1^* = 4$,$x_2^* = 12$。

表 4-6

c_j					$2P_1$	$3P_1$	P_2			P_3
C_B	X_B	b	x_1	x_2	d_1^-	d_1^+	d_2^-	d_2^+	d_3^-	d_3^+	d_4^-	d_4^+
P_2	x_2	6		1	1	-1	-1	1				
	x_1	4	1				1	-1				
	d_3^-	18			-3	3	-2	2	1	-1		
	d_4^-	2	1		-1	1					1	-1
		P_1					2		3			
$c_j - z_j$		P_2			3	-3	2	-2		1		
		P_3										1

表 4-7

c_j					$2P_2$	$3P_2$	P_1			P_3
C_B	X_B	b	x_1	x_2	d_1^-	d_1^+	d_2^-	d_2^+	d_3^-	d_3^+	d_4^-	d_4^+
P_1	x_2	6		1	1	-1	-1	1				
	x_1	4	1				1	-1				
	d_3^-	18			-3	3	-2	2	1	-1		
	d_4^-	2			-1	[1]					1	-1
		P_1			3	-3	2	-2	1			
$c_j - z_j$		P_2					2	3				
		P_3										1

表 4-8

c_j					$2P_2$	$3P_2$	P_1			P_3
C_B	X_B	b	x_1	x_2	d_1^-	d_1^+	d_2^-	d_2^+	d_3^-	d_3^+	d_4^-	d_4^+
	x_2	8		1			-1	1			1	-1
	x_1	4	1				1	-1				
P_1	d_3^-	12					-2	2	1	-1	-3	[3]
$2P_2$	d_1^-	2			-1	1					1	-1
		P_1					2	-2	1		3	-3
$c_j - z_j$		P_2			2			3				2
		P_3										1
	x_2	12		1			$-5/3$	5/3	1/3	$-1/3$		
	x_1	4	1				1	-1				
P_3	d_4^+	4					$-2/3$	2/3	1/3	$-1/3$	-1	1
	d_1^+	6			-1	1	$-2/3$	2/3	1/3	$-1/3$		

续表

c_j					$2P_2$	$3P_2$	P_1			
C_B	X_B	b	x_1	x_2	d_1^-	d_1^+	d_2^-	d_2^+	d_3^-	d_3^+	d_4^-	d_4^+
$c_j - z_j$	P_1								1			
	P_2					2		3				
	P_3						2/3		-2/3	-1/3	1/3	

4.5 应用举例

例 6：某单位领导在考虑本单位职工的升级调资方案时，依次遵守以下规定：

（1）不超过年工资总额 60 000 元；

（2）每级的人数不超过定编规定的人数；

（3）Ⅱ、Ⅲ级的升级面尽可能达到现有人数的 20%，且无越级提升；

（4）Ⅲ级不足编制的人数可录用新职工。又Ⅰ级的职工中有 10% 要退休。

有关资料汇总于表 4-9 中，问该领导应如何拟订一个满意的方案。

表 4-9

等级	工资总额（元/年）	现有人数	编制人数
Ⅰ	2 000	10	12
Ⅱ	1 500	12	15
Ⅲ	1 000	15	15
合计		37	42

解：设 x_1、x_2、x_3 分别表示提升到Ⅰ、Ⅱ级和录用到Ⅲ级的新职工人数。对各目标确定的优先因子为：

P_1——不超过年工资总额的 60 000 元；

P_2——每级的人数不超过定编规定的人数；

P_3——Ⅱ、Ⅲ级的升级面尽可能达到现有人数的 20%。

现分别建立各目标约束。

年工资总额不超过 60 000 元：

$$2\,000 \times (10 - 10 \times 0.1 + x_1) + 1\,500 \times (12 - x_1 + x_2) +$$
$$1\,000 \times (15 - x_2 + x_3) + d_1^- - d_1^+ = 60\,000$$

每级的人数不超过定编规定的人数：

对Ⅰ级有 $\quad 10 \times (1 - 0.1) + x_1 + d_2^- - d_2^+ = 12$

对Ⅱ级有 $\quad 12 - x_1 + x_2 + d_3^- - d_3^+ = 15$

对Ⅲ级有 $\quad 15 - x_2 + x_3 + d_4^- - d_4^+ = 15$

Ⅱ、Ⅲ级的升级面不大于现有人数的20%，但尽可能多提；

对Ⅱ级有 $\quad x_1 + d_5^- - d_5^+ = 12 \times 0.2$

对Ⅲ级有 $\quad x_2 + d_6^- - d_6^+ = 15 \times 0.2$

目标函数： $\min z = P_1 d_1^+ + P_2(d_2^+ + d_3^+ + d_4^+) + P_3(d_5^- + d_6^-)$

以上目标规划模型可用单纯形法求解，得到多重解。现将这些解汇总于表4-10，这单位的领导再按具体情况，从表4-10中选一个执行方案。

表4-10

变量	含义	解1	解2	解3	解4
x_1	晋升到Ⅰ级的人数	2.4	2.4	3	3
x_2	晋升到Ⅱ级的人数	3	3	3	5
x_3	晋升到Ⅲ级的人数	0	3	3	5
d_1^-	工资总额的结余额	6 300	3 300	3 000	0
d_2^-	Ⅰ级缺编人数	0.6	0.6	0	0
d_3^-	Ⅱ级缺编人数	2.4	2.4	3	1
d_4^-	Ⅲ级缺编人数	3	0	0.6	0
d_5^+	Ⅱ级超编人数	0	0	0	0.6
d_6^+	Ⅲ级超编人数	0	0	0	2

例7：已知有三个产地给四个销地供应某种产品，产销地之间的供需量和单位运价见表4-11。有关部门在研究调运方案时依次考虑以下七项目标，并规定其相应的优先等级：

P_1——B_4是重点保证单位，必须全部满足其需要；

P_2——A_3向B_1提供的产量不少于100；

P_3——每个销地的供应量不小于其需要量的80%；

P_4——所定调运方案的总运费不超过最小运费调运方案的10%；

P_5——因路段的问题，尽量避免安排将A_2的产品往B_4；

P_6——给B_1和B_3的供应率要相同；

P_7——力求总运费最省。

试求满意的调运方案。

表 4 – 11

销地 产地	B_1	B_2	B_3	B_4	产量
A_1	5	2	6	7	300
A_2	3	5	4	6	300
A_3	4	5	2	3	400
销量	200	100	450	250	900/1 000

解：用表上作业法求得最小运费的调运方案见表 4 – 12。这时得最小运费为 2 950 元，再根据提出的各项目标的要求建立目标规划的模型。

表 4 – 12

销地 产地	B_1	B_2	B_3	B_4	产量
A_1	200	100			300
A_2	0		200		300
A_3			250	150	400
虚设点				100	100
销量	200	100	450	250	1 000/1 000

供应约束
$$x_{11} + x_{12} + x_{13} + x_{14} \leq 300$$
$$x_{21} + x_{22} + x_{23} + x_{24} \leq 200$$
$$x_{31} + x_{32} + x_{33} + x_{34} \leq 400$$

需求约束
$$x_{11} + x_{21} + x_{31} + d_1^- - d_1^+ = 200$$
$$x_{12} + x_{22} + x_{32} + d_2^- - d_2^+ = 100$$
$$x_{13} + x_{23} + x_{33} + d_3^- - d_3^+ = 450$$
$$x_{14} + x_{24} + x_{34} + d_4^- - d_4^+ = 250$$

A_3 向 B_1 提供的产品量不少于 100
$$x_{31} + d_5^- - d_5^+ = 100$$

每个销地的供应量不小于其需要量的 80%
$$x_{11} + x_{21} + x_{31} + d_6^- - d_6^+ = 200 \times 0.8$$
$$x_{12} + x_{22} + x_{32} + d_7^- - d_7^+ = 100 \times 0.8$$

$$x_{13} + x_{23} + x_{33} + d_8^- - d_8^+ = 450 \times 0.8$$
$$x_{14} + x_{24} + x_{34} + d_9^- - d_9^+ = 250 \times 0.8$$

调运方案的总运费不超过最小运费调运方案的10%

$$\sum_{i=1}^{3} \sum_{j=1}^{4} c_{ij} x_{ij} + d_{10}^- - d_{10}^+ = 2\,950 \times (1 + 10\%)$$

因路段的问题，尽量避免安排将 A_2 的产品运往 B_4

$$x_{24} + d_{11}^- - d_{11}^+ = 0$$

给 B_1 和 B_3 的供应率要相同

$$x_{11} + x_{21} + x_{31} - \frac{200}{450}(x_{13} + x_{23} + x_{33}) + d_{12}^- - d_{12}^+ = 0$$

力求总运费最省

$$\sum_{i=1}^{3} \sum_{j=1}^{4} c_{ij} x_{ij} + d_{13}^- - d_{13}^+ = 2\,950$$

目标函数为：

$$\min z = P_1 d_4^- + P_2 d_5^- + P_3 (d_6^- + d_7^- + d_8^- + d_9^-) + P_4 d_{10}^+$$
$$+ P_5 d_{11}^+ + P_6 (d_{12}^- + d_{12}^+ DK) + P_7 d_{13}^+$$

计算结果，得到满意调运方案见表 4-13。总运费为 3 360 元。

表4-13

销地 产地	B_1	B_2	B_3	B_4	产量
A_1		100		200	300
A_2	90		110		200
A_3	100		250	50	400
虚设点	10		90		100
销量	200	100	450	250	1 000/1 000

第 5 章
整 数 规 划

5.1 整数规划问题的提出

在前面讨论的线性规划问题中,有些最优解可能是分数或小数,但对于某些具体问题,常有要求解答必须是整数的情形(称为整数解)。例如,所求解的是机器的台数、完成工作的人数或装货的车数等,分数或小数的解答就不合要求了。为了满足整数解的要求,初看起来,似乎只要把已得到的带有分数或小数的解经过"舍入化整"就可以了。但这常常是不行的,因为化整后不见得是可行解;或虽是可行解,但不一定是最优解。因此,对求最优解整数解的问题,有必要另行研究。我们称这样的问题为整数规划,简称 IP,整数规划是最近几十年来发展起来的规划论中的一个分支。

整数规划中如果所有的变量都限制为(非负)整数,就称为纯整数规划或称为全整数规划;如果仅一部分变量限制为整数,则称为混合整数规划。整数规划的一种特殊情形是 0 – 1 规划,它的变量取值仅限于 0 或 1。本章最后讲到的指派问题就是一个 0 – 1 规划问题。

现举例说明用前述单纯形法求得的解不能保证是整数最优解。

例 1:某厂拟用集装箱托运甲乙两种货物,每箱的体积、重量、可获利润以及托运所受限制如表 5 – 1 所示。问两种货物各托运多少箱,可使获得利润为最大?

表 5-1

货物	体积（立方米/箱）	重量（百公斤/箱）	利润（百元/箱）
甲	5	2	20
乙	4	5	10
托运限制	24	13 百公斤	

现在我们解这个问题，设 x_1，x_2 分别为甲、乙两种货物的托运数（当然都是非负整数）。这是一个（纯）整数规划问题，用数学式可表示为：

$$\max z = 20x_1 + 10x_2 \quad \text{①}$$

$$\begin{cases} 5x_1 + 4x_2 \leq 24 & \text{②} \\ 2x_1 + 5x_2 \leq 13 & \text{③} \\ x_1, x_2 \geq 0 & \text{④} \\ x_1, x_2 \text{ 整数} & \text{⑤} \end{cases} \quad (5-1)$$

它和线性规划问题的区别仅在于最后的条件。现在我们暂不考虑这一条件，即解①~④（以后我们称这样的问题为与原问题相应的线性规划问题），很容易求得最优解为

$$x_1 = 4.8, \ x_2 = 0, \ \max x = 96$$

但 x_1 是托运甲种货物的箱数，现在它不是整数，所以不合条件⑤的要求。

是不是可以把所得的非整数的最优解经过"化整"就可得到符合条件⑤的整数最优解呢？如将（$x_1 = 4.8$，$x_2 = 0$）凑整为（$x_1 = 5$，$x_2 = 0$），这样就破坏了条件②（关于体积的限制），因而它不是可行解；如将（$x_1 = 4.8$，$x_2 = 0$）舍去尾数 0.8，便为（$x_1 = 4$，$x_2 = 0$），这当然满足各约束条件，因而是可行解，但不是最优解，因为

当 $x_1 = 4$，$x_2 = 0$ 时，$z = 80$，

但当 $x_1 = 4$，$x_2 = 1$（这也是可行解）时，$z = 90$。

本例还可以用图解法来说明。见图 5-1 非整数的最优解在 C（4.8，0）点达到。图中画（+）号的点表示可行的整数解。凑整的（5，0）点不在可行域内，而 C 点又不符合条件⑤。为了满足题中要求，表示目标函数的 Z 的等值线必须向原点平行移动，直到第一次遇到带"+"号 B 点（$x_1 = 4$，$x_2 = 1$）为止。这样，Z 的等值线就由 $z = 96$ 变到 $z = 90$，它们的差值 $\Delta z = 96 - 90 = 6$ 表示利润的降低，这是由于变量的不可分性（装箱）所引起的。

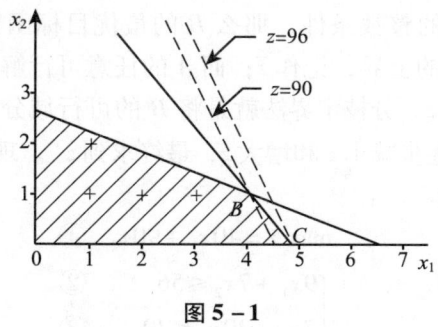

图 5-1

由上例看出,将其相应的线性规划的最优解"化整"来解原整数规划,虽是最容易想到的,但常常得不到整数规划的最优解,甚至根本不是可行解。因此有必要对整数规划的解法进行专门研究。

5.2 分枝定界解法

在求解整数规划时,如果可行域是有界的,首先容易想到的方法就是穷举变量的所有可行的整数组合,就像图 5-1 中画出所有"+"号的点那样,然后比较它们的目标函数值以定出最优解。对于小型的问题,变量数很少,可行的整数组合要是很小时,这个方法是可行的,也是有效的。在例 1 中,变量只有 x_1 和 x_2;由条件②,x_1 所能取的整数值为 0、1、2、3、4 共 5 个;由条件③,x_2 所能取的整数值为 0、1、2 共三个。它的组合(不都是可行的)数是 $3 \times 5 = 15$(个),穷举法还是勉强可用的。对于大型的问题,可行的整数组合数是很大的。例如在本章 5.5 节的指派问题(这也是整数规划)中,将 n 认为指派 n 个人去完成,不同的指派方案共有 $n!$ 种,当 $n=10$,这个数就超过 300 万;当 $n=20$,这个数就超过 2×10^{18},如果一一计算,就是用每秒百万次的计算机,也要上万年的工夫,很明显,解这样的题,穷举法是不可取的。所以我们的方法一般应是仅检查可行的整数组合的一部分,就能定出最优的整数解。分枝定界解法就是其中的一个。

分枝定界法可用于解纯整数或混合的整数规划问题。在 20 世纪 60 年代初由多伊格和戴金等人(Land doig and Dakin et al.)提出。由于这方法灵活且便于用计算机求解,所以现在它已是解整数规划的重要方法。

分枝定界法求解整数规划问题的求解思路是:设有最大化的整数规划问题 A,与它相应的线性规划为问题 B,从解问题 B 开始,若其

最优解不符合 A 的整数条件,那么 B 的最优目标函数值必是 A 的最优目标函数值 z^* 的上界,记作 $\bar{z}$;而 A 的任意可行解的目标函数值将是 z^* 的一个下界 $\underline{z}$。分枝定界法就是将 B 的可行域分成子区域(称为分枝)的方法,逐步减小 $\bar{z}$ 和增大 $\underline{z}$,最终求到 z^*。现用下例来说明:

例 2:求解 A

$$\max z = 40x_1 + 90x_2 \quad \text{①}$$
$$\begin{cases} 9x_1 + 7x_2 \leq 56 & \text{②} \\ 7x_1 + 20x_2 \leq 70 & \text{③} \\ x_1, x_2 \geq 0 & \text{④} \\ x_1, x_2 \text{ 整数} & \text{⑤} \end{cases} \quad (5-2)$$

解:先不考虑条件⑤,即解相应的线性规划 B①~④(见图 5-2),得到最优解

$$x_1 = 4.81, \quad x_2 = 1.82, \quad z_0 = 356$$

可见它不符合整数条件⑤。这时 z_0 是问题 A 的最优目标函数值 z^* 的上界,记作 $z_0 = \bar{z}_0$,而 $x_1 = 0$,$x_2 = 0$ 时,显然是问题 A 的一个整数可行解,这时 $z = 0$,是 z^* 的一个下界,记作 $\underline{z} = 0$,即 $0 \leq z^* \leq 356$。

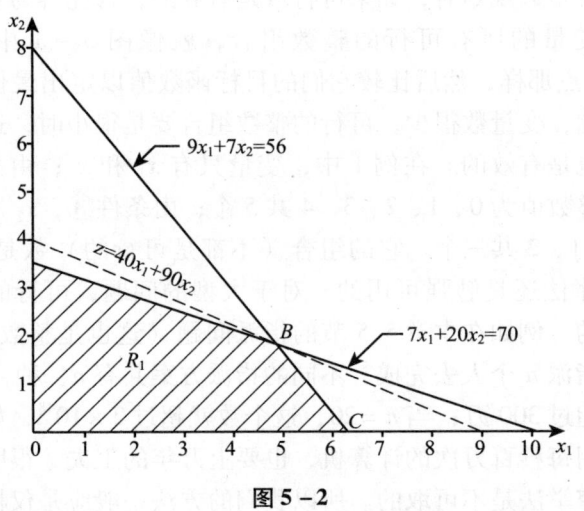

图 5-2

分枝定界法的解法,首先注意其中一个非整数变量的解,如 x_1,在问题 B 的解中 $x_1 = 4.81$。于是对原问题增加两个约束条件:$x_1 \leq 4$,$x_1 \geq 5$,可将原问题分解为两个子问题 B_1 和 B_2(即两支),给每支增加一个约束条件,如图 5-3 所示。

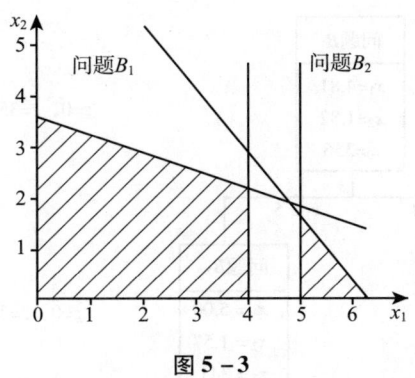

图 5-3

这并不影响问题 A 的可行域，不考虑整数条件解问题 B_1 和 B_2，称此为第一次迭代。得到最优解为：

问题 B_1	问题 B_2
$z_1 = 349$	$z_2 = 341$
$x_1 = 4.00$	$x_1 = 5.00$
$x_2 = 2.10$	$x_2 = 1.57$

显然没有得到全部变量是整数的解。因 $z_1 > z_2$，故将 $\bar{z}$ 改为 349，那么必存在最优整数解，得到 z^*，并且 $0 \leq z^* \leq 349$。继续对问题 B_1 和 B_2 进行分解，因 $z_1 > z_2$，故先分解 B_1 为两支。增加条件 $x_2 \leq 2$ 者，称为问题 B_3；增加条件 $x_2 \geq 3$ 者称为问题 B_4。在图 5-3 中再舍去 $x_2 > 2$ 和 $x_2 < 3$ 之间的可行域，再进行第二次迭代。解题过程的结果都列在图 5-4 中。可见问题 B_3 的解已都是整数，它的目标函数值 $z_3 = 340$，可取为 $\underline{z}$，而它大于 $z_4 = 327$。所以再分解 B_4 已无必要。而问题 B_2 的 $z_2 = 341$，所以 z^* 可能在 $340 \leq z^* \leq 341$ 之间有整数解。于是对 B_2 分解，得问题 B_5，即非整数，且 $z_5 = 308 < z_3$，问题 B_6 为无可行解。于是可以断定：$z_3 = \underline{z} = z^* = 340$。问题 B_3 的解 $x_1 = 4.00$，$x_2 = 2.00$ 为最优整数解。

从以上解题过程可得用分枝定界法求解整数规划（最大化）问题的步骤为：

将要求解的整数规划问题称为问题 A，将与它相应的线性规划问题称为问题 B。

（1）解问题 B，可能得到以下情况之一。

① B 没有可行解，这时 A 也没有可行解，则停止。

② B 有最优解，并符合问题 A 的整数条件，B 的最优解即为 A 的最优解，则停止。

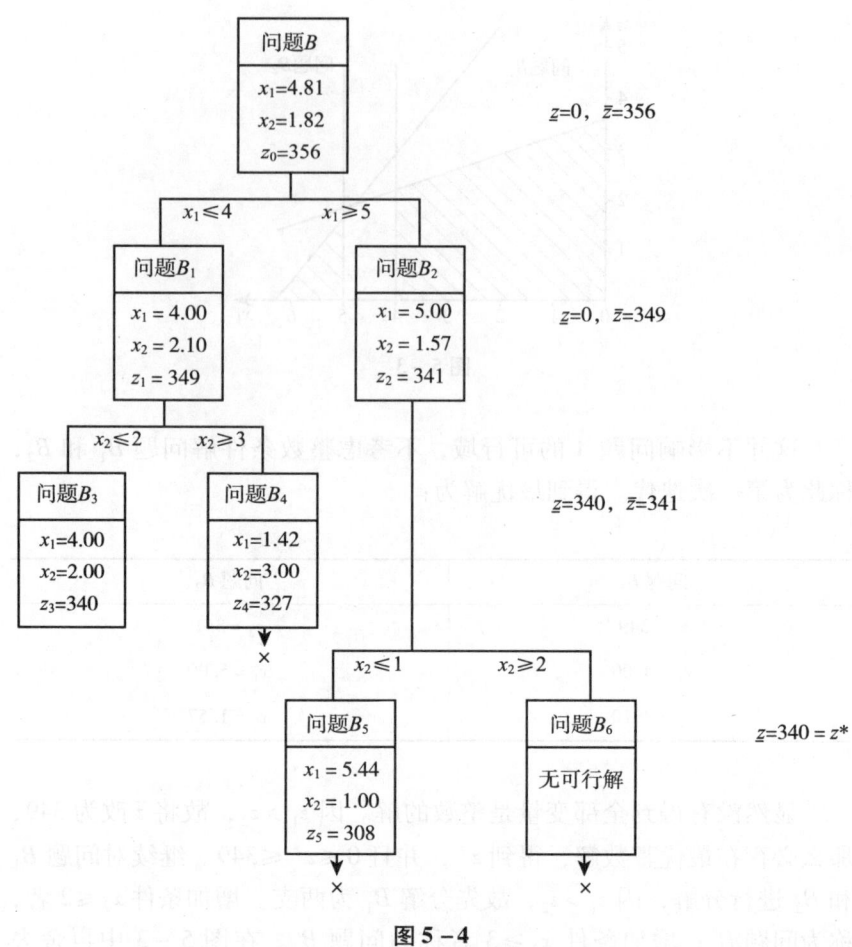

图 5-4

③ B 有最优解，但不符合问题 A 的整数条件，记它的目标函数值为 $\bar{z}_0$。

（2）用观察法找问题 A 的一个整数可行解，一般可取 $x_j = 0$, $j = 1, \cdots, n$，试探，求得其目标函数值，并记作 $\underline{z}$。以 z^* 表示问题 A 的最优目标函数值；这时有：$\underline{z} \leqslant z^* \leqslant \bar{z}$，进行迭代。

第一步：分枝，在 B 的最优解中任选一个不符合整数条件的变量 x_j，其值为 b_j，以 $[b_j]$ 表示小于 b_j 的最大整数。构造两个约束条件

$$x_j \leqslant [b_j] \text{ 和 } x_j \geqslant [b_j] + 1$$

将这两个约束条件，分别加入问题 B，求两个后继规划问题 B_1 和 B_2。不考虑整数条件求解这两个后继问题。

定界，以每个后继问题为一个分枝标明求解的结果，与其他问题的解的结果中，找出最优目标函数值最大者作为新的上界 $\bar{z}$。从已符合整数条件的各分枝中，找出目标函数值为最大者作为新的下界 $\underline{z}$，

若无符合整数条件的可行解,则仍取 $\underline{z}=0$。

第二步:比较与剪枝,各分枝的最优目标函数中若有小于 $\underline{z}$ 者,则剪掉这枝(用打×表示),即以后不再考虑了。若大于 $\underline{z}$,且不符合整数条件,则重复第一步骤。一直到最后得到 $z^{*}=\underline{z}$ 为止,得最优整数解 x_j^*, $j=1$,…,n。

用分枝定界法可解纯整数规划问题和混合整数规划问题。它比穷举法优越。因为它仅在一部分可行解的整数解中寻求最优解,计算量比穷举法小。若变量数目很大,其计算工作量也是相当可观的。

5.3 割平面解法

这个方法的基础仍然是用解线性规划的方法去解整数规划问题,首先不考虑变量 X_i 是整数这一条件,但增加线性约束条件(几何术语,称为割平面)使得由原可行域中切割掉一部分,这部分只包含非整数解,但没有切割掉任何整数可行解。这个方法就是指出怎样找出适当的割平面(不见得一次就能找到),使切割后最终得到这样的可行域,它的一个有整数坐标的极点恰好是问题的最优解,这个方法是戈莫里(R. E. Gomory)提出来的,所以又称为戈莫里的割平面法,以下只讨论纯整数规划的情形,现举例说明。

例3:求解

$$\max = X_1 + X_2 \quad ① $$
$$\begin{cases} -x_1 + x_2 \leq 1 & ② \\ 3x_1 + x_2 \leq 4 & ③ \\ x_1, x_2 \geq 0 & ④ \\ x_1, x_2 \text{ 整数} & ⑤ \end{cases} \quad (5-3)$$

如不考虑条件⑤,容易求得相应的线性规划的最优解:

$$x_1 = \frac{3}{4},\ x_2 = \frac{7}{4},\ \max Z = \frac{10}{4}$$

它就是图 5-5 中域 R 的极点 A,但不合于整数条件。现设想,如能找到像 CD 那样的直线去切割域 R(见图 5-6),去掉三角形域 ACD,那么具有整数坐标的 C 点(1, 1)就是域 R' 的一个极点,如在域 R' 上求解①~④,而得到的最优解又恰巧在 C 点就得到原问题的整数解,所以解法的关键就是怎样构造一个这样的"割平面" CD,尽管它可能不是唯一的,也可能不是一步能求到的。下面仍就本例说明:

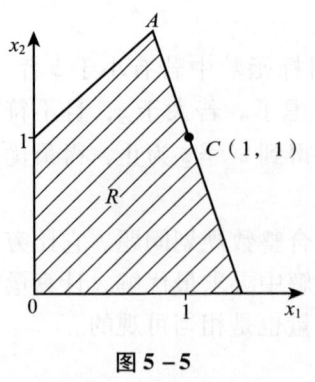
图 5-5

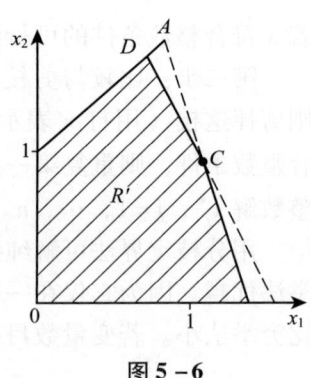
图 5-6

在原问题的前两个不等式中增加非负松弛变量 X_3、X_4，使两式变成等式约束：

$$\begin{cases} -x_1 + x_2 + x_3 = 1 & ⑥ \\ 3x_1 + x_2 + x_4 = 4 & ⑦ \end{cases}$$

不考虑条件⑤，用单纯形表解题，见表 5-2。

表 5-2

		c_i		1	1	0	0
	C_B	x_B	b	x_1	x_2	x_3	x_4
初始计算表	0	x_3	1	-1	1	1	0
	0	x_4	4	3	1	0	1
		$c_i - z_j$	0	1	1	0	0
最终计算表	1	x_1	3/4	1	0	-1/4	1/4
	1	x_2	7/4	0	1	3/4	1/4
		$c_i - z_j$	-5/2	0	0	-1/2	-1/2

从表 5-2 的最终计算表中，得到非整数的最优解：

$$x_1 = \frac{3}{4}, \quad x_2 = \frac{7}{4}, \quad x_3 = x_4 = 0, \quad \max z = \frac{5}{2}$$

由最终计算表中得到变量间的关系式：

$$x_1 - \frac{1}{4}x_3 + \frac{1}{4}x_4 = \frac{3}{4}$$

$$x_2 + \frac{3}{4}x_3 + \frac{1}{4}x_4 = \frac{7}{4}$$

将系数和常数项都分解成整数和非负真分数之和，移项以上两式变为

$$x_1 - x_3 = \frac{3}{4} - \left(\frac{3}{4}x_3 + \frac{1}{4}x_4\right)$$

$$x_2 - 1 = \frac{3}{4} - \left(\frac{3}{4}x_3 + \frac{1}{4}x_4\right)$$

现考虑整数条件⑤，要求 x_1、x_2 都是非负整数，于是由条件⑥、⑦可知 x_3、x_4 也都是非负整数。在上式中（其实只考虑一式即可）从等式左边看是整数；在等式右边（.）内是正数；所以等式右边必是负数。就是说，整数条件⑤可由下式所代替；

$$\frac{3}{4} - \left(\frac{3}{4}x_3 + \frac{1}{4}x_4\right) \leq 0$$
$$-3x_3 - x_4 \leq -3 \qquad ⑧$$

将这新的约束方程加到表 5-2 的最终计算表，得表 5-3。

表 5-3

	c_j		1	1	0	0	0
c_B	x_B	b	x_1	x_2	x_3	x_4	x_5
1	x_1	3/4	1	0	-1/4	1/4	0
1	x_2	7/4	0	1	3/4	1/4	0
0	x_5	-3	0	0	-3	-1	1
	$c_j - z_j$	-5/2	0	0	-1/2	-1/2	0

从表 5-3 的 b 列中可看到，这时得到的是非可行解，于是需要用对偶单纯形法继续进行计算。选择 x_5 为换出变量，计算

$$\theta = \min_j\left(\frac{c_j - z_j}{a_{lj}} \mid a_{lj} < 0\right) = \min\left[\frac{-\frac{1}{2}}{-3}, \frac{-\frac{1}{2}}{-1}\right] = \frac{1}{6}$$

将 x_3 作为换入变量，再按原单纯形法进行迭代，得表 5-4。

表 5-4

	c_j		1	1	0	0	0
c_B	x_B	b	x_1	x_2	x_3	x_4	x_5
1	x_1	1	1	0	0	1/3	-1/12
1	x_2	1	0	1	0	0	1/4
0	x_3	1	0	0	1	1/3	-1/3
	$c_j - z_j$	-2	0	0	0	-1/3	-1/6

由于 x_1、x_2 的值已都是整数，解题已完成。注意：新得到的约束条件⑧。

$$-3x_3 - x_4 \leq -3$$

如用 x_1、x_2 表示，由⑥、⑦得
$$3(1+x_1-x_2)+(4-3x_1-x_2)\geq 3, \quad x_2\leq 1$$
这就是 (x_1, x_2) 平面上平行于 x_1 轴的直线下的区域，见图 5-7。但从解题过程来看，这一步是不必要的。

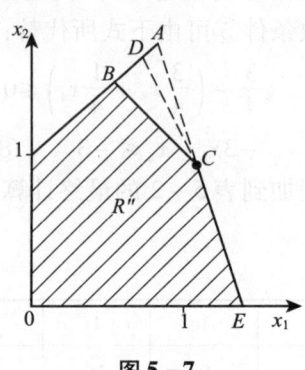

图 5-7

现把求一个切割方程的步骤归纳为：

(1) 令 x_i 是相应线性规划最优解中为分数值的一个基变量，由单纯形表的最终表得
$$x_i + \sum_k a_{ik}x_k = b_i \tag{5-4}$$

其中 $i \in Q$（Q 指构成基变量号码的集合）

$k \in k$（k 指构成非基变量号码的集合）

(2) 将 b_i 和 a_{ik} 都分解成整数部分 N 与非负真分数 f 之和，即
$$b_i = N_i + f_i, \text{ 其中 } 0 < f_i < 1$$
$$a_{ik} = N_{ik} + f_{ik}, \text{ 其中 } 0 \leq f_{ik} < 1 \tag{5-5}$$

而 N 表示不超过 b 的最大整数。例如：

若 $b = 2.35$，则 $N = 2$，$f = 0.35$

若 $b = -0.45$，则 $N = -1$，$f = 0.55$

代入式 (5-4) 得
$$x_i + \sum_k N_{ik}x_k - N_i = f_i - \sum_k f_{ik}x_k \tag{5-6}$$

(3) 现在提出变量为整数的条件（当然还有非负的条件），这时，式 (5-2) 由左边看必须是整数，但由右边看，因为 $0 < f_i < 1$，所以不能为正，即
$$f_i - \sum_k f_{ik}\chi_k \leq 0 \tag{5-7}$$

这就是一个切割方程。

由式 (5-4)、式 (5-6)、式 (5-7) 可知：

①切割方程式 (5-7) 真正进行了切割，至少把非整数最优解

这一点割掉了。

②没有割掉整数解,这是因为相应的线性规划的任意整数可行解都满足式(5-7)的缘故。

戈莫里的切割法自 1958 年被提出后,即引起人们广泛的注意。但至今完全用它解题的仍是少数,原因就是经常遇到收敛很慢的情形,但若和其他方法(如分枝定界法)配合使用,也是有效的。

5.4 0-1型整数规划

0-1 型整数规划是整数规划中的特殊情形,它的变量 x_i 仅取值 0 或 1。这时 x_i 称为 0-1 变量,或称二进制变量。x_i 仅取值 0 或 1 这个条件可由下述约束条件所代替。

$$x_i \leqslant 1$$
$$x_i \geqslant 0, 整数$$

它和一般整数规划的约束条件式是一致的。在实际问题中,如果引入 0-1 变量,就可以把各种情况需要分别讨论的线性规划问题统一在一个问题中讨论了。在本节我们先介绍引入 0-1 变量的实际问题,再研究解法。

5.4.1 引入 0-1 变量的实际问题

1. 投资场所的选定——相互排斥的计划

例 4:某公司拟在市东、西、南三区建立门市部。拟议中有 7 个位置(点)$A_i(i=1, 2, \cdots, 7)$ 可供选择。规定:

在东区,由 A_1,A_2,A_3 三个点中至多选两个;

在西区,由 A_4,A_5 两个点中至少选一个;

在南区,有 A_6,A_7 两个点中至少选一个。

如选用 A_i 点,设备投资估计为 b_i 元,每年可获得利润估计为 C_i 元,但投资总额不能超过 B 元。问应选择哪几个点可使年利润为最大?

解题时先引入 0-1 变量 $x_i(i=1, 2, \cdots, 7)$,令

$$x_i = \begin{cases} 1, & 当 A_i 点被选用, \\ 0, & 当 A_i 点没被选用。\end{cases} \quad i=1, 2, \cdots, 7$$

于是问题可列成:

$$\max z = \sum_{i=1}^{7} C_i x_i$$

$$\begin{cases} \sum_{i=1}^{7} b_i x_i \leq B \\ x_1 + x_2 + x_3 \leq 2 \\ x_4 + x_5 \geq 1 \\ x_6 + x_7 \geq 1 \\ x_i = 0 \text{ 或 } 1 \end{cases} \quad (5-8)$$

2. 相互排斥的约束条件

在本章开始的例 1 中，关于运货的体积限制为

$$5x_1 + 4x_2 \leq 24 \quad (5-9)$$

今设运货有车运和船运两种方式，上面的条件系用车运时的限制条件，如运船运时关于体积的限制条件为

$$7x_1 + 3x_2 \leq 45 \quad (5-10)$$

这两条件是互相排斥的。为了统一在一个问题中，引入 0-1 变量 y，令

$$y = \begin{cases} 0, & \text{当采取车运方式} \\ 1, & \text{当采取船运方式} \end{cases}$$

于是式（5-9）和式（5-10）可由下述的条件式（5-11）和式（5-12）来代替：

$$5x_1 + 4x_2 \leq 24 + yM \quad (5-11)$$

$$7x_1 + 3x_2 \leq 45 + (1-y)M \quad (5-12)$$

其中 M 是充分大的数。读者可以验证，当 $y=0$ 时，式（5-11）就是式（5-12）自然成立，因而是多余的。当 $y=1$ 时式（5-12）就是式（5-10），而式（5-11）是多余的。引入的变量 y 不必出现在目标函数内，即认为在目标函数式内 y 的系数为 0。

如果有 m 个互相排斥的约束条件（$\leq$ 型）：

$$a_{i1}x_1 + a_{i2}x_2 + \cdots + a_{in}x_n \leq b_i, \quad i = 1, 2, \cdots, m$$

为了保证这 m 个约束条件只有一个起作用，我们引入 m 个 0-1 变量 $y_i (i=1, 2, \cdots, m)$，和一个充分大的常数 M，而下面这一组 $m+1$ 个约束条件

$$a_{i1}x_1 + a_{i2}x_2 + \cdots + a_{in}x_n \leq b_i + y_i M, \quad i = 1, 2, \cdots, m \quad (5-13)$$

$$y_1 + y_2 + \cdots + y_m = m - 1 \quad (5-14)$$

就合于上述的要求。这是因为，由于式（5-14），m 个 y_i 中只有一个能取 0 值，设 $y_{i^*}^* = 0$，代入式（5-13），就只有 $i = i^*$ 的约束条件起作用，而别的式子都是多余的。

3. 关于固定费用的问题（fixed cost problem）

在讨论线性规划时，有些问题是要求使成本为最小。那时总设固定成本为常数，并在线性规划的模型中不必明显列出。但有些固定费用（固定成本）的问题不能用一般线性规划来描述，但可以改变为混合整数规划来解决，见下例。

例 5：某工厂为了生产某种产品，有几种不同的生产方式可供选择，如选定投资高的生产方式（选购自动化程度高的设备），由于产量大，因为分配到每件产品的变动成本就降低；反之，如选定投资低的生产方式，将来分配到每件产品的变动成本肯定增加，所以必须全面考虑。今设有三种方式可供选择，令：

x_j 表示采用第 j 种方式时的产量；

c_j 表示采用第 j 种方式时每件产品的变动成本；

k_j 表示采用第 j 种方式时的固定成本。

为了说明成本的特点，暂不考虑其他约束条件。采用各种生产方式的总成本分别为

$$p_j \begin{cases} k_j + c_j x_j, & \text{当 } x_j > 0 \\ 0, & \text{当 } x_j = 0 \end{cases} \quad j = 1, 2, 3$$

在构成目标函数时，为了统一在一个问题中讨论，现引入 0-1 变量 y_j，令

$$y_j = \begin{cases} 1, & \text{当采用第 } j \text{ 种生产方式，即 } x_j > 0 \text{ 时,} \\ 0, & \text{当不采用第 } j \text{ 种生产方式，即 } x_j = 0 \text{ 时,} \end{cases} \quad (5-15)$$

于是目标函数

$$\min z = (k_1 y_1 + c_1 x_1) + (k_2 y_2 + c_2 x_2) + (k_3 y_3 + c_3 x_3)$$

式（5-15）这个规定可由下述 3 个线性约束条件：

$$x_j \leqslant y_j M, \quad j = 1, 2, 3 \quad (5-16)$$

其中 M 是个充分大的常数。式（5-16）说明，当 $x_j > 0$ 时 y_j 必须为 1；当 $x_j = 0$ 时只有 y_j 为 0 时才有意义，所以式（5-16）完全可以代替式（5-15）。

5.4.2 0-1 型整数规划的解法

解 0-1 型整数规划最容易想到的方法，和一般整数规划的情形一样，就是穷举法，即检查变量取值为 0 或 1 的每一种组合，比较目标函数值以求得最优解，这就需要检查变量取值的 2^n 个组合。对于变量个数 n 较大（例如 $n > 10$），这几乎是不可能的。因此常设计一些方法，只检查变量取值的组合的一部分，就能求到问题的最优解。

这样的方法称为隐枚举法（implicit enumeration），分枝定界法也是一种隐枚举法。当然，对有些问题隐枚举法并不适用，所以有时穷举法还是必要的。

下面举例说明一种解 0 – 1 型整数规划的隐枚举法。

例 6：max $z = 3x_1 - 2x_2 + 5x_3$

$$\begin{cases} x_1 + 2x_2 - x_3 \leq 2 & ① \\ x_1 + 4x_2 + x_3 \leq 4 & ② \\ x_1 + x_2 \leq 3 & ③ \\ 4x_1 + x_3 \leq 6 & ④ \\ x_1, x_2, x_3 = 0 \text{ 或 } 1 & ⑤ \end{cases} \qquad (5-17)$$

解题时先通过试探的方法找一个可行解，容易看出 $(x_1, x_2, x_3) = (1, 0, 0)$ 就是合于①～④条件的，算出相应的目标函数值 $z = 3$。

我们求最优解，对于极大化问题，当然希望 $z \geq 3$，于是增加一个约束条件：

$$3x_1 - 2x_2 + 5x_3 \geq 3 \qquad ◎$$

后加的条件称为过滤的条件（filtering constrain），这样，原问题的线性约束条件就变成 5 个。用全部枚举的方法，3 个变量共有 $2^3 = 8$ 个解，原来 4 个约束条件，共需 32 次运算。现在增加了过滤条件 ◎，如按下述方法进行，就可减少运算次数。将 5 个约束条件按 ◎～④顺序排好（见表 5 – 5），对每个解，依次代入约束条件左侧，求出数值，看是否适合不等式条件，如某一条件不适合，同行以下各条件就不必再检查，因而就减少了运算次数。本例计算过程如表 5 – 5 所示，实际只做 24 次运算。

表 5 – 5

点	条件					满足条件? 是（√）否（×）	Z 值
	◎	①	②	③	④		
(0, 0, 0)	0			0	1	×	
(0, 0, 1)	5	–1	1			√	5
(0, 1, 0)	–2					×	
(0, 1, 1)	3	1	5	1	0	×	
(1, 0, 0)	3	1	1	1	1	√	3
(1, 0, 1)	8	0	2			√	8
(1, 1, 0)	1					×	
(1, 1, 1)	6	2	6			×	

于是求得最优解 $(x_1, x_2, x_3) = (1, 0, 1)$，$\max z = 8$

在计算过程中，若遇到 z 值已超过条件◎右边的值，应改变条件◎，使右边为迄今为止最大者，然后继续作。例如，当检查当 $(0, 0, 1)$ 时因 $z = 5$（>3），所以应将条件◎换成

$$3x_1 - 2x_2 + 5x_3 \geq 5 \qquad ◎$$

这种对过滤条件的改进，更可以减少计算量。

一般常重新排列 x_i 的顺序是目标函数中 x_i 的系数是递增（不减）的，在上例中，改写 $z = 3x_1 - 2x_2 + 5x_3 = -2x_2 + 3x_1 + 5x_3$。

因为 $-2, 3, 5$ 是递增的，变量 (x_2, x_1, x_3) 也按下述顺序取值：$(0, 0, 0), (0, 0, 1), (0, 1, 0), (0, 1, 1), \cdots$，这样，最优解容易比较早的发现。再结合过滤条件的改进，更可使计算简化。在上例中

$$\max z = -2x_2 + 3x_1 + 5x_3$$

$$\begin{cases} -2x_2 + 3x_1 + 5x_3 \geq 3 & ◎ \\ 2x_2 + x_1 - x_3 \leq 2 \\ 4x_2 + x_1 + x_3 \leq 4 \\ x_2 + x_1 \leq 3 \\ 4x_2 + x_3 \leq 6 \end{cases} \qquad (5-18)$$

解题时按下述步骤进行（见表 5-6）：

表 5-6（a）

点 (x_2, x_1, x_3)	条件 ◎	①	②	③	④	是否满足条件	Z 值
(0, 0, 0)	0					×	
(0, 0, 1)	5	-1	1	0	1	√	5

表 5-6（b）

点 (x_2, x_1, x_3)	条件 ◎	①	②	③	④	是否满足条件	Z 值
(0, 1, 0)	3					×	
(0, 1, 1)	8	0	2	1	1	√	8

表 5-6 (c)

点 (x_2, x_1, x_3)	◎′	①	②	③	④	是否满足条件	Z 值
(1, 0, 0)	2					×	
(1, 0, 1)	3					×	
(1, 1, 0)	1					×	
(1, 1, 1)	6					×	

改进过滤条件，用：$-2x_2 + 3x_1 + 5x_3 \geq 5$

代替◎，继续进行。

再改进过滤条件，用：$-2x_2 + 3x_1 + 5x_3 \geq 8$

代替◎′，再继续进行。至此，Z 值已不能改进，即得到最优解，解答如前，但计算已简化。

5.5 指派问题

在生活中经常遇到这样的问题，某单位需完成 n 项任务，恰好有 n 个人可承担这些任务。由于每个人的专长不同，各人完成任务不同（或所费时间），效率也不同。于是产生应指派哪个人去完成哪项任务，是完成 n 项任务的总效率最高（或所需总时间最小）。这类问题称为指派问题或分派问题（assignment problems）。

例 7：有一份中文说明书，需要译成英、日、德、俄四种文字。分别记作 E、J、G、R。现有甲、乙、丙、丁四人。他们将中文说明书翻译成不同的语种的说明书所需时间如表 5-7 所示。问应指派何人去完成何种工作，使所需总时间最少？

表 5-7

人员＼任务	E	J	G	R
甲	2	15	13	4
乙	10	4	14	15
丙	9	14	16	13
丁	7	8	11	9

类似有：有 n 项加工任务，怎样指派到 n 台机床上分别完成的问题；有 n 条航线，怎样指定 n 艘船去航行去航行问题……对应每个指派问题，需有类似表 5-7 那样的数表，称为效率矩阵或系数矩阵，其元素 $C_{ij} > 0(i, j = 1, 2, \cdots, n)$ 表示指派第 i 人去完成第 j 项任务时的效率（或时间、成本等）。解题时需引入变量 x_{ij}；其取值只能是 1 或 0。并令

$$x_{ij} = \begin{cases} 1 & \text{当指派第 } i \text{ 人去完成第 } j \text{ 项任务} \\ 0 & \text{当不指派第 } i \text{ 人去完成第 } j \text{ 项任务} \end{cases}$$

当问题要求极小化时数学模型是：

$$\min z = \sum_i \sum_j c_{ij} x_{ij} \quad ①$$

$$\begin{cases} \sum_i x_{ij} = 1, \ j = 1, 2, \cdots, n & ② \\ \sum_j x_{ij} = 1, \ i = 1, 2, \cdots, n & ③ \\ x_{ij} = 1 \text{ 或 } 0 & ④ \end{cases} \quad (5-19)$$

约束条件②说明第 j 项任务只能由 1 人去完成；约束条件③说明第 i 人只能完成 1 项任务。满足约束条件②～④的可行解 x_{ij} 也可以写成表格或矩阵形式，称为解矩阵。如例 7 的一个可行解矩阵是

$$(x_{ij}) = \begin{bmatrix} 0 & 1 & 0 & 0 \\ 0 & 0 & 1 & 0 \\ 1 & 0 & 0 & 0 \\ 0 & 0 & 0 & 1 \end{bmatrix}$$

显然，这不是最优。解矩阵 (x_{ij}) 中各行各列的元素之和都是 1。

指派问题是 0-1 规划的特例，也是运输问题的特例；即 $n = m$，$a_j = b_i = 1$。当然可用整数规划、0-1 规划或运输问题的解法去求解，这就如同用单纯形法解运输问题一样是不合适的。利用指派问题的特点可有更简便的解法。

指派问题的最优解有这样的性质，若从系数矩阵 (c_{ij}) 的一行（列）各元素中分别减去该行（列）的最小元素，得到新矩阵 (b_{ij})，那么以 (b_{ij}) 为系数矩阵求得的最优解和用原系数矩阵求得的最优解相同。

利用这个性质，可使原系数矩阵变换为含有很多 0 元素的新系数矩阵，而最优解保持不变，在线系数矩阵 (b_{ij}) 中，我们关心位于不同行不同列的 0 元素，已简称独立的 0 元素，若能在系数矩阵 (b_{ij}) 中找出 n 个独立的 0 元素；则令解矩阵 (x_{ij}) 中对应这个 n 个独立的 0 元素的元素值为 1，其他元素值为 0. 将其代入目标函数中得到 $z_b = 0$，它一定是最小，这就是以 (b_{ij}) 为系数矩阵的指派问题的最优解。

也就得到了原问题的最优解。

库恩（W. W. Kuhn）于 1955 年提出了指派问题的解法，他引用了匈牙利数学家康尼格（D. Konig）一个关于矩阵中 0 元素的定理：系数矩阵中独立 0 元素的最多个数等于能覆盖所有 0 元素的最少直线数。这解法称为匈牙利法。以后在方法上虽有不断改进，但仍沿用这名称。以下用例 7 来说明指派问题法人解法。

第一步：是指派问题的系数矩阵经常变换，在各行各列中都出现 0 元素。

（1）从系数矩阵的每行元素减去该行的最小元素；

（2）再从所得系数矩阵的每列元素中减去该列的最小元素。

若某行（列）已有 0 元素，那就不必再减了。例 7 的计算为

$$(c_{ij}) = \begin{bmatrix} 2 & 15 & 13 & 4 \\ 10 & 4 & 14 & 15 \\ 9 & 14 & 16 & 13 \\ 7 & 8 & 11 & 9 \end{bmatrix} \xrightarrow{\min} \begin{bmatrix} 0 & 13 & 11 & 2 \\ 6 & 0 & 10 & 11 \\ 0 & 5 & 7 & 4 \\ 0 & 1 & 4 & 2 \end{bmatrix} \xrightarrow{\min} \begin{bmatrix} 0 & 13 & 7 & 0 \\ 6 & 0 & 6 & 9 \\ 0 & 5 & 3 & 2 \\ 0 & 1 & 0 & 0 \end{bmatrix} = (b_{ij})$$

第二步：进行试指派，以寻求最优解。为此。按以下步骤进行。

经第一步变换后，系数矩阵中每行每列都已有了 0 元素；但需要找出 n 个独立的 0 元素。若能找出，就以这些独立 0 元素对应解矩阵 (x_{ij}) 中的元素为 1，其余为 0，这就得到最优解。当 n 较小时，可用观察法、试探法去找出 n 个独立 0 元素。若 n 较大时，就必须按一定的步骤去找，常用的步骤为：

（1）从只有一个 0 元素的行（列）开始，给这个 0 元素加圈，记作 ◎。这表示对这行所代表的人，只有一种任务可指派。然后划去 ◎ 所在列（行）的其他 0 元素，记作 Φ。这表示这列所代表的任务已指派完，不必再考虑别人了。

（2）给只有一个 0 元素列（行）的 0 元素加圈，记作 ◎；然后划去 ◎ 所在行的 0 元素，记作 Φ。

（3）反复进行（1）、（2）两步，直到所有 0 元素都被圈出和划掉为止。

（4）若仍没有划圈的 0 元素，且同行（列）的 0 元素至少有两个（表示对这个可以从两项任务中指派其一）。这可用不同的方案去试探。从剩有的 0 元素最少的行（列）开始，比较这行各 0 元素所在列中元素的数目，选择 0 元素少的那列的这个 0 元素加圈（表示选择性多的要"礼让"选择性少的）。然后划掉同行同列的其他 0 元素。可反复进行，直到所有 0 元素都已圈出和划掉为止。

（5）若 ◎ 元素的数目 m 等于矩阵的阶数 n，那么指派问题的最

优解已得到。若 $m<n$，则转入下一步。

现用例7的 (b_{ij}) 矩阵，按上述步骤进行运算。按步骤（1），先给 b_{22} 加圈，然后给 b_{31} 加圈，划掉 b_{11}，b_{41}；按步骤（2），给 b_{44} 加圈，最后给 b_1 加圈，得到

$$\begin{bmatrix} \Phi & 13 & 7 & \bigcirc \\ 6 & \bigcirc & 6 & 9 \\ \bigcirc & 5 & 3 & 2 \\ \Phi & 1 & \bigcirc & \Phi \end{bmatrix}$$

可见 $m=n=4$，所以得最优解为

$$(x_{ij}) = \begin{bmatrix} 0 & 0 & 0 & 1 \\ 0 & 1 & 0 & 0 \\ 1 & 0 & 0 & 0 \\ 0 & 0 & 1 & 0 \end{bmatrix}$$

这表示：指定甲译出俄文，乙译出日文，丙译出英文，丁译出德文。所需总时间最少

$$\min z_b = \sum_i \sum_j b_{ij} x_{ij} = 0$$

$$\min z = \sum_i \sum_j b_{ij} x_{ij} = c_{31} + c_{22} + c_{43} + c_{14} = 28 \text{（小时）}$$

例8：求表5-8所示效率矩阵的指派问题的最小解。

表5-8

人员＼任务	A	B	C	D	E
甲	12	7	9	7	9
乙	8	9	6	6	6
丙	7	17	12	14	9
丁	15	14	6	6	10
戊	4	10	7	10	9

解题时按上述第一步，将这系数矩阵进行变换。

$$\begin{bmatrix} 12 & 7 & 9 & 7 & 9 \\ 8 & 9 & 6 & 6 & 6 \\ 7 & 17 & 12 & 14 & 9 \\ 15 & 14 & 6 & 6 & 10 \\ 4 & 10 & 7 & 10 & 9 \end{bmatrix} \begin{matrix} \min \\ 7 \\ 6 \\ 7 \\ 6 \\ 4 \end{matrix} \rightarrow \begin{bmatrix} 5 & 0 & 2 & 0 & 2 \\ 2 & 3 & 0 & 0 & 0 \\ 0 & 10 & 5 & 7 & 2 \\ 9 & 8 & 0 & 0 & 4 \\ 0 & 6 & 3 & 6 & 5 \end{bmatrix}$$

经一次运算即得每行每列都有0元素的系数矩阵，再按上述步骤

运算，得到

$$\begin{bmatrix} 5 & ◎ & 2 & Φ & 2 \\ 2 & 3 & Φ & ◎ & Φ \\ ◎ & 10 & 5 & 7 & 2 \\ 9 & 8 & ◎ & Φ & 4 \\ Φ & 6 & 3 & 6 & 5 \end{bmatrix} \quad ①$$

这里◎的个数 $m=4$，而 $n=5$；所以解题没有完成，这时应按下步骤继续进行。

第三步：作最少的直线覆盖所有 0 元素，以确定该系数矩阵中能找到最多的独立元素数。为此按以下步骤进行：

(1) 对没有◎的行打√号；

(2) 对已打√号的行中所有含 Φ 元素打√号；

(3) 再对有√号的列中含◎元素的行打√号；

(4) 重复 (2)、(3)，直到打不出新的√号的行、列为止；

(5) 对没有打√号的行画一横线，有打√号的列画一纵线，这就得到覆盖所有 0 元素的最少直线数。

令直线数为 L。若 $L<n$，说明必须再变换当前的系数矩阵，才能找到 n 个独立的 0 元素，为此转第四步；若 $L=n$，而 $m<n$，应回到第二步 (4)，另行试探。

在例 8 中，对矩阵①按以下次序进行：

先在第五行旁打√，接着可判断应在第 1 列下打√，接着在第 3 行旁打√。经检查不再能打√了，对没有打√行，画一直线以下覆盖 0 元素，已打√的列画一直线以覆盖 0 元素。得

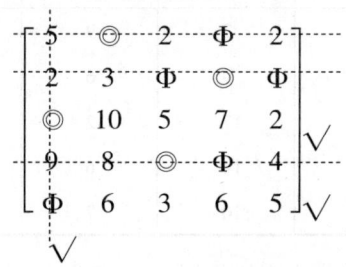

由此可见 $L=4<n$。所以应继续对②矩阵进行变换。转换第四步。

第四步：对②矩阵进行变换的目的是增加 0 元素。为此在没有被直线覆盖的部分中找出最小元素。然后在打√行各元素中都减去这最小元素，而在打√列的各元素都加上这最小元素，以保证原来 0 元素不变。这样得到新系数矩阵（它的最优解和原问题相同）。

若得到几个独立的 0 元素，则已得最优解，否则回到第三步重复进行。

在例 8 中矩阵②中，在没有被覆盖部分（第 3、第 5 行）中找出最小的元素 2，然后在第 3、第 5 行各元素分别减去 2，给第 1 列各元素加 2，得到矩阵③。按第二步，找出所有独立的 0 元素，得到矩阵④。

$$\begin{bmatrix} 7 & 0 & 2 & 0 & 2 \\ 4 & 3 & 0 & 0 & 0 \\ 0 & 8 & 3 & 5 & 0 \\ 11 & 8 & 0 & 0 & 4 \\ 0 & 4 & 1 & 4 & 3 \end{bmatrix}$$

$$\begin{bmatrix} 7 & ⊚ & 2 & Φ & 2 \\ 4 & 3 & Φ & ⊚ & 0 \\ Φ & 8 & 3 & 5 & ⊚ \\ 11 & 8 & ⊚ & Φ & 4 \\ ⊚ & 4 & 1 & 4 & 3 \end{bmatrix}$$

它具有 n 个独立 0 元素。这就得到了最优解，相应的解矩阵为

$$\begin{bmatrix} 0 & 1 & 0 & 0 & 0 \\ 0 & 0 & 0 & 1 & 0 \\ 0 & 0 & 0 & 0 & 1 \\ 0 & 0 & 1 & 0 & 0 \\ 1 & 0 & 0 & 0 & 0 \end{bmatrix}$$

由解矩阵得最优指派方案

　　甲——B，乙——D，丙——E，丁——C，戊——A

本例还可以得到另一个最优指派方案

　　甲——B，乙——C，丙——E，丁——D，戊——A

所需总时间为 min $z = 32$

当指派问题的系数矩阵，经过变换得到了同行和同列中都有两个或两个以上 0 元素时。这时可以任选一行（列）中某一个 0 元素，在划去同行（列）的其他 0 元素。这时会出现多重解。

以上讨论限于极小化的指派问题。对极大化的问题，即求

$$\max z = \sum_i \sum_j c_{ij} x_{ij} \qquad (5-20)$$

可令

$$b_{ij} = M - c_{ij}$$

其中 M 是足够大的常数（如选 c_{ij} 中最大元素为 M 即可），这时系数矩阵可变换为

$$B = (b_{ij})$$

这时 $b_{ij} \geqslant 0$，符合匈牙利法的条件。目标函数经变换后，即解

$$\min z' = \sum_i \sum_j b_{ij} X_{ij} \qquad (5-21)$$

所得最小解就是原问题的最大解，因为

$$\sum_i \sum_j b_{ij} x_{ij} = \sum_i \sum_j (M - C_{ij}) x_{ij}$$
$$= \sum_i \sum_j M x_{ij} - \sum_i \sum_j C_{ij} x_{ij}$$
$$= nM - \sum_i \sum_j C_{ij} x_{ij}$$

因为 nM 为常数，所以当 $\sum_i \sum_j b_{ij} x_{ij}$ 取最小值时，$\sum_i \sum_j C_{ij} x_{ij}$ 便为最大。

第 6 章
无约束问题

6.1 基本概念

6.1.1 引言

1. 问题的提出

例1：某公司经营两种产品，第一种产品每件售价 30 元，第二种产品每件售价 450 元。根据统计，售出一件第一种产品所需要的服务时间平均是 0.5 小时，第二种产品是 $(2+0.25x_2)$ 小时，其中 x_2 是第二种产品的售出数量。已知该公司在这段时间的总营业时间是 800 小时，试决定使其营业额最大的营业计划。

下面我们来分析这个例子，并为其建立数学模型。

设该公司经营第一种产品 x_1 件，第二种产品 x_2 件，根据题意，其营业额为

$$f(X) = 30x_1 + 450x_2$$

由于营业时间的限制，该计划必须满足

$$0.5x_1 + (2+0.25x_2)x_2 \leq 800$$

此外，这个问题还满足

$$x_1 \geq 0, \quad x_2 \geq 0$$

于是，得到这个问题的数学模型如下

$$\begin{cases} \max f(X) = 30x_1 + 450x_2 \\ 0.5x_1 + 2x_2 + 0.25x_2^2 \leq 800 \\ x_1 \geq 0, \quad x_2 \geq 0 \end{cases}$$

例 2：为了进行多属性问题（假设有 n 个属性）的综合评价，就需要确定每个属性的相对重要性，即求它们的权重。为此将各属性的重要性（对评价者或者决策者而言）进行两两比较，从而得出如下判断矩阵：

$$J = \begin{bmatrix} \alpha_{11} & \cdots & \alpha_{1n} \\ \vdots & \vdots & \vdots \\ \alpha_{n1} & \cdots & \alpha_{nn} \end{bmatrix}$$

其中元素 α_{ij} 是第 i 个属性的重要性与第 j 个属性的重要性之比。

现需从判断矩阵求出各属性的权重 $w_i(=1, 2, \cdots, n)$。为了使求出的权向量

$$W = (w_1, w_2, \cdots, w_n)^T$$

在最小二乘意义上能最好地反映判断矩阵的估计，由 $\alpha_{ij} \approx w_i/w_j$，可得

$$\begin{cases} \min \sum_{i=1}^{n} \sum_{j=1}^{n} (\alpha_{ij} w_j - w_i)^2 \\ \sum_{i=1}^{n} w_i = 1 \end{cases}$$

例 1 的目标函数为自变量的线性函数，但其第一个约束条件却是自变量的二次函数，因而它是非线性规划问题。例 2 的目标函数是自变量的非线性函数，所以它也是非线性规划问题。还有第 1 章的例 3，即是一块边长为 a 的正方形铁皮做一个容器，应如何裁剪使做成的容器的容积为最大。其模型中的目标函数为决策变量的非线性函数，而使该问题为非线性规划问题。

2. 非线性规划问题的数学模型

非线性规划的数学模型常表示成以下形式

$$\begin{cases} \min f(X) & (6-1) \\ h_i(X) = 0, \quad i = 1, 2, \cdots, m & (6-2) \\ g_j(X) \geq 0, \quad j = 1, 2, \cdots, l & (6-3) \end{cases}$$

其中自变量 $X = (x_1, x_2, \cdots, x_n)^T$ 是 n 维欧式空间 E^n 中的向量（点）；$f(X)$ 为目标函数，$h_i(X) = 0$ 和 $g_j(X) \geq 0$ 为约束条件。

由于 $\max f(X) = -\min[-f(X)]$，当需使目标函数极大化时，只需使其负值极小化即可。因而仅考虑目标函数极小化，这无损于一般性。

若约束条件是"$\leq$"不等式时，仅需用"-1"乘该约束的两端，即可将这个约束变为"$\geq$"的形式。由于等式约束 $h_i(X) = 0$，等价于下述两个不等式约束：

$$\begin{cases} h_i(X) \geq 0 \\ -h_i(X) \geq 0 \end{cases}$$

因而，也可将非线性规划的数学模型统一写成以下形式

$$\begin{cases} \min f(X) & (6-4) \\ g_j(X) \geq 0, \ j = 1, \ 2, \ \cdots, \ l & (6-5) \end{cases}$$

3. 非线性规划问题的图示

图示法可以给人以直观概念，当只有两个自变量时，非线性规划问题也可像线性规划那样用图示法来表示（如图6-1所示）。

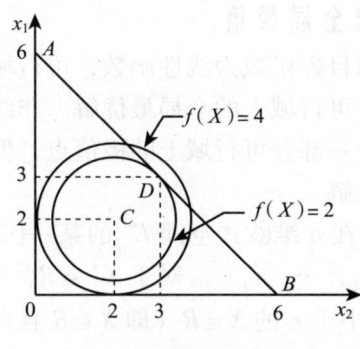

图 6-1

考虑非线性规划问题

$$\begin{cases} \min f(X) = (x_1 - 2)^2 + (x_2 - 2)^2 & (6-6) \\ h(X) = x_1 + x_2 - 6 = 0 & (6-7) \end{cases}$$

若令其目标函数

$$f(X) = c \qquad (6-8)$$

其中 c 为某一常数，则式（6-8）代表目标函数值等于 c 的点的集合，它一般为一条曲线或一张曲面，通常称其为等值线或等值面。对于这个例子来说，若令目标函数式（6-6）分别等于2和4，就得到相应的两条圆形等值线（见图6-1）。由图可见，等值线 $f(X) = 2$ 和约束条件直线 AB 相切，切点 D 即为此问题的最优解：$x_1^* = x_2^* = 3$，其目标函数值 $f(X^*) = 2$。

在这个例子中，约束条件式（6-7）对最优解是有影响的。

现若以

$$h(X) = x_1 + x_2 - 6 \leq 0 \qquad (6-9)$$

代替约束条件式（6-7），则非线性规划问题式（6-6）、式（6-9）的最优解是 $x_1 = x_2 = 2$，即图6-1中的 c 点（这时 $f(X) = 0$）。由于最优点位于可行域的内部，故对这个问题的最优解来说，

约束式（6-9）事实上是不起作用的。在求这个问题的最优解时，可不考虑约束条件式（6-9），就相当于没有这个约束一样。

由第1章注意到，如果线性规划问题的最优解存在，其最优解只能在其可行域的边界上达到（特别是在可行域的顶点上达到）；而非线性规划问题的最优解（如果最优解存在）则可能在其可行域中的任意一点达到。

6.1.2 极值问题

1. 局部极值和全局极值

由于线性规划的目标函数为线性函数，可行域为凸集，因而求出的最优解就是在整个可行域上的全局最优解。非线性规划却不然，有时求出的某个解虽是一部分可行域上的极值点，但却并不一定是整个可行域上的全局最优解。

设 $f(X)$ 为定义在 n 维欧式空间 E^n 的某一区域 R 上的 n 元实函数，其中 $X=(x_1, x_2, \cdots, x_n)^T$。对于 $X^* \in R$，如果存在某个 $\varepsilon>0$，使所有与 X^* 的距离小于 ε 的 $X \in R$（即 $X \in R$ 且 $\|X-X^*\|<\varepsilon$）均满足不等式 $f(X) \geqslant f(X^*)$，则称 (X^*) 为 $f(X)$ 在 R 上的局部极小点（或相对极小点），$f(X^*)$ 为局部极小值。若对于所有 $X \neq X^*$ 且与 X^* 的距离小于 ε 的 $X \in R$，$f(X)>f(X^*)$，则称 X^* 为 $f(X)$ 在 R 上的严格局部极小点，$f(X^*)$ 为严格局部极小值。

若点 $(X^*) \in R$，而对于所有 $X \in R$ 都有 $f(X) \geqslant f(X^*)$，则称 X^* 为 $f(X)$ 在 R 的上全局极小点，$f(X^*)$ 为全局极小值。若对于所有 $X \in R$ 且 $X \neq X^*$，都有 $f(X) > f(X^*)$，则称 X^* 为 $f(X)$ 在 R 上的严格全局极小点，$f(X^*)$ 为严格全局极小值。

如将上述不等式反向，即可得到相应的极大点和极大值的定义。下面仅就极小点及极小值加以说明，而且主要研究局部极小。

2. 极值点存在的条件

现说明极值点存在的必要条件和充分条件。

定理1：（必要条件）

设 R 是 n 维欧式空间 E^n 上的某一开集，$f(X)$ 在 R 上有一阶连续偏导数，且在点 $X^* \in R$ 取得局部极值，则必有

$$\frac{\partial f(X^*)}{\partial x_1} = \frac{\partial f(X^*)}{\partial x_2} = \cdots = \frac{\partial f(X^*)}{\partial x_n} = 0 \qquad (6-10)$$

或

$$\nabla f(X^*) = 0 \qquad (6-11)$$

上式中
$$\nabla f(X^*) = \left(\frac{\partial f(X^*)}{\partial x_1}, \frac{\partial f(X^*)}{\partial x_2}, \cdots, \frac{\partial f(X^*)}{\partial x_n}\right)^T \quad (6-12)$$
为函数 $f(X)$ 在点 (X^*) 处的梯度。

由数学分析知道，$\nabla f(X)$ 的方向为 $f(X)$ 的等值面（等值线）的法线（在点 X 处）方向，沿这个防线函数值增加最快。

满足式（6-10）或式（6-11）的点称为平稳点或驻点，在区域内部，极值点必为平稳点，但平稳点不一定是极值点。

定理 2：（充分条件）

设 R 是 n 维欧氏空间 E^n 上的某一开集，$f(X)$ 在 R 上具有二阶连续偏导数，$X^* \in R$ 若 $\nabla f(X^*) = 0$，且对任何非零向量 $Z \in E^n$ 有
$$Z^T H(X^*) Z > 0 \quad (6-13)$$
则 X^* 为 $f(X)$ 的严格局部极小点。

此处 $H(X^*)$ 为 $f(X)$ 在点 X^* 处的海塞（Hesse）矩阵：

$$H(X^*) = \begin{bmatrix} \dfrac{\partial^2 f(X^*)}{\partial x_1^2} & \dfrac{\partial^2 f(X^*)}{\partial x_1 \partial x_2} & \cdots & \dfrac{\partial^2 f(X^*)}{\partial x_1 \partial x_n} \\ \dfrac{\partial^2 f(X^*)}{\partial x_2 \partial x_1} & \dfrac{\partial^2 f(X^*)}{\partial x_2^2} & \cdots & \dfrac{\partial^2 f(X^*)}{\partial x_2 \partial x_n} \\ \dfrac{\partial^2 f(X^*)}{\partial x_n \partial x_1} & \dfrac{\partial^2 f(X^*)}{\partial x_n \partial x_2} & \cdots & \dfrac{\partial^2 f(X^*)}{\partial x_n^2} \end{bmatrix} \quad (6-14)$$

需要指出，定理 2 中的充分条件式（6-13）并不是必要的。可以举出这样的例子：X^* 是 $f(X)$ 的极小点，但却不满足条件式（6-13）。例如，$f(X) = x^*$，它的极小点是 $X^* = 0$，但 $f''(X^*) = 0$，这不满足式（6-13）。

现考虑二次型 $Z^T H Z$。若对于任意 $Z \neq 0$（即 Z 的元素不全为零），二次型 $Z^T H Z$ 的值总是正的，即 $Z^T H Z > 0$，则称该二次型是正定的；若对于任意 $Z \neq 0$ 总有 $Z^T H Z \geq 0$，则称其为半正定；若对于任意 $Z \neq 0$ 总有 $Z^T H Z < 0$，则称其为负定；若 $Z \neq 0$ 总有 $Z^T H Z \leq 0$，则称为半负定。如果对某些 $Z \neq 0$，$Z^T H Z > 0$，而对另一些 $Z \neq 0$，$Z^T H Z < 0$，即它既非正定，也非负定，则称其为不定的。由线性代数知道，二次型 $Z^T H Z$ 为正定的充要条件，是它的矩阵 H 的左上角各阶主子式都大于零；而它为负定的充要条件，是它的矩阵 H 的左上角各阶主子式依次负正相间。

现以 h_{ij} 表示矩阵 H 的元素，上述条件为，当二次型正定时：

$$h_{11} > 0; \quad \begin{vmatrix} h_{11} & h_{12} \\ h_{21} & h_{22} \end{vmatrix} > 0; \quad \cdots; \quad \begin{vmatrix} h_{11} & \cdots & h_{1n} \\ \vdots & & \vdots \\ h_{n1} & \cdots & h_{nn} \end{vmatrix} > 0$$

当二次型负定时：

$$h_{11} < 0; \quad \begin{vmatrix} h_{11} & h_{12} \\ h_{21} & h_{22} \end{vmatrix} > 0;$$

$$\begin{vmatrix} h_{11} & h_{12} & h_{13} \\ h_{21} & h_{22} & h_{23} \\ h_{31} & h_{32} & h_{33} \end{vmatrix} < 0; \cdots; (-1)^n \begin{vmatrix} h_{11} & \cdots & h_{1n} \\ & \cdots & \\ h_{n1} & \cdots & h_{nn} \end{vmatrix} > 0$$

二次型 $Z^T H Z$ 为正定、负定或不定时，其对称矩阵 H 分别称为正定、负定的或不定的。定理 2 中的条件式（6-13），就等于说其海塞阵在 X^* 处正定。

6.1.3 凸函数和凹函数

凸集、凸函数以及凸函数的极值的性质，是研究非线性规划问题所不可缺少的内容。凸集的概念在讲线性规划时已作过说明，因而这里简要说明凸函数的有关问题。

1. 什么是凸函数和凹函数

设 $f(X)$ 为定义在 n 维欧式空间 E^n 中某个凸集 R 上的函数，若对任何实数 $a(0 < a < 1)$ 以及 R 中的任意两点设 $X^{(1)}$ 和 $X^{(2)}$，恒有

$$f(aX^{(1)} + (1-a)X^{(2)}) \leqslant af(X^{(1)}) + (1-a)f(X^{(2)}) \quad (6-15)$$

则称 $f(X)$ 为定义在 R 上的凸函数。

若对任意 $a(0 < a < 1)$ 和 $X^{(1)} \neq X^{(2)} \in R$ 恒有

$$f(aX^{(1)} + (1-a)X^{(2)}) < af(X^{(1)}) + (1-a)f(X^{(2)}) \quad (6-16)$$

则称 $f(X)$ 为定义在 R 上的严格凸函数。

将式（6-15）和式（6-16）中的不等号反向，即可得到凹函数和严格凹函数的定义。显然，若函数 $f(X)$ 是凸函数（严格凸函数），则 $-f(X)$ 一定是凹函数（严格凹函数）。

凸函数和凹函数的几何意义十分明显，若函数图形上任意两点的连线处处都不在这个函数图形的下方，它当然是下凸的（见图 6-2 (a)）。凹函数则是下凹的（上凸的）（见图 6-2 (b)）。线性函数既可看作凸函数，也可看作凹函数。

2. 凸函数的性质

性质 1：设 $f(X)$ 为定义在凸集 R 上的凸函数，则对任何实数 $\beta \geqslant 0$，函数 $\beta f(X)$ 也是定义在 R 上凸函数。

性质 2：设 $f_1(X)$ 和 $f_2(X)$ 为定义在凸集 R 上的两个凸函数，则其和 $f(X) = f_1(X) + f_2(X)$ 仍为定义在 R 上的凸函数。

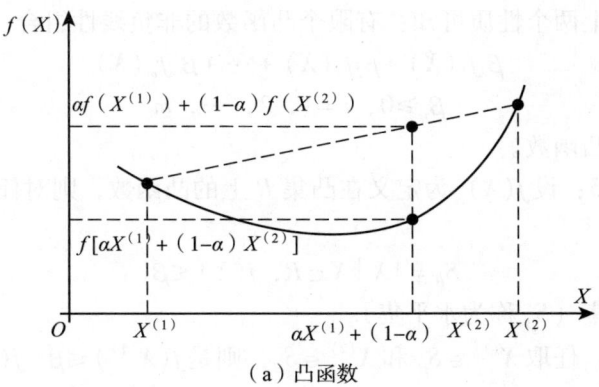

（a）凸函数

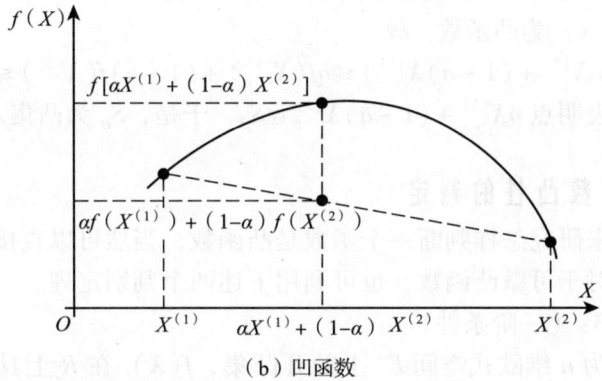

（b）凹函数

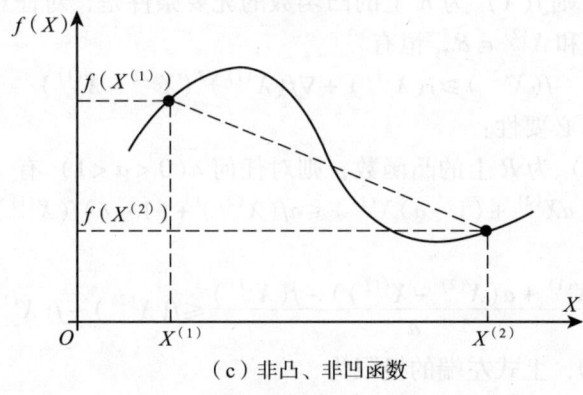

（c）非凸、非凹函数

图 6-2

因为 $f_1(X)$ 和 $f_2(X)$ 都是定义在 R 上的凸函数，故对 R 上的任两点 $X^{(1)}$ 和 $X^{(2)}$ 以及任意 $a(0<a<1)$ 恒有：

$$f_1(aX^{(1)}+(1-a)X^{(2)}) \leq af_1(X^{(1)})+(1-a)f_1(X^{(2)})$$
$$f_2(aX^{(1)}+(1-a)X^{(2)}) \leq af_2(X^{(1)})+(1-a)f_2(X^{(2)})$$

将上式两端分别相加得：

$$f(aX^{(1)}+(1-a)X^{(2)}) \leq af(X^{(1)})+(1-a)f(X^{(2)})$$

故 $f(X)$ 也是 R 上的凸函数。

由以上两个性质可知：有限个凸函数的非负线性组合
$$\beta_1 f_1(X) + \beta_2 f_2(X) + \cdots + \beta_m f_m(X)$$
$$\beta_i \geq 0, \quad i = 1, 2, \cdots, m$$
仍为凸函数。

性质 3：设 $f(X)$ 为定义在凸集 R 上的凸函数，则对任一实数 β，集合
$$S_\beta = \{X \mid X \in R, f(X) \leq \beta\}$$
是凸集（S_β 称为水平集）。

证明：任取 $X^{(1)} \in S_\beta$ 和 $X^{(2)} \in S_\beta$，则是 $f(X^{(1)}) \leq \beta$，$f(X^{(2)}) \leq \beta$。

由于 R 为凸集，故对任意实数 $a(0 < a < 1)$，$aX^{(1)} + (1-a)X^{(2)} \in R$，又因 $f(X)$ 为凸函数，故
$$f(aX^{(1)} + (1-a)X^{(2)}) \leq af(X^{(1)}) + (1-a)f(X^{(2)}) \leq \beta$$
这就表明点 $aX^{(1)} + (1-a)X^{(2)} \in S_\beta$，于是，$S_\beta$ 为凸集。

3. 函数凸性的判定

现在来研究怎样判断一个函数是凸函数，当然可以直接依据定义去判别。对于可微凸函数，也可利用下述两个判别定理。

定理 3：（一阶条件）

设 R 为 n 维欧式空间 E^n 上的开凸集，$f(X)$ 在 R 上具有一阶连续偏导数，则 $f(X)$ 为 R 上的凸函数的充要条件是，对任意两个不同点 $X^{(1)} \in R$ 和 $X^{(2)} \in R$，恒有
$$f(X^{(2)}) \geq f(X^{(1)}) + \nabla f(X^{(1)})^T (X^{(2)} - X^{(1)}) \tag{6-17}$$

证明：必要性：

设 $f(X)$ 为 R 上的凸函数，则对任何 $a(0 < a < 1)$ 有
$$f(aX^{(2)} + (1-a)X^{(1)}) \leq af(X^{(2)}) + (1-a)f(X^{(1)})$$
于是
$$\frac{f(X^{(1)} + a(X^{(2)} - X^{(1)})) - f(X^{(1)})}{a} \leq f(X^{(2)}) - f(X^{(1)})$$

$a \to +0$，上式左端的极限为
$$\nabla f(X^{(1)})^T (X^{(2)} - X^{(1)})$$
即
$$f(X^{(2)}) \geq f(X^{(1)}) + \nabla f(X^{(1)})^T (X^{(2)} - X^{(1)})$$

充分性：

任取 $X^{(1)} \in R$ 及 $X^{(2)} \in R$，现令
$$X = aX^{(1)} + (1-a)X^{(2)}, \quad 0 < a < 1$$
分别以 $X^{(1)}$ 和 $X^{(2)}$ 为式（6-17）中的 $X^{(2)}$，以 X 为式（6-17）中 $X^{(1)}$，则
$$f(X^{(1)}) \geq f(X) + \nabla f(X)^T (X^{(1)} - X)$$
$$f(X^{(2)}) \geq f(X) + \nabla f(X)^T (X^{(2)} - X)$$

用 a 乘上面的第一式，用 $(1-a)$ 乘上面的第二式，然后两端相加：

$$af(X^{(1)}) + (1-a)f(X^{(2)}) \geq f(X) - \nabla f(X)^T$$
$$\times [aX^{(1)} - aX + (1-a)(X^{(2)} - X)]$$
$$= f(X) = f(aX^{(1)} + (1-a)X^{(2)})$$

从而可知 $f(X)$ 为 R 上的凸函数。

若式（6-17）为严格不等式，它就是严格凸函数的充要条件。凸函数的定义式（6-15），本质上式说凸函数两点间的线性插值不低于这个函数的值；而定理3则是说，基于某点导数的线性近似不高于这个函数的值（见图6-3）。

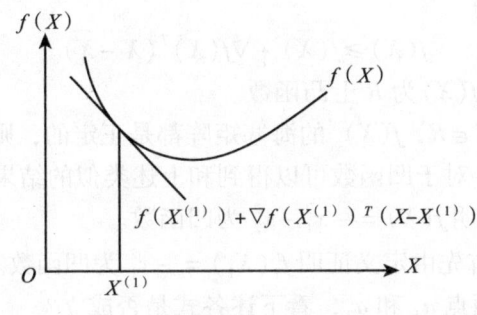

图 6-3

定理 4：（二阶条件）

设 R 为 n 维欧氏空间 E^n 上的某一凸集，$f(X)$ 在 R 上具有二阶连续偏导数，则 $f(X)$ 为 R 上的凸函数的充要条件是：$f(X)$ 的海塞矩阵 $H(X)$ 在 R 上处处半正定。

证明：必要性。

设 $f(X)$ 为 R 上的凸函数。任取 $X \in R$ 和 $Z \in E^n$，现证 $Z^T H(X) Z \geq 0$

因 R 为开集，故存在 $\bar{a} > 0$，使当 $\bar{a} \in [-\bar{a}, \bar{a}]$ 时，有 $X + aZ \in R$。由定理3可得

$$f(X + aZ) = f(X) + a\nabla f(X)^T Z + \frac{1}{2}a^2 Z^T H(X) Z + o(a^2)$$

其中 $\lim\limits_{a \to 0} \dfrac{o(a^2)}{a^2} = 0$

由以上两式得

$$\frac{1}{2}a^2 Z^T H(X) Z + o(a^2) \geq 0$$

从而

$$\frac{1}{2}Z^T H(X)Z + \frac{o(a^2)}{a^2} \geq 0$$

令 $a \to 0$，则得 $Z^T H(X)Z \geq 0$

即 $H(X)$ 为半正定矩阵。

充分性。设对任意 $X \in R$，$H(X)$ 为半正定矩阵，任取 $\overline{X} \in R$，由泰勒公式，有

$$f(X) = f(\overline{X}) + \nabla f(\overline{X})^T (X - \overline{X})$$
$$+ \frac{1}{2}(X - \overline{X})^T H[\overline{X} + \lambda(X - \overline{X})](X - \overline{X})$$

其中 $\lambda \in (0, 1)$。

因 R 为凸集，$\overline{X} + \lambda(X - \overline{X}) \in R$。再由假设知 $H[\overline{X} + \lambda(X - \overline{X})]$ 为半正定，从而

$$f(X) \geq f(\overline{X}) + \nabla f(\overline{X})^T (X - \overline{X})$$

由定理 3 $f(X)$ 为 R 上凸函数。

若对一切 $X \in R$，$f(X)$ 的海塞矩阵都是正定的，则 $f(X)$ 是 R 上的严格凸函数。对于凹函数可以得到和上述类似的结果。

例 3：试证明 $f(X) = -x_1^2 - x_2^2$ 为凹函数。

证：(1) 首先由定义证明 $f_1(X_1) = -x_1^2$ 为凹函数。

任意指定两点 a_1 和 a_2，看下述各式是否成立？

或 $\quad -[\alpha a_1 + (1-\alpha)a_2]^2 \geq \alpha(-a_1^2) + (1-\alpha)(-a_2^2)$
$$a_1^2(\alpha - \alpha^2) - 2a_1 a_2(\alpha - \alpha^2) + a_2^2(\alpha - \alpha^2) \geq 0$$

或 $(\alpha - \alpha^2)(a_1 - a_2)^2 \geq 0$ 成立，从而证明 $f_1(x_1) = -x_1^2$ 为凹函数。用同样的方法可以证明 $f_2(x_2) = -x_2^2$ 也是凹函数。

(2) 根据性质 2，$f(X) = -x_1^2 - x_2^2$ 为凹函数。

(3) 再用定理 3 证明。

任意选取第一点 $X^{(1)} = (a_1, b_1)^T$，第二点 $X^{(2)} = (a_2, b_2)^T$。如此，

$$f(X^{(1)}) = -a_1^2 - b_1^2 \quad f(X^{(2)}) = -a_2^2 - b_2^2$$
$$\nabla f(X) = (-2x_1, -2x_2)^T$$
$$\nabla f(X^{(1)}) = (-2a_1, -2b_1)^T$$

现看下述各式是否成立？

$$-a_2^2 - b_2^2 \leq -a_1^2 - b_1^2 + (-2a_1, -2b_1)\begin{pmatrix} a_2 - a_1 \\ b_2 - b_1 \end{pmatrix}$$

或
$$-a_2^2 - b_2^2 \leq -a_1^2 - b_1^2 - 2a_1(a_2 - a_1) - 2b_1(b_2 - b_1)$$

或 $\quad -(a_2^2 - 2a_1 a_2 + a_1^2) - (b_2^2 - 2b_1 b_2 + b_1^2) \leq 0$

或 $\quad -(a_2 - a_1)^2 - (b_2 - b_1)^2 \leq 0$

不管 a_1、a_2、b_1 和 b_2 取什么值，上式均成立，从而得证。

(4) 用定理4证明。

由于

$$\frac{\partial f(X)}{\partial x_1} = -2x_1 \qquad \frac{\partial f(X)}{\partial x_2} = -2x_2$$

$$\frac{\partial^2 f(X)}{\partial x_1^2} = -2 < 0 \qquad \frac{\partial^2 f(X)}{\partial x_2^2} = -2 < 0$$

$$\frac{\partial^2 f(X)}{\partial x_1 \partial x_2} = \frac{\partial^2 f(X)}{\partial x_2 \partial x_1} = 0$$

$$|H| = \begin{vmatrix} -2 & 0 \\ 0 & -2 \end{vmatrix} = 4 > 0$$

其海塞矩阵处处负定，故 $f(X)$ 为（严格）凹函数。

4. 凸函数的极值

前已指出，函数的局部极小值并不一定等于它的最小值，前者只不过反映了函数的局部性质。而最优化的目的，往往是要求函数在整个域中的最小值（最大值）。为此，必须将所得的全部极小值进行比较（有时尚需考虑边界值），以便从中选出最小者。然而对于定义在凸集上的凸函数来说，则用不着进行这种麻烦的工作，它的极小值就等于其最小值。

定理5：若 $f(X)$ 为定义在凸集 R 上的凸函数，则它的任一极小点就是它在 R 上的最小点（全局极小点），而且它的极小点形成一个凸集。

证明：设 X^* 是一个局部极小点，则对于充分小的领域 $N_\delta(X^*)$ 中的一切 X，均有

$$f(X) \geqslant f(X^*)$$

令 Y 是 R 中的任一点，对于充分小的 λ，$0 < \lambda < 1$，就有

$$((1-\lambda)X^* + \lambda Y) \in N_\delta(X^*)$$

从而

$$f((1-\lambda)X^* + \lambda Y) \geqslant f(X^*)$$

由于 $f(X)$ 为凸函数，故

$$((1-\lambda)f(X^*) + \lambda f(Y) \geqslant f((1-\lambda)X^* + \lambda Y)$$

将上述两个不等式相加，移项后除以 λ，得到

$$f(Y) \geqslant f(X^*)$$

这就是说，X^* 是全局极小点。

由性质3，所有极小点的集合形成一个凸集。

定理6：设 $f(X)$ 是定义在凸集 R 上的可微凸函数，若存在点 $X \in R$，使得对于所有的 $X \in R$ 有

$$\nabla f(X^*)^T(X - X^*) \geq 0 \qquad (6-18)$$

则 X^* 是 $f(X)$ 在 R 上的最小点（全局极小点）。

证明：由定理 3

$$f(X) \geq f(X^*) + \nabla f(X^*)^T(X - X^*)$$

如此，对所有 $X \in R$ 有

$$f(X) \geq f(X^*)$$

一种极为重要的情形是，当点 X^* 是 R 的内点时，这时式（6-18）对任意 $(X - X^*)$ 都成立，这就意味着可将式（6-18）改为 $\nabla f(X^*) = 0$。

以上两个定理说明，定在凸集上的凸函数的平稳点，就是其全局极小点。全局极小点并不一定是唯一的，但若为严格凸函数，则其全局极小点就是唯一的了。

6.1.4 凸规划

现在再回到非线性规划式（6-1）、式（6-2）和式（6-3）。和线性规划类似，把满足约束条件式（6-2）和式（6-3）的点称作可行点（可行解），所有可行点的集合称作可行域。若其各可行解使目标函数式（6-1）为最小，就称它为最优解。

考虑非线性规划

$$\begin{cases} \min_{X \in R} f(X) \\ R = \{X \mid g_j(X) \geq 0,\ j = 1, 2, \cdots, l\} \end{cases}$$

假定其中 $f(X)$ 为凸函数，$g_i(X)\,(j = 1, 2, \cdots, l)$ 为凹函数（或者说 $-g_i(X)$ 为凸函数），这样的非线性规划称为凸规划，可证明，上述凸规划的可行域为凸集，其局部最优解即为全局最优解，而且其最优解的集合形成一个凸集。当凸规划的目标函数 $f(X)$ 为严格凸函数时，其最优解必定唯一（假定最优解存在）。由此可见，凸规划是一类比较简单而又具有重要理论意义的非线性规划。

由于线性函数既可视为凸函数，又可视为凹函数，故线性规划也属于凸规划。

例 4：试分析非线性规划

$$\begin{cases} \min f(X) = x_1^2 + x_2^2 - 4x_1 + 4 \\ g_1(X) = x_1 - x_2 + 2 \geq 0 \\ g_2(X) = -x_1^2 + x_2 - 1 \geq 0 \\ x_1, x_2 \geq 0 \end{cases}$$

解：$f(X)$ 和 $g_2(X)$ 的海塞矩阵的行列式分别是

$$|H| = \begin{vmatrix} \dfrac{\partial^2 f(X)}{\partial x_1^2} & \dfrac{\partial^2 f(X)}{\partial x_1 \partial x_2} \\ \dfrac{\partial^2 f(X)}{\partial x_2 \partial x_1} & \dfrac{\partial^2 f(X)}{\partial x_2^2} \end{vmatrix} = \begin{vmatrix} 2 & 0 \\ 0 & 2 \end{vmatrix} = 4 > 0$$

$$|g_2| = \begin{vmatrix} \dfrac{\partial^2 g_2(X)}{\partial x_1^2} & \dfrac{\partial^2 g_2(X)}{\partial x_1 \partial x_2} \\ \dfrac{\partial^2 g_2(X)}{\partial x_2 \partial x_1} & \dfrac{\partial^2 g_2(X)}{\partial x_2^2} \end{vmatrix} = \begin{vmatrix} -2 & 0 \\ 0 & 0 \end{vmatrix} = 0$$

知 $f(X)$ 为严格凸函数，$g_2(X)$ 为凹函数。由于其他约束条件均为线性函数，所以这是一个凸规划问题（见图 6-4）。c 点为其最优点：$X^* = (0.58, 1.34)^T$，目标函数的最优值为 $f(X^*) = 3.8$。

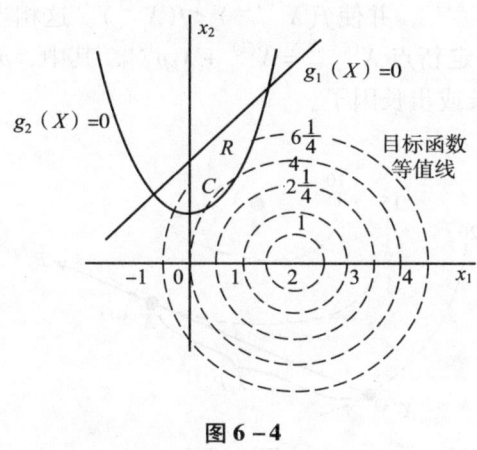

图 6-4

6.1.5 下降迭代算法

为了求某可微函数（假定无约束）的最优解，根据前面的叙述，可如下进行：令该函数的梯度等于零，由此求得平稳点；然后用充分条件进行判别，求出所要的解。对某些较简单的函数，这样做有时是可行的；但对一般 n 元函数 $f(X)$ 来说，由条件 $\nabla f(X) = 0$ 得到的常是一个非线性方程组，解它相当困难。对于不可微函数，当然谈不上使用这样的方法。为此，常直接使用迭代法。

迭代法的基本思想是：为了求函数 $f(X)$ 的最优解，首先给定一个初始估计 $X^{(0)}$，然后按某种规划（即算法）找出比 $X^{(0)}$ 更好的解 $X^{(1)}$（对极小化问题，$f(X^{(1)}) < f(X^{(0)})$；对极大化问题，$f(X^{(1)}) > f(X^{(0)})$），再按此种规划找出比 $X^{(1)}$ 更好的解 $X^{(2)}$……如此即可得到一个解的序列 $\{X^{(k)}\}$。若这个解序列有极限 X^*，即

$$\lim_{k\to\infty}\|X^{(k)}-X^*\|=0$$

则称它为收敛于 X^*。

若这算法是有效的，那么它所产生的解的序列将收敛于该问题的最优解。不过，由于计算机只能进行有限次迭代，一般说很难得到准确解，而只能得到近似解。当满足所要求的精度时，即可停止迭代。

若由某算法所产生的解的序列 $\{X^{(k)}\}$ 使目标函数 $f(X^{(k)})$ 逐步减少，就称这算法为下降算法。"下降"的要求比较容易实现，它包含了很多种具体算法。显然，求解极小化问题应采用下降算法。

现假定已迭代到点 $X^{(k)}$（见图 6-5），若从 $X^{(k)}$ 出发沿任何方向移动都不能使目标函数值下降，则 $X^{(k)}$ 是一局部极小点，迭代停止。若从 $X^{(k)}$ 出发至少存在一个方向可使目标函数值有所降，则可选定能使目标函数值下降的某方向 $p^{(k)}$，沿这个方向迈进适当的一步，得到下一个迭代点 $X^{(k+1)}$，并使 $f(X^{(k+1)})<f(X^{(k)})$。这相当于再射线 $X=X^{(k)}+\lambda p^{(k)}$ 上选定新点 $X^{(k+1)}=X^{(k)}+\lambda_k p^{(k)}$，其中，$p^{(k)}$ 称为搜索方向；λ_k 称为步长或步长因子。

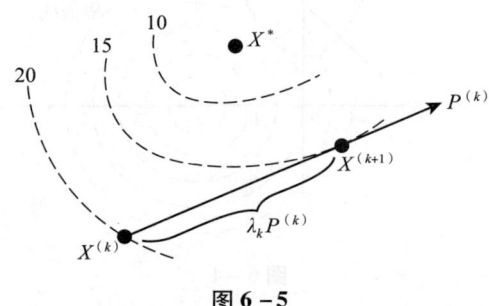

图 6-5

下降迭代算法的步骤可总结如下：

（1）选定某一初始点 $X^{(0)}$，并令 $k=0$；

（2）确定搜索方向 $p^{(k)}$；

（3）从 $X^{(k)}$ 出发，沿方向 $p^{(k)}$ 求步长 λ_k，以产生下一个迭代点 $X^{(k+1)}$；

（4）检查得到的新点 $X^{(k+1)}$ 是否为极小点或近似极小点。若是，则停止迭代。否则，令 $k=k+1$，转回（2）继续迭代。

在以上步骤中，选取搜索方向 $p^{(k)}$ 是最关键的一步，各种算法的区分，主要在于确定搜索方向的方法不同。

确定步长 λ_k 可选用不同的方法。最简单的一种是令它等于某一常数（例如令 $\lambda_k=1$），这样做计算简便，但不能保证使目标函数值下降。第二种称为可接受点算法，只要能使目标函数值下降可任意选取步长 λ_k。第三种方法是基于沿搜索方向使目标函数值下降最多，

即沿射线 $X = X^{(k)} + \lambda p^{(k)}$ 求目标函数 $f(X)$ 的极小：
$$\lambda_k: \min f(X^{(k)} + \lambda p^{(k)}) \qquad (6-19)$$

由于这项工作是求以 λ 为变量的一元函数 $f(X^{(k)} + \lambda p^{(k)})$ 的极小点 λ_k，故常称这一过程为（最优）一维搜索或线搜索，这样确定的步长为最佳步长。

一维搜索有个十分重要的性质：在搜索方向上所得最优点处的梯度和该搜索方向正交。

定理 7：设目标函数 $f(X)$ 具有一阶连续偏导数，$X^{(k+1)}$ 按下述规则产生

$$\begin{cases} \lambda_k: \min f(X^{(k)} + \lambda p^{(k)}) \\ X^{(k+1)} = X^{(K)} + \lambda_k p^{(k)} \end{cases}$$

则有
$$\nabla f(X^{(k+1)})^T p^{(k)} = 0 \qquad (6-20)$$

证明：构造函数 $\varphi(\lambda) = f(X^{(k)} + \lambda p^{(k)})$，则得

$$\begin{cases} \varphi(\lambda_k) = \min_\lambda \phi(\lambda) \\ X^{(k+1)} = X^{(k)} + \lambda_k p^{(k)} \end{cases}$$

即 λ_k 为 $\varphi(\lambda)$ 的极小点。此外 $\varphi'(\lambda) = \nabla f(X^{(k)} + \lambda_k p^{(k)})^T p^{(k)}$ 由 $\varphi'(\lambda)\big|_{\lambda = \lambda_k} = 0$，可得

$$\nabla f(X^{(k)} + \lambda_k p^{(k)})^T p^{(k)} = \nabla f(X^{(k+1)})^T p^{(k)} = 0$$

式（6-20）的几何意义见图 6-6。

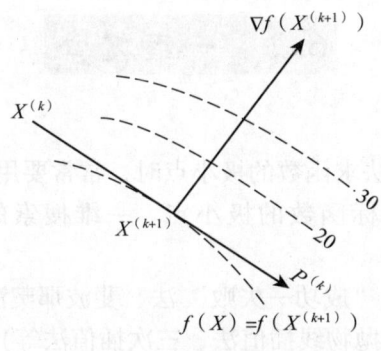

图 6-6

对一个好的算法，不仅要求它产生的点列能收敛到问题的最优解，还要求具有较快的收敛速度。设序列 $\{X^{(k)}\}$ 收敛于 X^*，若存在与迭代次数 k 无关的数 $0 < \beta < \infty$ 和 $\alpha \geq 1$，使 k 从某个 $k_0 > 0$ 开始都有

$$\|X^{(k+1)} - X^*\| \leq \beta \|X^{(k)} - X^*\|^\alpha \qquad (6-21)$$

成立，就称 $\{X^{(k)}\}$ 收敛的阶为 α，或 $\{X^{(k)}\}$ α 阶收敛。

当 $\alpha = 2$ 时,称为二阶收敛,也可说 $\{X^{(k)}\}$ 具有二阶敛速。

当 $1 < \alpha < 2$ 时,称超线性收敛。

当 $\alpha = 1$,且 $0 < \beta < 1$ 时,称线性收敛或一阶收敛。

一般来讲,线性收敛的敛速是比较慢的,二阶收敛是很快的,超级性收敛介于两者之间。若一个算法具有超线性或更高的收敛速度,就认为它是一个很好的算法。

因为真正的最优解事先并不知道,为决定什么时候停止计算,只能根据相继两次迭代的结果。常用的终止计算准则有以下几种:

(1) 根据相继两次迭代的绝对误差。

$$\|X^{(k+1)} - X^{(k)}\| < \varepsilon_1 \qquad (6-22)$$

$$|f(x^{(k+1)}) - f(X^{(k)})| < \varepsilon_2 \qquad (6-23)$$

(2) 根据相继两次迭代的相对误差。

$$\frac{\|X^{(k+1)} - X^{(k)}\|}{\|X^{(k)}\|} < \varepsilon_3 \qquad (6-24)$$

$$\frac{|f(x^{(k+1)}) - f(X^{(k)})|}{|f(X^{(k)})|} < \varepsilon_4 \qquad (6-25)$$

这时要求分母不接近于零。

(3) 根据目标函数梯度的模足够小。

$$\|\nabla f(X^{(k)})\| < \varepsilon_5 \qquad (6-26)$$

其中 ε_1,ε_2,ε_3,ε_4,ε_5 为事先给定的足够小的正数。

6.2 一维搜索

当用上述迭代法求函数的极小点时,常常要用到一维搜索,即沿某一已知方向求目标函数的极小点。一维搜索的方法很多,常用的有:

(1) 试探法("成功—失败"法、斐波那契法、0.618 法等);
(2) 插值法(抛物线插值法、三次插值法等);
(3) 微积分中的求根法(切线法、三次插值法等)。

限于篇幅,以下仅介绍斐波那契法和 0.168 法。

6.2.1 斐波那契(Fibonacci)法(分数法)

设 $y = f(t)$ 是区间 $[a, b]$ 上的下单峰函数(见图 6-7),在此区间内它有唯一极小点 t^*。若在此区间内任取两点 a_1 和 b_1,$a_1 < b_1$,并计算函数值 $f(a_1)$ 和 $f(b_1)$,可能出现以下两种情形:

(1) $f(a_1) < f(b_1)$（见图 6-7（a）），这时极小点 t^* 必在区间 $[a, b_1]$ 内。

(2) $f(a_1) \geq f(b_1)$（见图 6-7（b）），这时极小点 t^* 必在区间 $[a_1, b]$ 内。

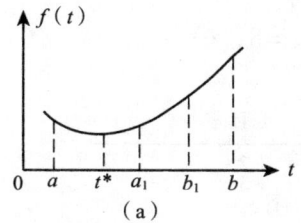 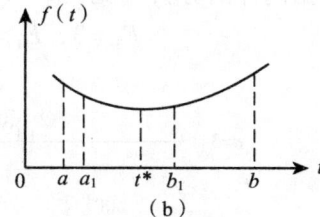

图 6-7

这说明，只要在区间 $[a, b]$ 内取两个不同点，并算出它们的函数值加以比较，就可以把搜索区间 $[a, b]$ 缩小成 $[a, b_1]$ 或 $[a_1, b]$（缩小后的区间仍需要包含极小点）。现在，如果要继续缩小搜索区间 $[a, b_1]$ 或 $[a_1, b]$，就只需在上述区内再取一点算出其函数值，并与 $f(a_1)$ 或 $f(b_1)$ 加以比较即可。只要缩小后的区间包含极小点 t^*，则区间缩小得越小，就越接近于函数的极小点，但计算函数值的次数也就越多。这就说明区间的缩短率和函数值的计算次数有关。现在要问，计算函数值 n 次能把原来多大的区间缩小成长度为一个单位的区间呢？

如果用 F_n 表示计算 n 个函数值能缩短为单位区间的最大原区间长度，显然 $F_0 = F_1 = 1$。其原因是，当原区间长度本来就是一个单位长度时才不必计算函数值；此外，只计算一次函数值无法将区间缩短，故只有区间长度本来就是单位区间时才行。

现考虑计算函数值两次的情形，今后我们把计算函数值的点称作试算点或试点。

在区间 $[a, b]$ 内取两个不同点 a_1 和 b_1（见图 6-8（a）），计算其函数值以缩短区间，缩短后的区间为 $[a, b_1]$ 或 $[a_1, b]$。显然，这两个区间长度之和必大于 $[a, b]$ 长度，也就是说，计算两次函数值一般无法把长度大于两个单位的区间缩成单位区间。但是，对于长度为两个单位的区间，可以如图 6-8（b）那样选取试点 a_1 和 b_1，图中 ε 为任意小的正数，缩短后的区间长度为 $1 + \varepsilon$。由于 ε 可任意选取，故缩短后的区间长度接近于一个单位长度。由此可得 $F_2 = 2$。

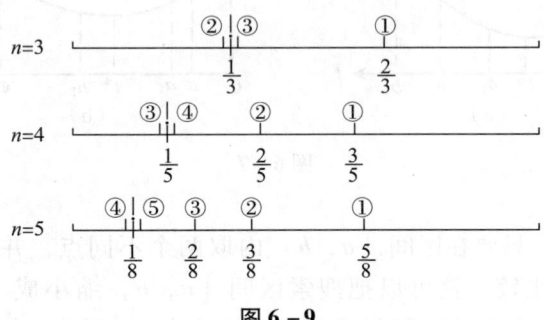

图 6-8

根据同样的分析（见图 6-9）可得

$$F_3 = 3, \quad F_4 = 5, \quad F_5 = 8, \cdots$$

图 6-9

序列 $\{F_n\}$ 可写成一个递推公式：

$$F_n = F_{n-1} + F_{n-2} \qquad n \geq 2 \qquad (6-27)$$

利用公式（6-27），可依次算出各 F_n 的值，见表 6-1。这些 F 就是通常所说的斐波那契数。

表 6-1

n	0	1	2	3	4	5	6	7	8	9	10	11	12
F_n	1	1	2	3	5	8	13	21	34	55	89	144	233

由以上讨论可知，计算 n 次函数值所能获得的最大缩短率（缩短后的区间长度与原区间长度之比）为 $\dfrac{1}{F_n}$。例如 $F_{20} = 10\,946$，所以计算 20 个函数值即可把原长度为 L 的区间缩短为 $\dfrac{L}{10\,946} = 0.00009L$ 的区间。现在，要想计算 n 个函数值，而把区间 $[a_0, b_0]$ 的长度缩短为原来长度的 δ 倍，即缩短后的区间长度为 $b_{n-1} - a_{n-1} \leq (b_0 - a_0)\delta$。则只要 n 足够大，能使下式成立即可：

$$F_n \geq \dfrac{1}{\delta} \qquad (6-28)$$

式中 δ 为一个正小数，称为区间缩短的相对精度。有时给出区间缩短的绝对精度 η，要求

$$b_{n-1} - a_{n-1} \leq \eta \qquad (6-29)$$

显然，上述相对精度和绝对精度之间有如下关系：

$$\eta = (b_0 - a_0)\delta \qquad (6-30)$$

用这个方法缩短区间的步骤如下：

(1) 确定试点的个数 n。根据相对精度 δ，即可用式（6-28）算出 F_n，然后由表 6-1 确定最小的 n。

(2) 选取前两个试点的位置。由式（6-27）可知第一次缩短时的两个试点位置分别是（见图 6-10）：

$$\begin{cases} t_1 = a_0 + \dfrac{F_{n-2}}{F_n}(b_0 - a_0) \\ \quad = b_0 + \dfrac{F_{n-1}}{F_n}(a_0 - b_0) \\ t_1' = a_0 + \dfrac{F_{n-1}}{F_n}(b_0 - a_0) \end{cases} \qquad (6-31)$$

它们在区间内的位置是对称的。

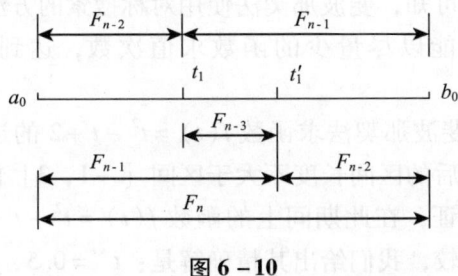

图 6-10

(3) 计算函数值 $f(t_1)$ 和 $f(t_1')$，并比较它们的大小。若 $f(t_1) < f(t_1')$，则取

$$a_1 = a_0 \quad b_1 = t_1' \quad t_2' = t_1$$

并令

$$t_2 = b_1 + \dfrac{F_{n-2}}{F_{n-1}}(a_1 - b_1)$$

否则，取

$$a_1 = t_1 \quad b_1 = b_0 \quad t_2 = t_1'$$

并令

$$t_2' = a_1 + \dfrac{F_{n-2}}{F_{n-1}}(b_1 - a_1)$$

(4) 计算 $f(t_2)$ 或 $f(t_2')$（其中的一个已经算出），如（3）那样一步步迭代。计算试点的一般公式为：

$$\begin{cases} t_k = b_{k-1} + \dfrac{F_{n-k}}{F_{n-k+1}}(a_{k-1} - b_{k-1}) \\ t'_k = a_{k-1} + \dfrac{F_{n-k}}{F_{n-k+1}}(b_{k-1} - a_{k-1}) \end{cases} \quad (6-32)$$

其中 $k = 1, 2, \cdots, n-1$。

(5) 当进行至 $k = n-1$ 时,$t_{n-1} = t'_{n-1} = \dfrac{1}{2}(a_{n-2} + b_{n-2})$,这就无法借比较函数值 $f(t_{n-1})$ 和 $f(t'_{n-1})$ 的大小以确定最终区间,为此,取

$$\begin{cases} t_{n-1} = \dfrac{1}{2}(a_{n-2} - b_{n-2}) \\ t'_{n-1} = a_{n-2} + \left(\dfrac{1}{2} + \varepsilon\right)(b_{n-2} - a_{n-2}) \end{cases} \quad (6-33)$$

其中 ε 为任意小的数。在 t_{n-1} 和 t'_{n-1} 这两点中,以函数值较小者为近似极小点,相应的函数值为近似极小值,并的最终区间 $[a_{n-2}, t'_{n-1}]$ 或 $[t_{n-1}, b_{n-2}]$。

由上述分析可知,斐波那契法使用对称搜索的方法,逐步缩短所考察的区间,它能以尽量少的函数求值次数,达到预定的某一缩短率。

例5:试用斐波那契法求函数 $f(t) = t^2 - t + 2$ 的近似极小点和极小值,要求缩短后的区间长度不大于区间 $[-1, 3]$ 的 0.08 倍。

解:容易验证,在此期间上的函数 $f(t) = t^2 - t + 2$ 为严格凸函数。为了进行比较,我们给出其精确解是:$t^* = 0.5$,$f(t^*) = 1.75$。

已知 $\delta = 0.08$,$F_n \geq \dfrac{1}{\delta} = \dfrac{1}{0.08} = 12.5$

查表 6-1,$n = 6$,$a_0 = -1$,$b_0 = 3$

$$\begin{cases} t_1 = b_0 + \dfrac{F_5}{F_6}(a_0 - b_0) = 3 + \dfrac{8}{13} \times (-1 - 3) = 0.538 \\ t'_1 = a_0 + \dfrac{F_5}{F_6}(b_0 - a_0) = -1 + \dfrac{8}{13} \times [3 - (-1)] = 1.462 \end{cases}$$

$$f(t_1) = 0.538^2 - 0.538 + 2 = 1.751$$

$$f(t'_1) = 1.462^2 - 1.462 + 2 = 2.675$$

由于 $f(t_1) < f(t'_1)$,故取 $a_1 = -1$,$b_1 = 1.462$,$t'_2 = 0.538$

$$t_2 = b_1 + \dfrac{F_4}{F_5}(a_1 - b_1) = 1.462 + \dfrac{5}{8} \times (-1 - 1.462) = -0.077$$

$$f(t_2) = (-0.077)^2 - (-0.077) + 2 = 2.083$$

由于 $f(t_2) > f(t'_2) = 1.751$,故取 $a_2 = -0.077$,$b_2 = 1.462$,$t'_3 = 0.538$

$$t'_3 = a_2 + \frac{F_3}{F_4}(b_2 - a_2) = -0.077 + \frac{3}{5} \times (1.462 + 0.077) = 0.846$$

$$f(t'_3) = 0.846^2 - 0.846 + 2 = 1.870$$

由于 $f(t_3) < f(t'_3) = 1.751$，故取 $a_3 = -0.077$，$b_3 = 0.846$，$t'_4 = 0.538$

$$t_4 = b_3 + \frac{F_2}{F_3}(a_3 - b_3) = 0.846 + \frac{2}{3} \times (-0.077 - 0.846) = 0.231$$

$$f(t_4) = 0.231^2 - 0.231 + 2 = 1.822$$

由于 $f(t_4) > f(t'_4) = 1.751$，故取 $a_4 = 0.231$，$b_4 = 0.846$，$t_5 = 0.538$ 现令 $\varepsilon = 0.01$，则

$$t'_5 = a_4 + \left(\frac{1}{2} + \varepsilon\right)(b_4 - a_4)$$

$$= 0.231 + (0.5 + 0.01) \times (0.846 - 0.231) = 0.545$$

$$f(t'_5) = 0.545^2 - 0.545 + 2 = 1.752 > f(t_5) = 1.751$$

故取 $a_5 = 0.231$，$b_5 = 0.545$。由于 $f(t_5) = 1.751 < f(t'_5) = 1.752$，所以以 t_5 为近似极小点，近似极小值为 1.751。

缩短后的区间长度为 $0.545 - 0.231 = 0.314$，$0.314/4 = 0.0785 < 0.08$，其整个计算过程如图 6 – 11 所示。

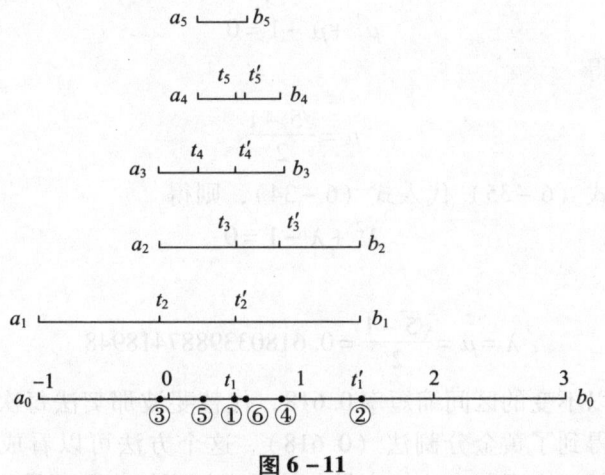

图 6 – 11

6.2.2 0.618 法（黄金分割法）

由上节的论述可知，当用斐波那契法以 n 个试点来缩短某一区间时，区间长度的第一次缩短率为 $\frac{F_{n-1}}{F_n}$，其后各次分别为

$$\frac{F_{n-2}}{F_{n-1}}, \frac{F_{n-3}}{F_{n-2}}, \cdots, \frac{F_1}{F_2}$$

现将以上数列分为奇数项 $\frac{F_{2k-1}}{F_{2k}}$ 和偶数项 $\frac{F_{2k}}{F_{2k+1}}$，可以证明，这两个数列收敛于同一个极限。

设当 $k \to \infty$ 时

$$\frac{F_{2k-1}}{F_{2k}} \to \lambda \qquad \frac{F_{2k}}{F_{2k+1}} \to \mu$$

由于

$$\frac{F_{2k-1}}{F_{2k}} = \frac{F_{2k-1}}{F_{2k-1} + F_{2k-2}} = \frac{1}{1 + \frac{F_{2k-2}}{F_{2k-1}}}$$

故当 $k \to \infty$ 时

$$\lim_{k \to \infty} \frac{F_{2k-1}}{F_{2k}} = \frac{1}{1+\mu} = \lambda \qquad (6-34)$$

同理可证

$$\mu = \frac{1}{1+\lambda} \qquad (6-35)$$

将式 (6-34) 代入式 (6-35) 得

$$\mu = \frac{1+\mu}{2+\mu}$$

即

$$\mu^2 + \mu - 1 = 0$$

从可得

$$\mu = \frac{\sqrt{5}-1}{2}$$

若把式 (6-35) 代入式 (6-34)，则得

$$\lambda^2 + \lambda - 1 = 0$$

故有

$$\lambda = \mu = \frac{\sqrt{5}-1}{2} = 0.6180339887418948 \qquad (6-36)$$

现在以不变的区间缩短率 0.618，代替斐波那契法每次不同的缩短率，就得到了黄金分割法（0.618）。这个方法可以看成是斐波那契法的近似，实现起来比较容易，效果也相当好，因而易于为人们所接受。

当用 0.618 方法时，计算 n 个试点的函数值可以把原区间 $[a_0, b_0]$ 连续缩短 $n-1$ 次，因为每次的缩短率均为 μ，故最后的区间长度为

$$(b_0 - a_0)\mu^{n-1}$$

这就是说，当已知缩短的相对精度为 δ 时，可用下式计算试点个数 n：

$$\mu^{n-1} \leq \delta \qquad (6-37)$$

当然，也可以不预先计算试点的数目 n，而在计算过程中逐次加以判断，看是否已满足了提出的精度要求。

0.618 法是一种等速对称进行试探的方法，每次的试点均取在区间长度的 0.618 倍和 0.328 倍处。

6.3 无约束极值问题的解法

本节研究无约束极值问题的解法，这种问题可表述为

$$\min f(X), \quad X \in E^n \qquad (6-38)$$

前面曾指出，在求解上述问题时常使用迭代法，迭代法可大体分为两大类。一类要用到函数的一阶导数和（或）二阶导数，由于用到了函数的解析性质，故称为解析法；另一类在迭代过程中仅用到函数值，而不要求函数的解析性质，这类方法称直接法。一般来说，直接法的收敛速度较慢，只是在变量较少时少适用。但是直接法的迭代步骤简单，特别是当目标函数的解析表达式十分复杂，甚至写不出具体表达式时，它们的导数很难求得，或者根本不存在，这时解析法就无能为力了。

本节仅介绍几种常用的基本方法，其中前三种属解析法，后面一种属值直接法。

6.3.1 梯度法（最速下降法）

在求解无约束极值问题的解析法中，梯度法是最为古老但又十分基本的一种数值方法。它的迭代过程简单，使用方便，而且又是理解某些其他最优化方法的基础，所以我们先来说明这一方法。

1. 梯度法的基本原理

假定无约束极值问题式（6-38）中的目标函数 $f(x)$ 有一阶连续偏导数，具有极小点 X^*。以 $X^{(k)}$ 表示极小点的第 k 次近似，为了求其第 $k+1$ 次近似点 $X^{(k+1)}$，我们在 X^k 点沿向 $p^{(k)}$ 做射线

$$X = X^{(k)} + \lambda P^{(k)} \quad (\lambda \geq 0)$$

现将 $f(x)$ 在 $X^{(k)}$ 点处展成泰勒级数

$$f(x) = f(X^{(k)} + \lambda P^{(k)})$$
$$= f(x^{(k)}) + \lambda \nabla f(X^{(k)})^T p^{(k)} + o(\lambda)$$

其中
$$\lim_{\lambda \to 0} \frac{o(\lambda)}{\lambda} = 0$$

对于充分小的 λ，只要
$$\nabla f(x^{(k)})^T P^{(k)} < 0 \qquad (6-39)$$

即可保证 $f((x^{(k)}) + \lambda P^{(k)}) < f(x^{(k)})$。这时若取
$$X^{(k+1)} = X^{(k)} + \lambda P^{(k)}$$

就能使目标函数值到改善。

现考查不同的方向 $P^{(k)}$。假定 $P^{(k)}$ 的模一定（且不为零），并设 $\nabla f(x^{(k)}) \neq 0$（否则，$x^{(k)}$ 是平稳点），使式（6-39）成立的 $P^{(K)}$ 有无限多个。为了使目标函数值能得到尽量大的改善，必须寻求 $\nabla f(x^{(k)})^T P^{(k)}$ 取最小值的 $P^{(k)}$。由线性代数知道
$$\nabla f(x^{(k)})^T P^{(k)} = \|\nabla f(x^{(k)})\| \cdot \|P^{(k)}\| \cos\theta \qquad (6-40)$$

式中 θ 为向量 $\nabla f(x^{(k)})$ 与 $P^{(k)}$ 的夹角，当 $P^{(k)}$ 与 $\nabla f(x^{(k)})$ 反向时，$\theta = 180°$，$\cos\theta = -1$，这时式（6-39）成立，而且其左端取最小值。我们称方向
$$P^{(k)} = -\nabla f(X^{(k)})$$

为负梯度方向，它是使函数值下降最快的方向（在 $X^{(k)}$ 的某一小范围内）。

为了得到下一个近似极小点，在选定了搜索方向之后，还要确定步长 λ，当采用可接受点算法时，就是取 $-\lambda$ 进行试算，看是否满足不等式
$$f(x^{(k)} - \lambda \nabla f(X^{(k)})) < f(x^{(k)}) \qquad (6-41)$$

若上述不等式成立，就可以迭代下去。否则，缩小 λ 使满足不等式（6-41）。由于采用负梯度方向，满足式（6-41）的 λ 总式存在的。

另一种方法是通过在负梯度方向的一维搜索来确定使 $f(x)$，最小的 λ_k，这种梯度法就是所谓最速下降法。

2. 计算步骤

现将用梯度法解无约束极值问题的步骤简要总结如下：

（1）给定初始近似点 $X^{(0)}$ 及精度 $\varepsilon > 0$，若 $\|\nabla f(X^{(0)})\|^2 \leq \varepsilon$，则 $X^{(0)}$ 即为近似极小点。

（2）若 $\|\nabla f(X^{(0)})\|^2 > \varepsilon$，求步长 λ_0，并计算
$$X^{(1)} = X^{(0)} - \lambda_0 \nabla f(X^{(0)})$$

求步长可用一维搜索法、微分法或试算法。若求最佳步长，则应使用前面两种方法。

（3）一般地，设已迭代到点 $X^{(k)}$，若 $\|\nabla f(X^{(k)})\|^2 \leq \varepsilon$，则 $X^{(k)}$ 即为所求的近似解；若 $\|\nabla f(X^{(k)})\|^2 \leq \varepsilon$，则求步长 λ_k，并确定下一个

近似点
$$X^{(k+1)} = X^{(k)} - \lambda_k \nabla f(X^{(k)}) \quad (6-42)$$

如此继续，直至到达要求的精度为止。

若 $f(X)$ 具有二阶连续偏导数，在 $X^{(k)}$ 作 $f(X^{(k)} - \lambda \nabla f(X^{(k)}))$ 的泰勒展开：

$$f(X^{(k)} - \lambda \nabla f(X^{(k)})) \approx f(X^{(k)}) - \nabla f(X^{(k)})^T \lambda \nabla f(X^{(k)}) + \frac{1}{2}\lambda \nabla f(X^{(k)})^T H(X^{(k)}) \lambda \nabla f(X^{(k)})$$

对 λ 求导并令其等于零，则得近似最佳步长

$$\lambda_k = \frac{\nabla f(X^{(k)})^T \nabla f(X^{(k)})}{\nabla f(X^{(k)})^T H(X^{(K)}) \nabla f(X^{(k)})} \quad (6-43)$$

可见近似最佳步长不只与梯度有关，而且与海塞矩阵 H 也有关系，计算起来比较麻烦。

确定步长 λ_k 也可不用式（6-43），而采用任一种一维搜索法（例如 0.168 法等）。

有时，将搜索方向 $p^{(k)}$ 的模规格化为 1，在这种情况下

$$p^{(k)} = \frac{-\nabla f(X^{(k)})}{\|\nabla f(X^{(k)})\|} \quad (6-44)$$

式（6-43）变为

$$\lambda_k = \frac{\nabla f(X^{(k)})^T \nabla f(X^{(k)}) \|\nabla f(X^{(k)})\|}{\nabla f(X^{(k)})^T H(X^{(K)}) \nabla f(X^{(k)})} \quad (6-45)$$

例 6：试用梯度法求 $f(X) = (x_1 - 1)^2 + (x_2 - 1)^2$ 的极小点，已知 $\varepsilon = 0.1$。

解：取初始点 $X^{(0)} = (0, 0)^T$

$$\nabla f(X) = [2(x_1 - 1), 2(x_2 - 1)]^T$$

$$\nabla f(X^{(0)}) = (-2, -2)^T$$

$$\|\nabla f(X^{(k)})\|^2 = (\sqrt{(-2)^2 + (-2)^2})^2 = 8 > \varepsilon$$

$$H(X) = \begin{pmatrix} 2 & 0 \\ 0 & 2 \end{pmatrix}$$

由式（6-43）

$$\lambda_0 = \frac{\nabla f(X^{(0)})^T \nabla f(X^{(0)})}{\nabla f(X^{(0)})^T H(X^{(0)}) \nabla f(X^{(0)})}$$

$$= \frac{(-2, -2)\begin{pmatrix} -2 \\ -2 \end{pmatrix}}{(-2, -2)\begin{pmatrix} 2 & 0 \\ 0 & 2 \end{pmatrix}\begin{pmatrix} -2 \\ -2 \end{pmatrix}} = \frac{8}{16} = \frac{1}{2}$$

$$X^{(1)} = X^{(0)} - \lambda_0 \nabla f(X^{(0)}) = \begin{pmatrix} 0 \\ 0 \end{pmatrix} - \frac{1}{2}\begin{pmatrix} -2 \\ -2 \end{pmatrix} = \begin{pmatrix} 1 \\ 1 \end{pmatrix}$$

$$\nabla f(X^{(1)}) = [2(1-1), 2(1-1)]^T = (0, 0)^T$$

故 $X^{(1)}$ 即为极小点。

注意，计算步长 λ_0 时也可不用海塞矩阵。由于

$$X^{(1)} = X^{(0)} - \lambda \nabla f(X^{(0)}) = \begin{pmatrix} 0 \\ 0 \end{pmatrix} - \lambda \begin{pmatrix} -2 \\ -2 \end{pmatrix} = \begin{pmatrix} 2\lambda \\ 2\lambda \end{pmatrix}$$

代入目标函数可得

$$f(X^{(1)}) = (2\lambda - 1)^2 + (2\lambda - 1)^2 = 2(2\lambda - 1)^2$$

令

$$df(X^{(1)}) \backslash d\lambda = 0$$

即得所求步长 $\lambda_0 = 1/2$

由这个例子可知，对于目标函数的等值线为圆的问题来说，不管初始点位置取在哪里，负梯度方向总时直指圆心，而圆心即为极值点。这样，只要一次迭代即可达到最优解。

例 7：试求 $f(X) = x_1^2 + 25x_2^2$ 的极小点。

解：取初始点 $X^{(0)} = (2, 2)^T$，$f(X^{(0)}) = 104$。本例使用规格化搜索方向法。

现先取用固定步长 $\lambda = 1$，其迭代过程如表 6-2 所示。

表 6-2

步骤	点	x_1	x_2	$\dfrac{\partial f(X^{(k)})}{\partial x_1}$	$\dfrac{\partial f(X^{(k)})}{\partial x_2}$	$\|\nabla f(X^{(k)})\|$
0	$X^{(0)}$	2	2	4	100	~100
1	$X^{(1)}$	1.96	1.00	3.92	50	50.1
2	$X^{(2)}$	1.88	0	3.76	0	3.76
3	$X^{(3)}$	0.88	0	1.76	0	1.76
4	$X^{(4)}$	-0.12	0	-0.24	0	0.24
5	$X^{(5)}$	0.88	0		0	

继续计算下去可以看出，x_1 将来回震荡，难以收敛到极小点 $(0, 0)$。为使迭代过程收敛，必须不断减小步长 λ 的值。

采用最佳步长时收敛较快，而且相邻两步的搜索方向互相垂直。下面用最佳步长进行搜索。其迭代过程列于表 6-3 中。

表 6-3

步骤	点	λ_k	x_1	x_2	$\dfrac{\partial f(X^{(k)})}{\partial x_1}$	$\dfrac{\partial f(X^{(k)})}{\partial x_2}$	$f(X^{(k)})$
0	$X^{(0)}$	2.003	2	2	4	100	104
1	$X^{(1)}$	1.850	1.96	-0.003	3.84	-0.15	3.69

续表

步骤	点	λ_k	x_1	x_2	$\dfrac{\partial f(X^{(k)})}{\partial x_1}$	$\dfrac{\partial f(X^{(k)})}{\partial x_2}$	$f(X^{(k)})$
2	$X^{(2)}$	0.070	0.070	0.070	0.14	3.50	0.13
3	$X^{(3)}$		0.070	-0.000			

为直观起见,将上述两种迭代过程分别画于图 6-12 及图 6-13 中。

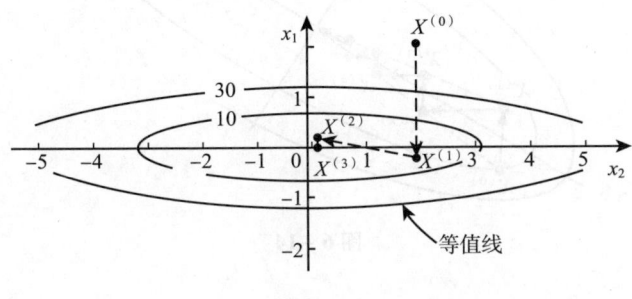

图 6-12

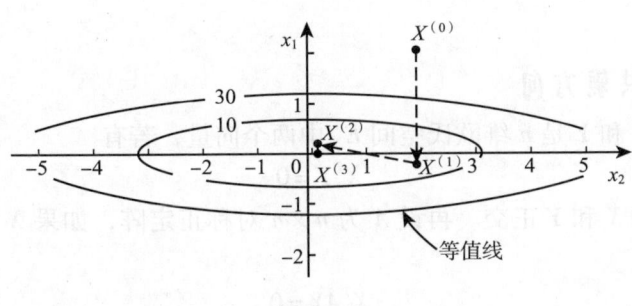

图 6-13

可以证明,当 $f(X)$ 是具有一阶连续偏导数的凸函数时,如果由最速下降法所得的点列 $\{X^{(K)}\}$ 有界,则必有:① 数列 $\{f(X^{(k)})\}$ 单调下降;② $\{X^{(K)}\}$ 的极限 X^* 满足 $\nabla f(X^*)=0$;③ X^* 为全局极小点。

由于负梯度方向的最速下降性,很容易使人们认为负梯度方向是理想的搜索方向,最速下降法是一种理想的极小化方法。必须指出 X 点处的负梯度方向 $-\nabla f(X)$,仅在 X 点附近才具有这种"最速下降"的性质,而对于整个极小化过程来说,那就是另外一回事了。由例 6 可知,若目标函数的等值线为一族同心圆(或是同心球面),则从任一处初始点出发,沿最速下降方向一步即可达到极小点。但通常的情况并不是这样。例如,一般二元二次凸函数的等值线为一族共心椭圆,当用最速下降达趋近极小点时,其搜索路径呈锯齿状(见

图6-14)。在开头几步,目标函数值下降较快,但接近极小点 X^* 时,收敛速度就不理想了。特别是椭圆比较扁平时,收敛速度就更慢了。因此,在使用中,常将梯度法和其他方法结合起来应用,在前期使用梯度法,而在接近极小点时,则使用熟练较快的其他方法。

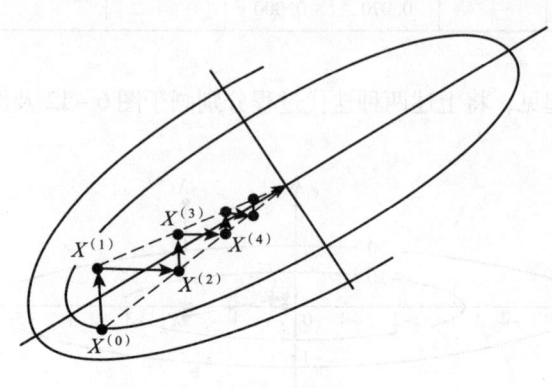

图 6-14

6.3.2 共轭梯度法

1. 共轭方向

设 X 和 Y 是 n 维欧氏空间 E^n 中两个向量,若有

$$X^T Y = 0 \tag{6-46}$$

就称 X 和 Y 正交。再设 A 为 $n \times n$ 对称正定阵,如果 X 和 AY 正交,即有

$$X^T A Y = 0$$

则称 X 和 Y 关于 A 共轭(A 正交)。

一般地,设 A 为 $n \times n$ 对称正定阵,若非零向量组 $p^{(1)}, p^{(2)}, \cdots, p^{(n)} \in E^n$ 满足条件

$$(p^{(i)})^T A p^{(j)} = 0 \quad (i \neq j; \ i, j = 1, 2, \cdots, n) \tag{6-47}$$

则称该向量组为 A 共轭。如果 $A = I$(单位阵),则上述条件即为通常的正交条件。因此,A 共轭概念实际上是通常正交概念的推广。

定理8:设 A 为 $n \times n$ 对称正定阵,$p^{(1)}, p^{(2)}, \cdots, p^{(n)}$ 为 A 共轭的非零向量,则这一组向量线性独立。

证明:设向量 $p^{(1)}, p^{(2)}, \cdots, p^{(n)}$ 之间存在如下线性关系

$$a_1 p^{(1)} + a_2 p^{(2)} + \cdots + a_n p^{(n)} = 0$$

对 $i = 1, 2, \cdots, n$,用 $(p^{(i)})^T A$ 左乘上式得

$$a_i (p^{(i)})^T A P^{(i)} = 0$$

但 $p^{(i)} \neq 0$,A 为正定,即

$$(p^{(i)})^T A p^{(i)} > 0$$

故必有
$$a_i = 0, \ i = 1, 2, \cdots, n$$

从而 $p^{(1)}$, $p^{(2)}$, $\cdots$, $p^{(n)}$ 线性独立。

无约束极值问题的一个特殊情形是

$$\min f(X) = \frac{1}{2} X^T A X + B^T X + c \qquad (6-48)$$

式中 A 为 $n \times n$ 对称正定阵；X, $B \in E^n$；c 为常数。问题式 (6-48) 称为正定二次函数极小问题，它在整个最优化问题中起着极其重要的作用。

定理 9：设向量 $p^{(i)}$, $i = 0, 1, 2, \cdots, n-1$, 为 A 共轭，则从任一点 $X^{(0)}$ 出发，相继以 $p^{(0)}$, $p^{(1)}$, $\cdots$, $p^{(n-1)}$ 为搜索方向的下述算法

$$\begin{cases} \min_\lambda f(X^{(K)} + \lambda P^{(K)}) = f(X^{(k)} + \lambda_k P^{(k)}) \\ X^{(K+1)} = X^{(K)} + \lambda_K P^{(K)} \end{cases}$$

经 n 次一维搜索收敛于问题式 (6-48) 的极小点 X^*。

证明：由式 (6-48)

$$\nabla f(X) = AX + B$$

设相继各次搜索得到的近似解分别为 $X^{(1)}$, $X^{(2)}$, $\cdots$, $X^{(n)}$, 则

$$\nabla f(X^{(k)}) = AX^{(k)} + B$$

$$\nabla f(X^{(k+1)}) = AX^{(k+1)} + B = A(X^{(k)} + \lambda_k p^{(k)}) + B$$
$$= \nabla f(X^{(k)}) + \lambda_k A p^{(k)}$$

假定 $\nabla f(X)^{(k)} \neq 0$, $k = 0, 1, 2, \cdots, n-1$, 则有

$$\nabla f(X^{(n)}) = \nabla f(X^{n-1}) + \lambda_{n-1} A P^{(n-1)} = \cdots$$
$$= \nabla f(X^{(k+1)}) + \lambda_{k+1} A P^{(K+1)} + \lambda_{k+2} A P^{(k+2)} + \cdots + \lambda_{n-1} A P^{(n-1)}$$

由于在进行一维搜索时，为确定最佳步长 λ_k, 令

$$\frac{df(X^{(k+1)})}{d\lambda} = \frac{df[X^{(k)} + \lambda p^{(k)}]}{d\lambda} = \nabla f(X^{(k+1)})^T P^{(k)} = 0 \qquad (6-49)$$

故对 $k = 0, 1, 2, \cdots, n-1$ 有

$$(P^{(k)})^T \nabla f(X^{(n)}) = (P^{(k)})^T \nabla f(X^{(k+1)}) + \lambda_{k+1} (P^{(k)})^T A P^{(k+1)} + \cdots$$
$$+ \lambda_{n-1} (P^{(k)})^T A P^{(n-1)} = 0$$

这就是说，$\nabla f(X^{(n)})$ 和 n 个线性独立的向量 $p^{(0)}$, $p^{(1)}$, $\cdots$, $p^{(n-1)}$（它们为 A 共轭）正交，从而必有

$$\nabla f(X^{(n)}) = 0$$

即 $X^{(n)}$ 为 $f(X)$ 的极小点 X^*。

下面我们就二维正定二次函数的情况加以说明，以便对上述定理有个直观认识。

二维正定二次函数的等值线，在极小点附近可用一族共心椭圆来代表（见图 6-15）。大家知道，过椭圆族中心 X^* 引任意直线，必与诸椭圆相较，各交点处的切线相互平行。如果在两个互相平行的方向上进行最优解一维搜索，则可得 $f(X)$ 在此方向上的极小点 $X^{(1)}$ 和 $\overline{X}^{(1)}$，此两点必为椭圆族中某椭圆与该平行直线的切点，而且联结 $X^{(1)}$ 和 $\overline{X}^{(1)}$ 的直线必通过椭圆椭圆族的中心 X^*。

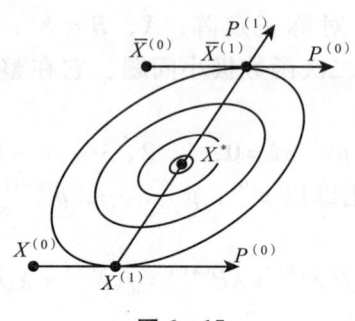

图 6-15

现从任一点 $X^{(0)}$ 出发，沿射线 $P^{(0)}$ 作一维搜索，则可得问题式 (6-48) 的目标函数 $f(X)$ 在射线 $X^{(0)} + \lambda P^{(0)}$ 上的极小点 $X^{(1)} = X^{(0)} + \lambda_0 P^{(0)}$，其中 λ_0 满足

$$\nabla f(X^{(1)})^T P^{(0)} = 0$$

同样，从另一点 $\overline{X}^{(0)}$ 出发也沿 $P^{(0)}$ 方向作一维搜索，可得式 (6-48) 中 $f(X)$ 在射线 $\overline{X}^{(0)} + \lambda P^{(0)}$ 上的极小点

$$\overline{X}^{(1)} = \overline{X}^{(0)} + \lambda_0 P^{(0)}$$

其中 λ_0 满足

$$\nabla f(\overline{X}^{(1)})^T P^{(0)} = 0$$

从而

$$[\nabla f(\overline{X}^{(1)}) - \nabla f(X^{(1)})]^T P^{(0)} = 0$$

但由式 (6-48)

$$\nabla f(X) = AX + B$$

若令

$$P^{(1)} = \overline{X}^{(1)} - X^{(1)}$$

则有

$$(P^{(1)})^T A P^{(0)} = 0$$

即 $P^{(1)}$ 和 $P^{(0)}$ 为 A 共轭。

上述分析说明，对于二维正定二次函数来说，从任一点 $X^{(0)}$ 出发，沿相互共轭的方向 $P^{(0)}$ 和 $P^{(1)}$ 进行两次一维搜索，即可收敛到函数的极小点。

2. 正定二次函数的共轭梯度法

对于问题的式 (6-48) 来说，由于 A 为对称正定阵，故存在唯一极小点 X^*，它满足

$$\nabla f(X) = AX + B = 0 \qquad (6-50)$$

且具有形式

$$X^* = -A^{(-1)}B \qquad (6-51)$$

如果已知某共轭向量 $p^{(0)}$, $p^{(1)}$, $\cdots$, $p^{(n-1)}$，由定理 9 可知，问题式 (6-48) 的极小点 X^* 可通过下列算法得到：

$$\begin{cases} X^{(k+1)} = X^{(K)} + \lambda_k P^{(k)}, \ k = 0, 1, 2, \cdots, n-1 \\ \lambda_k : \min_{\lambda} f(X^{(K)} + \lambda P^{(k)}) \\ X^{(n)} = X^* \end{cases} \qquad (6-52)$$

算法式 (6-52) 称为共轭方向法。它要求：搜索方向 $p^{(0)}$, $p^{(1)}$, $\cdots$, $p^{(n-1)}$ 必须共轭；确定各近似极小点时必须按最优一维搜索进行。共轭梯度法是共轭方向法的一种，它的搜索方向是利用一维搜索所得极小点处函数的梯度生成的，我们现在就来构造正定二次函数的共轭度法。

由于 $\nabla f(X) = AX + B$，故有

$$\nabla f(X^{(k+1)}) - \nabla f(X^{(k)}) = A(X^{(k+1)} - X^{(k)})$$

但 $X^{(k+1)} = X^{(k)} + \lambda_k P^{(k)}$

$$\nabla f(X^{(k+1)}) - \nabla f(X^{(k)}) = \lambda_K AP^{(k)}, \ k = 0, 1, 2, \cdots, n-1 \qquad (6-53)$$

任取初始近似点 $X^{(0)}$，并取初始搜索方向为此点的负梯度方向，即 $p^{(0)} = -\nabla f(X^{(0)})$ 沿射线 $X^{(0)} + \lambda P^{(0)}$ 进行一维搜索，得

$$\begin{cases} X^{(1)} = X^{(0)} + \lambda P^{(0)} \\ \lambda_0 : \min_{\lambda} f(X^{(0)} + \lambda P^{(0)}) \end{cases}$$

算出 $\nabla f(X^{(1)})$，由式 (6-49) 知

$$\nabla f(X^{(1)})^T P^{(0)} = -\nabla f(X^{(1)})^T \nabla f(X^{(0)}) = 0$$

从而 $\nabla f(X^{(1)})$ 和 $\nabla f(X^{(0)})$ 正交（这里假设 $\nabla f(X^{(1)})$ 和 $\nabla f(X^{(0)})$ 均不等于零）。

$\nabla f(X^{(0)})$ 和 $\nabla f(X^{(1)})$ 构成一正交系，我们可以在由它们生成的二维子空间中寻求 $p^{(1)}$，为此，可令

$$P^{(1)} = -\nabla f(X^{(1)}) + a_0 \nabla f(X^{(0)})$$

式中 a_0 为待定系数。欲使 $P^{(1)}$ 与 $P^{(0)}$ 为 A 共轭，由式 (6-53)，必须

$$[-\nabla f(X^{(1)}) + a_0 \nabla f(X^{(0)})]^T [\nabla f(X^{(1)}) - \nabla f(X^{(0)})] = 0$$

故

$$-a_0 = \frac{\nabla f(X^{(1)})^T \nabla f(X^{(1)})}{\nabla f(X^{(0)})^T \nabla f(X^{(0)})}$$

令

$$\beta_0 = -a_0 = \frac{\nabla f(X^{(1)})^T \nabla f(X^{(1)})}{\nabla f(X^{(0)})^T \nabla f(X^{(0)})} \qquad (6-54)$$

由此可得 $\quad P^{(1)} = -\nabla f(X^{(1)}) + \beta_0 P^{(0)}$

以 $P^{(1)}$ 为搜索方向进行最优一维搜索,可得

$$\begin{cases} X^{(2)} = X^{(1)} + \lambda_1 P^{(1)} \\ \lambda_1 : \min_{\lambda} f(X^{(1)} + \lambda P^{(1)}) \end{cases}$$

算出 $\nabla f(X^{(2)})$,假定 $\nabla f(X^{(2)}) \neq 0$,因 $P^{(0)}$ 和 $P^{(1)}$ 为 A 共轭,故

$$[\nabla f(X^{(0)})]^T [\nabla f(X^{(2)}) - \nabla f(X^{(1)})] = 0,$$

但 $[\nabla f(X^{(0)})]^T \nabla f(X^{(1)}) = 0$

故

$$\nabla f(X^{(0)})^T \nabla f(X^{(2)}) = 0$$

由于

$$(\nabla f(X^{(2)}))^T P^{(1)} = -(\nabla f(X^{(2)}))^T [-\nabla f(X^{(1)}) + \alpha_0 \nabla f(X^{(0)})] = 0$$

所以

$$\nabla f(X^{(2)})^T \nabla f(X^{(1)}) = 0$$

即 $\nabla f(X^{(2)})$、$\nabla f(X^{(1)})$ 和 $\nabla f(X^{(0)})$ 构成一正交系。现由它们生成的三维子空间中,寻求与 $P^{(1)}$ 和 $P^{(0)}$ 为 A 共轭的搜索方向 $P^{(2)}$。令

$$P^{(2)} = -\nabla f(X^{(2)}) + a_1 \nabla f(X^{(1)}) + a_0 \nabla f(X^{(0)})$$

式中 a_0 和 a_1 均为待定系数。由于 $P^{(2)}$ 应与 $P^{(0)}$ 和 $P^{(1)}$ 为 A 共轭,故须

$$[-\nabla f(X^{(2)}) + a_1 \nabla f(X^{(1)}) + a_0 \nabla f(X^{(0)})]^T [\nabla f(X^{(1)}) - \nabla f(X^{(0)})] = 0$$

$$[-\nabla f(X^{(2)}) + a_1 \nabla f(X^{(1)}) + a_0 \nabla f(X^{(0)})]^T [\nabla f(X^{(2)}) - \nabla f(X^{(1)})] = 0$$

从而

$$a_1 \nabla f(X^{(1)})^T \nabla f(X^{(1)}) - a_0 \nabla f(X^{(0)})^T \nabla f(X^{(0)}) = 0$$

$$-\nabla f(X^{(2)})^T \nabla f(X^{(2)}) - a_1 \nabla f(X^{(1)})^T \nabla f(X^{(1)}) = 0$$

解之得

$$-a_1 = \frac{\nabla f(X^{(2)})^T \nabla f(X^{(2)})}{\nabla f(X^{(1)})^T \nabla f(X^{(1)})}$$

$$a_0 = a_1 \frac{\nabla f(X^{(1)})^T \nabla f(X^{(1)})}{\nabla f(X^{(0)})^T \nabla f(X^{(0)})}$$

令 $\beta_1 = -a_1$,则 $a_0 = -\beta_1 \beta_0$,于是

$$\begin{aligned} P^{(2)} &= -\nabla f(X^{(2)}) - \beta_1 \nabla f(X^{(1)}) - \beta_0 \beta_1 \nabla f(X^{(0)}) \\ &= -\nabla f(X^{(2)}) + \beta_1 [-\nabla f(X^{(1)}) - \beta_0 \nabla f(X^{(0)})] \\ &= -\nabla f(X^{(2)}) + \beta_1 [-\nabla f(X^{(1)}) + \beta_0 P^{(0)}] \end{aligned}$$

$$= -\nabla f(X^{(2)}) + \beta_1 P^{(1)} \qquad (6-55)$$

继续上述步骤,可得一般公式如下:

$$\begin{cases} P^{(k+1)} = -\nabla f(X^{(k+1)}) + \beta_k P^{(k)} \\ \beta_k = \dfrac{\nabla f(X^{(k+1)})^T \nabla f(X^{(k+1)})}{\nabla f(X^{(k)})^T \nabla f(X^{(k)})} \end{cases}$$

对于正定二次函数来说,$\nabla f(X) = AX + B$,由式(6-53)

$$\nabla f(X^{(k+1)}) = \nabla f(X^{(k)}) + \lambda_k A P^{(k)}$$

由于进行的是最优一维搜索,故有

$$\nabla f(X^{(k+1)})^T P^{(k)} = 0$$

从而

$$\lambda_k = -\frac{\nabla f(X^{(k)})^T P^{(k)}}{(P^{(k)})^T A P^{(K)}}$$

如此,即可得共轭梯度法的一组计算公式如下:

$$\begin{cases} (X^{(k+1)}) = (X^{(k)}) + \lambda_k P^{(k)} & (6-56) \\ \lambda_k = -\dfrac{\nabla f(X^{(k)})^T P^{(k)}}{(P^{(k)})^T A P^{(K)}} & (6-57) \\ P^{(k+1)} = -\nabla f(X^{(k+1)}) + \beta_k P^{(k)} & (6-58) \\ \beta_k = \dfrac{\nabla f(X^{(k+1)})^T \nabla f(X^{(k+1)})}{\nabla f(X^{(k)})^T \nabla f(X^{(k)})} & (6-59) \\ k = 0, 1, 2, \cdots, n-1 \end{cases}$$

其中 $X^{(0)}$ 为初始近似,$P^{(0)} = -\nabla f(X^{(0)})$。

由于 $P^{(k)} = -\nabla f(X^{(k)}) + \beta_{k-1} P^{(k-1)}$ 以及 $\nabla f(X^{(k)})^T P^{(k-1)} = 0$,故式(6-57)也可写成

$$\lambda_k = \frac{\nabla f(X^{(k)})^T \nabla f(X^{(k)})}{(P^{(k)})^T A P^{(K)}} \qquad (6-60)$$

式(6-59)最先由弗莱彻(Fletcher)和瑞夫斯(Reeves)提出,故此法亦称为 FR 共轭梯度法。上述公式还有其他等价形式。例如,借助于式(6-53),可将它变为

$$\beta_k = \frac{\nabla f(X^{(k+1)})^T A P^{(k)}}{(P^{(k)})^T A P^{(k)}} \qquad (6-61)$$

现将共轭梯度法的计算步骤总结如下:

(1)选择初始近似 $X^{(0)}$,给出允许误差 $\varepsilon > 0$。

(2)计算 $P^{(0)} = -\nabla f(X^{(0)})$,并用式(6-56)和式(6-57)算出 $X^{(1)}$。计算步长也可使用以前介绍过的一维搜索法。

(3)一般地,假定已得出 $X^{(k)}$ 和 $P^{(k)}$,则可计算其第 $k+1$ 次近似 $X^{(k+1)}$:

$$\begin{cases} X^{(k+1)} = X^{(K)} + \lambda_k P^{(k)} \\ \lambda_k: \min_{\lambda} f(X^{(K)} + \lambda P^{(k)}) \end{cases}$$

(4) 若 $\|\nabla f(X^{(k+1)})\|^2 \leq \varepsilon$，停止计算，$X^{(k+1)}$ 即为要求的近似解。否则，若 $k < n-1$，则用式（6-59）和式（6-58）计算 β_k 和 $P^{(K+1)}$，并转向第（3）步。

应当指出，对于二次函数的情形，从理论上说，进行 n 次迭代即可达到极小点。但是，在实际计算中，由于数据的舍入以及计算误差的积累，往往做不到这一点。此外，由于 n 维问题的共轭方向最多只有 n 个，在 n 步以后继续如上进行是没有意义的。因此，在实际应用时，如迭代到 n 步还不收敛，就将 $X^{(n)}$ 作为新的初始近似，重新开始迭代。根据实际经验，采用这种再开始的办法，一般都可以得到较好的效果。

例 8：试用共轭梯度法求下述二次函数的极小点：

$$f(X) = \frac{3}{2}x_1^2 + \frac{1}{2}x_2^2 - x_1 x_2 - 2x_1$$

解：将 $f(X)$ 化成式（6-48）的形式，得

$$A = \begin{pmatrix} 3 & -1 \\ -1 & 1 \end{pmatrix}$$

现从 $X^{(0)} = (-2, 4)^T$ 开始，由于

$$\nabla f(X) = [(3x_1 - x_2 - 2), (x_2 - x_1)]^T$$

故

$$\nabla f(X^{(0)}) = (-12, 6)^T$$
$$P^{(0)} = -\nabla f(X^{(0)}) = (-12, -6)^T$$

$$\lambda_0 = -\frac{\nabla f(X^{(0)})^T P^{(0)}}{(P^{(0)})^T A P^{(0)}} = -\frac{(-12, 6)\begin{pmatrix} 12 \\ -6 \end{pmatrix}}{(12, -6)\begin{pmatrix} 3 & -1 \\ -1 & 1 \end{pmatrix}\begin{pmatrix} 12 \\ -6 \end{pmatrix}} = \frac{180}{612} = \frac{5}{17}$$

于是

$$X^{(1)} = X^{(0)} + \lambda_0 P^{(0)} = \begin{pmatrix} -2 \\ 4 \end{pmatrix} + \frac{5}{17}\begin{pmatrix} 12 \\ -6 \end{pmatrix} = \left(\frac{26}{17}, \frac{38}{17}\right)^T$$

$$\nabla f(X^{(1)}) = (6/17, 12/17)^T$$

$$\beta_0 = \frac{\nabla f(X^{(1)})^T \nabla f(X^{(1)})}{\nabla f(X^{(0)})^T \nabla f(X^{(0)})} = \frac{\left(\frac{6}{17}, \frac{12}{17}\right)\begin{bmatrix} \frac{6}{17} \\ \frac{12}{17} \end{bmatrix}}{(-12, 6)\begin{pmatrix} -12 \\ 6 \end{pmatrix}} = \frac{1}{289}$$

$$P^{(1)} = -\nabla f(X^{(1)}) + \beta_0 P^{(0)} = -\begin{bmatrix} \frac{6}{17} \\ \frac{12}{17} \end{bmatrix} + \frac{1}{289}\begin{pmatrix} 12 \\ -6 \end{pmatrix} = \left(-\frac{90}{289}, -\frac{210}{289}\right)^T$$

$$\lambda_1 = -\frac{\nabla f(X^{(1)})^T P^{(1)}}{(P^{(1)})^T A P^{(1)}}$$

$$= -\frac{\left(\dfrac{6}{17},\dfrac{12}{17}\right)\left(-\dfrac{90}{289},-\dfrac{210}{289}\right)^T}{\left(-\dfrac{90}{289},-\dfrac{210}{289}\right)\begin{pmatrix}3 & -1\\-1 & 1\end{pmatrix}\left(-\dfrac{90}{289},-\dfrac{210}{289}\right)^T}$$

$$= \frac{6\times17\times90+12\times17\times210}{(-60,-120)(-90,-210)^T} = \frac{17\times(6\times90+12\times210)}{60\times90+120\times210}$$

$$= \frac{17}{10}$$

故

$$X^{(2)} = X^{(1)} + \lambda_1 P^{(1)} = \begin{bmatrix}\dfrac{26}{17}\\[4pt]\dfrac{38}{17}\end{bmatrix} + (17/10)\begin{bmatrix}-\dfrac{90}{289}\\[4pt]-\dfrac{210}{289}\end{bmatrix} = \begin{pmatrix}1\\1\end{pmatrix}$$

这就是 $f(X)$ 的极小点。图 6-16 表明了本例的搜索方向和步骤。

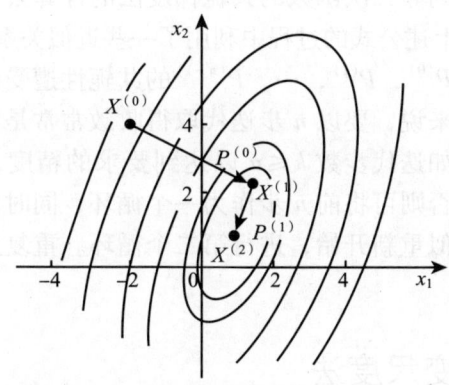

图 6-16

3. 非二次函数的共轭梯度法

可将共轭梯度法推广到求解一般无约束极值问题式 (6-38)。

设 $f(X)$ 为某一严格凸函数，它具有二阶连续偏导数，其唯一极小点为 X^*。现任取初始近似 $X^{(0)}$，计算 $\nabla f(X^{(0)})$，选取 $P^{(0)} = -\nabla f(X^{(0)})$ 为初始搜索方向，做射线 $X^{(0)} + \lambda P^{(0)}$ ($\lambda \geq 0$)，并将 $f(X) = f(X^{(0)} + \lambda P^{(0)})$ 于 $X^{(0)}$ 附近做泰勒展开：

$$f(X^{(0)} + \lambda P^{(0)}) \approx f(X^0) + \lambda \nabla P(X^{(0)})^T P^{(0)} + \frac{1}{2}\lambda^2 (P^{(0)})^T H(X^{(0)}) P^{(0)}$$

上式为 λ 的二次函数，因 $(P^{(0)})^T H(X^{(0)}) P^{(0)} > 0$，故使该二次

函数沿 $P^{(0)}$ 方向取极小值的 λ 为 $\lambda_0 = -\dfrac{\nabla f(X^{(0)})^T P^{(0)}}{(P^{(0)})^T H(X^{(0)}) P^{(0)}}$。

显然，它近似满足 $\min\limits_{\lambda} f(X^{(0)} + \lambda P^{(0)})$。令 $X^{(1)} = X^{(0)} + \lambda_0 P^{(0)}$，则 $X^{(1)}$ 近似满足 $\nabla f(X^{(1)})^T P^{(1)} = 0$。现构造向量 $P^{(1)} = -\nabla f(X^{(1)}) + \beta_0 P^{(0)}$，使满足 $(P^{(0)})^T H(X^{(0)}) P^{(0)} = 0$，则得

$$\beta_0 = \frac{\nabla f(X^{(1)})^T H(X^{(0)}) P^{(0)}}{(P^{(0)})^T H(X^{(0)}) P^{(0)}}$$

这就确定了 $P^{(1)}$。

按此手续可构造各次迭代的搜索方向及近似点。一般地，我们有：

$$\begin{cases} (X^{(k+1)}) = (X^{(k)}) + \lambda_k P^{(k)} \\ \lambda_k = -\dfrac{\nabla f(X^{(k)})^T P^{(k)}}{(P^{(k)})^T H(X^{(K)}) P^{(K)}} \\ P^{(k+1)} = -\nabla f(X^{(k+1)}) + \beta_k P^{(k)} \\ \beta_k = \dfrac{\nabla f(X^{(k+1)})^T H(X^{(k)}) P^{(K)}}{(P^{(k)})^T H(X^{(k)}) P^{(K)}} \end{cases} \quad (6-62)$$

$$(6-63)$$

这就是推广到非二次函数的共轭梯度法的计算公式。

由于在导出上述公式的过程中利用了一些近似关系，以及 $H(X^{(k)})$ 的逐次变化，使 $P^{(0)}, P^{(1)}, \cdots, P^{(n-1)}$ 的共轭性遭受破坏，因而对于一般非二次函数来说，要以 n 步迭代取得收敛常常是不可能的。所以在实际应用时，如迭代步数 $k \leq n$ 以达到要求的精度，则以 $X^{(k)}$ 作为要求的近似解。否则可将前 n 步作为一个循环，同时以所得到的 $X^{(n)}$ 作为新的初始近似重新开始，进行第二个循环。重复进行，直至满足要求精度为止。

6.3.3 变尺度法

变尺度法是近 30 多年来发展起来的，它是求解无约束极值问题的一种有效方法。由于它避免了计算二阶导数矩阵及其求逆过程，又比梯度法的收敛速度快，特别是对高维问题具有显著的优越性，因而使变尺度获得了很高的声誉，至今仍被公认为求解无约束极值问题最有效的算法之一。下面我们来简要地介绍变尺度法的基本原理及其计算过程。

1. 基本原理

假定无约束极值问题的目标函数 $f(X)$ 具有二阶连续偏导数，$X^{(k)}$ 为其极小点的某一近似。在这个点附近取 $f(X)$ 的二阶泰勒多项式逼近

$$f(X) \approx f(X^{(k)}) + \nabla f(X^{(k)})^T \Delta X + \frac{1}{2} \Delta X^T H(X^{(k)}) \Delta X \quad (6-64)$$

则其梯度为

$$\nabla f(X) \approx \nabla f(X^{(k)}) + H(X^{(k)}) \Delta X \quad (6-65)$$

这个近似函数的极小满足

$$\nabla f(X^{(k)}) + H(X^{(k)}) \Delta X = 0$$

从而

$$X = X^{(k)} - H(X^{(k)})^{-1} \Delta f(X^{(k)}) \quad (6-66)$$

其中 $H(X^{(k)})$ 为 $f(X)$ 在 $X^{(k)}$ 点的海塞矩阵。

如果 $f(X)$ 是二次函数，则 $H(X)$ 为常数阵。这时，逼近式（6-64）是准确的。在这种情况下，从任一点 $X^{(k)}$ 出发，用式（6-66）只要一步即可求出 $f(X)$ 的极小点（假定 $H(X^{(k)})$ 正定）。

当 $f(X)$ 不是二次函数时，式（6-64）仅是 $f(X)$ 在 $X^{(k)}$ 点附近的近似表达式。这时，按式（6-66）求得的极小点，只是 $f(X)$ 的极小点的近似。在这种情况下，人们常取 $-H(X^{(k)})^{-1} \nabla f(X^{(k)})$ 为搜索方向，即

$$\begin{cases} P^{(k)} = -H(X^{(k)})^{-1} \nabla f(X^{(k)}) \\ X^{(K+1)} = (X^{(k)}) + \lambda_k P^{(k)} \\ \lambda_k : \min_\lambda f(X^{(k)} + \lambda P^{(k)}) \end{cases} \quad (6-67)$$

按照这种方式求函数 $f(X)$ 的极小点的方法，称作广义牛顿法。式（6-67）确定的搜索方向，为 $f(X)$ 在点 $X^{(k)}$ 的牛顿方向。牛顿法的收敛速度很快，当 $f(X)$ 的二阶导数及其海塞矩阵的逆阵便于计算时，使用这一方法非常有效。

问题在于，实际问题中的目标函数往往相当复杂，计算二阶导数的工作量或者太大，或者根本不可能，况且，在 X 的维数很高时，计算逆阵也相当费事。为了不计算二阶导数矩阵 $H(X^{(k)})$，从而也不必计算其逆阵 $H(X^{(k)})^{-1}$，我们设法构造另一个矩阵 $\overline{H}^{(k)}$，用它来直接逼近二阶导数矩阵的逆阵 $H(X^{(k)})^{-1}$。

下面就来研究如何构造 $H(X^{(k)})^{-1}$ 的近似矩阵 $\overline{H}^{(k)}$。我们要求，在每一步都能以现有的信息来确定下一个搜索方向；每做一次迭代，目标函数值均有所下降；而且，这些近似矩阵最后应收敛于解点处的海塞矩阵的逆阵。

当 $f(X)$ 是二次函数时，其海塞矩阵为常数阵，可知其在任两点 $X^{(k)}$ 和 $X^{(k+1)}$ 处的梯度之差等于

$$\nabla f(X^{(k+1)}) - \nabla f(X^{(k)}) = A(X^{(k+1)} - X^{(k)})$$

或

$$X^{(k+1)} - X^{(k)} = A^{-1}[\nabla f(X^{(k+1)}) - \nabla f(X^{(k)})] \qquad (6-68)$$

对于非二次函数，仿照二次函数的情形，要求其海塞矩阵的逆阵的第 $k+1$ 次近似矩阵 $\overline{H}^{(k+1)}$ 满足关系式

$$X^{(k+1)} - X^{(k)} = \overline{H}^{(k+1)}[\nabla f(X^{(k+1)}) - \nabla f(X^{(k)})] \qquad (6-69)$$

此式就是所谓的拟牛顿条件。

若令

$$\begin{cases} \Delta G^{(k)} = \nabla f(X^{(k+1)}) - \nabla f(X^{(k)}) \\ \Delta X^{(k)} = X^{(k+1)} - X^{(k)} \end{cases} \qquad (6-70)$$

则式 (6-69) 变为

$$\Delta X^{(k)} = \overline{H}^{(k+1)} \Delta G^{(k)}$$

现设 $\overline{H}^{(k)}$ 已知，并用下式求 $\overline{H}^{(k+1)}$（假定 $\overline{H}^{(k)}$ 和 $\overline{H}^{(k+1)}$ 都为称正定阵）：

$$\overline{H}^{(k+1)} = \overline{H}^{(k)} + \Delta \overline{H}^{(k)} \qquad (6-71)$$

上式中 $\Delta \overline{H}^{(k)}$ 为第 k 次校正矩阵，$\overline{H}^{(k+1)}$ 应满足拟牛顿条件，即要求

$$\Delta X^{(k)} = (\overline{H}^{(k)} + \Delta \overline{H}^{(k)}) \Delta G^{(k)}$$

或

$$\Delta \overline{H}^{(k)} \Delta G^{(k)} = \Delta X^{(k)} - \overline{H}^{(k)} \Delta G^{(k)} \qquad (6-72)$$

由此可以设想 $\Delta \overline{H}^{(k)}$ 的一种较简单形式为

$$\Delta \overline{H}^{(k)} = \Delta X^{(k)} (Q^{(k)})^T - \overline{H}^{(k)} \Delta G^{(k)} (W^{(k)})^T \qquad (6-73)$$

式中 $Q^{(k)}$ 和 $W^{(k)}$ 为两个待定向量。

将表达式 (6-73) 代入式 (6-72) 得

$$\Delta X^{(k)} (Q^{(k)})^T \Delta G^{(k)} - \overline{H}^{(k)} \Delta G^{(k)} (W^{(k)})^T \Delta G^{(k)} = \Delta X^{(k)} - \overline{H}^{(k)} \Delta G^{(k)}$$

这就是说，应使

$$(Q^{(k)})^T \Delta G^{(k)} = (W^{(k)})^T \Delta G^{(k)} = 1 \qquad (6-74)$$

由于 $\Delta \overline{H}^{(k)}$ 应为对阵，最简单的办法就是取

$$\begin{cases} Q^{(k)} = \eta_K \Delta X^{(k)} \\ W^{(k)} = \xi_k \overline{H}^{(k)} \Delta G^{(k)} \end{cases} \qquad (6-75)$$

由式 (6-74)

$$\eta_K (\Delta X^{(k)})^T \Delta G^{(k)} = \xi_k (\Delta G^{(k)})^T \overline{H}^{(k)} \Delta G^{(k)} = 1$$

设 $(\Delta X^{(k)}) \Delta G^{(k)}$ 以及 $\Delta G^{(k)} \overline{H}^{(k)} \Delta G^{(k)}$ 皆不为零，则有

$$\begin{cases} \eta_k = \dfrac{1}{(\Delta X^{(k)})^T \Delta G^{(k)}} = \dfrac{1}{(\Delta G^{(k)})^T \Delta X^{(k)}} \\ \xi_k = \dfrac{1}{(\Delta G^{(k)})^T \overline{H}^{(k)} \Delta G^{(k)}} \end{cases} \qquad (6-76)$$

于是得到校正矩阵

$$\Delta \overline{H}^{(k)} = \frac{\Delta X^{(k)} (\Delta X^{(k)})^T}{(\Delta G^{(k)})^T \Delta X^{(k)}} - \frac{\overline{H}^{(k)} \Delta G^{(k)} (\Delta G^{(k)})^T \overline{H}^{(k)}}{(\Delta G^{(k)})^T \overline{H}^{(k)} \Delta G^{(k)}} \qquad (6-77)$$

从而得到

$$\overline{H}^{(k+1)} = \overline{H}^{(K)} + \frac{\Delta X^{(k)} (\Delta X^{(k)})^T}{(\Delta G^{(k)})^T \Delta X^{(k)}} - \frac{\overline{H}^{(k)} \Delta G^{(k)} (\Delta G^{(k)})^T \overline{H}^{(k)}}{(\Delta G^{(k)})^T \overline{H}^{(k)} \Delta G^{(k)}}$$

(6-78)

上述矩阵称为尺度矩阵，在整个迭代过程中它是在不断变化的。有了尺度矩阵，即可依式（6-67）进行迭代计算。

2. 计算步骤

现将变尺度法的计算步骤总结如下：

（1）给定初始点 $X^{(0)}$ 及梯度允许误差 $\varepsilon > 0$。

（2）若

$$\|\Delta f(X^{(0)})\|^2 \leq \varepsilon$$

则 $X^{(0)}$ 即为近似极小点，停止迭代。否则，转向下一步。

（3）令

$$\overline{H}^{(0)} = I \text{（单位阵）}$$
$$P^{(0)} = -\overline{H}^{(0)} \nabla f(X^{(0)})$$

在 $P^{(0)}$ 方向进行一维搜索，确定最佳步长 λ_0：

$$\min_\lambda f(X^{(0)} + \lambda P^{(0)}) = f(X^{(0)} + \lambda_0 P^{(0)})$$

如此可得下一个近似点

$$X^{(1)} = X^{(0)} + \lambda_0 P^{(0)}$$

（4）一般地，设已得到近似点 $X^{(k)}$，算出 $\nabla f(X^{(k)})$，若

$$\|\nabla f(X^{(k)})\|^2 \leq \varepsilon$$

则 $X^{(k)}$ 即为所求的近似解，停止迭代；否则，按式（6-78）计算 $\overline{H}(k)$，并令

$$P^{(k)} = -\overline{H}^{(k)} \nabla f(X^{(k)})$$

在 $P^{(k)}$ 方向进行一维搜索，确定最佳步长 λ_k：

$$\min_\lambda f(X^{(k)} + \lambda P^{(k)}) = f(X^{(k)} + \lambda k P^{(k)})$$

其下一个近似点为

$$X^{(k+1)} = X^{(k)} + \lambda k P^{(k)}$$

（5）若 $X^{(k+1)}$ 点满足精度要求，则 $X^{(k+1)}$ 即为所求的近似解。否则，转回第（4）步，直到求出某点满足精度要求为止。

和共轭梯度法相类似，如果迭代 n 次仍不收敛，则以 $X^{(n)}$ 为新的 $X^{(0)}$，以这时的 $X^{(0)}$ 为起点重新开始一轮新的迭代。

上述方法首先由戴维顿（Davidon）提出，后经弗莱彻和鲍威尔（Powell）加以改进，故称 DFP 法，或 DFP 变尺度法。

例9：试用 DFP 法重新计算例 3。

解：和例 3 一样，仍从 $X^{(0)} = (-2, 4)^T$ 开始，并取

$$\overline{H}^{(0)} = \begin{pmatrix} 1 & 0 \\ 0 & 1 \end{pmatrix}$$

$$\nabla f(X) = [(3x_1 - x_2 - 2), (x_2 - x_1)]^T$$

$$\nabla f(X^{(0)}) = (-12, 6)^T$$

$$P^{(0)} = -\overline{H}^{(0)} \nabla f(X^{(0)}) = -\begin{pmatrix} 1 & 0 \\ 0 & 1 \end{pmatrix} \begin{pmatrix} -12 \\ 6 \end{pmatrix} = \begin{pmatrix} 12 \\ -6 \end{pmatrix}$$

利用一维搜索, 即 $\min_{\lambda} f(X^{(0)} + \lambda P^{(0)})$, 可算得

$$\lambda_0 = \frac{5}{17}$$

$$X^{(1)} = X^{(0)} + \lambda_0 P^{(0)} = \begin{pmatrix} -2 \\ 4 \end{pmatrix} + \frac{5}{17} \begin{pmatrix} 12 \\ -6 \end{pmatrix} = \left(\frac{26}{17}, \frac{38}{17}\right)^T$$

$$\nabla f(X^{(1)}) = \left(\frac{6}{17}, \frac{12}{17}\right)^T$$

$$\Delta X^{(0)} = X^{(1)} - X^{(0)} = \left(\frac{26}{17}, \frac{38}{17}\right)^T - (-2, 4)^T = \left(\frac{60}{17}, -\frac{30}{17}\right)^T$$

$$\Delta G^{(0)} = \nabla f(X^{(1)}) - \nabla f(X^{(0)})$$

$$= \left(\frac{6}{17}, \frac{12}{17}\right)^T - (-12, 6)^T = \left(\frac{210}{17}, -\frac{90}{17}\right)^T$$

$$\overline{H}^{(1)} = \overline{H}^{(0)} + \frac{\Delta X^{(0)} (\Delta X^{(0)})^T}{(\Delta G^{(0)})^T \Delta X^{(0)}} - \frac{\overline{H}^{(0)} \Delta G^{(0)} (\Delta G^{(0)})^T \overline{H}^{(0)}}{(\Delta G^{(0)})^T \overline{H}^{(0)} \Delta G^{(0)}}$$

$$= \begin{pmatrix} 1 & 0 \\ 0 & 1 \end{pmatrix} + \frac{\left(\frac{60}{17}, -\frac{30}{17}\right)^T \left(\frac{60}{17}, -\frac{30}{17}\right)}{\left(\frac{210}{17}, -\frac{90}{17}\right) \left(\frac{60}{17}, -\frac{30}{17}\right)^T} -$$

$$\frac{\begin{pmatrix} 1 & 0 \\ 0 & 1 \end{pmatrix} \left(\frac{210}{17}, -\frac{90}{17}\right)^T \left(\frac{210}{17}, -\frac{90}{17}\right) \begin{pmatrix} 1 & 0 \\ 0 & 1 \end{pmatrix}}{\left(\frac{210}{17}, -\frac{90}{17}\right) \begin{pmatrix} 1 & 0 \\ 0 & 1 \end{pmatrix} \left(\frac{210}{17}, -\frac{90}{17}\right)^T}$$

$$= \begin{pmatrix} 1 & 0 \\ 0 & 1 \end{pmatrix} + \frac{1}{17} \begin{pmatrix} 4 & -2 \\ -2 & 1 \end{pmatrix} - \frac{1}{58} \begin{pmatrix} 49 & -21 \\ -21 & 9 \end{pmatrix}$$

$$= \frac{1}{986} \begin{pmatrix} 385 & 241 \\ 241 & 891 \end{pmatrix}$$

$$P^{(1)} = -\overline{H}(1) \nabla f(X^{(1)}) = -\frac{1}{986} \begin{pmatrix} 385 & 241 \\ 241 & 891 \end{pmatrix} \begin{bmatrix} \frac{6}{17} \\ \frac{12}{17} \end{bmatrix} = -\begin{bmatrix} \frac{9}{29} \\ \frac{21}{29} \end{bmatrix}$$

再由一维搜索 $\min_{\lambda} f(X^{(1)} + \lambda P^{(1)})$, 得

$$\lambda_1 = \frac{29}{17}$$

从而

$$X^{(2)} = X^{(1)} + \lambda_1 P^{(1)} = \begin{bmatrix} \frac{26}{17} \\ \frac{38}{17} \end{bmatrix} + \frac{29}{17} \begin{bmatrix} -\frac{9}{29} \\ -\frac{21}{29} \end{bmatrix} = \begin{pmatrix} 1 \\ 1 \end{pmatrix}$$

$$\nabla f(X^{(2)}) = (0, 0)^T$$

可知 $X^{(2)} = (1, 1)^T$ 为极小点。

在以上讨论中，我们取第一个尺度矩阵 $\overline{H}^{(0)}$ 为对称正定阵，以后的尺度矩阵由式（6-78）逐步形成。可以证明，这样构成的尺度矩阵均为对称正定阵。由此可知其搜索方向 $P^{(k)} = -\overline{H}^{(k)} \nabla f(X^{(k)})$ 为下降方向，这就可以保证每次迭代均能使目标函数值有所改善。

当把 DFP 变尺度法用于正定二次函数时，产生的搜索方向为共轭方向，因而也具有有限步收敛的性质。若将初始尺度矩阵也取为单位矩阵，对这种函数来说，DFP 法就与共轭梯度法一样了。

还要指出，可以采用不同的方法来构造尺度矩阵 $\overline{H}^{(k)}$，从而形成不同的变尺度法。DFP 法属于拟牛顿法的一种。开始时取 $\overline{H}^{(0)} = I$，这相当于第一步采用最速下降法。以后的 $\overline{H}^{(k)}$ 接近于 $H(X^{(k)})^{-1}$，当达到极小点时，从理论上讲，这时的尺度矩阵应等于该点处海塞矩阵的逆阵。

例 10：试用 DFP 法求
$$\min f(X) = 4(x_1 - 5)^2 + (x_2 - 6)^2$$

解：
$$\overline{H}^{(0)} = \begin{pmatrix} 1 & 0 \\ 0 & 1 \end{pmatrix}, \quad X^{(0)} = \begin{pmatrix} 8 \\ 9 \end{pmatrix}$$

由于
$$\nabla f(X) = [8(x_1 - 5) \quad 2(x_2 - 6)]^T$$
$$\nabla f(X^{(0)}) = (24, 6)^T$$

故
$$X^{(1)} = X^{(0)} + \lambda_0 P^{(0)} = X^{(0)} + \lambda_0 [-\overline{H}^{(0)} \nabla f(X^{(0)})]$$
$$= \begin{pmatrix} 8 \\ 9 \end{pmatrix} - \lambda_0 \begin{pmatrix} 1 & 0 \\ 0 & 1 \end{pmatrix} \begin{pmatrix} 24 \\ 6 \end{pmatrix} = \begin{pmatrix} 8 \\ 9 \end{pmatrix} - \lambda_0 \begin{pmatrix} 24 \\ 6 \end{pmatrix}$$
$$= \begin{pmatrix} 8 - 24\lambda_0 \\ 9 - 6\lambda_0 \end{pmatrix}$$

$$\nabla f(X^{(1)}) = 4[(8 - 24\lambda_0) - 5]^2 + [(9 - 6\lambda_0) - 6]^2$$

令
$$\frac{df(X^{(1)})}{d\lambda_0} = 0$$

可得
$$\lambda_0 = \frac{17}{130}$$

$$X^{(1)} = [(8-24\lambda_0), (9-6\lambda_0)]^T = [4.862, 8.215]^T$$
$$\Delta X^{(0)} = X^{(1)} - X^{(0)} = (-3.138, -0.785)^T$$
$$f(X^{(1)}) = 4.985$$
$$\nabla f(X^{(1)}) = (-1.108, 4.431)^T$$
$$\Delta G^{(0)} = \nabla f(X^{(1)}) - \nabla f(X^{(0)}) = (-25.108, -1.569)^T$$

由此可得

$$\overline{H}^{(1)} = \overline{H}^{(0)} + \frac{\Delta X^{(0)}(\Delta X^{(0)})^T}{(\Delta G^{(0)})^T \Delta X^{(0)}} - \frac{\overline{H}^{(0)} \Delta G^{(0)}(\Delta G^{(0)})^T \overline{H}^{(0)}}{(\Delta G^{(0)})^T \overline{H}^{(0)} \Delta G^{(0)}}$$

$$= \begin{pmatrix} 1 & 0 \\ 0 & 1 \end{pmatrix} + \frac{(-3.138, -0.785)^T (-3.138, -0.785)}{(-25.108, -1.569)(-3.138, -0.785)^T}$$

$$- \frac{\begin{pmatrix} 1 & 0 \\ 0 & 1 \end{pmatrix}(-25.108, -1.569)^T (-25.108, -1.569)\begin{pmatrix} 1 & 0 \\ 0 & 1 \end{pmatrix}}{(-25.108, -1.569)\begin{pmatrix} 1 & 0 \\ 0 & 1 \end{pmatrix}(-25.108, -1.569)^T}$$

$$= \begin{pmatrix} 1 & 0 \\ 0 & 1 \end{pmatrix} + \begin{pmatrix} 0.1231 & 0.0308 \\ 0.0308 & 0.0077 \end{pmatrix} - \begin{pmatrix} 0.9961 & 0.0622 \\ 0.0622 & 0.0039 \end{pmatrix}$$

$$= \begin{pmatrix} 0.1270 & -0.0315 \\ -0.0315 & 1.0038 \end{pmatrix}$$

故

$$X^{(2)} = X^{(1)} - \lambda_1 \overline{H}^{(1)} \nabla f(X^{(1)})$$
$$= \begin{pmatrix} 4.862 \\ 8.215 \end{pmatrix} - \lambda_1 \begin{pmatrix} 0.1270 & -0.0315 \\ -0.0315 & 1.0038 \end{pmatrix} \begin{pmatrix} -1.108 \\ 4.431 \end{pmatrix}$$

如上求最佳步长,可得

$$\lambda_1 = 0.4942$$

代入上式得

$$X^{(2)} = (5, 6)^T$$

这就是极小点。

若将该问题的目标函数 $f(X)$ 表示式 (6-48) 的形式。可知

$$A = \begin{pmatrix} 8 & 0 \\ 0 & 2 \end{pmatrix}$$

而

$$A^{-1} = \begin{pmatrix} 1/8 & 0 \\ 0 & 1/2 \end{pmatrix}$$

现计算出该问题的 $\overline{H}^{(2)}$:

$$\overline{H}^{(2)} = \begin{pmatrix} 1.25 \times 10^{-1} & -8.882 \times 10^{-16} \\ -8.882 \times 10^{-16} & 5.00 \times 10^{-1} \end{pmatrix}$$

可知二者实际相等。

在以上几节中,我们介绍了求解无约束极值问题的解析法,这些

方法只是众多算法中的一部分。一般认为，从迭代次数上考虑，变尺度法所需迭代次数较少，共轭梯度法次之，最速下降法（一阶梯度法）所需迭代次数最多。但从每次迭代所需的计算工作量来看，却正好相反，最速下降最简单，变尺度法比它们都繁。

6.3.4 步长加速法

步长加速法亦称模矢法或模式法（Pattern Search），由胡克（Hooke）和基夫斯（Jeeves）于1961年提出，是一种直接法。它易于编制计算机程序，且具有追寻谷线（脊背线）加速移向最优点的性质。

1. 基本原理

假定欲求某实值函数 $f(X)$ 的极小点，为此，任选一基点 B_1（初始近似点），算出此点的目标函数值，然后沿第 i 个坐标方向以某一步长 Δ_i 进行探索，即在 $B_1 + \Delta_i$ 和 $B_1 - \Delta_i$ 这两点中寻求能使目标函数值下降的点，并把它作为临时矢点；再由此点出发沿另一坐标方向进行同样的探索，如能得到比以前更好的点，就以该点代替前面的点作为新的临时矢点。如此沿各个坐标方向轮流探查一遍，并选这一轮探索得到的最好的点（最后的临时矢点）为第二个基点 B_2。由第一个基点 B_1 到第二个基点 B_2 构成了第一个模矢。对第一个基点来说，可以认为这个模矢的方向可能是使目标函数值得以改善的最有利的移动方向，沿这一方向前进，目标函数值下降"最快"（就 B_1 附近而言）。显然，这一方向近似于目标函数的负梯度方向（从而可知这一方法为近似最速下降法）。现假定在第二个基点 B_2 附近进行类似的探索，其结果可能和在 B_1 处的情形相同，故略去这步探索而把第一个模矢加长一倍（即所谓加速）。现设其端点 T_{20} 是第二个模矢的终点（下一步迭代的初始临时矢点），这样 $B_2 T_{20}$ 就构成了假定的第二个模矢。然后，在 T_{20} 附近进行如上类似的探索，得出新的最好的点——第三个基点 B_3。据此修改假定的第二个模矢，使它的起点为 B_2，终点为 B_3。其后，再把第二个模矢，延长一倍……如此继续进行探索和加速，即可得到越来越好的目标函数下降点（见图6-17）。如果探索进行到某一步时得不出新的下降点，则应缩小步长以进行更精细的探索。当步长以缩小到某一精度要求，但仍得不到新的下降点时，即可将该点作为所求的近似极小点，就此停止迭代。

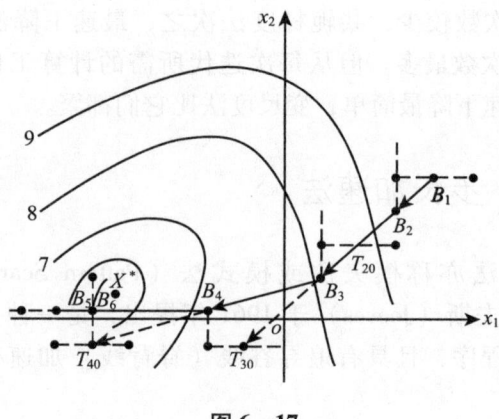

图 6-17

图 6-17 示出了一个在二维空间中用模矢法探求极小点 X^* 的例子。该例从初始基点 B_1 开始，用模矢法相继得出基点 $B_2 B_3 B_4$ 和 B_5。这时如不缩小步长，就得不出新的基点（图中的基点 B_5 和 B_6 是同一个点）。

2. 计算步骤

根据上述分析，现将用模矢法求解无约束极值问题式（6-38）的计算步骤总结如下。

（1）任选初始近似点 B_1，以它为初始基点进行探索。

（2）为每一独立变量 $X_i(i=1, 2, \cdots, n)$ 选定步长

$$\Delta_i = \begin{bmatrix} 0 \\ \vdots \\ 0 \\ \delta_i \\ 0 \\ \vdots \\ 0 \end{bmatrix} \leftarrow 第\ i\ 个分量 \qquad (6-79)$$

上式中 Δ_i 为第 i 个分量是 δ_i，而其他所有分量均为零的向量。

（3）算出初始基点 B_1 的目标函数值 $f(B_1)$，考虑点 $B_1 + \Delta_1$，若 $f(B_1 + \Delta_1) < f(B_1)$，就以 $B_1 + \Delta_1$ 为临时矢点，并记为 T_{11}。这里的第一个下标表示现在是建立第一个模矢，第二个下标表示变量 x_1 已被摄动。若 $B_1 + \Delta_1$ 不比 B_1 点好，就试验 $B_1 - \Delta_1$，如果它比 B_1 点好，就以它比临时矢点，否则，以 B_1 为临时点。即

$$T_{11} = \begin{cases} B_1 + \Delta_1, & \text{若} f(B_1 + \Delta_1) < f(B_1) \\ B_1 - \Delta_1, & \text{若} f(B_1 - \Delta_1) < f(B_1) \leqslant f(B_1 + \Delta_1) \\ B_1, & \text{若} f(B_1) \leqslant \min[f(B_1 + \Delta_1), f(B_1 - \Delta_1)] \end{cases}$$
(6-80)

对于下一个独立变量 x_2 进行类似的摄动，这时，用临时矢点 T_{11} 代替原来的基点 B_1。一般地，

$$T_{1,j+1} = \begin{cases} T_{1j} + \Delta_{j+1}, & \text{若} f(T_{1j} + \Delta_{j+1}) < f(T_{1j}) \\ T_{1j} - \Delta_{j+1}, & \text{若} f(T_{1j} - \Delta_{j+1}) < f(T_{1j}) \leqslant f(T_{1j} + \Delta_{j+1}) \\ T_{1j}, & \text{若} f(T_{1j}) \leqslant \min[f(T_{1j} + \Delta_{j+1})], f(T_{1j} - \Delta_{j+1}) \end{cases}$$
(6-81)

上式中，$0 \leqslant j \leqslant n-1$，$T_{10} = B_1$。

n 个变量都摄动之后，得临时矢点 T_{1n}，并令

$$T_{1n} = B_2 \tag{6-82}$$

原来的基点 B_1 和新基点 B_2 确定了第一个模矢。

（4）将第一个模矢延长一倍，得第二个模矢的初始临时矢点 T_{20}

$$T_{20} = B_1 + 2(B_2 - B_1) = 2B_2 - B_1 \tag{6-83}$$

（5）在 T_{20} 附近进行和上面类似的探索，建立临时矢点 T_{21}，T_{22}，…，T_{2n}，以 T_{2n} 为第三个基点 B_3。这样，B_2，B_3 就确立了第二个模矢。第三个模矢的初始临时矢点为

$$T_{30} = B_2 + 2(B_3 - B_2) = 2B_3 - B_2$$

注意，如上述进行探索时，若在一个方向上重复见效，就会使模矢增长，这一点可由下式看出：

$$B_3 - B_2 = 2(T_{20} - B_2) = 2(B_2 - B_1) \tag{6-84}$$

（6）继续上述过程。对于第 i 个模矢，如果

$$f(T_{i0}) < f(B_i)$$

但沿各坐标方向的所有设动均得不出比 T_{i0} 更好的点，则以 T_{i0} 为 B_{i+1}，而且不把这个模矢延长。

若 $f(T_{i0}) \geqslant f(B_i)$，且由 T_{i0} 产生不出比 B_i 更好的点，则应退回到 B_i，并在 B_i 附近进行探索。如能得出新的下降点，即可引出新的模矢；否则，将步长缩小，以进行更精细的探查。当步长缩小到要求的精度时，即可停止迭代。

对于比较复杂的目标函数，为了防止把局部极值误认为全局最优值，应分区域进行探查，并从各区域搜索得到的局部极值和极值点中选取最优者；或者从任意选取的不同点开始，至少引入两个独立的搜索，如果它们都收敛于同一个点，则这个点作为最优点的把握就大大增加了。

第 7 章 约束极值问题

实际工作中遇到的大多数极值问题,其变量的取值多受到一定限制,这种限制由约束条件来体现。带有约束条件的极值问题称为约束极值问题,也叫规划问题。非线性规划的一般形式为

$$\begin{cases} \min f(X) \\ h_i(x) = 0, \; i = 1, 2, \cdots, m \\ g_j(x) \geqslant 0, \; j = 1, 2, \cdots, l \end{cases} \quad (7-1)$$

或

$$\begin{cases} \min f(X) \\ g_j(x) \geqslant 0, \; j = 1, 2, \cdots, l \end{cases} \quad (7-2)$$

问题 (7-2) 也常写成

$$\begin{cases} \min f(X), \; x \in R \subset E^n \\ R = \{X \mid g_j(x) \geqslant 0, \; j = 1, 2, \cdots, l\} \end{cases} \quad (7-3)$$

求解约束极值问题要比求解无约束极值问题困难得多。对极小化问题来说,除了要使目标函数在每次迭代有所下降之外,还要时刻注意解的可行性问题(某些算法除外),这就给寻优工作带来了很大困难。为了实际求解和(或)简化其优化工作,可采用以下方法:将约束问题化为无约束问题;将非线性规划问题化为线性规划问题,以及能将复杂问题变化为较简单问题的其他方法。

7.1 最优性条件

7.1.1 起作用约束和可行下降方向的概念

现考虑上述一般非线性规划,假定 $f(x)$、$h_i(x)$ 和 $g_j(x)$ ($i = 1$,

$2, \cdots, m; j = 1, 2, \cdots, l$) 具有一阶连续偏导数。

设 $X^{(0)}$ 是非线性规划的一个可行解，它当然满足所有约束。现考虑某一不等式 $g_j(x) \geq 0$，$X^{(0)}$ 满足它有两种可能：其一为 $g_j(x^{(0)}) > 0$，这时，点 $X^{(0)}$ 不是处于由这一约束条件是形成的可行域边界上，因而这一约束对 $X^{(0)}$ 点的微小摄动不起限制作用，从而称这个约束条件是 $X^{(0)}$ 点不起作用约束（或无效约束）；其二是 $g_j(X^{(0)}) = 0$，这时 $X^{(0)}$ 点处于该约束条件形成的可行域边界上，它对 $X^{(0)}$ 的摄动起到了某种限制作用，故称这个约束是 $X^{(0)}$ 点的起作用约束（有效约束）。

显而易见，等式约束对所有可行点来说都是起作用约束。

假定 $X^{(0)}$ 是非线性规划式（7-3）的一个可行点，现考虑此点的某一方向 D，若存在实数 $\lambda_0 > 0$，使对任意 $\lambda \in [0, \lambda_0]$ 均有

$$X^{(0)} + \lambda D \in R \tag{7-4}$$

就称方向 D 是 $X^{(0)}$ 点的一个可行方向。

若 D 是可行点 X^0 处的任一可行方向（见图 7-1），则对该点的所有起作用约束 $g_j(X) \geq 0$ 均有

$$\nabla g_j(X^{(0)})^T D \geq 0, j \in J \tag{7-5}$$

其中 J 为这个点所有起作用约束下标的集合。

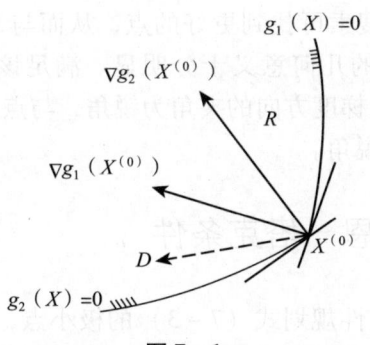

图 7-1

另一方面，由泰勒公式 $g_j(x^{(0)} + \lambda D) = g_j(x^{(0)}) + \lambda \nabla g_j(X^{(0)})^T D + o(\lambda)$，对所有起作用约束，当 $\lambda > 0$ 足够小时，只要

$$\nabla g_j(X^{(0)})^T D > 0, j \in J \tag{7-6}$$

就有

$$g_j(X^{(0)} + \lambda D) \geq 0, j \in J$$

此外，对 $x^{(0)}$ 点的不起作用约束，由约束函数的连续性，当 $\lambda > 0$ 足够小时亦有上式成立。从而，只要方向 D 满足式（7-6），即可保证它是 $x^{(0)}$ 点的可行方向。

考虑非线性规划的某一可行点 $x^{(0)}$，对该点的任一方向 D 来说，

若存在实数 $\lambda'_0 > 0$，使对任意 $\lambda \in [0, \lambda'_0]$ 均有 $f(X^{(0)} + \lambda D) < f(X^{(0)})$，就称方向 D 必为 $X^{(0)}$ 点的一个下降方向。

将目标函数 $f(X)$ 在点 $X^{(1)}$ 处作一阶泰勒展开，可知满足条件
$$\nabla f(X^{(0)})^T D < 0 \qquad (7-7)$$
的方向 D 必为 $X^{(0)}$ 点的下降方向。

如果方向 D 既是 $X^{(0)}$ 点的可行方向，又是这个点的下降方向，就称它是该点的可行下降方向。假如 $X^{(0)}$ 点不是极小点，继续寻优时的搜索方向就应从该点的可行下降方向中去找。显然，若某点存在可行下降方向，它就不会是极小点，另一方面，若某点为极小点，则在该点不存在可行下降方向。

定理 1：设 X^* 是非线性规划式 (7-3) 的一个局部极小点，目标函数 $f(X)$ 在 X^* 处可微，而且

$g_j(X)$ 在 X^* 处可微，当 $j \in J$

$g_j(X)$ 在 X^* 处连续，当 $j \notin J$

则在 X^* 点不存在可行下降方向，从而不存在向量 D 同时满足：
$$\begin{cases} \nabla f(X^*)^T D < 0 \\ \nabla g_j(X^*)^T D > 0, \quad j \in J \end{cases} \qquad (7-8)$$

这个定理显然是成立的。事实上，若存在满足式 (7-8) 的方向 D，则沿该方向搜索可找到更好的点，从而与 X^* 为极小点的假设矛盾。式 (7-8) 的几何意义十分明显。满足该条件的方向 D，与点 X^* 处目标函数负梯度方向的夹角为锐角，与点 X^* 处起作用约束梯度方向的夹角也为锐角。

7.1.2 库恩—塔克条件

假定 X^* 是非线性规划式 (7-3) 的极小点，该点可能位于可行域的内部，也可能处于可行域的边界上。若为前者，这事实上是个无约束问题，X^* 必满足条件 $\nabla f(X^*) = 0$；若为后者，情况就复杂得多了，现在我们来讨论后一种情形。

不失一般性，设 X^* 位于第一个约束条件形成的可行域边界上，即第一个约束条件是 X^* 点的起作用约束 ($g_1(X^*) = 0$)。若 X^* 是极小点，则 $\nabla g_1(X^*)$ 必与 $-\nabla f(X^*)$ 在一条直线上且方向相反（我们在这里假定向量 $\nabla g_1(X^*)$ 和 $\nabla f(X^*)$ 皆不为零）。否则，在该点就一定存在可行下降方向（见图 7-2 中的 X^* 点为极小点；X 点不满足上述要求，它不是极小点，角度 β 表示了该点可行下降方向的范围）。上面的论述说明，在上述条件下，存在实数 $\gamma_1 \geq 0$，使

$$\nabla f(X^*) - \gamma_1 \nabla g_1(X^*) = 0$$

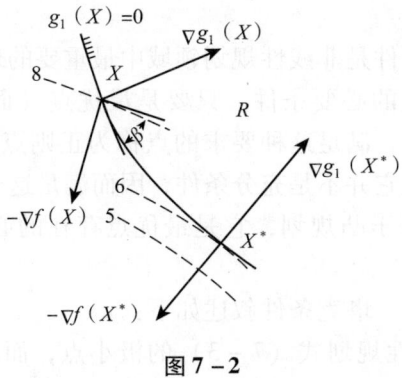

图 7-2

若 X^* 点有两个起作用约束，例如说有 $g_1(X^*)=0$ 和 $g_2(X^*)=0$。在这种情况下，$\nabla f(X^*)$ 必处于 $\nabla g_1(X^*)$ 和 $\nabla g_2(X^*)$ 的夹角之内。如若不然，在 X^* 点必有可行下降方向，它就不会是极小点（见图 7-3）。由此可见，如果 X^* 是极小点，而且 X^* 点的起作用约束条件的梯度 $\nabla g_1(X^*)$ 和 $\nabla g_2(X^*)$ 线性无关，则可将 $\nabla f(X^*)$ 表示成 $\nabla g_1(X^*)$ 和 $\nabla g_2(X^*)$ 的非负线性组合。也就是说，在这种情况下存在实数 $\gamma_1 \geq 0$ 和 $\gamma_2 \geq 0$，使

$$\nabla f(X^*) - \gamma_1 \nabla g_1(X^*) - \gamma_2 \nabla g_2(X^*) = 0$$

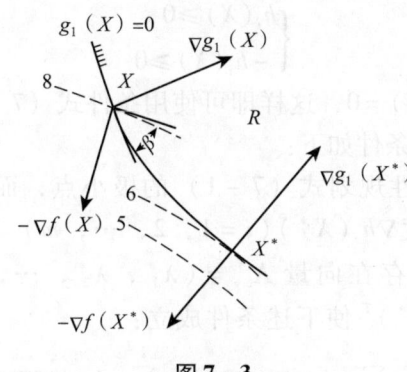

图 7-3

如上类推，可以得到

$$\nabla f(X^*) - \sum_{j \in J} \gamma_j \nabla g_j(X^*) = 0 \qquad (7-9)$$

为了把不起作用约束也包括进式（7-9）中，增加条件

$$\begin{cases} \gamma_j g_j(X^*) = 0 \\ \gamma_j \geq 0 \end{cases}$$

当 $g_j(X^*) = 0$ 时，γ_j 可不为零；当 $g_j(X^*) \neq 0$ 时，必有 $\gamma_j = 0$。如此即可得到著名的库恩—塔克（Kuhn - Tucker，简写为 K - T）

条件。

库恩—塔克条件是非线性规划领域中最重要的理论成果之一，是确定某点为最优点的必要条件。只要是最优点（而且该点起作用约束的梯度线性无关，满足这种要求的点称为正则点），就必须满足这个条件。但一般说它并不是充分条件，因而满足这个条件的点并不一定就是最优点（对于凸规划，它是最优点存在的必要条件同时也是充分条件）。

现在可将库恩—塔克条件叙述如下：

设 X^* 是非线性规划式（7-3）的极小点，而且在 X^* 点的各起作用约束的梯度线性无关，则存在向量 $\Gamma^* = (\gamma_1^*, \gamma_2^*, \cdots, \gamma_3^*)^T$，使下述条件成立：

$$\begin{cases} \nabla f(X^*) - \sum_{j=1}^{l} \gamma_j^* \nabla g_j(X^*) = 0 \\ \gamma_j^* g_j(X^*) = 0, j = 1, 2, \cdots, l \\ \gamma_j^* \geq 0, j = 1, 2, \cdots, l \end{cases} \quad (7-10)$$

条件式（7-10）常简称为 K-T 条件。满足这个条件的点（它当然也满足非线性规划的所有约束条件）称为库恩—塔克点（或 K-T 点）。

为了得出非线性规划式（7-1）的库恩—塔克条件，我们用

$$\begin{cases} h_i(X) \geq 0 \\ -h_i(X) \geq 0 \end{cases}$$

代替约束条件 $h_i(X) = 0$，这样即可使用条件式（7-10），从而得到这时的库恩—塔克条件如下：

设 X^* 是非线性规划式（7-1）的极小点，而且 X^* 点的所有起作用约束的梯度 $\nabla h_i(X^*)(i=1, 2, \cdots, m)$ 和 $\nabla g_j(X^*)(j \in J)$ 线性无关，则存在向量 $\Lambda^* = (\lambda_1^*, \lambda_2^*, \cdots, \lambda_m^*)^T$ 和 $\Gamma^* = (\gamma_1^*, \gamma_2^*, \cdots, \gamma_l^*)^T$ 使下述条件成立：

$$\begin{cases} \nabla f(X^*) - \sum_{i=1}^{m} \lambda_i^* \nabla h_i(X^*) - \sum_{j=1}^{l} \gamma_j^* \nabla g_j(X^*) = 0 \\ \gamma_j^* g_j(X^*) = 0, j = 1, 2, \cdots, l \\ \gamma_j^* \geq 0, j = 1, 2, \cdots, l \end{cases} \quad (7-11)$$

当然，满足条件式（7-11）的点也称为库恩—塔克点。

在条件式（7-10）和式（7-11）中，$\lambda_1^*, \lambda_2^*, \cdots, \lambda_m^*$ 以及 $\gamma_1^*, \gamma_2^*, \cdots, \gamma_l^*$ 称为广义拉格朗日（Lagrange）乘子。

例1：用库恩—塔克条件解非线性规则划

$$\begin{cases} \min f(x) = (x-3)^2 \\ 0 \leq x \leq 5 \end{cases}$$

解：先将该非线性规划问题写成以下形式

$$\begin{cases} \min f(x) = (x-3)^2 \\ g_1(x) = x \geq 0 \\ g_2(x) = 5 - x \geq 0 \end{cases}$$

写出目标函数和约束函数的梯度：

$$\nabla f(x) = 2(x-3)$$
$$\nabla g_1(x) = 1, \ \nabla g_2(x) = -1$$

对第一个和第二个约束条件分别引入广义拉格朗日乘子 γ_1^* 和 γ_2^*，设 K-T 点为 x^*，则可写出该问题的 K-T 条件如下：

$$\begin{cases} 2(x^*-3) - \gamma_1^* + \gamma_2^* = 0 \\ \gamma_1^* x^* = 0 \\ \gamma_2^* (5 - x^*) = 0 \\ \gamma_1^*, \gamma_2^* \geq 0 \end{cases}$$

为解上述方程组，考虑以下几种情形：

(1) 令 $\gamma_1^* \neq 0$，$\gamma_2^* \neq 0$，无解。

(2) 令 $\gamma_1^* \neq 0$，$\gamma_2^* \neq 0$，解之，得 $x^* = 0$，$\gamma_1^* = -6$，不是 K-T 点。

(3) 令 $\gamma_1^* = 0$，$\gamma_2^* \neq 0$，解之，得 $x^* = 5$，$\gamma_2^* = -4$，不是 K-T 点。

(4) 令 $\gamma_1^* = 0$，$\gamma_2^* = 0$，解之，得 $x^* = 3$，此为 K-T 点，其目标函数值 $f(\chi^*) = 0$。

由于该非线性规划问题为凸规划，故 $x^* = 3$ 就是其全局极小点，该点是可行域的内点，它也可直接由梯度等于零的条件求出。

7.2 二次规划

若某非线性规划的目标函数为自变量 X 的二次函数，约束条件又全是线性的，就称这种规划为二次规划。二次规划是非线性规划中比较简单的一类，它较容易求解。由于很多方面的问题都可以抽象成二次规划的模型，而且它和线性规划又有直接关系，因而此处专门提出来简要做一说明。

二次规划的数学模型课表述如下：

$$\begin{cases} \min f(x) = \sum_{j=1}^{n} c_j x_j + \frac{1}{2} \sum_{j=1}^{n} \sum_{k=1}^{n} c_{jk} x_j x_k & (7-12) \\ c_{jk} = c_{kj}, \ k = 1, 2, \cdots, n \\ \sum_{j=1}^{n} a_{ij} x_j + b_i \geq 0, \ i = 1, 2, \cdots, m & (7-13) \\ x_j \geq 0, \ j = 1, 2, \cdots, n & (7-14) \end{cases}$$

式（7-12）右端的第二项为二次型。如果该二次型正定（或半正定），则目标函数为严格凸函数（或凸函数）；此外，二次规划的可行域为凸集，因而，上述规划属于凸规划（在极大化问题中，如果上述二次型为负定或半定，则也属于凸规划）。在第6章中已经指出，凸规划的局部极值即为全局极值。对于这种问题来说，库恩—塔克条件不但是极值点存在的必要条件，而且也是充分条件。

将库恩—塔克条件式（7-10）中的第一个条件应用于二次规划式（7-12）~式（7-14），并用 y 代替库恩—塔克条件中的 γ，即可得到

$$-\sum_{k=1}^{n} c_{jk} x_k + \sum_{i=1}^{m} a_{ij} y_{n+i} + y_j = c_j, \ j = 1, 2, \cdots, n \quad (7-15)$$

在式（7-13）中引入松弛变量 x_{n+i}，式（7-13）即变为（假定 $b_i \geq 0$）

$$\sum_{j=1}^{n} a_{ij} x_j - x_{n+i} + b_i = 0 \quad i = 1, 2, \cdots, m \quad (7-16)$$

再将库恩—塔克条件中的第二个条件应用于上述二次规划，并考虑到式（7-16），这就得到

$$x_j y_j = 0, \ j = 1, 2, \cdots, n+m \quad (7-17)$$

此外还有

$$x_j \geq 0, \ y_j \geq 0, \ j = 1, 2, \cdots, n+m \quad (7-18)$$

联立求解式（7-15）和式（7-16），如果得到的解也满足式（7-17）和式（7-18），则这样的解就是原二次规划问题的解。但是在式（7-15）中，c_j 可能为正，也可能为负。为了便于求解，先引入人工变量 $z_j(z_j \geq 0)$，其前面的符号可取正或负，以便得出可行解，这样式（7-15）就变成了

$$\sum_{i=1}^{m} a_{ij} y_{n+i} + y_j - \sum_{k=1}^{n} c_{jk} x_k + \mathrm{sgn}(c_j) z_j = c_j \quad j = 1, 2, \cdots, n$$

$$(7-19)$$

其中 $\mathrm{sgn}(c_j)$ 为符号函数，当 $c_j \geq 0$ 时，$\mathrm{sgn}(c_j) = 1$；$c_j < 0$ 时 $\mathrm{sgn}(c_j) = -1$。这样一来，可立刻得到初始基本可行解如下：

$$\begin{cases} z_j = \text{sgn}(c_j)c_j, & j = 1, 2, \cdots, n \\ x_{n+i} = b_i & i = 1, 2, \cdots, m \\ x_j = 0 & j = 1, 2, \cdots, n \\ y_j = 0 & j = 1, 2, \cdots, n+m \end{cases}$$

但是，只有当 $z_j = 0$ 时才能得到原来问题的解，故必须对上述问题进行修正，从而得到如下线性规划问题：

$$\begin{cases} \min \phi(z) = \sum_{j=1}^{n} z_j \\ \sum_{i=1}^{m} c_{ij}y_{n+i} + y_j - \sum_{k=1}^{n} c_{jk}x_k + \text{sgn}(c_j)z_j = c_j, & j = 1, 2, \cdots, n \\ \sum_{j=1}^{n} a_{ij}x_j - x_{n+i} + b_i = 0 & j = 1, 2, \cdots, m \\ x_j \geq 0 & j = 1, 2, \cdots, n+m \\ y_j \geq 0 & j = 1, 2, \cdots, n+m \\ z_j \geq 0 & j = 1, 2, \cdots, n \end{cases}$$

(7 - 20)

该线性规划尚应满足式 (7 - 17)，这相当于说，不能使 x_j 和 y_j（对每一个 j）同时为基变量。解线性规划式 (7 - 20)，若得到最优解：

$$x_1^*, x_2^*, \cdots, x_{n+m}^*, y_1^*, y_2^*, \cdots, y_{n+m}^*, z_1 = 0, z_2 = 0, \cdots, z_n = 0$$

则 $(x_1^*, x_2^*, \cdots, x_n^*)$ 就是原二次规划问题的最优解。

例 2：求解二次规划

$$\begin{cases} \max f(x) = 8x_1 + 10x_2 - x_1^2 - x_2^2 \\ 3x_1 + 2x_2 \leq 6 \\ x_1, x_2 \geq 0 \end{cases}$$

解：将上述二次规划改写为

$$\begin{cases} \min f(x) = x_1^2 + x_2^2 - 8x_1 - 10x_2 = \frac{1}{2}(2x_1^2 + x_2^2) - 8x_1 - 10x_2 \\ 6 - 3x_1 - 2x_2 \geq 0 \\ x_1 \geq 0, x_2 \geq 0 \end{cases}$$

可知目标函数为严格凸函数。此外

$$c_1 = -8, c_2 = -10, c_{11} = 2, c_{22} = 2,$$
$$c_{12} = c_{21} = 0, b_1 = 6, a_{11} = -3, a_{12} = -2$$

由于 c_1 和 c_2 小于零，故引入的人工变量 z_1 和 z_2 前面取负号，这样就得到线性规划问题如下：

$$\begin{cases} \min\varphi(Z) = z_1 + z_2 \\ -3y_3 + y_1 - 2x_1 - z_1 = -8 \\ -2y_3 + y_2 - 2x_2 - z_2 = -10 \\ -3x_1 - 2x_2 - x_3 + 6 = 0 \\ x_1, x_2, x_3, y_1, y_2, y_3, z_1, z_2 \geq 0 \end{cases}$$

或

$$\begin{cases} \min\varphi(Z) = z_1 + z_2 \\ 2x_1 + 3y_3 - y_1 + z_1 = 8 \\ 2x_2 + 2y_3 - y_2 + z_2 = 10 \\ 3x_1 + 2x_2 + x_3 = 6 \\ x_1, x_2, x_3, y_1, y_2, y_3, z_1, z_2 \geq 0 \end{cases}$$

此外尚应满足

$$x_j y_j = 0, \quad j = 1, 2, 3$$

用线性规划的单纯形法解之（注意，在转换过程中应满足条件 $x_j y_j = 0$），得该线性规划问题的解如下：

$$x_1 = 4/13, \ x_2 = 33/13, \ x_3 = 0, \ y_1 = 0,$$
$$y_2 = 0, \ y_3 = 32/13, \ z_1 = 0, \ z_2 = 0$$

由此得到原二次规划问题的解为

$$x_1^* = 4/13, \ x_2^* = 33/13, \ f(x^*) = 21.3$$

可以验证，

$$x_1^* = 4/13, \ x_2^* = 33/13, \ \gamma_1^* = 0, \ \gamma_2^* = 0$$

以及 $\gamma_3^* = 32/13$ 满足库恩—塔克条件。

7.3 可行方向法

现考虑非线性规划式 (7-3)，设 $X^{(k)}$ 是它的一个可行解，但不是要求的极小点。为了求它的极小点，或近似极小点，根据以前所说，应在 $X^{(k)}$ 点的可行下降方向中选取某一方向 $D^{(k)}$，并确定步长 λ_k，使

$$X^{(k+1)} = X^{(k)} + \lambda_k D^{(k)} \in R$$
$$f(X^{(k+1)}) < f(X^{(k)}) \tag{7-21}$$

若满足精度要求，迭代停止，$X^{(k+1)}$ 就是所要的点。否则，从 $X^{(k+1)}$ 出发继续进行迭代，直到满足要求为止。上述这种方法称为可行方向法，它具有下述特点：迭代过程中所采用的搜索方向为可行方向，所产生的迭代点列 $\{X^{(k)}\}$ 始终在可行域内，目标函数值单调下

降。由此可见，很多方法都可以归入可行方向法一类。但我们通常所说的可行方法，一般指的是 Zoutendijk 在 1960 年提出的算法及其变形，下面就来说明 Zoutendijk 的可行方向法。

设 $X^{(k)}$ 点的起作用约束集非空，为求 $X^{(k)}$ 点的可行下降方向，可由下述不等式组确定向量 D：

$$\nabla f(X^{(k)})^T D < 0$$
$$\nabla g_j(X^{(k)})^T D > 0 \quad j \in J \tag{7-22}$$

这等价于由下面的不等式组求向量 D 和实数 η：

$$\begin{cases} \nabla f(X^{(k)})^T D \leq \eta \\ -\nabla g_j(X^{(k)})^T D \leq \eta, \quad j \in J \\ \eta < 0 \end{cases} \tag{7-23}$$

现使 $\nabla f(X^{(k)})^T$ 和 $-\nabla g_j(X^{(k)})^T D$（对所有 $j \in J$）的最大值极小化（必须同时限制向量 D 的模），即可将上述选取搜索方向的工作，转换为求解下述线性规划问题：

$$\begin{cases} \min \eta \\ \nabla f(X^{(k)})^T D \leq \eta \\ -\nabla g_j(X^{(k)})^T D \leq \eta, \quad j \in J(X^{(K)}) \\ -1 \leq d_i \leq 1, \quad i = 1, 2, \cdots, n \end{cases} \tag{7-24}$$

式中 $d_i(i=1,2,\cdots,n)$ 为向量 D 的分量。在式（7-24）中加入最后一个限制条件，为的使该线性规划有有限最优解；由于我们的目的在于寻找搜索方向 D，只需知道 D 的各分量的相对大小即可。

将线性规划式（7-24）的最优解记为 $(D^{(k)}, \eta_k)$，如果求出的 $\eta_k = 0$，说明在 $X^{(k)}$ 点不存在可行下降方向，在 $\nabla g_j(X^{(k)})$（此处 $j \in J(X^{(k)})$）线性无关的条件下，$X^{(k)}$ 为 K—T 点。若解出的 $\eta_k < 0$，则得到可行下降方向 $D^{(k)}$，这就是我们所要的搜索方向。

上述可行方向法的迭代步骤如下：

（1）确定允许误差 $\varepsilon_1 > 0$ 和 $\varepsilon_2 > 0$，选初始近似点 $X^{(0)} \in R$，并令 $k = 0$。

（2）确定起作用约束指标集

$$J(X^{(k)}) = \{j \mid g_j(X^{(k)}) = 0, 1 \leq j \leq l\}$$

①若 $J(X^{(k)}) = \varnothing$（$\varnothing$ 为空集），而且 $\|\nabla f(X^{(k)})\|^2 \leq \varepsilon_1$，停止迭代，得点 $(X^{(k)})$。

②若 $J(X^{(k)}) = \varnothing$，但 $\|\nabla f(X^{(k)})\|^2 \leq \varepsilon_1$，则取搜索方向 $D^{(k)} = -\nabla f(X^{(k)})$，然后转向第（5）步。

③若 $J(X^{(k)}) \neq \varnothing$，转下一步。

（3）求解线性规划

$$\begin{cases} \min \eta \\ \nabla f(X^{(k)})^T D \leq \eta \\ -\nabla g_j(X^{(k)})^T D \leq \eta, \quad j \in J(X^{(K)}) \\ -1 \leq d_i \leq 1, \quad i = 1, 2, \cdots, n \end{cases}$$

设它的最优解是 $(D^{(k)}, \eta_k)$。

（4）检验是否满足

$$|\eta_\kappa| \leq \varepsilon_2$$

若满足则停止迭代，得到点 $X^{(k)}$；否则，以 $D^{(K)}$ 为搜索方向，并转下一步。

（5）解下述一维极值问题

$$\lambda_k \min_{0 \leq \lambda \leq \bar{\lambda}} f(X^{(k)} + \lambda D^{(k)})$$

$$\bar{\lambda} = \max\{\lambda \mid g_j(X^{(k)} + \lambda D^{(k)}) \geq 0, j = 1, 2, \cdots, l\}$$

（6）令

$$X^{(k+1)} = X^{(k)} + \lambda_k D^{(k)}$$
$$k = k + 1$$

转回第（2）步。

例3：用可行方向法解下述非线性规划问题

$$\begin{cases} \max f(X) = 4x_1 + 4x_2 - x_1^2 - x_2^2 \\ x_1 + 2x_2 \leq 4 \end{cases}$$

解：先将该非线性规划问题写成

$$\begin{cases} \min f(X) = -4x_1 - 4x_2 + x_1^2 + x_2^2 \\ g_1(X) = -x_1 - 2x_2 + 4 \geq 0 \end{cases}$$

取初始可行点 $X^{(0)} = (0, 0)^T$, $f(X^{(0)}) = 0$

$$\nabla f(X) = \begin{pmatrix} 2x_1 - 4 \\ 2x_2 - 4 \end{pmatrix}, \quad \nabla f(X^{(0)}) = \begin{pmatrix} -4 \\ -4 \end{pmatrix}$$

$$\nabla g_1(x) = (-1, -2)^T$$

$g_1(X^{(0)}) = 4 > 0$ 从而 $J(X^{(0)}) = \emptyset$（空集）。由于

$$\|\nabla f(X^{(0)})\|^2 = (-4)^2 + (-4)^2 = 32$$

所以 $(X^{(0)})$ 不是（近似）极小点。现取搜索方向

$$D^{(0)} = -\nabla f(X^{(0)}) = (4, 4)^T$$

从而

$$X^{(1)} = X^{(0)} + \lambda D^{(0)} = \begin{pmatrix} 0 \\ 0 \end{pmatrix} + \lambda \begin{pmatrix} 4 \\ 4 \end{pmatrix} = \begin{pmatrix} 4\lambda \\ 4\lambda \end{pmatrix}$$

将其代入约束条件，并令 $g_1(X^{(0)}) = 0$，解得 $\bar{\lambda} = 1/3$。

$$f(X^{(1)}) = -16\lambda - 16\lambda + 16\lambda^2 + 16\lambda^2 = 32\lambda^2 - 32\lambda$$

令 $f(X^{(1)})$ 对 λ 的导数等于零，解得 $\lambda = 1/2$。因 λ 大于 $\bar{\lambda}$（$\bar{\lambda} =$

$1/3$),故取 $\lambda_0 = \bar{\lambda} = 1/3$。

$$X^{(1)} = \left(\frac{4}{3}, \frac{4}{3}\right)^T, f(X^{(1)}) = -\frac{64}{9}$$

$$\nabla f X^{(1)} = \left(-\frac{4}{3}, -\frac{4}{3}\right)^T, g_1(X^{(1)}) = 0$$

现构成下述线性规划问题：

$$\begin{cases} \min \eta \\ -\dfrac{4}{3}d_1 - \dfrac{4}{3}d_2 \leq \eta \\ d_1 + 2d_2 \leq \eta \\ -1 \leq d_1 \leq 1, \quad -1 \leq d_2 \leq 1 \end{cases}$$

为便于用单纯形法求解，令

$$y_1 = d_1 + 1, \quad y_2 = d_2 + 1, \quad y_3 = -\eta$$

从而得到：

$$\begin{cases} \min(-y_3) \\ \dfrac{4}{3}y_1 + \dfrac{4}{3}y_2 - y_3 \geq \dfrac{8}{3} \\ y_1 + 2y_2 + y_3 \leq 3 \\ y_1 \leq 2 \\ y_2 \leq 2 \\ y_1, y_2, y_3 \geq 0 \end{cases}$$

引入剩余变量 y_4、松弛变量 $y_5 y_6$ 和 y_7 以及人工变量 y_8，得线性规划问题如下：

$$\begin{cases} \min(-y_3 + My_8) \\ \dfrac{4}{3}y_1 + \dfrac{4}{3}y_2 - y_3 - y_4 + y_8 = \dfrac{8}{3} \\ y_1 + 2y_2 + y_3 + y_5 = 3 \\ y_1 + y_6 = 2 \\ y_2 + y_7 = 2 \\ y_j \geq 0, \quad j = 1, 2, \cdots, 8 \end{cases}$$

其最优解为：$y_1 = 2$，$y_2 = 3/10$，$y_3 = 4/10$，$y_4 = y_5 = y_6 = 0$，$y_7 = 17/10$

从而得到，$\eta = -y_3 = -4/10$，搜索方向

$$D^{(1)} = \begin{pmatrix} d_1 \\ d_2 \end{pmatrix} = \begin{pmatrix} y_1 - 1 \\ y_2 - 1 \end{pmatrix} = \begin{pmatrix} 1.0 \\ -0.7 \end{pmatrix}$$

由此

$$X^{(2)} = X^{(1)} + \lambda D^{(1)} = \begin{pmatrix} 4/3 + \lambda \\ 4/3 - 0.7\lambda \end{pmatrix}$$

$$f(X^{(2)}) = 1.49\lambda^2 - 0.4\lambda - 7.111$$

令 $\dfrac{df(x^{(2)})}{d\lambda} = 0$ 得到 $\lambda = 0.134$。现暂用该步长，算出。

$$x^{(2)} = \begin{pmatrix} 4/3 + 0.134 \\ 4/3 - 0.7 \times 0.134 \end{pmatrix} = \begin{pmatrix} 1.467 \\ 1.239 \end{pmatrix}$$

因 $g_1(X^{(2)}) = 0.055 > 0$，上面算出的 $X^{(2)}$ 为可行点，说明选取 $\lambda_1 = 0.134$ 正确。

继续迭代下去，可得最优解 $X^* = (1.6, 1.2)^T$，$f(X^*) = -7.2$。

原来问题的最优解不变，其目标函数值

$$\bar{f}(X^*) = -f(X^*)^T = 7.2$$

7.4 制约函数法

本节介绍求解非线性规划问题的制约函数法。使用这种方法，可将非线性规划问题的求解，转化为求解一系列无约束极值问题，因而也称这种方法为序列无约束极小化技术，简记为 SUMT（sequential unconstrained minimization technique）。常用的制约函数基本上有两类：一类是惩罚函数（或称罚函数）（penalty function）；另一类是障碍函数（barrier function），对应于这两种函数，SUMT 有外点法和内点法。

7.4.1 外点法

考虑非线性规划问题式（7-3），为求其最优解，构造一个函数

$$\psi(t) = \begin{cases} 0, & \text{当 } t \geq 0 \\ \infty, & \text{当 } t < 0 \end{cases} \quad (7-25)$$

现把 $g_j(X)$ 视为 t，显然当 $X \in R$ 时，$\psi(g_j(X)) = 0$，$j = 1, 2, \cdots, l$；当 $X \notin R$ 时 $\psi(g_j(X)) = \infty$。再构造函数

$$\varphi(X) = f(X) + \sum_{j=1}^{l} \psi(g_j(X)) \quad (7-26)$$

现求解无约束问题

$$\min \varphi(X) \quad (7-27)$$

若该问题有解，假定其解为 X^*，则由式（7-25）应有 $\psi(g_j(X^*)) = 0$。这就是说点 $X^* \in R$。因而，不仅是问题式（7-27）的极小解，它也是原问题式（7-3）的极小解。这样一来，就把有约束问题式（7-3）的求解化成了求解无约束问题式（7-27）。但是，用上述方法构造的函数 $\psi(t)$ 在 $t=0$ 处不连续，更没有导数。为此，

将该函数修改为

$$\psi(t) = \begin{cases} 0, & \text{当 } t \geq 0 \\ t^2, & \text{当 } t < 0 \end{cases} \qquad (7-28)$$

修改后的函数 $\psi(t)$，当 $t=0$ 时，导数等于零，而且 $\psi(t)$ 和 $\psi'(t)$ 对任意 t 都连续。当 $X \in R$ 时，仍有 $\sum_{j=1}^{l} \psi(g_j(x)) = 0$，当 $X \bar{\in} R$ 时，$0 < \sum_{j=1}^{l} \psi(g_j(x)) < \infty$。我们取一个充分大的数 $M > 0$，将 $\varphi(X)$ 改为

$$p(X, M) = f(X) + M \sum_{j=1}^{l} \psi(g_j(X)) \qquad (7-29)$$

或等价地

$$p(X, M) = f(X) + M \sum_{j=1}^{l} [\min(0, g_j(X))]^2 \qquad (7-30)$$

从而可使 $\min P(X, M)$ 的解 $X(M)$ 为原问题的极小解或近似极小解。若求得的 $X(M) \in R$，则它必定是原问题的极小解。事实上，对于所有 $X \in R$，有 $f(X) + M \sum_{j=1}^{l} \psi(g_j(X)) = P(X, M) \geq P(X(M), M) = f(X(M))$。即当 $X \in R$ 时，有 $f(X) \geq f(X(M))$。

函数 $P(X, M)$ 称为惩罚函数，其中的第二项 $M \sum_{j=1}^{l} \psi(g_j(X))$ 称惩罚项。图 7-4 示出了这种惩罚项的例子，图中左半部表示约束条件 $g(X) = x - a \geq 0$ 的情形，右半部则表示 $g(X) = x - b \leq 0$ 的情形。

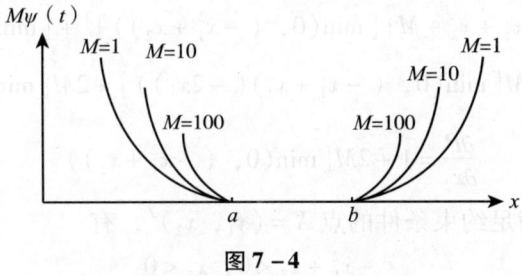

图 7-4

若对于某一个（惩）罚因子 M，例如设 M_1，$X(M_1) \bar{\in} R$，就加大罚因子的值，随着 M 值的增加，惩罚函数中的惩罚项所起的作用随之增大，$\min P(X, M)$ 的解 $X(M)$ 与结束集 R 的"距离"就越来越近。当 $0 < M_1 < M_2 < \cdots < M_k < \cdots$，趋于无穷大时，点列 $\{X(M_k)\}$ 就从可行域 R 的外部趋于原问题式（7-3）的极小点 $X_{\min}$（此处假设点列 $\{X(M_k)\}$ 收敛）。

可对外点法作如下经济解释：把目标函数 $f(X)$ 看成"价格"，

约束条件看成某种"规定"，采购人可在规定范围内购置最便宜的东西。此外对违反规定制定了一种"罚款"政策，若符合规定，罚款为零；否则，要收罚款。此时，采购人付出的总代价应是价格和罚款的总和。采购者的目标是使总代价最小，这就是上述的无约束问题。当罚款规定得很苛刻时，违反规定支付的罚款很高，这就迫使采购人符合规定。在数学上表现为当罚因子 M_k 足够大时，上述无约束问题的最优解应满足约束条件，而成为约束问题的最优解。

外点法的迭代步骤如下：

（1）取 $M_1 > 0$（例如说取 $M_1 = 1$），允许误差 $\varepsilon > 0$，并令 $k = 1$。

（2）求无约束极值问题的最优解：

$$\min_{x \in E^n} P(X, M_k) = P(X^{(k)}, M_k)$$

其中

$$P(X, M_k) = f(X) + M_k \sum_{j=1}^{l} [\min(0, g_j(X))]^2$$

（3）若对某一个 $j(1 \leq j \leq l)$ 有

$$-g_j(X^{(k)}) \geq \varepsilon$$

则取 $M_{k+1} > M_k$（例如，$M_{k+1} = cM_k c = 5$ 或 10），令 $k = k + 1$，并转向第（2）步。否则，停止迭代，得 $X_{\min} \approx X^{(k)}$。

例4：求解非线性规划

$$\begin{cases} \min f(X) = x_1 + x_2 \\ g_1(X) = -x_1^2 + x_2 \geq 0 \\ g_2(X) = x_1 \geq 0 \end{cases}$$

解：构造函数

$$P(X, M) = x_1 + x_2 + M\{[\min(0, (-x_1^2 + x_2))]^2 + [\min(0, x_1)]^2\}$$

$$\frac{\partial P}{\partial x_1} = 1 + 2M[\min(0, (-x_1^2 + x_2)(-2x_1))] + 2M[\min(0, x_1)]$$

$$\frac{\partial P}{\partial x_2} = 1 + 2M[\min(0, (-x_1^2 + x_2))]$$

对于不满足约束条件的点 $X = (x_1, x_2)^T$，有

$$-x_1^2 + x_2 < 0, \quad x_1 < 0$$

令

$$\frac{\partial P}{\partial x_1} = \frac{\partial P}{\partial x_2} = 0$$

得 $\min P(X, M)$ 的解为

$$X(M) = \left(-\frac{1}{2(1+M)}, \left(\frac{1}{4(1+M)^2} - \frac{1}{2M}\right)\right)^T$$

取 $M = 1, 2, 3, 4$，可得出以下结果：

$$M = 1: X = \left(-\frac{1}{4}, -\frac{7}{16}\right)^T$$

$$M = 2: X = \left(-\frac{1}{6}, -\frac{2}{9}\right)^T$$

$$M = 3: X = \left(-\frac{1}{8}, -\frac{29}{192}\right)^T$$

$$M = 4: X = \left(-\frac{1}{10}, -\frac{23}{200}\right)^T$$

可知 $X(M)$ 从 R 的外面逐步逼近 R 的边界,当 $M \to \infty$ 时, $X(M)$ 趋于原问题的极小解 $X_{\min} = (0,0)^T$ (见图 7-5)。

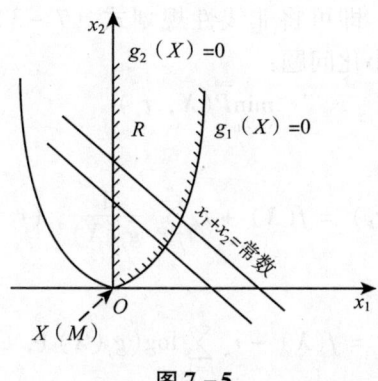

图 7-5

以上叙述说明,外点法的一重要特点,就是函数 $P(X,M)$ 是在整个 E^n 空间内进行优化,初始点可任意选择,这给计算带来了很大方便。而且外点法也可用于非凸规划的最优化。

最后还要指出,外点法不只适用含有不等式约束条件的非线性规划问题,对于等式约束条件或同时含有等式和不等式约束条件的问题也同样适用。此外,惩罚函数也可以采用其他形式。

7.4.2 内点法

如果要求每次迭代得到的近似解都在可行域内,以便观察目标函数值的变化情况;或者,如果 $f(X)$ 在可行域外的性质比较复杂,甚至没有定义,这时就无法使用外点法。

内点法和外点法不同,它要求迭代过程始终在可行域内部进行。为此,我们把初始点取在可行域内部(即既不在可行域外,也不在可行域边界上,这种可行点称为内点或严格内点),并在可行域的边界上设置一道"障碍",使迭代点靠近可行域的边界时,给出的新目标函数值迅速增大,从而使迭代始终留在可行域内部。

我们仿照外点法,通过函数叠加的办法来改造原目标函数,使得改造后的目标函数(称为障碍函数)具有这种性质:在可行域 R 的内部与其边界面较远的地方,障碍函数与原来的目标函数 $f(X)$ 尽可能相近;而在接近 R 的边界面时可以有任意大的值。可以想见,满足这种要求的障碍函数,其极小解自然不会在 R 的边界上达到。这就是说用障碍函数来代替(近似)原目标函数,并在可行域 R 内部使其极小化,虽然 R 是一个闭集,但因极小点不在闭集的边界上,因而实际上是具有无约束性质的极值问题,可借助于无约束最优化的方法进行计算。

根据上述分析,即可将非线性规划式(7-3)转化为下述一系列无约束性质的极小化问题:

$$\min_{x \in R_0} \overline{P}(X, r_k) \qquad (7-31)$$

其中

$$\overline{P}(X, r_k) = f(X) + r_k \sum_{j=1}^{n} \frac{1}{g_j(X)}, (r_k > 0) \qquad (7-32)$$

或

$$\overline{P}(X, r_k) = f(X) - r_k \sum_{j=1}^{n} \log(g_j(X)), (r_k > 0) \qquad (7-33)$$

$$R_0 = \{X \mid g_j(X) > 0, j = 1, 2, \cdots, l\} \qquad (7-34)$$

式(7-32)和式(7-33)右端第二项称为障碍项。易见,在 R 的边界上(即至少有一个 $g_j(X) = 0$),$\overline{P}(X, r_k)$ 为正无穷大。

如果从可行域内部某一点 $X^{(0)}$ 出发,按无约束极小化方法对式(7-31)进行迭代(在进行一维搜索时要适当控制步长,以免迭代跑到 R_0 之外),则随之障碍因子 r_k 的逐步减小,即

$$r_1 > r_2 > \cdots > r_k > \cdots > 0$$

障碍项所起的作用也越来越小,因而,求出的 $\min \overline{P}(X, r_k)$ 的解 $X(r_k)$ 也逐步逼近原问题式(7-3)的极小解 $X_{\min}$。若原来问题的极小解在可行域的边界上,则随着 r_k 的减小,障碍作用逐步降低,所求出的障碍函数的极小解不断靠近边界,直至满足某一精度要求为止。

内点法的迭代步骤如下:

(1) 取 $r_1 > 0$(例如取 $r_1 = 1$),允许误差 $\varepsilon > 0$。

(2) 找出一可行内点 $X^{(0)} \in R_0$,并令 $k = 1$。

(3) 构造障碍函数,障碍项可用倒数函数(式(7-32)),也可采用对数函数(例如式(7-33))。

(4) 以 $X^{(k-1)} \in R_0$ 为初始点，对障碍函数进行无约束极小化（在 R_0 内）：

$$\begin{cases} \lim_{x \in R_0} \overline{P}(X, r_k) = \overline{P}(X^{(k)}, r_k) \\ X^{(k)} = X(r_k) \in R_0 \end{cases} \quad (7-35)$$

其中 $\overline{P}(X, r_k)$，见式（7-32）或式（7-33）。

(5) 检验是否满足收敛准则 $r_k \sum_{j=1}^{l} \dfrac{1}{g_j(X^{(k)})} \leqslant \varepsilon$

或

$$\left| r_k \sum_{j=1}^{l} \log(g_j(X^{(k)})) \right| \leqslant \varepsilon$$

如满足上述准则，则以 $(X^{(k)})$ 为原问题的近似极小解 $X_{\min}$；否则，取 $r_{k+1} < r_k$（例如取 $r_{k+1} = r_k/10$ 或 $r_k/5$），令 $k = k+1$，转向第 (3) 步继续进行迭代。

值得指出的是，根据情况，收敛准则也可采用不同的形式，例如：

$$\| X^{(k)} - X^{(k-1)} \| < \varepsilon$$

或

$$| f(X^{(k)}) - f(X^{(k-1)}) | < \varepsilon$$

例 5：试用内点法求解

$$\begin{cases} \min f(X) = \dfrac{1}{3}(x_1 + 1)^3 + x_2 \\ g_1(X) = x_1 - 1 \geqslant 0 \\ g_2(X) = x_2 \geqslant 0 \end{cases}$$

解：构造障碍函数

$$\overline{P}(X, r) = \dfrac{1}{3}(x_1 + 1)^3 + x_2 + \dfrac{\gamma}{x_1 - 1} + \dfrac{\gamma}{x_2}$$

$$\dfrac{\delta \overline{P}}{\delta x_1} = (x_1 + 1)^2 - \dfrac{\gamma}{(x_1 - 1)^2} = 0$$

$$\dfrac{\delta \overline{P}}{\delta x_2} = 1 - \dfrac{\gamma}{x_2^2} = 0$$

联立解上述两个方程，得

$$x_1(r) = \sqrt{1 + \sqrt{r}}, \quad x_2(r) = \sqrt{r}$$

如此得最优解：

$$X_{\min} = \lim_{r \to 0} (\sqrt{1 + \sqrt{r}}, \sqrt{r})^T = (1, 0)^T$$

由于此例可解析求解，故可如上进行。但很多问题不便使用解析法，而需用迭代法求解。

例 6：试用内点法解

$$\begin{cases} \min f(X) = x_1 + x_2 \\ g_1(X) = -x_1^2 + x_2 \geq 0 \\ g_2(X) = x_1 \geq 0 \end{cases}$$

解：障碍项采用自然对数函数，得障碍函数如下：

$$\overline{P}(X, r) = x_1 + x_2 - r\log(-x_1^2 + x_2) - r\log x_1$$

各次迭代结果示于表 7-1 中。

表 7-1

障碍因子	r	$x_1(r)$	$x_2(r)$
r_1	1.000	0.500	1.250
r_2	0.500	0.309	0.595
r_3	0.250	0.183	0.283
r_4	0.100	0.085	0.107
r_5	0.0001	0.000	0.000

我们知道，内点法的迭代过程必须由某个内点开始。在处理实际问题时，如果不能找某个内点作为初始点，迭代就无法展开。下面说明初始内点的求法。求初始内点本身也是一个迭代过程。

先任找一点 $X^{(0)}$ 为初始点，令

$$s_0 = \{j \mid g_j(X^{(0)}) \leq 0, 1 \leq j \leq l\}$$

$$T_0 = \{j \mid g_j(X^{(0)}) > 0, 1 \leq j \leq l\}$$

如果 s_0 为空集，则 $X^{(0)}$ 为初始内点；若 s_0 非空，则以 s_0 中的约束函数为假拟目标数，并以 T_0 中的约束函数为障碍项，构成一无约束极值问题，对这一问题进行极小化，可得一个新点 $X^{(1)}$。然后检验 $X^{(1)}$，若仍不为内点，如上继续进行，并减小障碍因子 r，直到求出一个内点为止。

求初始内点的迭代步骤如下：

(1) 任取一点 $X^{(0)} \in E^n$，$r_0 > 0$（例如 $r_0 = 1$），令 $k = 0$。

(2) 定指出标集 S_k 及 T_k

$$S_k = \{j \mid g_j(X^{(k)}) \leq 0, 1 \leq j \leq l\}$$

$$T_k = \{j \mid g_j(X^{(k)}) > 0, 1 \leq j \leq l\}$$

(3) 检查集合 S_k 是否为空集，若为空集，则 X^k 在 R_0 内，初始点找到，迭代停止。否则转向第 (4) 步。

(4) 构造函数

$$\widetilde{P}(X, r_k) = -\sum_{j \in s_k} g_j(X) + r_k \sum_{j \in T_k} \frac{1}{g_j(X)}, \gamma_k > 0$$

以 $X^{(k)}$ 为初始点，在保持对集合 $\widetilde{P}_k = \{X \mid g_j(X) > 0, j \in T_K\}$ 可

行的情况下，极小化 $\widetilde{P}(X, r_k)$，即 $\min \widetilde{P}(X, r_k)$，$X \in \widetilde{R}$ 得 $X^{(k+1)}$，$X^{(k+1)} \in \widetilde{R}_k$，转向第（5）步。

（5）令 $0 < r_{k+1} < r_k$（例如说 $r_{k+1} = r_k/10$），$k = k+1$，转向第（2）步。

第 8 章
动态规划的基本方法

8.1 多阶段决策过程及实例

在生产和科学实验中,有一类活动的过程,由于它的特殊性,可将过程分为若干个互相联系的阶段,在它的每一个阶段都需要作出决策,从而使整个过程达到最好的活动效果。因此,各个阶段决策的选取不是任意确定的,它依赖于当前面临的状态,又影响以后的发展。当各个阶段决策确定后,就组成了一个决策序列,因而也就决定了整个过程的一条活动路线。这种把一个问题可看作是一个前后关联具有链状结构的多阶段过程(如图 8-1 所示)就称为多阶段决策过程,也称序贯决策过程。这种问题就称为多阶段决策过程。

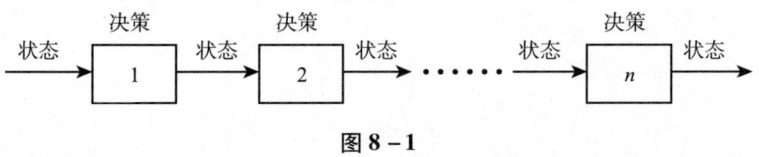

图 8-1

在多阶段决策问题中,各个阶段采取的决策,一般来说是与时间有关的,决策依赖于当前的状态,又随即引起状态的转移,一个决策序列就是在变化的状态中产生出来的,故有"动态"的含义。因此,把处理它的方法称为动态规划方法。但是,一些与时间没有关系的静态规划(如线性规划、非线性规划等)问题,只要人为地引进"时间"因素,也可把它视为多阶段决策问题,用动态规划方法去处理。

多阶段决策问题很多,现举例如下。

例 1:最短路线问题。

如图 8-2 所示，给定一个线路网络，两点之间连线上的数字表示两点间的距离（或费用），试求一条由 A 到 G 的铺管线路，使总距离为最短（或总费用最小）。

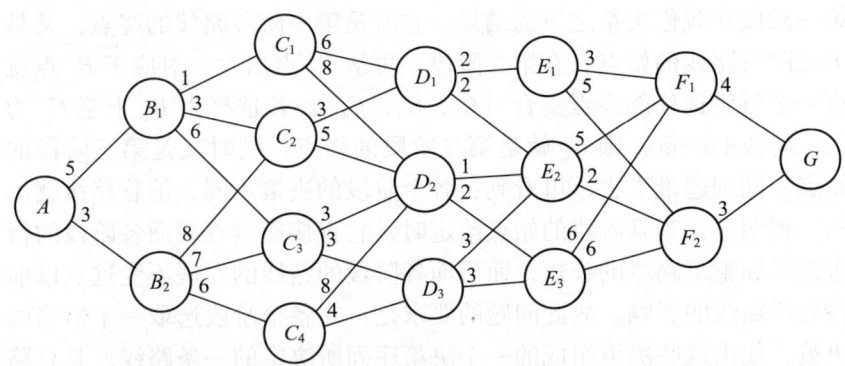

图 8-2

例 2：机器负荷分配问题。

某种机器可以在高低两种不同的负荷下进行生产。在高负荷下进行生产时，产品的年产量 g 和投入生产的机器数量 u 的关系为
$$g = g(u)$$
这时，机器的年完好率 a，即如果年初完好机器的数量为 u，到年终时完好的机器就为 au，$0 < a < 1$，在低负荷下生产时，产品的年产量 h 和投入生产的机器数量 u_2 的关系为
$$h = h(u_2)$$
相应的机器年完好率为 b，$0 < b < 1$。

假定开始生产时完好的机器数量为 S。要求制定一个五年计划，在每年开始时，决定如何重新分配完好的机器在两种不同的负荷下生产的数量，使在五年内产品的总产量达到最高。

还有，如各种资源（人力、物力）分配问题、生产—存储问题、最优装载问题、水库优化调度问题、最优控制问题等，都是具有多阶段决策问题的特性，均可用动态规划方法去求解。

8.2 动态规划的基本概念和基本方程

图 8-2 所示的线路网络，求 A 到 G 的最短路线问题是动态规划中一个较为直观的典型例子。现通过讨论它的解法来说明动态规划方法的基本思想，并阐述它的基本概念。

由图 8-2 可知，从 A 点到 G 点可以分为 6 个阶段。从 A 到 B 为第一阶段，从 B 到 C 为第二阶段……从 F 到 G 为第六阶段。在第一阶段，A 为起点，终点有 B_1、B_2 两个，因而这时走的路线有两个选择，一是走到 B_1；二是走到 B_2，若选择走到 B_2 的决策，则 B_2 就是第一阶段在我们决策之下的结果。它既是第一阶段路线的终点，又是第二阶段路线的始点。在第二阶段，再从 B_2 点出发，对应于 B_2 点就有一个可供选择的终点集合 $\{C_2, C_3, C_4\}$；若选择由 B_2 走至 C_2 为第二阶段的决策，则 C_2 就是第二阶段的终点，同时又是第三阶段的始点。同理递推下去，可看到：各个阶段的决策不同，铺管路线就不同。很明显，当某阶段的始点给定时，它直接影响着后面各阶段的行进路线和整个路线的长短，而后面各阶段的路线的发展不受这点以前各阶段路线的影响。故此问题的要求是：在各个阶段选取一个恰当的决策，使由这些决策组成的一个决策序列所决定的一条路线，其总路程最短。

如何解决这个问题呢？可以采取穷举法。即把由 A 到 G 所有可能的每一条路线的距离都算出来，然后互相比较找出最短者，相应地得出了最短路线。这样，由 A 到 G 的 6 个阶段中，一共有 $2 \times 3 \times 2 \times 2 \times 2 \times 1 = 48$ 条不同的路线，比较 48 条不同的路线的距离值，才找出最短路线为

$$A \to B_1 \to C_2 \to D_1 \to E_2 \to F_2 \to G$$

相应最短距离为 18。显然，这样做计算是相当繁杂的。如果当段数很多，各段的不同选择也很多时，这种解法的计算将变得极其繁杂，甚至在电子计算机上计算都是不现实的。因此，为了减少计算工作量，需要寻求更好的算法，这就是下面要介绍的动态规划的方法。为了讨论方便，先介绍动态规划的基本概念和符号。

8.2.1 动态规划的基本概念

1. 阶段

把所给问题的过程，恰当地分为若干个相互联系的阶段，以便能按一定的次序去求解。描述阶段的变量称为阶段变量，常用 k 表示。阶段的划分，一般是根据时间和空间的自然特征来划分，但要便于把问题的过程能转化为多阶段决策的过程。如例 1 可分为 6 个阶段来求解，k 分别等于 1、2、3、4、5、6。

2. 状态

状态表示每个阶段开始所处的自然状况或客观条件，它描述了研

究问题过程的状况，又称不可控因素。在例1中，状态就是某阶段的出发位置。它既是该阶段某支路的起点，又是前一阶段某支路的终点。通常一个阶段有若干个状态，第一阶段有一个状态就是点 A，第二阶段有两个状态，即点集合 $\{B_1, B_2\}$，一般第 k 阶段的状态就是第 k 阶段所有始点的集合。

描述过程状态的变量称为状态变量。它可用一个数、一组数或一向量（多维情形）来描述。常用 S_k 表示第 k 阶段的状态变量。如在例1中第三阶段有四个状态，则状态变量 S_k 可取四个值，即 C_1、C_2、C_3、C_4。点集合 $\{C_1, C_2, C_3, C_4\}$ 就称为第三阶段的可达状态集合。记为 $S_3 = \{C_1, C_2, C_3, C_4\}$。有时为了方便起见，将该阶段的状态编上号码 $1, 2, \cdots$，这时也可记 $S_3 = \{1, 2, 3, 4\}$。第 k 阶段的可达状态集合就记为 S_k。

这里所说的状态应具有下面的性质：如果某阶段状态给定后，则在这阶段以后过程的发展不受这阶段以前各段状态的影响。换句话说，过程的过去历史只能通过当前的状态去影响它未来的发展，当前的状态是以往历史的一个总结。这个性质称为无后效性（即马尔科夫性）。

如果状态仅仅描述过程的具体特征，则并不是任何实际过程都能满足无后效性的要求。所以，在构造决策过程的动态规划模型时，不能仅由描述过程的具体特征这点着眼去规定状态变量，而要充分注意是否满足无后效性的要求。如果状态的某种规定方式可能导致不满足无后效性，应适当地改变状态的规定方法，达到能使它满足无后效性的要求。例如，研究物体（把它看作一个质点）受外力作用后其空间运动的轨迹问题。从描述轨迹这点着眼，可以只选坐标位置 (x_k, y_k, z_k) 作为过程的状态，但这样不能满足无后效性，因为即使知道了外力的大小和方向，仍无法确定物体受力后的运动方向和轨迹，只有把位置 (x_k, y_k, z_k) 和速度 $(\dot{x}, \dot{y}, \dot{z})$ 都作为过程的状态变量，才能确定物体运动下一步的方向和轨迹，实现无后效性的要求。

3. 决策

决策表示当过程处于某一阶段的某个状态时，可以作出不同的决定（或选择），从而确定下一阶段的状态，这种决定称为决策。在最优控制中也称为控制。描述决策的变量，称为决策变量。它可用一个数、一组数或一向量来描述。常用 $u_k(s_k)$ 表示第 k 阶段当状态处于 s_k 时的决策变量。它是状态变量的函数。在实际问题中，决策变量的取值往往限制在某一范围之内，此范围称为允许决策集合。常用 $D_k(s_k)$ 表示第 k 阶段从状态 s_k 出发的允许决策集合，显然有 $u_k(s_k) \in D_k(s_k)$。

如在例 1 第二阶段中，若从状态 B_1 出发，就可作出三种不同的决策，其允许决策集合 $D_2(B_1) = \{C_1, C_2, C_3\}$，若选取的点为 C_2，则 C_2 是状态 B_1 在决策 $u_2(B_1)$ 作用下的一个新的状态，记作 $u_2(B_1) = C_2$。

4. 策略

策略是一个按顺序排列的决策组成的集合。由过程的第 k 阶段开始到终止状态为止的过程，称为问题的后部子过程（或称为 k 子过程）。由每段的决策按顺序排列组成的决策函数序列 $\{u_k(s_k), \cdots, u_n(s_n)\}$ 称为 k 子过程策略，简称子策略，记为 $P_{k,n}(s_k)$。即

$$P_{k,n}(s_k) = \{u_k(s_k), u_{k+1}(s_{k+1}), \cdots, u_n(s_n)\}$$

当 $k=1$ 时，此决策函数序列称为全过程的一个策略，简称策略，记为 $P_{1,n}(s_1)$。即

$$P_{1,n}(s_1) = \{u_1(s_1), u_2(s_2), \cdots, u_n(s_n)\}$$

在实际问题中，可供选择的策略有一定的范围，此范围称为允许策略集合，用 P 表示。从允许策略集合中找出达到最优效果的策略称为最优策略。

5. 状态转移方程

状态转移方程是确定过程由一个状态到另一个状态的演变过程。若给定第 k 阶段状态变量 s_k 的值，如果该段的决策变量 u_k 一经确定，第 $k+1$ 阶段的状态变量 s_{k+1} 的值也就完全确定。即 s_{k+1} 的值随 s_k 和 u_k 的值变化而变化。这种确定的对应关系，记为

$$s_{k+1} = T_k(s_k, u_k)$$

上式描述了由 k 阶段到 $k+1$ 阶段的状态转移规律，称为状态转移方程。T_k 称为状态转移函数。如例 1 中，状态转移方程为 $s_{k+1} = u_k(s_k)$。

6. 指标函数和最优值函数

用来衡量所实现过程优劣的一种数量指标，称为指标函数。它是定义在全过程和所有后部子过程上确定的数量函数。常用 $V_{k,n}$ 表示之。即

$$V_{k,n} = V_{k,n}(s_k, u_k, s_{k+1}, \cdots, s_{n+1}), \quad k=1, 2, \cdots, n$$

对于要构成动态规划模型的指标函数，应具有可分离性，并满足递推关系。即 $V_{k,n}$ 可以表示为 s_k、u_k、$V_{k+1,n}$ 的函数。记为

$$V_{k,n}(s_k, u_k, s_{k+1}, \cdots, s_{n+1}) = \psi[s_k, u_k, V_{k+1,n}(s_{k+1}, \cdots, s_{n+1})]$$

在实际问题中很多指标函数都满足这个性质。

常见的指标函数的形式如下。

（1）过程和它的任一子过程的指标是它所包含的各阶段的指标的和。即

$$V_{k,n}(s_k, u_k, \cdots, s_{n+1}) = \sum_{j=k}^{n} v_j(s_j, u_j)$$

其中 $v_j(s_j, u_j)$ 表示第 j 阶段的阶段指标。这时上式可写成

$$V_{k,n}(s_k, u_k, \cdots, s_{n+1}) = v_k(s_k, u_k) + V_{k+1,n}(s_{k+1}, u_{k+1}, \cdots, s_{n+1})$$

（2）过程和它的任一子过程的指标是它所包含的各阶段的指标的乘积。即

$$V_{k,n}(s_k, u_k, \cdots, s_{n+1}) = \prod_{j=k}^{n} v_j(s_j, u_j)$$

这时就可写成

$$V_{k,n}(s_k, u_k, \cdots, s_{n+1}) = v_k(s_k, u_k) V_{k+1,n}(s_{k+1}, u_{k+1}, \cdots, s_{n+1})$$

指标函数的最优值，称为最优值函数，记为 $f_k(s_k)$。它表示从第 k 阶段的状态 s_k 开始到第 n 阶段的终止状态的过程，采取最优策略所得到的指标函数值。即

$$f_k(s_k) = \operatorname*{opt}_{\{u_k, \cdots, u_n\}} V_{k,n}(s_k, u_k, \cdots, s_{n+1})$$

其中的"opt"是最优化（optimization）的缩写，可根据题意而取 min 或 max。

在不同的问题中，指标函数的含义是不同的，它可能是距离、利润、成本、产品的产量或资源消耗等。例如，在最短路线问题中，指标函数 $V_{k,n}$ 就表示在第 k 阶段由点 s_k 至终点 G 的距离。用 $d_k(s_k, u_k) = v_k(s_k, u_k)$ 表示在第 k 阶段由点 s_k 到点 $s_{k+1} = u_k(s_k)$ 的距离，如 $d_5(E_1, F_1) = 3$，就表示在第 5 阶段中由点 E_1 到点 F_1 的距离为 3。$f_k(s_k)$ 表示从第 k 阶段点 s_k 到终点 G 的最短距离，如 $f_4(D_1)$ 就表示从第 4 阶段中的点 D_1 到点 G 的最短距离。

8.2.2　动态规划的基本思想和基本方程

现在，再结合解决最短路线问题来介绍动态规划方法的基本思想。生活中的常识告诉我们，最短路线有一个重要特性：如果由起点 A 经过 P 点和 H 点而到达终点 G 是一条最短路线，则由点 P 出发经过 H 点到达终点 G 的这条子路线，对于从点 P 出发到达终点的所有可能选择的不同路线来说，必定也是最短路线。例如，在最短路线问题中，若找到了 $A \to B_1 \to C_2 \to D_1 \to E_2 \to F_2 \to G$ 是由 A 到 G 的最短路线，则 $D_1 \to E_2 \to F_2 \to G$ 应该是由 D_1 出发到 G 点的所有可能选择的不同路线中的最短路线。此特性用反证法易证。因为如果不是这样，则从点 P 到 G 点有另一条距离更短的路线存在，把它和原来最短路线由 A 点到达 P 点的那部分连接起来，就会得到一条由 A 点到 G 点的

新路线，它比原来那条最短路线的距离还要短些。这与假设矛盾，是不可能的。

根据最短路线这一特性，寻找最短路线的方法，就是从最后一段开始，用由后向前逐步递推的方法，求出各点到 G 点的最短路线，最后求得由 A 点到 G 点的最短路线。所以，动态规划的方法是从终点逐段向始点方向寻找最短路线的一种方法，如图 8-3 表示。

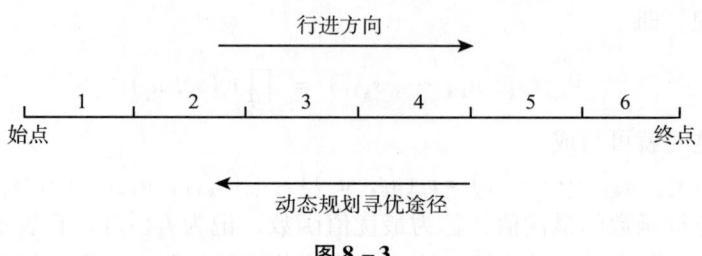

图 8-3

下面按照动态规划的方法，将例 1 从最后一段开始计算，由后向前逐步推移至 A 点。

当 $k=6$ 时，出 F_1 到终点 G 只有一条路线，故 $f_6(F_1)=4$。同理，$f_6(F_2)=3$。

当 $k=5$ 时，出发点有 E_1、E_2、E_3 三个。若从 E_1 出发，则有两个选择：①至 F_1；②至 F_2

则

$$f_5(E_1) = \min\begin{Bmatrix} d_5(E_1, F_1) + f_6(F_1) \\ d_5(E_1, F_2) + f_6(F_2) \end{Bmatrix} = \min\begin{Bmatrix} 3+4 \\ 5+3 \end{Bmatrix} = 7$$

其相应的决策为 $u_5(E_1)=F_1$

这说明，由 E_1 至终点 G 的最短距离为 7，其最短路线是

$$E_1 \to F_2 \to G$$

同理，从 E_2 和 E_3 出发，则有

$$f_5(E_2) = \min\begin{Bmatrix} d_5(E_2, F_1) + f_6(F_1) \\ d_5(E_2, F_2) + f_6(F_2) \end{Bmatrix} = \min\begin{Bmatrix} 5+4 \\ 2+3 \end{Bmatrix} = 5$$

其相应的决策为 $u_5(E_2)=F_2$

$$f_5(E_3) = \min\begin{Bmatrix} d_5(E_3, F_1) + f_6(F_1) \\ d_5(E_3, F_2) + f_6(F_2) \end{Bmatrix} = \min\begin{Bmatrix} 6+4 \\ 6+3 \end{Bmatrix} = 9$$

且 $u_5(E_3)=F_2$

类似地，可算得

当 $k=4$ 时，有

$$f_4(D_1)=7 \quad u_4(D_1)=E_2$$
$$f_4(D_2)=6 \quad u_4(D_2)=E_2$$

$$f_4(D_3) = 8 \qquad u_4(D_3) = E_2$$

当 $k=3$ 时，有
$$f_3(C_1) = 13 \qquad u_3(C_1) = D_1$$
$$f_3(C_2) = 10 \qquad u_3(C_2) = D_1$$
$$f_3(C_3) = 9 \qquad u_3(C_3) = D_2$$
$$f_3(C_4) = 12 \qquad u_3(C_4) = D_3$$

当 $k=2$ 时，有
$$f_2(B_1) = 13 \qquad u_2(B_1) = C_2$$
$$f_2(B_2) = 16 \qquad u_2(B_2) = C_3$$

当 $k=1$ 时，出发点只有一个 A 点，则
$$f_1(A) = \min\begin{Bmatrix} d_1(A, B_1) + f_2(B_1) \\ d_1(A, B_2) + f_2(B_2) \end{Bmatrix} = \min\begin{Bmatrix} 5+13 \\ 3+16 \end{Bmatrix} = 18$$

且 $u_1(A) = B_1$。于是得到从起点 A 到终点 G 的最短距离为 18。

为了找出最短路线，再按计算的顺序反推之，可求出最优决策函数序列 $\{u_k\}$，即由 $u_1(A) = B_1$，$u_2(B_1) = C_2$，$u_3(C_2) = D_1$，$u_4(D_1) = E_2$，$u_5(E_2) = F_2$，$u_6(F_2) = G$ 组成一个最优策略。因而，找出相应的最短线路为
$$A \to B_1 \to C_2 \to D_1 \to E_2 \to F_2 \to G$$

从上面的计算过程中可以看出，在求解的各个阶段，我们利用了 k 阶段与 $k+1$ 阶段之间的递推关系：
$$\begin{cases} f_k(s_k) = \min_{u_k \in D_k(s_k)} \{d_k(s_k, u_k(s_k)) + f_{k+1}(u_k(s_k))\} \\ k = 6, 5, 4, 3, 2, 1 \\ f_7(s_7) = 0 \text{（或写成 } f_6(s_6) = d_6(s_6, G) \text{）} \end{cases}$$

一般情况，k 阶段与 $k+1$ 阶段的递推关系式可写为
$$f_k(s_k) = \underset{u_k \in D_k(s_k)}{\mathrm{opt}} \{v_k(s_k, u_k(s_k)) + f_{k+1}(u_k(s_k))\} \qquad (8-1)$$
$$k = n, n-1, \cdots, 1$$

边界条件为
$$f_{n+1}(s_{n+1}) = 0$$

这种递推关系式（8-1）称为动态规划的基本方程。

现在把动态规划方法的基本思想归纳如下：

（1）动态规划方法的关键在于正确地写出基本的递推关系式和恰当的边界条件（简言之为基本方程）。要做到这一点，必须先将问题的过程分成几个相互联系的阶段，恰当地选取状态变量和决策变量及定义最优值函数，从而把一个大问题化成一族同类型的子问题，然后逐个求解。即从边界条件开始，逐段递推寻优，在每一个子问题的求解中，均利用了它前面的子问题的最优化结果，依次进行，最后一个子问题所得的最优解，就是整个问题的最优解。

（2）在多阶段决策过程中，动态规划方法是既把当前一段和未来各段分开，又把当前效益和未来效益结合起来考虑的一种最优化方法。因此，每段决策的选取是从全局来考虑的，与该段的最优选择答案一般是不同的。

（3）在求整个问题的最优策略时，由于初始状态是已知的，而每段的决策都是该段状态的函数，故最优策略所经过的各段状态便可逐次变换得到，从而确定了最优路线。

如例 1 最短路线问题，初始状态 A 已知，则按下面箭头所指的方向逐次变换有

$$\begin{array}{ccccc} & u_1(A) & u_2(B_1) & \cdots & u_0'(F_2) \\ & \nearrow \downarrow & \nearrow \downarrow & \nearrow & \nearrow \downarrow \\ A & B_1 & C_2 & \cdots & G \\ \text{(已知)} & & & & \end{array}$$

从而可得最优策略为 $\{u_1(A), u_2(B_1), \cdots, u_0'(F_2)\}$，相应的最短路线为

$$A \to B_1 \to C_2 \to D_1 \to E_2 \to F_2 \to G$$

上述最短路线问题的计算过程，也可借助图形直观简明地表示出来，如图 8-4 所示。

图 8-4 中，每节点处上方的方格内的数，表示该点到终点 G 的最短距离。用直线连接的点表示该点到终点 G 的最短路线。未用直线连接的点就说明它不是该点到终点 G 的最短路线，故这些支路均被舍去了。图中粗线表示由始点 A 到终点 G 的最短路线。

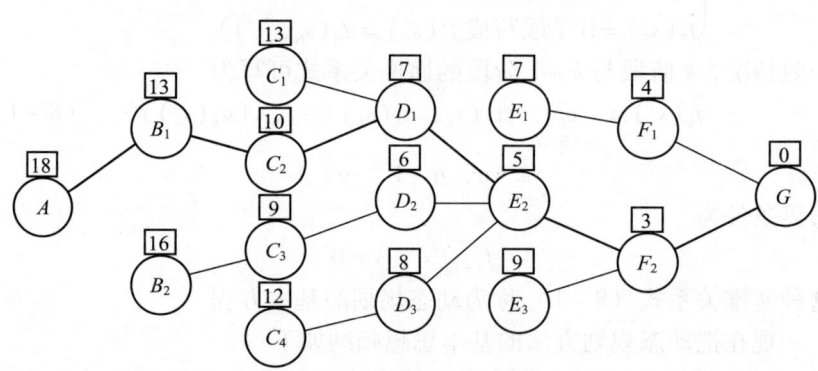

图 8-4

这种在图上直接作业的方法叫作标号法。如果规定从 A 点到 G 点为顺行方向，则由 G 点到 A 点为逆行方向，那么，图 8-4 是由 G 点开始从后向前标的。这种以 A 为始端，G 为终端，从 G 到 A 的解法称为逆序解法。

由于线路网络的两端都是固定的，且线路上的数字是表示两点间的距离，则从 A 点计算到 G 点和从 G 点计算到 A 点的最短路线是相同的。因而，标号也可以由 A 开始，从前向后标。只是那时是视 G 为起点，A 为终点，按动态规划方法处理的，如图 8-5 所示。

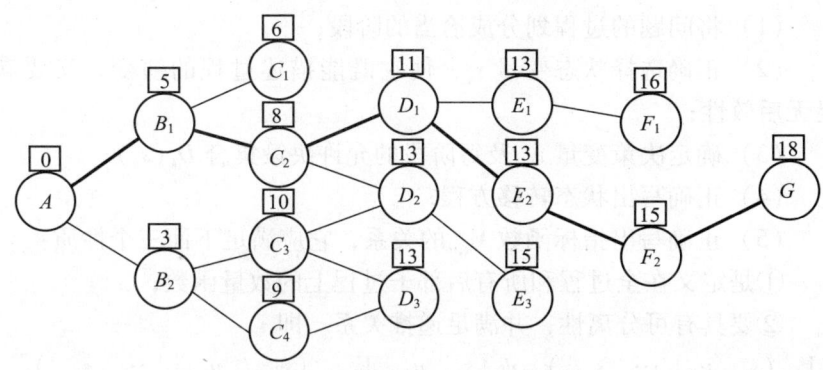

图 8-5

图 8-5 中，每节点处上方方格内的数表示该点到 A 点的最短距离，用直线连接的点表示该点到起点 A 的最短路线，粗线表示 A 到 G 的最短路线。

这种以 A 为始端、G 为终端的从 A 到 G 的解法称为顺序解法。

由此可见，顺序解法和逆序解法只表示行进方向的不同或对始端终端看法的颠倒。但用动态规划方法求最优解时，都是在行进方向规定后，均要逆着这个规定的行进方向，从最后一段向前逆推计算，逐段找出最优途径。

从上面例 1 的计算过程明显看到，动态规划的方法比穷举法有以下优点：

（1）减少了计算量。计算例 1 若用穷举法，就要对 48 条路线进行比较，运算在计算机上进行时，比较运算要进行 47 次；求各条路线的距离，即使用逐段累加方法，也要进行 6+12+24+48+48=138 次加法运算。

用动态规划方法来计算，比较运算（从 $k=5$ 段开始向前算）共进行 3+3+4+4+1=15 次。每次比较运算相应有两次加法运算，再去掉中间重复两次（即 $B_1 \rightarrow C_1$，$B_2 \rightarrow C_4$ 各多算了一次），实际只有 28 次加法运算。可见，动态规划方法比穷举法减少了计算量。而且随着段数的增加，计算量将大大地减少。

（2）丰富了计算结果。在逆序（或顺序）解法中，我们得到的不仅仅是由 A 点（或 G 点）出发到 G 点（或 A 点）的最短路线及相应的最短距离，而且得到了从所有各中间点出发到 G 点（或 A 点）

的最短路线及相应的距离。这就是说,求出的不是一个最优策略,而是一族的最优策略。这对许多实际问题来讲是很有用的,有利于帮助分析所得结果。

在明确了动态规划的基本概念和基本思想之后,我们看到,给一个实际问题建立动态规划模型时,必须做到下面五点:

(1) 将问题的过程划分成恰当的阶段;

(2) 正确选择状态变量 s_k,使它既能描述过程的演变,又要满足无后效性;

(3) 确定决策变量 u_k 及每阶段的允许决策集合 $D_k(s_k)$;

(4) 正确写出状态转移方程;

(5) 正确写出指标函数 $V_{k,n}$ 的关系,它应满足下面三个性质:

①是定义在全过程和所有后部子过程上的数量函数;

②要具有可分离性,并满足递推关系。即

$$V_{k,n}(s_k, u_k, \cdots, s_{n+1}) = \psi_k[s_k, u_k, V_{k+1,n}(s_{k+1}, u_{k+1}, \cdots, s_{n+1})]$$

③函数 $\psi_k(s_k, u_k, V_{k+1,n})$ 对于变量 $V_{k+1,n}$ 要严格单调。

以上五点是构造动态规划模型的基础,是正确写出动态规划基本方程的基本要素。而一个问题的动态规划模型是否正确给出,它集中地反映在恰当的定义最优值函数和正确地写出递推关系式及边界条件上。简言之,要正确写出动态规划的基本方程。

根据动态规划方法有逆序解法和顺序解法之分,那么,它们的动态规划基本方程应如何来表述呢?

设指标函数是取各阶段指标的和的形式,即

$$V_{k,n} = \sum_{j=k}^{n} v_j(s_j, u_j)$$

其中 $v_j(s_j, u_j)$ 表示第 j 段的指标。它显然是满足指标函数三个性质的。所以上式可写成

$$V_{k,n} = v_k(s_k, u_k) + V_{k+1,n}[s_{k+1}, \cdots, s_{n+1}]$$

当初始状态给定时,过程的策略就被确定,则指标函数也就确定了。因此,指标函数是初始状态和策略的函数。可记为 $V_{k,n}[s_k, p_{k,n}(s_k)]$。故上面递推关系又可写成

$$V_{k,n}[s_k, p_{k,n}] = v_k(s_k, u_k) + V_{k+1,n}[s_{k+1}, p_{k+1,n}]$$

其子策略 $p_{k,n}(s_k)$ 可看成是由决策 $u_k(s_k)$ 和 $p_{k+1,n}(s_{k+1})$ 组合而成。即

$$p_{k,n} = \{u_k(s_k), p_{k+1,n}(s_{k+1})\}$$

如果用 $p_{k,n}^*(s_k)$ 表示初始状态为 s_k 的后部子过程所有子策略中的最优子策略,则最优值函数为

$$f_k(s_k) = V_{k,n}[s_k, p_{k,n}^*(s_k)] = \underset{p_{k,n}}{opt} V_{k,n}[s_k, p_{k,n}(s_k)]$$

而
$$\mathop{opt}_{p_{k,n}} V_{k,n}(s_k, p_{k,n}) = \mathop{opt}_{\{u_k, p_{k+1,n}\}}\{v_k(s_k, u_k) + V_{k+1,n}(s_{k+1}, p_{k+1,n})\}$$
$$= \mathop{opt}_{u_k}\{v_k(s_k, u_k) + \mathop{opt}_{p_{k+1,n}} V_{k+1,n}\}$$

但
$$f_{k+1}(s_{k+1}) = \mathop{opt}_{p_{k+1,n}} V_{k+1,n}(s_{k+1}, p_{k+1,n})$$

所以
$$f_k(s_k) = \mathop{opt}_{u_k \in D_k(s_k)}[v_k(s_k, u_k) + f_{k+1}(s_{k+1})] \quad k = n, n-1, \cdots, 1$$

边界条件为 $f_{n+1}(s_{n+1}) = 0$。

这就是动态规划逆序解法的基本方程。式中 $s_{k+1} = T_k(s_k, u_k)$，其求解过程，根据边界条件，从 $k = n$ 开始，由后向前逆推，从而逐步可求得各段的最优决策和相应的最优值，最后求出 $f_1(s_1)$ 时，就得到整个问题的最优解。

对于动态规划顺序解法的基本方程应如何表述呢？假定阶段序数 k 和状态变量 s_k 的定义不变，而改变决策变量 u_k 的定义，如例 1 中取 $u_k(s_{k+1}) = s_k$，则这时的状态转移不是由 s_k、u_k 去确定 s_{k+1}，而是反过来由 s_{k+1}、u_k 去确定 s_k，则状态转移方程一般形式为

$$s_k = T_k^r(s_{k+1}, u_k)$$

因而第 k 阶段的允许决策集合也应作相应的改变，记为 $D_k^r(s_{k+1})$。指标函数也应换成以 s_{k+1} 和 u_k 的函数表示。于是可得动态规划顺序解法的基本方程为

$$f_k(s_{k+1}) = \mathop{opt}_{u_k \in D_k^r(s_{k+1})}\{v_k(s_{k+1}, u_k) + f_{k-1}(s_k)\} \quad k = 1, 2, \cdots, n$$

边界条件为 $f_0(s_1) = 0$

式中 $s_k = T_k^r(s_{k+1}, u_k)$。其求解过程：根据边界条件，从 $k = 1$ 开始，由前向后顺推，逐步求得各段的最优决策和相应的最优值，最后求出 $f_n(s_{n+1})$，就得到整个问题的最优解。

8.3　动态规划的最优性原理和最优性定理

20 世纪 50 年代，贝尔曼等人（R. Bellman et al.）根据研究一类多阶段决策问题，提出了最优性原理（有的翻译成最优化原理）作为动态规划的理论基础。用它去解决许多决策过程的优化问题。长期以来，许多动态规划的著作都用"依据最优化原理，则有……"的提法去处理决策过程的优化问题。人们对用这样的一个简单的原理作为动态规划方法的理论根据很难理解。的确如此，实际上，这提法是

给用动态规划方法去处理决策过程的优化问题披上神秘的色彩,使读者不能正确理解动态规划方法的本质。

下面将介绍"动态规划的最优性原理"的原文含义。并指出它为什么不是动态规划的理论基础,进而揭示动态规划方法的本质。其理论基础是"最优性定理"。

动态规划的最优性原理:"作为整个过程的最优策略具有这样的性质:即无论过去的状态和决策如何,对前面的决策所形成的状态而言,余下的诸决策必须构成最优策略。"简言之,一个最优策略的子策略总是最优的。

但是,随着人们深入地研究动态规划,逐渐认识到:对于不同类型的问题所建立严格定义的动态规划模型,必须对相应的最优性原理给以必要的验证。就是说,最优性原理不是对任何决策过程都普遍成立的;而且"最优性原理"与动态规划基本方程,并不是无条件等价的,两者之间也不存在确定的蕴含关系。可见动态规划的基本方程在动态规划的理论和方法中起着非常重要作用。而反映动态规划基本方程的是最优性定理,它是策略最优性的充分必要条件,而最优性原理仅仅是策略最优性的必要条件,它是最优性定理的推论。在求解最优策略时,更需要的是其充分条件。所以,动态规划的基本方程或者说最优性定理才是动态规划的理论基础。

动态规划的最优性定理:设阶段数为 n 的多阶段决策过程,其阶段编号为

$$k = 0, 1, \cdots, n-1$$

允许策略 $p_{0,n-1}^* = (u_0^*, u_1^*, \cdots, u_{n-1}^*)$ 为最优策略的充要条件是对任意一个 k

$$0 < k < n-1 \text{ 和 } s_0 \in S_0 \text{ 有}$$

$$V_{0,n-1}(s_0, p_{0,n-1}^*) = \underset{p_{0,k-1} \in P_{0,k-1}(s_0)}{opt} \{ V_{0,k-1}(s_0, p_{0,k-1}) + \underset{p_{k,n-1} \in P_{k,n-1}(\tilde{s}_k)}{opt} V_{k,n-1}(\tilde{s}_k, p_{k,n-1}) \} \quad (8-2)$$

式中 $p_{0,n-1}^* = (p_{0,k-1}, p_{k,n-1})$,$\tilde{s}_k = T_{k-1}(s_{k-1}, u_{k-1})$,它是由给定的初始状态 s_0 和子策略 $p_{0,k-1}$ 所确定的 k 段状态。当 V 是效益函数时,opt 取 $\max$;当 V 是损失函数时,opt 取 $\min$。

证明:必要性:设 $p_{0,n-1}^*$ 是最优策略,则

$$V_{0,n-1}(s_0, p_{0,n-1}^*) = \underset{p_{0,n-1} \in P_{0,n-1}}{opt} V_{0,n-1}(s_0, p_{0,n-1})$$
$$= \underset{p_{0,n-1} \in P_{0,n-1}}{opt} [V_{0,k-1}(s_0, p_{0,k-1}) + V_{k,n-1}(\tilde{s}_k, p_{k,n-1})]$$

但对于从 k 至 $n-1$ 阶段的子过程而言,它的总指标取决于过程的起始点

$\tilde{s}_k = T_{k-1}(s_{k-1}, u_{k-1})$ 和子策略 $p_{k,n-1}$
而这个起始点 $\tilde{s}_k$ 它是由前一段子过程在子策略 $p_{0,k-1}$ 下而确定的。

因此，在策略集合 $p_{0,n-1}$ 上求最优解，就等价于先在子策略集合 $p_{k,n-1}(\tilde{s}_k)$ 上求最优解，然后再求这些子最优解在子策略集合 $p_{0,k-1}(s_0)$ 上的最优解。故上式可写为

$$V_{0,n-1}(s_0, p^*_{0,n-1}) = \underset{p_{0,k-1} \in P_{0,k-1}(s_0)}{\mathrm{opt}} \{ \underset{p_{k,n-1} \in P_{k,n-1}(\tilde{s}_k)}{\mathrm{opt}} [V_{0,k-1}(s_0, p_{0,k-1}) + V_{k,n-1}(\tilde{s}_k, p_{k,n-1})] \}$$

但括号内第一项与子策略 $p_{k,n-1}$ 无关，故得

$$V_{0,n-1}(s_0, p^*_{0,n-1}) = \underset{p_{0,k-1} \in P_{0,k-1}}{\mathrm{opt}} \{ V_{0,k-1}(s_0, p_{0,k-1}) + \underset{p_{k,n-1} \in P_{k,n-1}}{\mathrm{opt}} V_{k,n-1}(\tilde{s}_k, p_{k,n-1}) \}$$

充分性：设 $p_{0,n-1} = (p_{0,k-1}, p_{k,n-1})$ 为任一策略，$\tilde{s}_k$ 为由 $(s_0, p_{0,k-1})$ 所确定的 k 阶段的起始状态。则有

$$V_{k,n-1}(\tilde{s}_k, p_{k,n-1}) \leqslant \underset{p_{k,n-1} \in P_{k,n-1}(\tilde{s}_k)}{\mathrm{opt}} V_{k,n-1}(\tilde{s}_k, p_{k,n-1})$$

在这里记号"$\leqslant$"的含义是：当 opt 表示 max 时就表示"$\leqslant$"，当 opt 表示 min 时就表示"$\geqslant$"。因此，式（8-2）为

$$V_{0,n-1}(s_0, p_{0,n-1}) = V_{0,k-1}(s_0, p_{0,k-1}) + V_{k,n-1}(\tilde{s}_k, p_{k,n-1})$$
$$\leqslant V_{0,k-1}(s_0, p_{0,k-1}) + \underset{p_{k,n-1} \in P_{k,n-1}(\tilde{s}_k)}{\mathrm{opt}} V_{k,n-1}(\tilde{s}_k, p_{k,n-1})$$
$$\leqslant \underset{p_{0,k-1} \in P_{0,k-1}(s_0)}{\mathrm{opt}} \{ V_{0,k-1}(s_0, p_{0,k-1}) + \underset{p_{k,n-1} \in P_{k,n-1}(\tilde{s}_k)}{\mathrm{opt}} V_{k,n-1}(\tilde{s}_k, p_{k,n-1}) \}$$
$$= V_{0,n-1}(s_0, p^*_{0,n-1})$$

故只要 $p^*_{0,n-1}$ 使式（8-2）成立，则对任一策略 $p_{0,n-1}$，都有

$$V_{0,n-1}(s_0, p_{0,n-1}) \leqslant V_{0,n-1}(s_0, p^*_{0,n-1})$$

因为 $p^*_{0,n-1}$ 是最优策略。证毕。

推论：若允许策略 $p^*_{0,n-1}$ 是最优策略，则对任意的 k，$0 < k < n-1$，它的子策略 $p^*_{k,n-1}$ 对于以 $s^*_k = T_{k-1}(s_{k-1}, u_{k-1})$ 为起点的 k 到 $n-1$ 子过程来说，必是最优策略。（注意：k 阶段状态 s^*_k 是由 s_0 和 $p^*_{0,k-1}$ 所确定的）。

证明：用反证法。

若 $p^*_{k,n-1}$ 不是最优策略，则有

$$V_{k,n-1}(s^*_k, p^*_{k,n-1}) < \underset{p_{k,n-1} \in P_{k,n-1}(s^*_k)}{\mathrm{opt}} V_{k,n-1}(s^*_k, p_{k,n-1})$$

此处记号"$<$"是：当 opt 表示 max 时表示"$<$"，当 opt 表示 min 时表示"$>$"。因而

$$V_{0,n-1}(s_0, p^*_{0,n-1}) = V_{0,k-1}(s_0, p^*_{0,k-1}) + V_{k,n-1}(s^*_k, p^*_{k,n-1})$$
$$< V_{0,k-1}(s_0, p^*_{0,k-1}) + \underset{p_{k,n-1} \in P_{k,n-1}(s^*_k)}{\mathrm{opt}} V_{k,n-1}(s^*_k, p_{k,n-1})$$
$$< \underset{p_{0,k-1} \in P_{0,k-1}(s_0)}{\mathrm{opt}} \{ V_{0,k-1}(s_0, p_{0,k-1}) + \underset{p_{k,n-1} \in P_{k,n-1}(\tilde{s}_k)}{\mathrm{opt}} V_{k,n-1}(\tilde{s}_k, p_{k,n-1}) \}$$

故与以上定理的必要性矛盾。证毕。

此推论就是前面提到的动态规划的"最优性原理"。它仅仅是最优策略的必要性。从最优性定理可以看到：如果一个决策问题有最优策略，则该问题的最优值函数一定可用动态规划的基本方程来表示，反之亦真。这是该定理为人们用动态规划方法去处理决策问题提供了理论依据和指明方法，就是要充分分析决策问题的结构，使它满足动态规划的条件，正确地写出动态规划的基本方程。

8.4 动态规划和静态规划的关系

动态规划、线性规划和非线性规划都是属于数学规划的范围，所研究的对象本质上都是一个求极值的问题，都是利用迭代法去逐步求解的。不过，线性规划和非线性规划所研究的问题，通常是与时间无关的，故又称它们为静态规划。线性规划迭代中的每一步是就问题的整体加以改善的。而动态规划所研究的问题是与时间有关的，它是研究具有多阶段决策过程的一类问题，将问题的整体按时间或空间的特征而分成若干个前后衔接的时空阶段，把多阶段决策问题表示为前后有关联的一系列单阶段决策问题，然后逐个加以解决，从而求出了整个问题的最优决策序列。因此，对于某些静态的问题，也可以人为地引入时间因素，把它看作是按阶段进行的一个动态规划问题，这就使得动态规划成为求解某些线性、非线性规划的有效方法。

由于动态规划方法有逆序解法和顺序解法之分，其关键在于正确写出动态规划的递推关系式，故递推方式有逆推和顺推两种形式。一般地说，当初始状态给定时，用逆推比较方便；当终止状态给定时，用顺推比较方便。

考查如图 8-6 所示的 n 阶段决策过程。

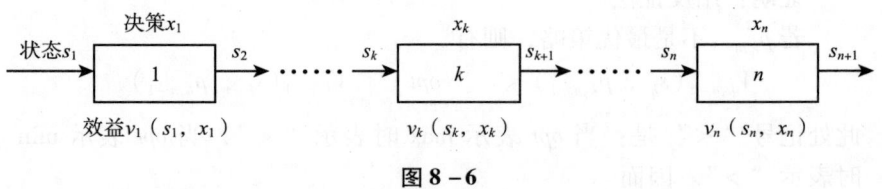

图 8-6

其中取状态变量为 $s_1, s_2, \cdots, s_{n+1}$；决策变量为 $x_1, x_2, \cdots, x_n$。在第 k 阶段，决策 x_k 使状态 s_k（输入）转移为状态 s_{k+1}（输出），设状态转移函数为

$$s_{k+1} = T_k(s_k, x_k), \quad k = 1, 2, \cdots, n$$

假定过程的总效益（指标函数）与各阶段效益（阶段指标函数）的关系为

$$V_{1,n} = v_1(s_1, x_1) * v_2(s_2, x_2) * \cdots * v_n(s_n, x_n)$$

其中记号"$*$"可都表示为"$+$"或者都表示为"$\times$"。问题为使 $V_{1,n}$ 达到最优化，即求 $opt V_{1,n}$，为简单起见，不妨此处就求 $\max V_{1,n}$。

8.4.1 逆推解法

设已知初始状态为 s_1，并假定最优值函数 $f_k(s_k)$ 表示第 k 阶段的初始状态为 s_k，从 k 阶段到 n 阶段所得到的最大效益。

从第阶段开始，则有

$$f_n(s_n) = \max_{x_n \in D_n(s_n)} v_n(s_n, x_n)$$

其中 $D_n(s_n)$ 是由状态 s_n 所确定的第 n 阶段的允许决策集合。解此一维极值问题，就得到最优解 $x_n = x_n(s_n)$ 和最优值 $f_n(s_n)$，要注意的是，若 $D_n(s_n)$ 只有一个决策，则 $x_n \in D_n(s_n)$ 就应写成 $x_n = x_n(s_n)$。

在第 $n-1$ 阶段，有

$$f_{n-1}(s_{n-1}) = \max_{x_{n-1} \in D_n(s_{n-1})} [v_{n-1}(s_{n-1}, x_{n-1}) * f_n(s_n)]$$

其中 $s_n = T_{n-1}(s_{n-1}, x_{n-1})$；解此一维极值问题，得到最优解 $x_{n-1} = x_{n-1}(s_{n-1})$ 和最优值 $f_{n-1}(s_{n-1})$。

在第 k 阶段，有

$$f_k(s_k) = \max_{x_k \in D_k(s_k)} [v_k(s_k, x_k) * f_{k+1}(s_{k+1})]$$

其中 $s_{k+1} = T_k(s_k, x_k)$。解得最优解 $x_k = x_k(s_k)$ 和最优值 $f_k(s_k)$。

如此类推，直到第一阶段，有

$$f_1(s_1) = \max_{x_1 \in D_1(s_1)} [v_1(s_1, x_1) * f_2(s_2)]$$

其中 $s_2 = T_1(s_1, x_1)$；解得最优解 $x_1 = x_1(s_1)$ 和最优值 $f_1(s_1)$。

由于初始状态 s_1 已知，故 $x_1 = x_1(s_1)$ 和 $f_1(s_1)$ 是确定的，从而 $s_2 = T_1(s_1, x_1)$ 也就可确定，于是 $x_2 = x_2(s_2)$ 和 $f_2(s_2)$ 也就可确定。这样，按照上述递推过程相反的顺序推算下去，就可逐步确定出每阶段的决策及效益。

例3：用逆推解法求解下面问题

$$\max z = x_1 \cdot x_2^2 \cdot x_3$$

$$\begin{cases} x_1 + x_2 + x_3 = c \quad (c > 0) \\ x_i \geq 0, \quad i = 1, 2, 3 \end{cases}$$

解：按问题的变量个数划分阶段，把它看作为一个三阶段决策问题。设状态变量为 s_1，s_2，s_3，s_4，并记 $s_1 = c$；取问题中的变量 x_1，x_2，x_3 为决策变量；各阶段指标函数按乘积方式结合。令最优值函数 $f_k(s_k)$ 表示为第 k 阶段的初始状态为 s_k，从 k 阶段到 3 阶段所得到的最大值。

设
$$s_3 = x_3 \quad s_3 + x_2 = s_2 \quad s_2 + x_1 = s_1 = c$$

则有
$$x_3 = s_3 \quad 0 \leqslant x_2 \leqslant s_2 \quad 0 \leqslant x_1 \leqslant s_1 = c$$

于是用逆推解法，从后向前依次有

$$f_3(s_3) = \max_{x_3 = s_3}(x_3) = s_3 \text{ 及最优解 } x_3^* = s_3$$

$$f_2(s_2) = \max_{0 \leqslant x_2 \leqslant s_2}[x_2^2 \cdot f_3(s_3)] = \max_{0 \leqslant x_2 \leqslant s_2}[x_2^2(s_2 - x_2)] = \max_{0 \leqslant x_2 \leqslant s_2} h_2(s_2, x_2)$$

由 $\dfrac{dh_2}{dx_2} = 2x_2 s_2 - 3x_2^2 = 0$，得 $x_2 = \dfrac{2}{3}s_2$ 和 $x_2 = 0$（舍去）

又 $\dfrac{d^2 h_2}{dx_2^2} = 2s_2 - 6x_2$，而 $\dfrac{d^2 h_2}{dx_2^2}\Big|_{x_2 = \frac{2}{3}s_2} = -2s_2 < 0$，故 $x_2 = \dfrac{2}{3}s_2$ 为极大值点。

所以 $f_2(s_2) = \dfrac{4}{27}s_2^3$ 及最优解 $x_2^* = \dfrac{2}{3}s_2$

$$f_1(s_1) = \max_{0 \leqslant x_1 \leqslant s_1}[x_1 \cdot f_2(s_2)] = \max_{0 \leqslant x_1 \leqslant s_1}\left[x_1 \cdot \dfrac{4}{27}(s_1 - x_1)^3\right]$$
$$= \max_{0 \leqslant x_1 \leqslant s_1} h_1(s_1, x_1)$$

像前面一样利用微分法易知
$$x_1^* = \dfrac{1}{4}s_1$$

故
$$f_1(s_1) = \dfrac{1}{64}s_1^4$$

由于已知 $s_1 = c$，因而按计算的顺序反推算，可得各阶段的最优决策和最优值。即

$$x_1^* = \dfrac{1}{4}c, \quad f_1(c) = \dfrac{1}{64}c^4$$

由
$$s_2 = s_1 - x_1^* = c - \dfrac{1}{4}c = \dfrac{3}{4}c$$

所以
$$x_2^* = \dfrac{2}{3}s_2 = \dfrac{1}{2}c, \quad f_2(s_2) = \dfrac{1}{16}c^3$$

由
$$s_3 = s_2 - x_2^* = \dfrac{3}{4}c - \dfrac{1}{2}c = \dfrac{1}{4}c$$

所以
$$x_3^* = \dfrac{1}{4}c, \quad f_3(s_3) = \dfrac{1}{4}c$$

因此得到最优解为 $x_1^* = \dfrac{1}{4}c$, $x_2^* = \dfrac{1}{2}c$, $x_3^* = \dfrac{1}{4}c$

最大值为 $\max z = f_1(c) = \dfrac{1}{64}c^4$

8.4.2 顺推解法

设已知终止状态 s_{n+1}，并假定最优值函数 $f_k(s)$ 表示第 k 阶段末的结束状态为 s，从 1 阶段到 k 阶段所得到的最大收益。

已知终止状态 s_{k+1} 用顺推解法与已知初始状态用逆推解法在本质上没有区别，它相当于把实际的起点视为终点，实际的终点视为起点，而按逆推解法进行的。换言之，只要把图 8 – 6 的箭头倒转过来即可，把输出 s_{k+1} 看作输入，把输入 s_k 看作输出，这样便得到顺推解法。但应注意，这里是在上述状态变量和决策变量的记法不变的情况下考虑的。因而这时的状态变换是上面状态变换的逆变换，记为 $s_k = T_k^*(s_{k+1}, x_k)$；从运算而言，即是由 s_{k+1} 和 x_k 而去确定 s_k 的。

从第一阶段开始，有

$$f_1(s_2) = \max_{x_1 \in D_1(s_1)} v_1(s_1, x_1), \quad \text{其中 } s_1 = T_1^*(s_2, x_1)$$

解得最优解 $x_1 = x_1(s_2)$ 和最优值 $f_1(s_2)$。若 $D_1(s_1)$ 只有一个决策，则 $x_1 \in D_1(s_1)$ 就写成 $x_1 = x_1(s_2)$。

在第二阶段，有

$$f_2(s_3) = \max_{x_2 \in D_2(s_2)} [v_2(s_2, x_1) \cdot f_1(s_2)]$$

其中 $s_2 = T_2^*(s_3, x_2)$，解得最优解 $x_2 = x_2(s_3)$ 和最优值 $f_2(s_3)$。

如此类推，直到第 n 阶段，有

$$f_n(s_{n+1}) = \max_{x_n \in D_n(s_n)} [v_n(s_n, x_n) \cdot f_{n-1}(s_n)]$$

其中 $s_n = T_n^*(s_{n+1}, x_n)$。解得最优解 $x_n = x_n(s_{n+1})$ 和最优值 $f_n(s_{n+1})$。

由于终止状态 s_{n+1} 是已知的，故 $x_n = x_n(s_{n+1})$ 和 $f_n(s_{n+1})$ 是确定的。再按计算过程的相反顺序推算上去，就可逐步确定出每阶段的决策及效益。

应指出的是，若将状态变量的记法改为 $s_0, s_1, \cdots, s_n$，决策变量记法不变，则按顺序解法，此时的最优值函数为 $f_k(s_k)$。因而，这个符号与逆推解法的符号一样，但含义是不同的，这里的 s_k 是表示 k 阶段末的结束状态。

例 4：将例 3 用顺推解法解之。

解：设 $s_4 = c$，令最优值函数 $f_k(s_{k+1})$ 表示第 k 阶段末的结束状态为 s_{k+1}，从 1 阶段到 k 阶段的最大值。

设 $s_2 = x_1$，$s_2 + x_2 = s_3$，$s_3 + x_3 = s_4 = c$

则有 $x_1 = s_2$，$0 \leq x_2 \leq s_3$，$0 \leq x_3 \leq s_4$

于是用顺推解法，从前向后依次有

$$f_1(s_2) = \max_{x_1 = s_2}(x_1) = s_2 \text{ 及最优解 } x_1^* = s_2$$

$$f_2(s_3) = \max_{0 \leq x_2 \leq s_3}[x_2^2 \cdot f_1(s_2)] = \max_{0 \leq x_2 \leq s_3}[x_2^2(s_3 - x_2)] = \frac{4}{27}s_3^3$$

及最优解 $x_2^* = \frac{2}{3}s_3$。

$$f_3(s_4) = \max_{0 \leq x_3 \leq s_4}[x_3 \cdot f_2(s_3)] = \max_{0 \leq x_3 \leq s_4}\left[x_3 \cdot \frac{4}{27}(s_4 - x_3)^3\right] = \frac{1}{64}s_4^4$$

及最优解 $x_3^* = \frac{1}{4}s_4$。

由于已知 $s_4 = c$，故易得到最优解为 $x_1^* = \frac{1}{4}c$，$x_2^* = \frac{1}{2}c$，$x_3^* = \frac{1}{4}c$；相应的最大值为

$$\max z = \frac{1}{64}c^4$$

现在再考虑若是已知初始状态 $s_1 = c$，将例 3 用顺推解法又如何进行呢？

因这时的状态转移函数为 $s_k = s_{k+1} + x_k$，$k = 1, 2, 3$。为了保证决策变量非负，必须有 $s_{k+1} \leq s_k \leq c$。

因此，设 $x_1 + s_2 = s_1 = c$，$x_2 + s_3 = s_2$，$x_3 + s_4 = s_3$

则有 $x_1 = s_1 - s_2 = c - s_2$，$0 \leq x_2 \leq s_2 - s_3 \leq c - s_3$，

$$0 \leq x_3 \leq s_3 - s_4 \leq c - s_4$$

于是用顺推解法，从前向后依次有

$$f_1(s_2) = \max_{x_1 = c - s_2}(x_1) = c - s_2 \text{ 及最优解 } x_1^* = c - s_2$$

$$f_2(s_3) = \max_{0 \leq x_2 \leq c - s_3}[x_2^2 f_1(s_2)] = \max_{0 \leq x_2 \leq c - s_3}[x_2^2(c - s_3 - x_2)]$$

$$= \frac{4}{27}(c - s_3)^3 \text{ 及最优解 } x_2^* = \frac{2}{3}(c - s_3)$$

$$f_3(s_4) = \max_{0 \leq x_3 \leq c - s_4}[x_3 f_2(s_3)] = \max_{0 \leq x_3 \leq c - s_4}\left[x_3 \cdot \frac{4}{27}(c - s_4 - x_3)^3\right]$$

$$= \frac{1}{64}(c - s_4)^3 \text{ 及最优解 } x_3^* = \frac{1}{4}(c - s_4)$$

由于终止状态 s_4 不知道，故须再对 s_4 求一次极值，即

$$\max_{0 \leq s_4 \leq c} f_3(s_4) = \max_{0 \leq s_4 \leq c} \frac{1}{64}(c - s_4)^3$$

显然，只有当 $s_4 = 0$ 时，$f_3(s_4)$ 才能达到最大值。然后按计算顺序反推算可求出各阶段的最优决策及最优值。最后得到最优解为 $x_1^* = \frac{1}{4}c$，

$x_2^* = \frac{1}{2}c$, $x_3^* = \frac{1}{4}c$；最大值为

$$\max z = f_3(0) = \frac{1}{64}c^4$$

注意：若记状态变量为 s_0、s_1、s_2、s_3，取 $s_0 = c$；决策变量记法不变；令最优值函数 $f_k(s_k)$ 表示第 k 阶段末的结束状态为 s_k，从 1 阶段到 k 阶段的最大值，则按顺推解法，从前向后依次为

$$f_1(s_1) = \max_{x_1 = c - s_1}(x_1)$$
$$f_2(s_2) = \max_{0 \leq x_2 \leq c - s_2}[x_2^2 f_1(s_1)]$$
$$f_3(s_3) = \max_{0 \leq x_3 \leq c - s_3}[x_3 f_2(s_2)]$$

例 5：用动态规划方法解下面问题

$$\max F = 4x_1^2 - x_2^2 + 2x_3^2 + 12$$
$$\begin{cases} 3x_1 + 2x_2 + x_3 \leq 9 \\ x_i \geq 0, \quad i = 1, 2, 3 \end{cases}$$

解：按问题中变量的个数分为三个阶段。设状态变量为 s_0、s_1、s_2、s_3，并记 $s_3 \leq 9$；取 x_1、x_2、x_3 为各阶段的决策变量；各阶段指标函数按加法方式结合。令最优值函数 $f_k(s_k)$ 表示第 k 阶段的结束状态为 s_k，从 1 阶段至 k 阶段的最大值。

设 $\qquad 3x_1 = s_1, \ s_1 + 2x_2 = s_2, \ s_2 + x_3 = s_3 \leq 9$

则有 $\qquad x_1 = s_1/3, \ 0 \leq x_2 \leq s_2/2, \ 0 \leq x_3 \leq s_3$

于是用顺推方法，从前向后依次有

$$f_1(s_1) = \max_{x_1 = s_1/3}(4x_1^2) = \frac{4}{9}s_1^2 \text{ 及最优解 } x_1^* = \frac{s_1}{3}$$
$$f_2(s_2) = \max_{0 \leq x_2 \leq s_2/2}[-x_2^2 + f_1(s_1)]$$
$$= \max_{0 \leq x_2 \leq s_2/2}\left[-x_2^2 + \frac{4}{9}(s_2 - 2x_2)^2\right]$$
$$= \max_{0 \leq x_2 \leq s_2/2} h_2(s_2, x_2)$$

由 $\qquad \dfrac{dh_2}{dx_2} = \dfrac{14}{9}x_2 - \dfrac{16}{9}s_2 = 0$ 解得 $x_2 = \dfrac{8}{7}s_2$

因该点不在允许决策集合内，故无须判别。因而 $h_2(s_2, x_2)$ 的最大值必在两个端点上选取。

而 $\qquad h_2(0) = \dfrac{4}{9}s_2^2, \ h_2\left(\dfrac{s_2}{2}\right) = -\dfrac{s_2^2}{4}$

所以 $h_2(s_2, x_2)$ 的最大值点在 $x_2 = 0$ 处，故得到 $f_2(s_2) = \dfrac{4}{9}s_2^2$ 及相应的最优解 $x_4^* = 0$。

$$f_3(s_3) = \max_{0 \leq x_3 \leq s_3}[2x_3^2 + 12 + f_2(s_2)]$$

$$= \max_{0 \leq x_3 \leq s_3} \left[2x_3^2 + 12 + \frac{4}{9}(s_3 - x_3)^2 \right] = \max_{0 \leq x_3 \leq s_3} h_3(s_3, x_3)$$

由 $\quad\dfrac{dh_3}{dx_3} = \dfrac{44}{9}x_3 - \dfrac{8}{9}s_3 = 0$ 解得 $x_3 = \dfrac{2}{11}s_3$

又 $\quad\dfrac{d^2 h_3}{dx_3^2} = \dfrac{44}{9} > 0$，故该点为极小值点。

而 $\quad h_3(0) = \dfrac{4}{9}s_3^2 + 12, \quad h_3(s_3) = 2s_3^2 + 12$

故 $h_3(s_2, x_3)$ 的最大值点在 $x_3 = s_3$ 处，所以得 $f_3(s_3) = 2s_3^2 + 12$ 及相应的最优解 $x_3^* = s_3$。

由于 s_3 不知道，故须再对 s_3 求一次极值，即

$$\max_{0 \leq s_3 \leq 9} f_3(s_3) = \max_{0 \leq s_3 \leq 9} \left[2s_3^2 + 12 \right]$$

显然，当 $s_3 = 9$ 时 $f_3(s_3)$ 才能达到最大值。所以 $f_1(9) = 2 \times 9^2 + 12 = 174$ 为最大值。

再按计算的顺序反推算可求得最优解为 $x_1^* = 0$，$x_2^* = 0$，$x_3 = 9$；最大值为

$$\max F = f_1(9) = 174$$

注意：

（1）若先作代换，令 $y_1 = 3x_1$，$y_2 = 2x_2$，$y_3 = x_3$，将原问题变为

$$\max F = \frac{4}{9}y_1^2 - \frac{1}{4}y_2^2 + 2y_3^2 + 12$$

$$\begin{cases} y_1 + y_2 + y_3 \leq 9 \\ y_i \geq 0, \quad i = 1, 2, 3 \end{cases}$$

再解此问题，然后换回 x_i 也可以。

（2）在计算 h_2 和 h_3 的最大值中，若学习了凸函数的性质，也可利用凸函数的性质来确定最大值。

8.4.3 动态规划的计算框图

在实际问题中，函数序列 $f_k(s_k)$ 往往不能表示为解析形式；状态变量 s_k 和决策变量 x_k 即使是离散的，其集合也很大。这样，求 $f_k(s_k)$ 和最优策略的数值解计算量就很大，一般要用计算机来解决。

下面讨论逆序解法的迭代计算程序。由于始端可能是自由状态或固定状态两种情况，终端也可能是自由状态或固定状态两种情况，因而组合起来就有四种情况。这里，仅讨论终端自由而且始端自由或固定的两种情况的计算框图。至于终端固定的情况框图类似，就不讨论了。

为明确起见，假设：决策变量 x_k 是连续实变数，允许决策集合

$D_k(s_k)$ 是实数集合；状态变量 s_k 也是连续实变数，各段可达状态集合 S_k 的实数闭区间是 $[\underline{s}_k, \bar{s}_k]$，对于始端固定的状态变量，各段可达状态集合 s_k^1 的实数闭区间是 $[\underline{s}_k^1, \bar{s}_k^1]$。在计算前，先要把 s_k 离散化。为此，要选好适当的增量 Δs。在第 k 段，计算将在点列 $\{\underline{s}_k, \underline{s}_k + \Delta s, \cdots, \underline{s}_k + m_k \Delta s\}$ 上进行，其中 m_k 是满足

$$\underline{s}_k + m_k \Delta s \leqslant \bar{S}_k \leqslant \bar{S}_k + (m_k + 1)\Delta s \text{ 的正整数}$$

根据一般的逆序动态规划的基本方程：

$$\begin{cases} f_{n+1}(s_{n+1}) = 0 \\ f_k(s_k) = \underset{x_k \in D_k(s_k)}{opt} \{v_k(s_k, x_k) + f_{k+1}(s_{k+1})\}, \quad k = n, \cdots, 2, 1 \end{cases}$$

其中 $s_{k+1} = T_k(s_k, x_k)$，且当 s_1 固定时，$s_k \in S_k^1$；当 s_1 自由时，$s_k \in S_k$。因而可得动态规划的逆序解法计算程序框图（见图 8 - 7），下面对框图作几点说明。

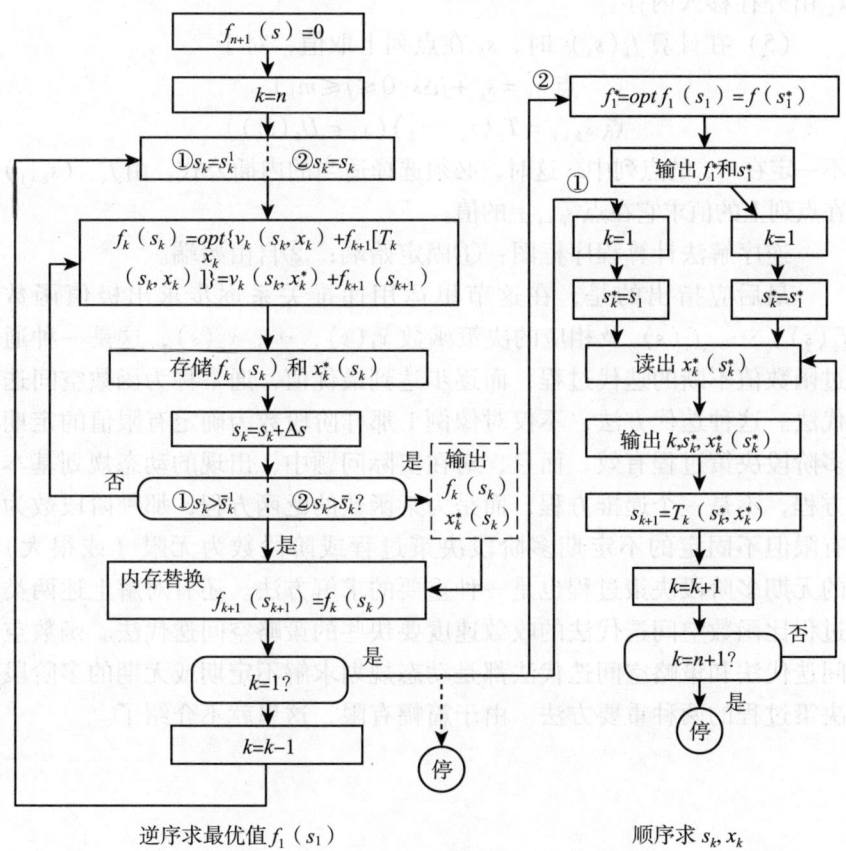

图 8 - 7 动态规划逆序解法计算程序框图

（1）图 8 - 7 中，左边部分是指标函数序列 $\{f_k(s_k)\}$ 的递推计

算，它是逆序的，即 k 由 n 逐步减少到 1；右边部分是最优决策序列 $\{x_k^*\}$ 的递推计算，它是顺序的，即 k 由 1 逐步增大到 n。

（2）若实际问题要求的不只是整个过程的最优解，而且要求出从各段出发的最优策略和最优值。则在程序中，对每一 k 段，计算完 $f_k(s_k)$ 和 $x_k^*(s_k)$ 后就可输出，如图中的虚线所示。如不需要输出 s_k，可把右边部分框图取消。

（3）框图中包含①固定始端和②自由始端两种情况。它们的区别是，左边部分输入数据不同，右边部分在自由始端②情况下，还需多求一次最优值计算。

（4）因 $f_{k+1}(s_{k+1})$ 只在计算 k 段时有用，到 $k-1$ 段就没用了。故在计算 k 段时，$f_k(s_k)$ 都要存入内存，在计算 $k-1$ 段时，可用 $f_k(s_k)$ 把 $f_{k+1}(s_{k+1})$ 替换掉。函数 $x_k^*(s_k)$ 在左边部分计算出来后不要用，可送入外存。在右边部分求 $\{x_k^*\}$ 需用时，再依 k 的序列将 x_k 由外存移入内存。

（5）在计算 $f_k(s_k)$ 时，s_k 在点列上取值，对于
$$\text{点 } s_k = \underline{s_k} + j\Delta s(0 \leqslant j \leqslant m_k)$$
$$\text{点 } \bar{s}_{k+1} = T_k(s_k, x_k)(x_k \in D_k(s_k))$$
不一定在 s_{k+1} 的点列中，这时，必须选择适当的内插公式，由 $f_{k+1}(s_{k+1})$ 在点列上的值求它在点 $\bar{s}_{k+1}$ 上的值。

逆序解法计算程序框图：①固定始端；②自由始端。

最后应指出的是，在这节里运用递推关系逐步求出极值函数 $f_1(s),\cdots,f_n(s)$ 及相应的决策函数 $x_1(s),\cdots,x_n(s)$，这是一种通过函数值不断的迭代过程，而逐步达到最优值，通常称为函数空间迭代法。这种迭代方法，不仅对像例 1 那样阶段数为确定有限值的定期多阶段决策过程有效，而且，对在实际问题中，出现的动态规划基本方程，不是一个递推方程，而是为某函数的泛函方程，那种阶段数为有限但不固定的不定期多阶段决策过程或阶段数为无限（或很大）的无期多阶段决策过程也是一种重要的求解方法。还有对解上述两类过程比函数空间迭代法的收敛速度要快些的策略空间迭代法。函数空间迭代法和策略空间迭代法都是动态规划求解不定期或无期的多阶段决策过程的两种重要方法。由于篇幅有限，这里就不介绍了。

第 9 章
动态规划应用举例

9.1 资源分配问题

所谓分配问题，就是将数量一定的一种或若干种资源（例如原材料、资金、机器设备、劳力、食品等），恰当地分配给若干个使用者，而使目标函数为最优。

9.1.1 一维资源分配问题

设有某种原料，总数量为 a，用于生产 n 种产品。若分配数量 x_i 用于生产第 i 种产品，其收益为 $g_i(x_i)$。问应如何分配，才能使生产 n 种产品的总收入最大？

此问题可写成静态规划问题：

$$\begin{cases} \max z = g_1(x_1) + g_2(x_2) + \cdots + g_n(x_n) \\ x_1 + x_2 + \cdots + x_n = a \\ x_i \geq 0, \ i=1, 2, \cdots, n \end{cases}$$

当 $g_i(x_i)$ 都是线性函数时，它是一个线性规划问题；当 $g_i(x_i)$ 是非线性函数时，它是一个非线性规划问题。但当 n 比较大时，具体求解是比较麻烦的。然而，由于这类问题的特殊结构，可以将它看成一个多阶段决策问题，并利用动态规划的递推关系来求解。

在应用动态规划方法处理这类"静态规划"问题时，通常以把资源分配给一个或几个使用者的过程作为一个阶段，把问题中的变量 x_i 选为决策变量，将累计的量或随递推过程变化的量选为状态变量。

设状态变量 s_k 表示分配用于生产第 k 种产品至第 n 种产品的原料数量。

决策变量 u_k 表示分配给生产第 k 种产品的原料数，即 $u_k = x_k$
状态转移方程：
$$s_{k+1} = s_k - u_k = s_k - x_k$$
允许决策集合：
$$D_k(s_k) = \{u_k \mid 0 \leq u_k = x_k \leq s_k\}$$

令最优值函数 $f_k(s_k)$ 表示以数量为 s_k 的原料分配给第 k 种产品至第 n 种产品所得到的最大总收入。因而可写出动态规划的逆推关系式为：

$$\begin{cases} f_k(s_k) = \max_{0 \leq x_k \leq s_k} \{g_k(x_k) + f_{k+1}(s_k - x_k)\}, & k = n-1, \cdots, 1 \\ f_n(s_n) = \max_{x_n = s_n} g_n(x_n) \end{cases}$$

利用这个递推关系式进行逐段计算，最后求得 $f_1(a)$ 即为所求问题的最大总收入。

例 1：某工业部门根据国家计划的安排，拟将五台某种高效率的设备分配给所属的甲、乙、丙三个工厂，各工厂若获得这种设备之后，可以为国家提供的盈利如表 9 – 1 所示。

表 9 – 1

盈利/万元 \ 设备台数 \ 工厂	甲	乙	丙
0	0	0	0
1	3	5	4
2	7	10	6
3	9	11	11
4	12	11	12
5	13	11	12

问：这五台设备如何分配给各工厂，才能使国家得到的盈利最大？

解：将问题按工厂分为三个阶段，甲、乙、丙三个工厂分别编号为 1、2、3

设 s_k 表示为分配给第 k 个工厂至第 n 个工厂的设备台数。

x_k 表示为分配给第 k 个工厂的设备台数。

则 $s_{k+1} = s_k - x_k$ 为分配给第 $k+1$ 个工厂至第 n 个工厂的设备台数。

$P_k(s_k)$ 表示为 x_k 台设备分配到第 k 个工厂所得的盈利值。

$f_k(s_k)$ 表示为 s_k 台设备分配给第 k 个工厂至第 n 个工厂时所得到的最大盈利值。

因而可写出逆推关系式为

$$\begin{cases} f_k(s_k) = \max_{0 \le x_k \le s_k} [P_k(x_k) + f_{k+1}(s_k - x_k)], & k = 3, 2, 1 \\ f_4(s_4) = 0 \end{cases}$$

下面从最后一个阶段开始向前逆推计算。

第三阶段：

设将 s_3 台设备（$s_3 = 0, 1, 2, 3, 4, 5$）全部分配给工厂丙时，则最大盈利值为

$$f_3(s_3) = \max_{x_3}[P_3(x_3)]$$

其中，$x_3 = s_3 = 0, 1, 2, 3, 4, 5$

因为此时只有一个工厂，有多少台设备就全部分配给工厂丙，故它的盈利值就是该段的最大盈利值。其数值计算如表 9-2 所示。

表 9-2

s_3	x_3 $P_3(x_3)$						$f_3(s_3)$	x_3^*
	0	1	2	3	4	5		
0	0						0	0
1		4					4	1
2			6				6	2
3				11			11	3
4					12		12	4
5						12	12	5

表中 x_3^* 表示使 $f_3(s_3)$ 为最大值时的最优决策。

第二阶段：

设把 s_2 台设备（$s_2 = 0, 1, 2, 3, 4, 5$）分配给工厂乙和工厂丙时，则对每个 s_2 值，有一种最优分配方案，使最大盈利值为

$$f_2(s_2) = \max_{x_2}[P_2(x_2) + f_3(s_2 - x_2)]$$

其中 $\qquad x_2 = 0, 1, 2, 3, 4, 5$

因为给乙工厂 x_2 台，其盈利为 $P_2(x_2)$，余下的 $s_2 - x_2$ 台就给丙工厂，则它的盈利最大值为 $f_3(s_2 - x_2)$。现要选择 x_2 的值，使 $P_2(x_2) + f_3(s_2 - x_2)$ 取最大值。其数值计算如表 9-3 所示。

表 9-3

s_2	x_2 $P_2(x_2) + f_3(s_2 - x_2)$						$f_2(s_2)$	x_2^*
	0	1	2	3	4	5		
0	0						0	0
1	0+4	5+0					5	1

续表

s_2 \ x_2	$P_2(x_2)+f_3(s_2-x_2)$						$f_2(s_2)$	x_2^*
	0	1	2	3	4	5		
2	0+6	5+4	10+0				10	2
3	0+11	5+6	10+4	11+0			14	2
4	0+12	5+11	10+6	11+4	11+0		16	1, 2
5	0+12	5+12	10+11	11+6	11+4	11+0	21	2

第一阶段：

设把 s_1 台（这里只有 $s_1=5$ 的情况）设备分配给甲、乙、丙三个工厂时，则最大盈利值为

$$f_1(5) = \max_{x_1}[P_1(x_1)+f_2(5-x_1)]$$

其中 $x_1=0, 1, 2, 3, 4, 5$

因为给甲工厂 x_1 台，其盈利为 $P_1(x_1)$，剩下的 $5-x_1$ 台就分给乙和丙两个工厂，则它的盈利最大值为 $f_2(5-x_1)$。现要选择 x_1 值，使 $P_1(x_1)+f_2(5-x_1)$ 取最大值，它就是所求的总盈利最大值，其数值计算如表 9-4 所示。

表 9-4

s_1 \ x_1	$P_1(x_1)+f_2(5-x_1)$						$f_1(5)$	x_1^*
	0	1	2	3	4	5		
5	0+21	3+16	7+14	9+10	12+5	13+0	21	0, 2

然后按计算表格的顺序反推算，可知最优分配方案有两个：

(1) 由于 $x_1^*=0$，根据 $s_2=s_1-x_1^*=5-0=5$，查表 9-3 知 $x_2^*=2$，由 $s_3=s_2-x_2^*=5-2=3$，故 $x_3^*=s_3=3$。即得甲工厂分配 0 台，乙工厂分配 2 台，丙工厂分配 3 台。

(2) 由于 $x_1^*=2$，根据 $s_2=s_1-x_1^*=5-2=3$，查表 9-3 知 $x_2^*=2$，由 $s_3=s_2-x_2^*=3-2=1$，故 $x_3^*=s_3=1$。即得甲工厂分配 2 台，乙工厂分配 2 台，丙工厂分配 1 台。

以上两个分配方案所得到的总盈利均为 21 万元。

在这个问题中，如果原设备的台数不是 5 台，而是 4 台或 3 台，用其他方法解时，往往要从头再算，但用动态规划解时，这些列出的表仍旧有用。只需要修改最后的表格，就可以得到：

当设备台数为 4 台时，最优分配方案为：$x_1^*=1$，$x_2^*=2$，$x_3^*=1$；或 $x_1^*=2$，$x_2^*=2$，$x_3^*=0$，总盈利为 17 万元。

当设备台数为 3 台时，最优分配方案为：$x_1^*=0$，$x_2^*=2$，$x_3^*=$

1，总盈利为 14 万元。

这个例子是决策变量取离散值的一类分配问题。在实际中，如销售店分配问题，投资分配问题，货物分配问题等，均属于这类分配问题。这种只将资源合理分配不考虑回收的问题，又称为资源平行分配问题。

在资源分配问题中，还有一种要考虑资源回收利用的问题，这里决策变量为连续值，故称为资源连续分配问题。这类分配问题一般叙述如下：

设有数量为 s_1 的某种资源，可投入 A 和 B 两种生产。第一年若以数量 u_1 投入生产 A，剩下的量 $s_1 - u_1$ 就投入生产 B，则可得收入为 $g(u_1) + h(s_1 - u_1)$，其中 $g(u_1)$ 和 $h(u_1)$ 为已知函数，且 $g(0) = h(0) = 0$。这种资源在投入 A、B 生产后，年终还可回收再投入生产。设年回收率分别为 $0 < a < 1$ 和 $0 < b < 1$，则在第一年生产后，回收的资源量合计为 $s_2 = au_1 + b(s_1 - u_1)$。第二年再将资源数量 s_2 中的 u_2 和 $s_2 - u_2$ 分别再投入 A、B 两种生产，则第二年又可得到收入为 $g(u_2) + h(s_2 - u_2)$。如此继续进行 n 年，试问：应当如何决定每年投入 A 生产的资源量 u_1，u_2，$\cdots$，u_n，才能使总的收入最大？

此问题写成静态规划问题为

$$\max z = \{g(u_1) + h(s_1 - u_1) + g(u_2) + h(s_2 - u_2) + \cdots + g(u_n) + h(s_n - u_n)\}$$

$$\begin{cases} s_2 = au_1 + b(s_1 - u_1) \\ s_3 = au_2 + b(s_2 - u_2) \\ \vdots \\ s_{n+1} = au_n + b(s_n - u_n) \\ 0 \leq u_i \leq s_i,\ i = 1,\ 2,\ \cdots,\ n \end{cases}$$

下面用动态规划方法来处理。

设 s_k 为状态变量，它表示在第 k 阶段（第 k 年）可投入 A、B 两种生产的资源量。

u_k 为决策变量，它表示在第 k 阶段（第 k 年）用于 A 生产的资源量，则 $s_k - u_k$ 表示用于 B 生产的资源量。

状态转移方程为 $s_{k+1} = au_k + b(s_k - u_k)$

最优值函数 $f_k(s_k)$ 表示有资源量 s_k，从第 k 阶段至第 n 阶段采取最优分配方案进行生产后所得到的最大总收入。

因此可写出动态规划的逆推关系式为

$$\begin{cases} f_n(s_n) = \max_{0 \leq u_n \leq s_n} \{g(u_n) + h(s_n - u_n)\} \\ f_k(s_k) = \max_{0 \leq u_k \leq s_k} \{g(u_k) + h(s_k - u_k) + f_{k+1}[au_k + b(s_k - u_k)]\} \\ k = n-1, \cdots, 2, 1 \end{cases}$$

(9-1)

最后求出 $f_1(s_1)$ 即为所求问题的最大总收入。

例 2：机器负荷分配问题。某种机器可在高、低两种不同的负荷下进行生产，设机器在高负荷下生产的产量函数为 $g = 8u$，其中 u 为投入高负荷下生产的机器数量，年完好率 $a = 0.7$；在低负荷下生产的产量函数为 $h = 5y$，其中 y 为投入低负荷下生产的机器数量，年完好率为 $b = 0.9$。

假定开始生产时完好的机器数量 $S = 1\,000$ 台，试问每年如何安排机器在高、低负荷下的生产，使在五年内生产的产品总产量最高？

先构造这个问题的动态规划模型：

设阶段序数 k 表示年度。

状态变量 s_k 为第 k 年度初拥有的完好机器数量，同时也是第 $k-1$ 年度末时的完好机器数量。

决策变量 u_k 为第 k 年度中分配高负荷下生产的机器数量，于是 $s_k - u_k$ 为该年度中分配在低负荷下生产的机器数量。

这里 s_k 和 u_k 均取连续变量，它们的非整数值可以这样理解，如 $s_k = 0.6$，就表示一台机器在 k 年度中正常工作时间只占 6/10；$u_k = 0.3$，就表示一台机器在该年度只有 3/10 的时间能在高负荷下工作。

状态转移方程为

$$s_{k+1} = au_k + b(s_k - u_k) = 0.7u_k + 0.9(s_k - u_k), \quad k = 1, 2, \cdots, 5$$

k 段允许决策集合为 $D_k(s_k) = \{u_k \mid 0 \leq u_k \leq s_k\}$

设 $v_k(s_k, u_k)$ 为第 k 年度的产量，则

$$v_k = 8u_k + 5(s_k - u_k)$$

故指标函数为

$$V_{1,5} = \sum_{k=1}^{5} v_k(s_k, u_k)$$

令最优值函数 $f_k(s_k)$ 表示由资源量 s_k 出发，从第 k 年开始到第 5 年结束时所生产的产品的总产量最大值。因而有逆推关系式：

$$\begin{cases} f_6(s_6) = 0 \\ f_k(s_k) = \max_{u_k \in D_k(s_k)} \{8u_k + 5(s_k - u_k) + f_{k+1}[0.7u_k + 0.9(s_k - u_k)]\} \\ k = 1, 2, 3, 4, 5 \end{cases}$$

从第 5 年度开始，向前逆推计算。

当 $k = 5$ 时，有

$$f_5(s_5) = \max_{0 \leq u_5 \leq s_5} \{8u_5 + 5(s_5 - u_5) + f_6[0.7u_5 + 0.9(s_5 - u_5)]\}$$
$$= \max_{0 \leq u_5 \leq s_5} \{8u_5 + 5(s_5 - u_5)\}$$
$$= \max_{0 \leq u_5 \leq s_5} \{3u_5 + 5s_5\}$$

因 f_5 是 u_5 的线性单调增函数，故得最大解 $u_5^* = s_5$，相应的有 $f_5(s_5) = 8s_5$。

当 $k=4$ 时，有
$$f_4(s_4) = \max_{0 \leq u_4 \leq s_4} \{8u_4 + 5(s_4 - u_4) + f_5[0.7u_4 + 0.9(s_4 - u_4)]\}$$
$$= \max_{0 \leq u_4 \leq s_4} \{8u_4 + 5(s_4 - u_4) + 8[0.7u_4 + 0.9(s_4 - u_4)]\}$$
$$= \max_{0 \leq u_4 \leq s_4} \{13.6u_4 + 12.2(s_4 - u_4)\}$$
$$= \max_{0 \leq u_4 \leq s_4} \{1.4u_4 + 12.2s_4\}$$

故得最大解，$u_4^* = s_4$，相应的有 $f_4(s_4) = 13.6s_4$，依此类推，可求得

$$u_3^* = s_3，相应的 f_3(s_3) = 17.5s_3$$
$$u_2^* = 0，相应的 f_2(s_2) = 20.8s_2$$
$$u_1^* = 0，相应的 f_1(s_1) = 23.7s_1$$

因 $s_1 = 1\,000$，故 $f_1(s_1) = 23\,700$（台）。

计算结果表明：最优策略为 $u_1^* = 0$，$u_2^* = 0$，$u_3^* = s_3$，$u_4^* = s_4$，$u_5^* = s_5$，即前两年应把年初全部完好机器投入低负荷生产，后三年应把年初全部完好机器投入高负荷生产。这样所得的产量最高，其最高产量为 23 700 台。

在得到整个问题的最优指标函数值和最优策略后，还需反过来确定每年年初的状态，即从始端向终端递推计算出每年年初完好机器数。已知 $s_1 = 1\,000$ 台，于是可得

$$s_2 = 0.7u_1^* + 0.9(s_1 - u_1^*) = 0.9s_1 = 900（台）$$
$$s_3 = 0.7u_2^* + 0.2(s_2 - u_2^*) = 0.9s_2 = 810（台）$$
$$s_4 = 0.7u_3^* + 0.9(s_3 - u_3^*) = 0.7s_3 = 567（台）$$
$$s_5 = 0.7u_4^* + 0.9(s_4 - u_4^*) = 0.7s_4 = 397（台）$$
$$s_6 = 0.7u_5^* + 0.9(s_5 - u_5^*) = 0.7s_5 = 278（台）$$

上面所讨论的最优策略过程，始端状态 s_1 是固定的，终端状态 s_6 是自由的。由此所得出的最优策略称为始端固定终端自由的最优策略，实现的目标函数是五年里的产品总产量最高。

如果在终端也附加上一定的约束条件，如规定在第五年度结束时，完好的机器数量为 500 台（上面只有 278 台），问应如何安排生产，才能在满足这一终端要求的情况下产量最高？读者作为练习自己计算之。

下面进一步来讨论始端固定、终端自由的一般情况。

设有 n 个年度，在高、低负荷下生产的产量函数分别为 $g = cu_1$，$h = du_2$，其中 c、$d > 0$，$c > d$。而年回收率分别为 a 和 b，$0 < a < b < 1$。试求出最优策略的一般关系式。显然，这时状态转移方程为

$$s_{k+1} = au_k + b(s_k - u_k), \quad k = 1, 2, \cdots, n$$

k 段的指标函数为

$$v_k = cu_k + d(s_k - u_k), \quad k = 1, 2, \cdots, n$$

令 $f_k(s_k)$ 表示由状态 s_k 出发，从第 k 年至第 n 年末时所生产的产品的总产量最大值。

因而可写出逆推关系式为：

$$\begin{cases} f_{n+1}(s_{n+1}) = 0 \\ f_k(s_k) = \max_{0 \leqslant u_k \leqslant s_k} \{cu_k + d(s_k - u_k) + f_{k+1}[au_k + b(s_k - u_k)]\} \\ k = 1, 2, \cdots, n \end{cases}$$

(9-2)

我们知道，在低负荷下生产的时间愈长，机器完好率愈高，但生产产量少。而在高负荷下生产产量会增加，但机器损坏大。这样，即使每台产量高，总体来看产量也不高。

从前面的数字计算可以看出，前几年一般是全部用于低负荷生产，后几年则全部用于高负荷生产，这样才产量最高。如果总共为 n 年，从低负荷转为高负荷生产的是第 t 年，$1 \leqslant t \leqslant n$。即是说，从 $1 \sim (t-1)$ 年在低负荷下生产，$t \sim n$ 年在高负荷下生产。现在要分析 t 与系数 a、b、c、d 是什么关系。

从回收率看，$(b-a)$ 值愈大，表示在高负荷下生产时，机车损坏情况比在低负荷时严重得多，因此 t 值应选大些。从产量看，$(c-d)$ 值愈大，表示在高负荷下生产较有利，故 t 应选小些。下面我们从式 (9-2) 这一基本方程出发来求出 t 与 $(b-a)$、$(c-d)$ 的关系。

令 $\zeta_k = u_k/s_k$。则在低负荷生产时有 $\zeta_k = 0$，高负荷生产时有 $\zeta_k = 1$。对第 n 段，我们有

$$f_n(s_n) = \max_{0 \leqslant u_n \leqslant s_n} \{cu_n + d(s_n - u_n)\}$$
$$= \max_{0 \leqslant u_n \leqslant s_n} \{(c-d)u_n + ds_n\}$$
$$= \max_{0 \leqslant \zeta_n \leqslant 1} \{(c-d)\zeta_n + d\}s_n$$

由于 $c > d$，所以 ζ_n 应选 1 才能使 $f_n(s_n)$ 最大。也就是说，最后一年应全部投入高负荷生产。故 $f_n(s_n) = cs_n$。

对 $n-1$ 段，根据式 (9-2) 有

$$f_{n-1}(s_{n-1}) = \max_{0 \leqslant u_{n-1} \leqslant s_{n-1}} \{cu_{n-1} + d(s_{n-1} - u_{n-1}) + f_n(s_n)\}$$
$$= \max_{u_{n-1}} \{cu_{n-1} + d(s_{n-1} - u_{n-1}) + cs_n\}$$

$$= \max_{u_{n-1}} \{cu_{n-1} + d(s_{n-1} - u_{n-1}) + c[au_{n-1} + b(s_{n-1} - u_{n-1})]\}$$

$$= \max_{u_{n-1}} \{[(c-d) - c(b-a)]u_{n-1} + (d+cb)s_{n-1}\}$$

$$= \max_{\zeta_{n-1}} \{[(c-d) - c(b-a)]\zeta_{n-1} + (d+cb)\}s_{n-1} \quad (9-3)$$

因此，欲要满足式（9-3）极值关系的条件是当

$$c - d > c(b-a) \quad (9-4)$$

时，应取 $\zeta_{n-1}^* = 1$。即 $n-1$ 年仍应全部在高负荷下生产。否则，当式（9-4）不满足时，应取 $\zeta_{n-1}^* = 0$，即 $n-1$ 年应全部投入低负荷生产。

由前面可知，只要在第 k 年投入低负荷生产，那么递推计算结果必然是从第 1 年到第 k 年均为低负荷生产，即有 $\zeta_1^* = \zeta_2^* = \cdots = \zeta_k^* = 0$。可见，算出 $\zeta_k^* = 0$ 后，前几年就没有必要再计算了。故只需研究哪一年由低负荷转入高负荷生产，即 ζ 从那一年开始变为 1 就行。

根据这点，现只分析满足式（9-4）的情况。由于 $\zeta_{n-1}^* = 1$，故式（9-3）变为

$$f_{n-1}(s_{n-1}) = (c + ca)s_{n-1} = c(1+a)s_{n-1}$$

又由于 $s_{n-1} = au_{n-2} + b(s_{n-2} - u_{n-2})$，将它代入上式得

$$f_{n-1}(s_{n-1}) = c(1+a)[(a-b)u_{n-2} + bs_{n-2}] \quad (9-5)$$

对 $n-2$ 段，由式（9-2）有

$$f_{n-2}(s_{n-2}) = \max_{0 \leq u_{n-2} \leq s_{n-2}} \{cu_{n-2} + d(s_{n-2} - u_{n-2}) + f_{n-1}(s_{n-1})\}$$

$$= \max_{u_{n-2}} \{cu_{n-2} + d(s_{n-2} - u_{n-2}) + c(1+a)[(a-b)u_{n-2} + bs_{n-2}]\}$$

$$= \max_{u_{n-2}} \{[(c-d) - c(1+a)(b-a)]u_{n-2} + [d + c(1+a)b]s_{n-2}\}$$

$$= \max_{\zeta_{n-2}} \{[(c-d) - c(1+a)(b-a)]\zeta_{n-2} + d + cb(1+a)\}s_{n-2}$$

由此可知，只要满足极值条件式

$$c - d > c(1+a)(b-a)$$

就应选 $\zeta_{n-2}^* = 1$，否则为 0，即应继续在高负荷下生产。

依次类推，如果转入高负荷下生产的是第 t 年，则由

$$f_t(s_t) = \max_{u_t} \{cu_t + d(s_t - u_t) + f_{t+1}(s_{t+1})\}$$

可以推出，应满足极值关系的条件必然是：

$$\begin{cases} c - d > c(1 + a + a^2 + \cdots + a^{n-(t+1)})(b-a) \\ c - d < c(1 + a + a^2 + \cdots + a^{n-t})(b-a) \end{cases}$$

相应的有最优策略

$$\zeta_n^* = \zeta_{n-1}^* = \cdots = \zeta_t^* = 1$$

$$\zeta_1^* = \zeta_2^* = \cdots = \zeta_{t-1}^* = 0$$

它就是例 2 在始端固定终端自由情况下最优策略的一般结果。

这个例子看到，应用动态规划，可以在不求出数值解的情况下，确定出最优策略的结构。

可见，只要知道了 a, b, c, d 四个值，就总可找到一个 t 值，满足式 (9-5)，且

$$1 \leqslant t \leqslant n-1$$

例如题中给定的 $a=0.7$，$b=0.8$，$c=8$，$d=5$，代入式 (9-5)，应有

$$\frac{c-d}{c(b-a)} = \frac{1-d/c}{b-a} = \frac{1-5/8}{0.9-0.7} = \frac{3}{1.6} = 1.875 > (1+a) = 1+0.7$$

可见，$n-t-1 = 5-t-1 = 1$，所以 $t=3$。即从第三年开始将全部机器投入高负荷生产，五年内总产量最高。

从这个例子可看到：当 $g(x)$、$h(x)$ 是线性函数时，问题是易于求解的，当它们为复杂函数时，求解就困难多了。但是，当 $g(x)$、$h(x)$ 为凸函数且 $h(0) = g(0) = 0$ 时，可以证明在每个阶段上的最优决策总是取其上限或下限。因此，对于解的结构来说，它与 $g(x)$、$h(x)$ 为线性的情况是类似的。

上面的讨论表明：当 x 在 $[0, s_1]$ 上离散地变化时，利用递推关系式逐步计算或表格法而求出数值解。当 x 在 $[0, s_1]$ 上连续地变化时，若 $g(x)$ 和 $h(x)$ 是线性函数或凸函数时，根据递推关系式运用解析法不难求出 $f_k(x)$ 和最优解；若 $g(x)$ 和 $h(x)$ 不是线性函数或凸函数时，一般来说，解析法不能奏效，那只好利用递推关系式 (9-1) 求其数值解。首先要把问题离散化，即把区间 $[0, s_1]$ 进行分割，令 $x = 0$，Δ，2Δ，$\cdots$，$m\Delta = s_1$。其 Δ 的大小，应根据计算精度和计算机容量等来确定。然后规定所有的 $f_k(x)$ 和决策变量只在这些分割点上取值。这样，递推关系式 (9-1) 便可写成

$$\begin{cases} f_n(i\Delta) = \max_{0 \leqslant j \leqslant i} \{g(j\Delta) + h(i\Delta - j\Delta)\} \\ f_k(i\Delta) = \max_{0 \leqslant j \leqslant i} \{g(j\Delta) + h(i\Delta - j\Delta) + f_{k+1}[a(j\Delta) + b(i\Delta - j\Delta)]\} \\ k = n-1, \cdots, 2, 1 \end{cases}$$

对 $i = 0, 1, \cdots, m$ 依次计算，可逐步求出 $f_n(i\Delta)$，$f_{n-1}(i\Delta)$，$\cdots$，$f_1(i\Delta)$ 及相应的最优决策，最后求得 $f_1(m\Delta) = f_1(s_1)$ 就是所求的最大总收入。这种离散化算法可以编成程序在计算机中计算。

9.1.2 二维资源分配问题

设有两种原料，数量各为 a 和 b 单位，需要分配用于生产 n 种产品。如果第一种原料以数量 x_i 为单位，第二种原料以数量 y_i 为单位，用于生产第 i 种产品，其收入为 $g_i(x_i, y_i)$。问应如何分配这两种原料于 n 种产品的生产使总收入最大？

此问题可写成静态规划问题：

$$\begin{cases} \max[g_1(x_1, y_1) + g_2(x_2, y_2) + \cdots + g_n(x_n, y_n)] \\ x_1 + x_2 + \cdots + x_n = a \\ y_1 + y_2 + \cdots + y_n = b \\ x_i \geq 0, y_i \geq 0, (i=1, 2, \cdots, n) \text{ 且为整数} \end{cases}$$

用动态规划方法来解,状态变量和决策变量要取二维的。

设状态变量 (x, y):

x——分配用于生产第 k 种产品至第 n 种产品的第一种原料的单位数量。

y——分配用于生产第 k 种产品至第 n 种产品的第二种原料的单位数量。

决策变量 (x_k, y_k):

x_k——分配给第 k 种产品用的第一种原料的单位数量。

y_k——分配给第 k 种产品用的第二种原料的单位数量。

状态转换关系:
$$\tilde{x} = x - x_k$$
$$\tilde{y} = y - y_k$$

式中 $\tilde{x}$ 和 $\tilde{y}$ 分别表示用来生产第 $k+1$ 种产品至第 n 种产品的第一种原料和第二种原料的单位数量。

允许决策集合:
$$D_k(x, y) = \left\{ u_k \,\middle|\, \begin{matrix} 0 \leq x_k \leq x \\ 0 \leq y_k \leq y \end{matrix} \right\}$$

$f_k(x, y)$ 表示以第一种原料数量为 x 单位,第二种原料数量为 y 单位,分配用于生产第 k 种产品至第 n 种产品时所得到的最大收入。故可写出逆推关系为

$$\begin{cases} f_n(x, y) = g_n(x, y) \\ f_k(x, y) = \max_{\substack{0 \leq x_k \leq x \\ 0 \leq y_k \leq y}} [g_k(x_k, y_k) + f_{k+1}(x - x_k, y - y_k)] \\ k = n-1, \cdots, 1 \end{cases}$$

最后求得 $f_1(a, b)$ 即为所求问题的最大收入。

在实际问题中,由于 $g(x, y)$ 的复杂性,一般计算较难,常利用这个递推关系进行数值计算,并采用下面的方法进行降维和简化处理,以求得它的解或近似解。

1. 拉格朗日乘数法

引入拉格朗日乘数 λ,将二维分配问题化为
$$\max\{g_1(x_1, y_1) + g_2(x_2, y_2) + \cdots + g_n(x_n, y_n) - \lambda(y_1 + y_2 + \cdots + y_n)\}$$

满足条件
$$x_1 + x_2 + \cdots + x_n = a$$
$$x_i \geq 0, \ y_i \geq 0, \ i = 1, 2, \cdots, n \text{ 且为整数}$$
其中 λ 作为一个固定的参数。

令
$$h_i(x_i) = h_i(x_i, \lambda) = \max_{y_i \geq 0}[g_i(x_i, y_i) - \lambda y_i]$$

（为了使此式有意义，可设 $\lim_{y_i \to \infty} \dfrac{g_i(x_i, y_i)}{y_i} = 0$）

于是问题变为
$$\max[h_1(x_1) + h_2(x_2) + \cdots + h_n(x_n)]$$
满足
$$x_1 + x_2 + \cdots + x_n = a, \ x_i \geq 0 \text{ 且为整数}$$

这是一个一维分配问题，可用对一维的方法去求解。这里，由于 λ 是参数，因此，最优解 $\bar{x}_i$ 是参数 λ 的函数，相应的 $\bar{y}_i$ 也是 λ 的函数。即 $x_i = \bar{x}_i(\lambda), \ y_i = \bar{y}_i(\lambda)$ 为其解。如果 $\sum_{i=1}^{n} \bar{y}_i(\lambda) = b$，则可证明 $\{\bar{x}_i, \bar{y}_i\}$ 为原问题的最优解。如果 $\sum_{i=1}^{n} \bar{y}_i(\lambda) \neq b$，我们将调整 λ 的值（利用插值法逐渐确定 λ），直到 $\sum_{i=1}^{n} \bar{y}_i(\lambda) = b$ 满足为止。

这样的降维方法在理论上有保证在计算上是可行的，故对于高维的问题可以用上述拉格朗日乘数法的思想来降低维数。

2. 逐次逼近法

这是另一种降维方法，先保持一个变量不变，对另一个变量实现最优化，然后交替地固定，以迭代的形式反复进行，直到获得某种要求的程度为止。

先设 $x^{(0)} = \{x_1^{(0)}, x_2^{(0)}, \cdots, x_n^{(0)}\}$ 为满足 $\sum_{i=1}^{n} x_i^{(0)} = a$ 的一个可行解，固定 x 在 $x^{(0)}$，先对 y 求解，则二维分配问题变为一维问题：
$$\begin{cases} \max[g_1(x_1^{(0)}, y_1) + g_2(x_2^{(0)}, y_2) + \cdots + g_n(x_n^{(0)}, y_n)] \\ y_1 + y_2 + \cdots + y_n = b, \ y_i \geq 0 \text{ 且为整数} \end{cases}$$
用对一维的方法来求解。设这解为 $y^{(0)} = \{y_1^{(0)}, y_2^{(0)}, \cdots, y_n^{(0)}\}$，然后再固定 y 为 $y^{(0)}$，对 x 求解，即
$$\begin{cases} \max \sum_{i=1}^{n} g_i(x_i, y_i^{(0)}) \\ \sum_{i=1}^{n} x_i = a, \ x_i \geq 0 \text{ 且为整数} \end{cases}$$
设其解为 $x^{(1)} = \{x_1^{(1)}, x_2^{(1)}, \cdots, x_n^{(1)}\}$，再固定 x 为 $x^{(1)}$，对 y 求解，

这样依次轮换下去得到一系列的解 $\{x^{(k)}\}$，$\{y^{(k)}\}$（$k = 0, 1, \cdots$）
因为

$$\sum_{i=1}^{n} g_i(x_i^{(0)}, y_i) \leqslant \sum_{i=1}^{n} g_i(x_i^{(0)}, y_i^{(0)}) \leqslant \sum_{i=1}^{n} g_i(x_i^{(1)}, y_i^{(0)})$$

故函数值序列 $\{\sum_{i=1}^{n} g_i(x_i^{(k)}, y_i^{(k)})\}$ 是单调上升的，但不一定收敛到绝对的最优解，一般只收敛到某一局部最优解。因此，在实际计算时，可选择几个初始点 $x^{(0)}$ 进行计算，然后从所得到的几个局部最优解中选出一个最好的。

3. 粗格子点法（疏密法）

在采用离散化的方法计算时，先将矩形定义域：$0 \leqslant x \leqslant a$，$0 \leqslant y \leqslant b$ 分成网格，然后在这些格子点上进行计算。如将 a、b 各分为 m_1 和 m_2 等份，则总共有 $(m_1+1) \cdot (m_2+1)$ 个格点，故对每个 k 值需要计算的 $f_k(x, y)$ 共有 $(m_1+1) \cdot (m_2+1)$ 个。因此，这里的计算量是相当大的。随着分点加多，格子点数也增多，那时的计算量将大得惊人。为了使计算可行，往往根据问题要求的精确度，采用粗格子点法逐步缩小区域来减少计算量。

粗格子点法是先用少数的格子点进行粗糙的计算，在求出相应的最优解后，再在最优解附近的小范围内进一步细分，并求在细分格子点上的最优解，如此继续细分下去直到满足要求为止。这方法也可能出现最优解"漏网"的情况，因此，应用此法时要结合对指标函数的特性进行分析。

逐次逼近法和粗格子点法虽有缺点，但在实际问题中，这两种方法的应用是比较广泛的。

9.1.3 固定资金分配问题

设有 n 个生产行业，都需要某两种资源。对于第 k 个生产行业，如果用第 1 种资源 x_k 和第 2 种资源 y_k 进行生产，可获得利润为 $r_k(x_k, y_k)$。若第 1 种资源的单位价格为 a，第 2 种资源的单位价格为 b，现有资金 Z。问应购买第 1 种资源多少单位（设为 X），第 2 种资源多少单位（设为 Y），分配到 n 个生产行业，使总利润最大？

此问题的数学模型可写为

$$\max \sum_{k=1}^{n} r_k(x_k, y_k)$$

$$\begin{cases} \sum_{k=1}^{n} x_k = X & x_k \text{ 为非负整数} \\ \sum_{k=1}^{n} y_k = Y & y_k \text{ 为非负整数} \\ aX + bY \leq Z \end{cases}$$

解决这个问题，可以从固定资金开始，找出所有满足 $aX + bY \leq Z$ 的 X 和 Y；然后将资源量最优地分配给 n 个生产行业，找出获利最大的。这当然是一个算法，但不是有效的。

如果我们把资源分配换算成资金分配，那样做要简单些。

(1) 把资源分配利润表换算成资金分配利润表，即将 $r_k(x_k, y_k)$ 换算成 $R_k(z)$，$z = 0, 1, \cdots, Z$。但必须注意，分配的资金应先使较贵的资源单位最大。

设有资金 $z(0 \leq z \leq Z)$ 分配到第 k 个生产行业，则由 $Z = aX + bY$ 知，在给定 z 的情况下，若购买第 2 种资源 y_k 单位，则留下的资金只能购买第 1 种资源 x_k 单位，$x_k = \left[\dfrac{z - by_k}{a}\right]$，于是得到资金利润函数 $R_k(z)$ 为

$$R_k(z) = \max_{y_k = 0, 1, \cdots, (z/b)} \left\{ r_k\left(\left[\dfrac{z - by_k}{a}\right], y_k\right) \right\}$$

式中 (z/b) 指以资金 z 购买第 2 种资源的最大单位数，$\left[\dfrac{z - by_k}{a}\right]$ 指以资金 z 购买了第 2 种资源 y_k 单位以后能购买第 1 种资源的最大单位数。

(2) 计算最优资金分配所获得最大利润。规定最优值函数 $f_k(z)$ 表示以总的资金 z 分配到 k 至 n 个生产行业可能获得的最大利润。

则有逆推关系式：

$$\begin{cases} f_k(z) = \max_{z_k = 0, 1, \cdots, z} \left[R_k(z_k) + f_{k+1}(z - z_k) \right] \\ f_n(z) = R_n(z) \end{cases}$$

(3) 求出 $f_1(z)$，即为问题的解。这样，就把一个原含有两个状态变量的问题转化为只含有一个状态变量的问题。

9.2 生产与存储问题

在生产和经营管理中，经常遇到要合理地安排生产（或购买）与库存的问题，达到既要满足社会的需要，又要尽量降低成本费用。

因此，正确制定生产（或采购）策略，确定不同时期的生产量（或采购量）和库存量，以使总的生产成本费用和库存费用之和最小，这就是生产与存储问题的最优化目标。

9.2.1 生产计划问题

设某公司对某种产品要制定一项 n 个阶段的生产（或购买）计划。已知它的初始库存量为零，每阶段生产（或购买）该产品的数量有上限的限制；每阶段社会对该产品的需求量是已知的，公司保证供应；在 n 阶段末的终结库存量为零。问该公司如何制订每个阶段的生产（或采购）计划，从而使总成本最小。

设 d_k 为第 k 阶段对产品的需求量，x_k 为第 k 阶段该产品的生产量（或采购量），v_k 为第 k 阶段结束时的产品库存量。则有 $v_k = v_{k-1} + x_k - d_k$。

$c_k(x_k)$ 表示第 k 阶段生产产品 x_k 时的成本费用，它包括生产准备成本 K 和产品成本 ax_k（其中 a 是单位产品成本）两项费用。即

$$c_k(x_k) = \begin{cases} 0 & \text{当 } x_k = 0 \\ K + ax_k & \text{当 } x_k = 1, 2, \cdots, m \\ \infty & \text{当 } x_k > m \end{cases}$$

$h_k(v_k)$ 表示在第 k 阶段结束时有库存量 v_k 所需的存储费用。

故第 k 阶段的成本费用为 $c_k(x_k) + h_k(x_k)$。

m 表示每阶段最多能生产该产品的上限数。

因而，上述问题的数学模型为

$$\min g = \sum_{k=1}^{n} [c_k(x_k) + h_k(v_k)]$$

$$\begin{cases} v_0 = 0, v_n = 0 \\ v_k = \sum_{j=1}^{k}(x_j - d_j) & k = 2, \cdots, n-1 \\ 0 \leq x_k \leq m & k = 1, 2, \cdots, n \\ x_k \text{ 为整数} & k = 1, 2, \cdots, n \end{cases}$$

用动态规划方法来求解，把它看作一个 n 阶段决策问题。令 v_{k-1} 为状态变量，它表示第 k 阶段开始时的库存量。

x_k 为决策变量，它表示第 k 阶段的生产量。

状态转移方程为

$$v_k = v_{k-1} + x_k - d_k \quad k = 1, 2, \cdots, n$$

最优值函数 $f_k(v_k)$ 表示从第 1 阶段初始库存量为 0 到第 k 阶段末库存量为 v_k 时的最小总费用。

因此可写出顺序递推关系式为：
$$f_k(v_k) = \min_{0 \leq x_k \leq \sigma_k} [c_k(x_k) + h_k(v_k) + f_{k-1}(v_{k-1})] \quad k=1,\cdots,n$$

其中 $\sigma_k = \min(v_k + d_k, m)$。这是因为一方面每阶段生产的上限为 m；另一方面由于保证供应，故第 $k-1$ 阶段末的库存量 v_{k-1} 必须非负，即 $v_k + d_k - x_k \geq 0$，所以 $x_k \leq v_k + d_k$。

边界条件为 $f_0(v_0) = 0$（或 $f_1(v_1) = \min\limits_{x_1 = \sigma_1}[c_1(x_1) + h_1(v_1)]$），从边界条件出发，利用上面的递推关系式，对每个 k，计算出 $f_k(v_k)$ 中的 v_k 在 0 至 $\min[\sum\limits_{j=k+1}^{n} d_j, m - d_k]$ 之间的值，最后求得的 $f_n(0)$ 即为所求的最小总费用。

若每阶段生产产品的数量无上限的限制，则只要改变 $c_k(x_k)$ 和 σ_k 就行。即

$$c_k(x_k) = \begin{cases} 0 & \text{当 } x_k = 0 \\ K + ax_k & \text{当 } x_k = 1,2,\cdots \end{cases}$$

$$\sigma_k = v_k + d_k$$

对每个 k，需计算 $f_k(v_k)$ 中的 v_k 在 0 至 $\sum\limits_{j=k+1}^{n} d_j$ 之间的值。

例 3：某工厂要对一种产品制订今后四个时期的生产计划，据估计在今后四个时期内，市场对于该产品的需求量如表 9-5 所示。

表 9-5

时期（k）	1	2	3	4
需求量（d_k）	2	3	2	4

假定该厂生产每批产品的固定成本为 3 千元，若不生产就为 0；每单位产品成本为 1 千元；每个时期生产能力所允许的最大生产批量为不超过 6 个单位；每个时期末未售出的产品，每单位需付存储费 0.5 千元。还假定在第一个时期的初始库存量为 0，第四个时期之末的库存量也为 0。试问该厂应如何安排各个时期的生产与库存，才能在满足市场需要的条件下，使总成本最小。

解：用动态规划方法来求解，其符号含义与上面相同。

按四个时期将问题分为四个阶段。由题意知，在第 k 时期内的生产成本为

$$c_k(x_k) = \begin{cases} 0 & \text{当 } x_k = 0 \\ 3 + 1 \cdot x_k & \text{当 } x_k = 1,2,\cdots,6 \\ \infty & \text{当 } x_k > 6 \end{cases}$$

第 k 时期末库存量为 v_k 时的存储费用为

$$h_k(v_k) = 0.5v_k$$

故第 k 时期内的总成本为 $c_k(x_k) + h_k(v_k)$

而动态规划的顺序递推关系式为

$$f_k(v_k) = \min_{0 \leq x_k \leq \sigma_k} [c_k(x_k) + h_k(v_k) + f_{k-1}(v_k + d_k - x_k)], \quad k = 2, 3, 4$$

其中 $\sigma_k = \min(v_k + d_k, 6)$

和边界条件 $f_1(v_1) = \min\limits_{x_1 = \min(v_1 + d_1, 5)} [c_1(x_1) + h_1(v_1)]$

当 $k = 1$ 时，由

$$f_1(v_1) = \min_{x_1 = \min(v_1 + 2, 5)} [c_1(x_1) + h_1(v_1)]$$

对 v_1 在 0 至 $\min[\sum\limits_{j=2}^{4} d_j, m - d_1] = \min[9, 6 - 2] = 4$ 之间的值分别进行计算。

$v_1 = 0$ 时，$f_1(0) = \min\limits_{x_1 = 2}[3 + x_1 + 0.5 \times 0] = 5$ 所以 $x_1 = 2$

$v_1 = 1$ 时，$f_1(1) = \min\limits_{x_1 = 3}[3 + x_1 + 0.5 \times 1] = 6.5$ 所以 $x_1 = 3$

$v_1 = 2$ 时，$f_1(2) = \min\limits_{x_1 = 4}[3 + x_1 + 0.5 \times 2] = 8$ 所以 $x_1 = 4$

同理得

$$f_1(3) = 9.5 \qquad 所以 x_1 = 5$$
$$f_1(3) = 11 \qquad 所以 x_1 = 6$$

当 $k = 2$ 时，由

$$f_2(v_2) = \min_{0 \leq x_2 \leq \sigma_2}[c_2(x_2) + h_2(v_2) + f_1(v_2 + 3 - x_2)]$$

其中 $\sigma_2 = \min(v_2 + 3, 6)$。对 v_2 在 0 至 $\min[\sum\limits_{j=3}^{4} d_j, 6 - 3] = \min[6, 3] = 3$ 之间的值分别进行计算。从而有

$$f_2(0) = \min_{0 \leq x_2 \leq 3}[c_2(x_2) + h_2(0) + f_1(3 - x_2)]$$

$$= \min \begin{bmatrix} c_2(0) + h_2(0) + f_1(3) \\ c_2(1) + h_2(0) + f_1(2) \\ c_2(2) + h_2(0) + f_1(1) \\ c_2(3) + h_2(0) + f_1(0) \end{bmatrix}$$

$$= \min \begin{bmatrix} 0 + 9.5 \\ 4 + 8 \\ 5 + 6.5 \\ 6 + 5 \end{bmatrix} = 9.5 \qquad 所以 x_2 = 0$$

$f_2(1) = \min\limits_{0 \leq x_2 \leq 4}[c_2(x_2) + h_2(1) + f_1(4 - x_2)] = 11.5$ 所以 $x_2 = 0$

$f_2(2) = \min\limits_{0 \leq x_2 \leq 5}[c_2(x_2) + h_2(2) + f_1(5 - x_2)] = 14$ 所以 $x_2 = 5$

$f_2(3) = \min\limits_{0 \leq x_2 \leq 6}[c_2(x_2) + h_2(3) + f_1(6 - x_2)] = 15.5$ 所以 $x_2 = 6$

在计算 $f_2(2)$ 和 $f_2(3)$ 时，由于每个时期的最大生产批量为 6 单位，故 $f_1(5)$ 和 $f_1(6)$ 是没有意义的，就取 $f_1(5)=f_1(6)=\infty$，其余类推。

当 $k=3$ 时，由
$$f_3(v_3) = \min_{0 \leq x_3 \leq \sigma_3} [c_3(x_3) + h_3(v_3) + f_2(v_3+2-x_3)]$$

其中 $\sigma_3 = \min(v_3+2, 6)$。对 v_3 在 0 至 $\min[4, 6-2]=4$ 之间的值分别进行计算，从而有

$f_3(0) = 14$ 所以 $x_3 = 0$
$f_3(1) = 16$ 所以 $x_3 = 0$ 或 3
$f_3(2) = 17.5$ 所以 $x_3 = 4$
$f_3(3) = 19$ 所以 $x_3 = 5$
$f_3(4) = 20.5$ 所以 $x_3 = 6$

当 $k=4$ 时，因要求第四个时期之末的库存量为 0，即 $v_4=0$，故有

$$f_4(0) = \min_{0 \leq x_4 \leq 4}[c_4(x_4)+h_4(0)+f_3(4-x_4)]$$

$$= \min \begin{bmatrix} c_4(0)+f_3(4) \\ c_4(1)+f_3(3) \\ c_4(2)+f_3(2) \\ c_4(3)+f_3(1) \\ c_4(4)+f_3(0) \end{bmatrix} = \min \begin{bmatrix} 0+20.5 \\ 4+19 \\ 5+17.5 \\ 6+16 \\ 7+14 \end{bmatrix} = 20.5 \quad 所以 \ x_4 = 0$$

再按计算的顺序反推算，可找出每个时期的最优生产决策为：
$$x_1=5, \ x_2=0, \ x_3=6, \ x_4=0$$
其相应的最小总成本为 20.5 千元。

如果把上面例题中的有关数据列成表 9-6，然后分析这些数据，可找出一些规律性的东西。

表 9-6

阶段 i	0	1	2	3	4
需求量 d_i	—	2	3	2	4
生产量 x_i	—	5	0	6	0
库存量 v_i	0	3	0	4	0

由表中的数字可以看到，这样的库存问题有如下特征：

(1) 对每个 i，有 $v_{i-1} \cdot x_i = 0$，$(i=1, 2, 3, 4)$ 其中 $v_0=0$。

(2) 对于最优生产决策来说，它被裂解为两个子问题，一个是从第 1 阶段到第 2 阶段，另一个是从第 3 阶段到第 4 阶段。每个子问题的最优生产决策特别简单，它们的最小总成本之和就等于原问题的

最小总成本。

这种现象不是偶然的，而是反映着这类库存问题数学模型的特征。研究这类问题，注意到（2）的规律，就可将计算量大量地减少。

如果对每个 i，都有 $v_{i-1}x_i=0$，则称该点的生产决策（或称一个策略 $x=x_1, \cdots, x_n$）具有再生产点性质（又称重生性质）。如果 $v_i=0$，则称阶段 i 为再生产点（又称重生点）。

由假设 $v_0=0$ 和 $v_n=0$，故阶段 0 和 n 是再生产点。可以证明：若库存问题的目标函数 $g(x)$ 在凸集合 S 上是凹函数（或凸函数），则 $g(x)$ 在 S 的顶点上具有再生产点性质的最优策略。下面运用再生产点性质来求库存问题为凹函数的解。

设 $c(j, i)(j \leq i)$ 为阶段 j 到阶段 i 的总成本，给定 $j-1$ 和 i 是再生产点，并且阶段 j 到阶段 i 期间的产品全部由阶段 j 供给。则

$$c(j, i) = c_j\left(\sum_{s=j}^{i} d_s\right) + \sum_{s=j+1}^{i} c_s(0) + \sum_{s=j}^{i-1} h_s\left(\sum_{t=s+1}^{i} d_t\right) \quad (9-6)$$

根据两个再生点之间的最优策略，可以得到一个更有效的动态规划递推关系式。

设最优值函数 f_i 表示在阶段 i 末库存量 $v_i=0$ 时，从阶段 1 到阶段 i 的最小成本。则对应的递推关系式为

$$f_i = \min_{1 \leq j \leq i}[f_{j-1}+c(j, i)] \quad i=1, 2, \cdots, n \quad (9-7)$$

边界条件为 $\quad f_0=0 \quad (9-8)$

为了确定最优生产决策，逐个计算 $f_1, f_2, \cdots, f_n$。则 $f_n(0)$ 为 n 个阶段的最小总成本。设 $j(n)$ 为计算 f_n 时，使式（9-7）右边最小的 j 值，即

$$f_n = \min_{1 \leq j \leq n}[f_{j-1}+c(j, n)] = f_{j(n)-1}+c(j(n), n)$$

则从阶段 $j(n)$ 到阶段 n 的最优生产决策为：

$$x_{j(n)} = \sum_{s=j(n)}^{n} d_s$$

$x_s=0$ 当 $s=j(n)+1, j(n)+2, \cdots, n$ 时

故阶段 $j(n)-1$ 为再生产点。为了进一步确定阶段 $j(n)-1$ 到阶段 1 的最优生产决策，记 $m=j(n)-1$，而 $j(m)$ 是在计算 f_m 时，使式（9-7）右边最小的 j 值，则从阶段 $j(m)$ 到阶段 $j(n)$ 的最优生产决策为：

$$x_{j(m)} = \sum_{s=j(m)}^{m} d_s$$

$x_s=0$ 当 $s=j(m)+1, j(m)+2, \cdots, m$ 时

故阶段 $j(m)-1$ 为再生产点，其余依此类推。

例 4：利用再生产点性质解例 3。

解：因 $c_i(x_i) = \begin{cases} 0 & x_i = 0 \\ 3 + x_i & x_i = 1, 2, \cdots, 6 \\ \infty & x_i > 6 \end{cases}$ 和 $h_i(v_i) = 0.5 v_i$

都是凹函数，故可利用再生产点性质来计算。

(1) 按式 (9-6) 计算 $c(j, i)$, $1 \leq j \leq i$, $i = 1, 2, 3, 4$

$$c(1, 1) = c(2) + h(0) = 5$$
$$c(1, 2) = c(5) + h(3) = 3 + 5 + 0.5 \times 3 = 9.5$$
$$c(1, 3) = c(7) + h(5) + h(2) = \infty + 0.5 \times 5 + 0.5 \times 2 = \infty$$
$$c(1, 4) = c(11) + h(9) + h(6) + h(4) = \infty$$
$$c(2, 2) = c(3) + h(0) = 6$$
$$c(2, 3) = c(5) + h(2) = 9$$
$$c(2, 4) = c(9) + h(6) + h(4) = \infty$$
$$c(3, 3) = c(2) + h(0) = 5$$
$$c(3, 4) = c(6) + h(4) = 11$$
$$c(4, 4) = c(4) = 7$$

(2) 按式 (9-7) 和式 (9-8) 计算 f_i

$f_0 = 0$

$f_1 = f_0 + c(1, 1) = 0 + 5 = 5$ 所以 $j(1) = 1$

$f_2 = \min[f_0 + c(1, 2), f_1 + c(2, 2)]$
$= \min[0 + 9.5, 5 + 6] = 9.5$ 所以 $j(2) = 1$

$f_3 = \min[f_0 + c(1, 3), f_1 + c(2, 3), f_2 + c(3, 3)]$
$= \min[0 + \infty, 5 + 9, 9.5 + 5] = 14$ 所以 $j(3) = 2$

$f_4 = \min[f_0 + c(1, 4), f_1 + c(2, 4), f_2 + c(3, 4), f_3 + c(4, 4)]$
$= \min[0 + \infty, 5 + \infty, 9.5 + 11, 14 + 7]$
$= 20.5$ 所以 $j(4) = 3$

(3) 找出最优生产决策

由 $j(4) = 3$，故 $x_3 = d_3 + d_4 = 6$，$x_4 = 0$

因 $m = j(4) - 1 = 3 - 1 = 2$，   所以 $j(m) = j(2) = 1$

故 $x_1 = d_1 + d_2 = 5$，$x_2 = 0$

所以最优生产决策为：$x_1 = 5$，$x_2 = 0$，$x_3 = 6$，$x_4 = 0$

相应的最小总成本为 20.5 千元。

还应指出的是，这种利用再生产点性质求解确定性需求不允许缺货的库存问题，可以推广到确定性需求在某些阶段上允许延迟交货的库存问题。

例5：某车间需要按月在月底供应一定数量的某种部件给总装车间，由于生产条件的变化，该车间在各月份中生产每单位这种部件所需耗费的工时不同，各月份的生产量于当月的月底前，全部要存入仓库以备后用。已知总装车间的各个月份的需求量以及在加工车间生产该部件每单位数量所需工时数如表 9-7 所示。

表 9-7

月份 k	0	1	2	3	4	5	6
需求量 d_k	0	8	5	3	2	7	4
单位工时 a_k	11	18	13	17	20	10	

设仓库容量限制为 $H=9$，开始库存量为 2，期终库存量为 0，需要制订一个半年的逐月生产计划，既使得满足需要和库容量的限制，又使得生产这种部件的总耗费工时数为最少。

解：按月份划分阶段，用 k 表示月份序号。

设状态变量 s_k 为第 k 段开始时（本段需求量送出之前，上段产品送入之后）部件库存量。

决策变量 u_k 为第 k 段内的部件生产量。

状态转移方程：
$$s_{k+1} = s_k + u_k - d_k \quad k=0, 1, \cdots, 6 \quad (9-9)$$

且
$$d_k \leqslant s_k \leqslant H \quad (9-10)$$

故允许决策集合为
$$D_k(s_k) = \{u_k : u_k \geqslant 0, \ d_{k+1} \leqslant s_k + u_k - d_k \leqslant H\} \quad (9-11)$$

最优值函数 $f_k(s_k)$ 表示在第 k 段开始的库存量为 s_k 时，从第 k 段至第 6 段所生产部件的最小累计工时数。

因而可写出逆推关系式为
$$\begin{cases} f_k(s_k) = \min_{u_k \in D_k(s_k)} [a_k u_k + f_{k+1}(s_k + u_k - d_k)], \ k=0, 1, \cdots, 6 \\ f_7(s_7) = 0 \end{cases}$$
$$(9-12)$$

当 $k=6$ 时，因要求期终库存量为 0，即 $s_7=0$。因每月的生产是供应下月的需要，故第 6 个月不用生产，即 $u_6=0$。因此 $f_6(s_6)=0$，而由式 (9-9) 有 $s_6 = d_6 = 4$。

当 $k=5$ 时，由式 (9-9) 有 $s_6 = s_5 + u_5 - d_5$，故 $u_5 = 11 - s_5$
所以
$$f_5(s_5) = \min_{u_5=11-s_5}(a_5 u_5) = 10(11-s_5) = 110 - 10 s_5$$
及最优解 $u_5^* = 11 - s_5$

当 $k=4$ 时，有
$$f_4(s_4) = \min_{u_4 \in D_4(s_4)} [a_4 u_4 + f_5(s_4 + u_4 - d_4)]$$
$$= \min_{u_4} [20 u_4 + 110 - 10(s_4 + u_4 - 2)]$$

$$= \min_{u_4}[10u_4 - 10s_4 + 130]$$

其中 u_4 的允许决策集合 $D_4(s_4)$ 由式 (9-11) 确定为

由 $d_5 \leq s_4 + u_4 - d_4 \leq H$，故有 $9 - s_4 \leq u_4 \leq 11 - s_4$

又 $u_4 \geq 0$，因而 $\max[0, 9 - s_4] \leq u_4 \leq 11 - s_4$

而由式 (9-10) 知：$s_4 \leq 9$，所以 $D_4(s_4)$ 为

$$9 - s_4 \leq u_4 \leq 11 - s_4$$

故得 $f_4(s_4) = 10(9 - s_4) - 10s_4 + 130 = 220 - 20s_4$ 及最优解 $u_4^* = 9 - s_4$

当 $k = 3$ 时，

$$f_3(s_3) = \min_{u_3 \in D_3(s_3)}[a_3 u_3 + f_4(s_3 + u_3 - d_3)]$$
$$= \min_{u_3}[17u_3 + 220 - 20(s_3 + u_3 - 3)]$$
$$= \min_{u_3}[-3u_3 - 20s_3 + 280]$$

由式 (9-11) 得 $D_3(s_3)$ 为 $\max[0, 5 - s_3] \leq u_3 \leq 12 - s_3$

故得 $f_3(s_3) = 244 - 17s_3$ 及最优解 $u_3^* = 12 - s_3$

当 $k = 2$ 时，

$$f_2(s_2) = \min_{u_2 \in D_2(s_2)}[a_2 u_2 + f_3(s_2 + u_2 - d_2)]$$
$$= \min_{u_2}[-4u_2 - 17s_2 + 329]$$

其中 $D_2(s_2)$ 为 $\max[0, 8 - s_2] \leq u_2 \leq 14 - s_2$

故得 $f_2(s_2) = 273 - 13s_2$ 及最优解 $u_2^* = 14 - s_2$

当 $k = 1$ 时，

$$f_1(s_1) = \min_{u_1 \in D_1(s_1)}[a_1 u_1 + f_2(s_1 + u_1 - d_1)]$$
$$= \min_{u_1}[5u_1 - 13s_1 + 377]$$

其中 $D_1(s_1)$ 为 $13 - s_1 \leq u_1 \leq 17 - s_1$

故得 $f_1(s_1) = 442 - 18s_1$ 及最优解 $u_1^* = 13 - s_1$

当 $k = 0$ 时，

$$f_0(s_0) = \min_{u_0 \in D_0(s_0)}[a_0 u_0 + f_1(s_0 + u_0 - d_0)]$$
$$= \min_{u_0}[-7u_0 + 442 - 18s_0]$$

其中 $D_0(s_0)$ 为 $8 - s_0 \leq u_0 \leq 9 - s_0$

故得 $f_0(s_0) = 379 - 11s_0$ 及最优解 $u_0^* = 9 - s_0$

因 $s_0 = 2$，所以 $f_0 = 357$ 和 $u_0^* = 7$

再按计算顺序反推之，并结合式 (9-9) 的运算，即得各阶段的最优决策为：

$$u_0^* = 7,\ u_1^* = 4,\ u_2^* = 9,\ u_3^* = 3,\ u_4^* = 0,\ u_5^* = 4$$

所以从 0~5 月的最优生产计划为：7，4，9，3，0，4，相应的最小总工时数为 357。

9.2.2 不确定性的采购问题

在实际问题中，还遇到某些多阶段决策过程，不是像前面所讨论的确定性那样，状态转移是完全确定的，而是出现了随机性因素，状态转移不能完全确定，它是按照某种已知的概率分布取值的。具有这种性质的多阶段决策过程就称为随机性的决策过程。同处理确定性问题类似，用动态规划的方法也可处理这种随机性问题，有的又称此为随机性动态规划。下面举一个简单的例子加以说明。

例 6：采购问题。某厂生产上需要在近五周内必须采购一批原料，而估计在未来五周内价格有波动，其浮动价格和概率已测得如表 9-8 所示。试求在哪一周以什么价格购入，使其采购价格的数学期望值最小，并求出期望值。

表 9-8

单价	概率
500	0.3
600	0.3
700	0.4

解：这里价格是一个随机变量，是按某种已知的概率分布取值的。用动态规划方法处理，按采购期限 5 周分为 5 个阶段，将每周的价格看作该阶段的状态。设

y_k——状态变量，表示第 k 周的实际价格。

x_k——决策变量，当 $x_k = 1$，表示第 k 周决定采购；当 $x_k = 0$，表示第 k 周决定等待。

y_{kE}——第 k 周决定等待，而在以后采取最优决策时采购价格的期望值。

$f_k(y_k)$——第 k 周实际价格为 y_k 时，从第 k 周至第 5 周采取最优决策所得的最小期望值。

因而可写出逆序递推关系式为

$$f_k(y_k) = \min\{y_k, y_{kE}\}, \quad y_k \in s_k \tag{9-13}$$

$$f_5(y_k) = y_5, \quad y_5 \in s_5 \tag{9-14}$$

其中

$$s_k = \{500, 600, 700\}, \quad k = 1, 2, 3, 4, 5 \tag{9-15}$$

由 y_{kE} 和 $f_k(y_k)$ 的定义可知：

$$y_{kE} = Ef_{k+1}(y_{k+1}) = 0.3 f_{k+1}(500) + 0.3 f_{k+1}(600) + 0.4 f_{k+1}(700) \tag{9-16}$$

并且得出最优决策为：

$$x_k = \begin{cases} 1(\text{采购}) & \text{当} f_k(y_k) = y_k \\ 0(\text{等待}) & \text{当} f_k(y_k) = y_{kE} \end{cases} \quad (9-17)$$

从最后一周开始，逐步向前递推计算，具体计算过程如下。

$k = 5$ 时，因 $f_5(y_5) = y_5$，$y_5 \in s_5$，故有

$$f_5(500) = 500, \quad f_5(600) = 600, \quad f_5(700) = 700$$

即在第五周时，若所需的原料尚未买入，则无论市场价格如何，都必须采购，不能再等。

$k = 4$ 时，由式（9-16）可知

$$y_{4E} = 0.3 f_5(500) + 0.3 f_5(600) + 0.4 f_5(700)$$
$$= 0.3 \times 500 + 0.3 \times 600 + 0.4 \times 700 = 610$$

于是，由式（9-13）得

$$f_4(y_4) = \min_{y_4 \in s_4}\{y_4, y_{4E}\} = \min_{y_4 \in s_4}\{y_4, 610\}$$

$$= \begin{cases} 500 & \text{若 } y_4 = 500 \\ 600 & \text{若 } y_4 = 600 \\ 610 & \text{若 } y_4 = 700 \end{cases}$$

由式（9-17）可知，第四周的最优决策为

$$x_4 = \begin{cases} 1 \text{（采购）} & \text{当 } y_4 = 500 \text{ 或 } 600 \\ 0 \text{（等待）} & \text{当 } y_4 = 700 \end{cases}$$

同理求得

$$f_3(y_3) = \min_{y_3 \in s_3}\{y_3, y_{3E}\} = \min_{y_3 \in s_3}\{y_3, 574\}$$

$$= \begin{cases} 500 & \text{若 } y_3 = 500 \\ 574 & \text{若 } y_3 = 600 \text{ 或 } 700 \end{cases}$$

所以

$$x_3 = \begin{cases} 1 & \text{若 } y_3 = 500 \\ 0 & \text{若 } y_3 = 600 \text{ 或 } 700 \end{cases}$$

$$f_2(y_2) = \min_{y_2 \in s_2}\{y_2, y_{2E}\} = \min_{y_2 \in s_2}\{y_2, 551.8\}$$

$$= \begin{cases} 500 & \text{若 } y_2 = 500 \\ 551.8 & \text{若 } y_2 = 600 \text{ 或 } 700 \end{cases}$$

所以

$$x_2 = \begin{cases} 1 & \text{若 } y_2 = 500 \\ 0 & \text{若 } y_2 = 600 \text{ 或 } 700 \end{cases}$$

$$f_1(y_1) = \min_{y_1 \in s_1}\{y_1, y_{1E}\} = \min_{y_1 \in s_1}\{y_1, 536.26\}$$

$$= \begin{cases} 500 & \text{若 } y_1 = 500 \\ 536.26 & \text{若 } y_1 = 600 \text{ 或 } 700 \end{cases}$$

所以

$$x_1 = \begin{cases} 1 & \text{若 } y_1 = 500 \\ 0 & \text{若 } y_1 = 600 \text{ 或 } 700 \end{cases}$$

由上可知，最优采购策略为：在第一、第二、第三周时，若价格

为 500 就采购，否则应该等待；在第四周时，价格为 500 或 600 应采购，否则就等待；在第五周时，无论什么价格都要采购。

依照上述最优策略进行采购时，价格（单价）的数学期望值为

$$500 \times 0.3[1 + 0.7 + 0.7^2 + 0.7^3 + 0.7^3 \times 0.4] +$$
$$600 \times 0.3[0.7^3 + 0.4 \times 0.7^3] + 700 \times 0.4^2 \times 0.7^3$$
$$= 500 \times 0.80106 + 600 \times 0.14406 + 700 \times 0.05488$$
$$= 525.382 \approx 525$$

且 $\qquad 0.80106 + 0.14406 + 0.05488 = 1$

9.3 背包问题

有一个人带一个背包上山，其可携带物品重量的限度为 a 公斤。设有 n 种物品可供他选择装入背包中，这 n 种物品编号为 $1, 2, \cdots, n$。已知第 i 种物品每件重量为 w_i 公斤，在上山过程中的作用（价值）是携带数量 x_i 的函数 $c_i(x_i)$。问此人应如何选择携带物品（各几件），使所起作用（总价值）最大。这就是著名的背包问题，类似的问题有工厂里的下料问题，运输中的货物装载问题，人造卫星内的物品装载问题等等。

设 x_i 为第 i 种物品的装入件数，则问题的数学模型为

$$\max f = \sum_{i=1}^{n} c_i(x_i)$$

$$\begin{cases} \sum_{i=1}^{n} w_i x_i \leqslant a \\ x_i \geqslant 0 \text{ 且为整数} \quad (i = 1, 2, \cdots, n) \end{cases}$$

它是一个整数规划问题。如果 x_i 只取 0 或 1，又称为 0-1 背包问题。下面用动态规划的方法来求解。

设按可装入物品的 n 种类划分为 n 个阶段。

状态变量 w 表示用于装第 1 种物品至第 k 种物品的总重量。

决策变量 x_k 表示装入第 k 种物品的件数。则状态转移方程为

$$\tilde{w} = w - x_k w_k$$

允许决策集合为

$$D_k(w) = \left\{ x_k \,\middle|\, 0 \leqslant x_k \leqslant \left[\frac{w}{w_k}\right] \right\}$$

最优值函数 $f_k(w)$ 是当总重量不超过 w 公斤，背包中可以装入第 1 种到第 k 种物品的最大使用价值。

即 $$f_k(w) = \max_{\substack{\sum_{i=1}^{k} w_i x_i \leq w \\ x_i \geq 0 \text{ 且为整数}(i=1,2,\cdots,k)}} \sum_{i=1}^{k} c_i(x_i)$$

因而可写出动态规划的顺序递推关系为：

$$f_1(w) = \max_{x_1 = 0,1,\cdots,[w/w_k]} c_1(x_1)$$

$$f_k(w) = \max_{x_k = 0,1,\cdots,[w/w_k]} \{c_k(x_k) + f_{k-1}(w - w_k x_k)\} \quad 2 \leq k \leq n$$

然后，逐步计算出 $f_1(w)$，$f_2(w)$，…，$f_n(w)$ 以及相应的决策函数量 $x_1(w)$，$x_2(w)$，…，$x_n(w)$，最后得出的 $f_n(a)$ 就是所求的最大价值，其相应的最优策略由反推运算即可得出。

例 7：用动态规划方法求解下列问题

$$\max f = 4x_1 + 5x_2 + 6x_3$$

$$\begin{cases} 3x_1 + 4x_2 + 5x_3 \leq 10 \\ x_i \geq 0 \quad \text{且为整数}, i=1,2,3 \end{cases}$$

解：用动态规划方法来解，此问题变为求 $f_3(10)$。

而
$$f_3(10) = \max_{\substack{3x_1 + 4x_2 + 5x_3 \leq 10 \\ x_i \geq 0, \text{整数}, i=1,2,3}} \{4x_1 + 5x_2 + 6x_3\}$$

$$= \max_{\substack{3x_1 + 4x_2 \leq 10 - 5x_3 \\ x_i \geq 0, \text{整数}, i=1,2,3}} \{4x_1 + 5x_2 + (6x_3)\}$$

$$= \max_{\substack{10 - 5x_3 \geq 0 \\ x_3 \geq 0, \text{整数}}} \{6x_3 + \max_{\substack{3x_1 + 4x_2 \leq 10 - 5x_3 \\ x_1 \geq 0, x_2 \geq 0, \text{整数}}} [4x_1 + 5x_2]\}$$

$$= \max_{x_3 = 0,1,2} \{6x_3 + f_2(10 - 5x_3)\}$$

$$= \max\{0 + f_2(10), 6 + f_2(5), 12 + f_2(0)\}$$

由此看到，要计算 $f_3(10)$，必须先计算 $f_2(10)$，$f_2(5)$，$f_2(0)$。而

$$f_2(10) = \max_{\substack{3x_1 + 4x_2 \leq 10 \\ x_1 \geq 0, x_2 \geq 0, \text{整数}}} \{4x_1 + 5x_2\}$$

$$= \max_{\substack{3x_1 \leq 10 - 4x_2 \\ x_1 \geq 0, x_2 \geq 0, \text{整数}}} \{4x_1 + (5x_2)\}$$

$$= \max_{\substack{10 - 4x_2 \geq 0 \\ x_2 \geq 0, \text{整数}}} \{5x_2 + \max_{\substack{3x_1 \leq 10 - 4x_2 \\ x_1 \geq 0, \text{整数}}} (4x_1)\}$$

$$= \max_{x_2 = 0,1,2} \{5x_2 + f_1(10 - 4x_2)\}$$

$$= \max\{f_1(10), 5 + f_1(6), 10 + f_1(2)\}$$

$$f_2(5) = \max_{\substack{3x_1 + 4x_2 \leq 5 \\ x_1 \geq 0, x_2 \geq 0, \text{整数}}} \{4x_1 + 5x_2\} = \max_{x_2 = 0,1} \{5x_2 + f_1(5 - 4x_2)\}$$

$$= \max\{f_1(5), 5 + f_1(1)\}$$

$$f_2(0) = \max_{\substack{3x_1 + 4x_2 \leq 0 \\ x_1 \geq 0, x_2 \geq 0, \text{整数}}} \{4x_1 + 5x_2\} = \max_{x_2 = 0} \{5x_2 + f_1(0 - 4x_2)\} = f_1(0)$$

为了要计算出 $f_2(10)$，$f_2(5)$，$f_2(0)$，必须先计算出 $f_1(10)$，

$f_1(6)$，$f_1(5)$，$f_1(2)$，$f_1(1)$，$f_1(0)$，一般的有

$$f_1(w) = \max_{\substack{3x_1 \leqslant w \\ x_1 \geqslant 0, 整数}} (4x_1) = 4 \times (不超过 w/3 的最大整数) = 4 \times [w/3]$$

相应的最优决策为 $x_1 = [w/3]$，于是得到

$$f_1(10) = 4 \times 3 = 12 \quad (x_1 = 3)$$
$$f_1(6) = 4 \times 2 = 8 \quad (x_1 = 2)$$
$$f_1(5) = 4 \times 1 = 4 \quad (x_1 = 1)$$
$$f_1(2) = 4 \times 0 = 0 \quad (x_1 = 0)$$
$$f_1(1) = 4 \times 0 = 0 \quad (x_1 = 0)$$
$$f_1(0) = 4 \times 0 = 0 \quad (x_1 = 0)$$

从而

$$f_2(10) = \max\{f_1(10), 5 + f_1(6), 10 + f_2(0)\}$$
$$= \max\{12, 5+8, 10+0\} = 13 \quad (x_1 = 2, x_2 = 1)$$
$$f_2(5) = \max\{f_1(5), 5 + f_1(1)\}$$
$$= \max\{4, 5+0\} = 5 \quad (x_1 = 0, x_2 = 1)$$
$$f_2(0) = f_1(0) = 0 \quad (x_1 = 0, x_2 = 0)$$

故最后得到

$$f_3(10) = \max\{f_2(10), 6 + f_2(5), 12 + f_2(0)\}$$
$$= \max\{13, 6+5, 12+0\}$$
$$= 13 \quad (x_1 = 2, x_2 = 1, x_3 = 0)$$

所以，最优装入方案为 $x_1^* = 2$，$x_2^* = 1$，$x_3^* = 0$，最大使用价值为 13。

在实际应用时应当注意：

（1）若使用计算机进行计算时，对 $f_1(w)$ 和 $f_2(w)$ ($w = 0$, 1, …, 10) 的值都应算出并存储起来以备用。

（2）在实际问题中，当 a 不大时，为了计算的简便，可将单位重量 w_i 排成递减序列，然后逐个分析 x_i 能取值的可能性，并适当加以比较调整，再删掉某些可能性，这样能节省计算量。

（3）当 n 很大时，就会产生存储量过大的困难。如果 $c_i(x_i)$ 都是线性函数 $c_i x_i$ 的情形，可按单位重量的价值 $\rho_i = c_i/w_i$ ($i = 1, 2, \dots, n$) 由小到大进行排列。设有 $\rho_1 \leqslant \rho_2 \leqslant \dots \leqslant \rho_{n-1} \leqslant \rho_n$，则对于给定的可供装入重量 w，如果 $w < w_n$，背包内当然无法容纳第 n 种物品，即最优解中 $x_n^* = 0$；如果 $w = kw_n$ (k 为正整数)，背包内必然仅含有第 n 种物品，即最优解为 $x_n^* = k$，$x_i^* = 0 (i \neq n)$；如果 $w > w_n$，且不是 w_n 的整数倍，这时背包容纳了第 n 种物品，甚至可能不是最优解。但可以找到一个粗略的估算公式：当 $w \geqslant \dfrac{\rho_n}{\rho_n - \rho_{n-1}} w_n$ 成立时，最优解中 x_n^* 一定大于或等于 1，即一定要装入第 n 种物品。

上面例子我们只考虑了背包重量的限制，它称为"一维背包问

题。"如果还增加背包体积的限制为 b，并假设第 i 种物品每件的体积为 v_i 立方米，问应如何装使得总价值最大。这就是"二维背包问题"，它的数学模型为

$$\max f = \sum_{i=1}^{n} c_i(x_i)$$

$$\begin{cases} \sum_{i=1}^{n} w_i x_i \leq a \\ \sum_{i=1}^{n} v_i x_i \leq b \\ x_i \geq 0 \quad \text{且为整数}, i = 1, 2, \cdots, n \end{cases}$$

用动态规划方法来解，其思想方法与一维背包问题完全类似，只是这时的状态变量是两个（重量和体积的限制），决策变量仍是一个（物品的件数）。设最优值函数 $f_k(w, v)$ 表示当总重量不超过 w 公斤，总体积不超过 v 立方米时，背包中装入第 1 种到第 k 种物品的最大使用价值。故

$$f_k(w, v) = \max_{\substack{\sum_{i=1}^{k} w_i x_i \leq w \\ \sum_{i=1}^{k} v_i x_i \leq v \\ x_i \geq 0, \text{整数} i = 1, 2, \cdots, k}} \sum_{i=1}^{k} c_i(x_i)$$

因而可写出顺序递推关系式为

$$f_k(w, v) = \max_{0 \leq x_k \leq \min\left(\left[\frac{w}{w_k}\right], \left[\frac{v}{v_k}\right]\right)} \{c_k(x_k) + f_{k-1}(w - w_k x_k, v - v_k x_k)\}$$

$$1 \leq k \leq n$$

$$f_0(w, v) = 0$$

最后算出 $f_n(a, b)$ 即为所求的最大价值。

9.4 复合系统工作可靠性问题

若某种机器的工作系统由 n 个部件串联组成，只要有一个部件失灵，整个系统就不能工作。为提高系统工作的可靠性，在每一个部件上均装有主要元件的备用件，并且设计了备用元件自动投入装置。显然，备用元件越多，整个系统正常工作的可靠性越大。但备用元件多了，整个系统的成本、重量、体积均相应加大，工作精度也降低。因此，最优化问题是在考虑上述限制条件下，应如何选择各部件的备用元件数，使整个系统的工作可靠性最大。

设部件 $i(i=1,2,\cdots,n)$ 上装有 u_i 个备用件时，它正常工作的概率为 $p_i(u_i)$。

因此，整个系统正常工作的可靠性，可用它正常工作的概率衡量。即

$$P = \prod_{i=1}^{n} p_i(u_i)$$

设装一个部件 i 备用元件费用为 c_i，重量为 w_i，要求总费用不超过 c，总重量不超过 w，则这个问题有两个约束条件，它的静态规划模型为：

$$\max P = \prod_{i=1}^{n} p_i(u_i)$$

$$\begin{cases} \sum_{i=1}^{n} c_i u_i \leqslant c \\ \sum_{i=1}^{n} w_i u_i \leqslant w \\ u_i \geqslant 0 \quad \text{且为整数}, i = 1, 2, \cdots, n \end{cases}$$

这是一个非线性整数规划问题，因 u_i 要求为整数，且目标函数是非线性的。非线性整数规划是个较为复杂的问题，但是用动态规划方法来解还是比较容易的。

为了构造动态规划模型，根据有两个约束条件，就取二维状态变量，采用两个状态变量符号 x_k、y_k 来表达，其中

x_k——由第 k 个到第 n 个部件所允许使用的总费用。

y_k——由第 k 个到第 n 个部件所允许具有的总重量。

决策变量 u_k 为部件 k 上装的备用元件数，这里决策变量是一维的。

这样，状态转移方程为：

$$x_{k+1} = x_k - u_k c_k$$
$$y_{k+1} = y_k - u_k w_k \quad (1 \leqslant k \leqslant n)$$

允许决策集合为

$$D_k(x_k, y_k) = \{u_k: 0 \leqslant u_k \leqslant \min([x_k/c_k], [y_k/w_k])\}$$

最优值函数 $f_k(x_k, y_k)$ 为由状态 x_k 和 y_k 出发，从部件 k 到部件 n 的系统的最大可靠性。

因此，整机可靠性的动态规划基本方程为：

$$\begin{cases} f_k(x_k, y_k) = \max_{u_k \in D_k(x_k, y_k)} [p_k(u_k) f_{k+1}(x_k - c_k u_k, y_k - w_k u_k)] \\ k = n, n-1, \cdots, 1 \\ f_{n+1}(x_{n+1}, y_{n+1}) = 1 \end{cases}$$

边界条件为 1，这是因为 x_{n+1}、y_{n+1} 均为零，装置根本不工作，故可靠性当然为 1。最后计算得 $f_1(c, w)$ 即为所求问题的最大可靠性。

这个问题的特点是指标函数为连乘积形式，而不是连加形式，但仍满足可分离性和递推关系；边界条件为1而不是零。它们是由研究对象的特性所决定的。另外，这里可靠性 $p_i(u_i)$ 是 u_i 的严格单调上升函数，而且 $p_i(u_i) \leq 1$。

在这个问题中，如果静态模型的约束条件增加为三个，例如要求总体积不许超过 v，则状态变量就要取为三维的 (x_k, y_k, z_k)。它说明静态规划问题的约束条件增加时，对应的动态规划的状态变量维数也需要增加，而决策变量维数可以不变。

例8：某厂设计一种电子设备，由三种元件 D_1，D_2，D_3 组成。已知这三种元件的价格和可靠性如表9-9所示，要求在设计中所使用元件的费用不超过105元。试问应如何设计使设备的可靠性达到最大（不考虑重量的限制）。

表 9-9

元件	单位/元	可靠性
D_1	30	0.9
D_2	15	0.8
D_3	20	0.5

解：按元件种类划分为三个阶段，设状态变量 s_k 表示能允许用在 D_k 元件至 D_3 元件的总费用；决策变量 x_k 表示在 D_k 元件上的并联个数；p_k 表示一个 D_k 元件正常工作的概率，则 $(1-p_k)^{x_k}$ 为 x_k 个 D_k 元件不正常工作的概率。令最优值函数 $f_k(s_k)$ 表示由状态 s_k 开始从 D_k 元件至 D_3 元件组成的系统的最大可靠性。因而有

$$f_3(s_3) = \max_{1 \leq x_3 \leq [s_3/20]} [1-(0.5)^{x_3}]$$

$$f_2(s_2) = \max_{1 \leq x_2 \leq [s_2/15]} \{[1-(0.2)^{x_2}]f_3(s_2-15x_2)\}$$

$$f_1(s_1) = \max_{1 \leq x_1 \leq [s_1/30]} \{[1-(0.1)^{x_1}]f_2(s_1-30x_1)\}$$

由于 $s_1 = 105$，故此问题为求出 $f_1(105)$ 即可。

而 $f_1(105) = \max\limits_{1 \leq x_1 \leq 3} \{[1-(0.1)^{x_1}]f_2(105-30x_1)\}$

$= \max\{0.9f_2(75), \ 0.99f_2(45), \ 0.999f_2(15)\}$

但 $f_2(75) = \max\limits_{1 \leq x_2 \leq 4} \{[1-(0.2)^{x_2}]f_3(75-15x_2)\}$

$= \max\{0.8f_3(60), \ 0.96f_3(45), \ 0.992f_3(30), \ 0.9984f_3(15)\}$

可是 $f_3(60) = \max\limits_{1 \leq x_3 \leq 3} [1-(0.5)^{x_3}] = \max\{0.5, \ 0.75, \ 0.875\} = 0.875$

$f_3(45) = \max\{0.5, \ 0.75\} = 0.75$

$f_3(30) = 0.5$

$f_3(15) = 0$

所以 $f_2(75) = \max\{0.8 \times 0.875, 0.96 \times 0.75, 0.992 \times 0.5, 0.9984 \times 0\}$
$= \max\{0.7, 0.72, 0.496\} = 0.72$

同理 $f_2(45) = \max\{0.8 f_3(30), 0.96 f_3(15)\}$
$= \max\{0.4, 0\} = 0.4$

$f_2(15) = 0$

故 $f_1(105) = \max\{0.9 \times 0.72, 0.99 \times 0.4, 0.999 \times 0\}$
$= \max\{0.648, 0.396\} = 0.648$

从而求得 $x_1 = 1$,$x_2 = 2$,$x_3 = 2$ 为最优方案,即 D_1 元件用 1 个,D_2 元件用 2 个,D_3 元件用 2 个。其总费用为 100 元,可靠性为 0.648。

9.5 排序问题

设有 n 个工件需要在机床 A、B 上加工,每个工件都必须经过先 A 而后 B 的两道加工工序(见图 9-1)。以 a_i、b_i 分别表示工件 $i(1 \leqslant i \leqslant n)$ 在 A、B 上的加工时间。问应如何在两机床上安排各工件加工的顺序,使在机床 A 上加工第一个工件开始到在机床 B 上将最后一个工件加工完为止,所用的加工总时间最少?

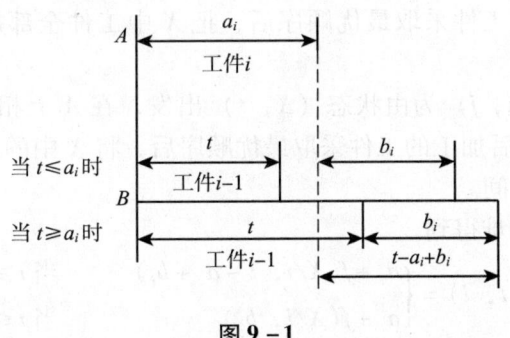

图 9-1

加工工件在机床 A 上有加工顺序问题,在机床 B 上也有加工顺序问题。它们在 A、B 两台机床上加工工件的顺序是可以不同的。当机床 B 上的加工顺序与机床 A 不同时,意味着在机床 A 上加工完毕的某些工件,不能在机床 B 上立即加工,而是要等到另一个或一些工件加工完毕之后才能加工。这样,使机床 B 的等待加工时间加长,从而使总的加工时间加长了。可以证明:最优加工顺序在两台机床上可同时产生。因此,最优排序方案只能在机床 A、B 上加工顺序相同的排序中去寻找。即使如此，所有可能的方案仍有 $n!$ 个，这是一个不小的数，用穷举法是不现实的。下面用动态规划方法来研究同顺序两台机床加工 n 个工件的排序问题。

当加工顺序取定之后，工件在 A 上加工时没有等待时间，而在 B 上则常常等待。因此，寻求最优排序方案只有尽量减少在 B 上等待加工的时间，才能使总加工时间最短。设第 i 个工件在机床 A 上加工完毕以后，在 B 上要经过若干时间才能加工完，故对同一个工件来说，在 A、B 上总是出现加工完毕的时间差，我们以它来描述加工状态。

现在，我们以在机床 A 上更换工件的时刻作为时段。以 X 表示在机床 A 上等待加工的按取定顺序排列的工件集合。以 x 表示不属于 X 的在 A 上最后加工完的工件。以 t 表示在 A 上加工完 x 的时刻算起到 B 上加工完 x 所需的时间。这样，在 A 上加工完一个工件之后，就有 (X, t) 与之对应。

选取 (X, t) 作为描述机床 A、B 在加工过程中的状态变量。这样选取状态变量，则当 X 包含有 s 个工件时，过程尚有 s 段，其时段数已隐含在状态变量之中，因而，指标最优值函数只依赖于状态而不明显依赖于时段数。

令 $f(X, t)$ 为由状态 (X, t) 出发，对未加工的工件采取最优加工顺序后，将 X 中所有工件加工完所需时间。

$f(X, t, i)$ 为由状态 (X, t) 出发，在 A 上加工工件 i，然后再对以后的加工工件采取最优顺序后，把 X 中工件全部加工完所需要的时间。

$f(X, t, i, j)$ 为由状态 (X, t) 出发，在 A 上相继加工工件 i 与 j 后，对以后加工的工件采取最优顺序后，将 X 中的工件全部加工完所需要的时间。

因而，不难得到

$$f(X, t, i) = \begin{cases} a_i + f(X/i, \ t - a_i + b_i) & \text{当 } t \geq a_i \text{ 时} \\ a_i + f(X/i, \ b_i) & \text{当 } t \leq a_i \text{ 时} \end{cases}$$

式中状态 t 的转换关系见图 9 - 1。

记
$$z_i(t) = \max(t - a_i, \ 0) + b_i$$

上式就可合并写成
$$f(X, t, i) = a_i + f[X/i, \ z_i(t)]$$

其中，X/i 表示在集合 X 中去掉工作 i 后剩下的工作集合。

由定义，可得
$$f(X, t, i, j) = a_i + a_j + f[X/\{i, j\}, \ z_{ij}(t)]$$

其中，$z_{ij}(t)$ 是在机床 A 上从 X 出发相继加工工件 i、j，并从它将 j 加工完的时刻算起，至在 B 上相继加工工件 i、j 并将工件加工完所需时间。故 $(X/\{i, j\}, z_{ij}(t))$ 是在 A 加工 i、j 后所形成的新状态。即在机床 A 上加工 i、j 后由状态 (X, t) 转移到状态 $(X/\{i, j\}, z_{ij}(t))$。

仿照 $z_i(t)$ 的定义,以 $X/\{i, j\}$ 代替 X/i,$z_i(t)$ 代替 t,a_j 代替 a_i,b_j 代替 b_i,则可得
$$z_{ij}(t) = \max(z_i(t) - a_j, \ 0) + b_j$$

故
$$z_{ij}(t) = \max[\max(t - a_i, \ 0) + b_i - a_j, \ 0] + b_j$$
$$= \max[\max(t - a_i - a_j + b_i, \ b_i - a_j), \ 0] + b_j$$
$$= \max[t - a_i - a_j + b_i + b_j, \ b_i + b_j - a_j, \ b_j]$$

将 i、j 对调,可得
$$f(X, \ t, \ j, \ i) = a_i + a_j + f[X/\{i, \ j\}, \ z_{ji}(t)]$$
$$z_{ji}(t) = \max[t - a_i - a_j + b_i + b_j, \ b_i + b_j - a_i, \ b_i]$$

因此,不管 t 为何值,当 $z_{ij}(t) \leq z_{ji}(t)$ 时,工件 i 放在工件 j 之前加工可以使总的加工时间短些。而由 $z_{ij}(t)$ 和 $z_{ji}(t)$ 的表示式可知,这只需要下面不等式成立就行。即
$$\max(b_i + b_j - a_j, \ b_j) \leq \max(b_i + b_j - a_i, \ b_i)$$

将上不等式两边同减去 b_i 与 b_j,得
$$\max(-a_j, \ -b_i) \leq \max(-a_i, \ -b_j)$$

即有
$$\min(a_i, \ b_j) \leq \min(a_j, \ b_i)$$

这个条件就是工件 i 应该排在工件 j 之前的条件。即对于从头到尾的最优排序而言。它的所有前后相邻接的两个工件所组成的对,都必须满足上不等式。根据这个条件,得到最优排序的规则如下:

(1) 先作工件的加工时间的工时矩阵

$$M = \begin{pmatrix} a_1 & a_2 & \cdots & a_n \\ b_1 & b_2 & \cdots & b_n \end{pmatrix}$$

(2) 在工时矩阵 M 中找出最小元素(若最小的不止一个,可任选其一);若它在上行,则将相应的工件排在最前位置;若它在下行,则将相应的工件排在最后位置。

(3) 将排定位置的工件所对应的列从 M 中划掉,然后对余下的工件重复按(2)进行。但那时的最前位置(或最后位置)是在已排定位置的工件之后(或之前)。如此继续下去,直至把所有工件都排完为止。

这个同顺序两台机床加工 n 个工件的最优排序规则,是 Johnson 在 1954 年提出的。概括起来说,它的基本思路是:尽量减少在机床 B 上等待加工的时间。因此,把在机床 B 上加工时间长的工件先加工,在 B 上加工时间短的工件后加工。

例9：设有 5 个工件需在机床 A、B 上加工，加工的顺序是先 A 后 B，每个工件所需加工时间（单位：小时）如表 9-10 所示。问如何安排加工顺序，使机床连续加工完所有工件的加工总时间最少？并求出总加工时间。

表 9-10

加工时间/小时　　机床 工件号码	A	B
1	3	6
2	7	2
3	4	7
4	5	3
5	7	4

解：工件的加工工时矩阵为

$$M = \begin{bmatrix} 3 & 7 & 4 & 5 & 7 \\ 6 & 2 & 7 & 3 & 4 \end{bmatrix}$$

根据最优排序规则，故最优加工顺序为：

$$1 \to 3 \to 5 \to 4 \to 2$$

总加工时间为 28 小时。

9.6　设备更新问题

在工业和交通运输企业中，经常碰到设备陈旧或部分损坏需要更新的问题。从经济上来分析，一种设备应该用多少年后进行更新为最恰当，即更新的最佳策略应该如何，从而使在某一时间内的总收入达到最大（或总费用达到最小）。

现以一台机器为例，随着使用年限的增加，机器的使用效率降低，收入减少，维修费用增加。而且机器使用年限越长，它本身的价值就越小，因而更新时所需的净支出费用就越多。设：

$I_j(t)$ ——在第 j 年机器役龄为 t 年的一台机器运行所得的收入。

$O_j(t)$ ——在第 j 年机器役龄为 t 年的一台机器运行时所需的运行费用。

$C_j(t)$ ——在第 j 年机器役龄为 t 年的一台机器更新时所需更新净费用。

a——折扣因子（$0 \leq a \leq 1$），表示一年以后的单位收入的价值视为现年的 a 单位。

T——在第一年开始时，正在使用的机器的役龄。

n——计划的年限总数。

$g_j(t)$——在第 j 年开始使用一个役龄为 t 年的机器时，从第 j 年至第 n 年内的最佳收入。

$x_j(t)$——给出 $g_j(t)$ 时，在第 j 年开始时的决策（保留或更新）。

为了写出递推关系式，先从两方面分析问题。若在第 j 年开始时购买了新机器，则从第 j 年至第 n 年得到的总收入应等于在第 j 年中由新机器获得的收入，减去在第 j 年中的运行费用，减去在第 j 年开始时役龄为 t 年的机器的更新净费用，加上在第 $j+1$ 年开始使用役龄为 1 年的机器从第 $j+1$ 年至第 n 年的最佳收入；若在第 j 年开始时继续使用役龄为 t 年的机器，则从第 j 年至第 n 年的总收入应等于在第 j 年由役龄为 t 年的机器得到的收入，减去在第 j 年中役龄为 t 年的机器的运行费用，加上在第 $j+1$ 年开始使用役龄为 $t+1$ 年的机器从第 $j+1$ 年至第 n 年的最佳收入。然后，比较它们的大小，选取大的，并相应得出是更新还是保留的决策。

将上面这段话写成数学形式，即得递推关系式为：

$$g_j(t) = \max \begin{bmatrix} R: I_j(0) - O_j(0) - C_j(t) + ag_{j+1}(1) \\ K: I_j(t) - O_j(t) + ag_{j+1}(t+1) \end{bmatrix}$$

$$(j = 1, 2, \cdots, n \quad t = 1, 2, \cdots, j-1, j+T-1)$$

其中"K"是 Keep 的缩写，表示保留使用；"R"是 Replacement 的缩写，表示更新机器。

由于研究的是今后 n 年的计划，故还要求

$$g_{n+1}(t) = 0$$

对于 $g_1(\cdot)$ 来说，允许的 t 值只能是 T。因为当进入计划过程时，机器必然已使用了 T 年。

应指出的是：这里研究的设备更新问题，是以机龄作为状态变量，决策是保留和更新两种。但它可推广到多维情形，如还考虑对使用的机器进行大修作为一种决策，那时所需的费用和收入，不仅取决于机龄和购置的年限，也取决于上次大修后的时间。因此，必须使用两个状态变量来描述系统的状态，其过程与此类似。

例 10：假设 $n = 5$，$a = 1$，$T = 1$，其有关数据如表 9 - 11 所示。试制定 5 年中的设备更新策略，使在 5 年内的总收入达到最大。

表 9-11

产品年序\机龄\项目	第一年					第二年				第三年			第四年		第五年	期前				
	0	1	2	3	4	0	1	2	3	0	1	2	0	1	0	1	2	3	4	5
收入	22	21	20	18	16	27	25	24	22	29	26	24	30	28	32	18	16	16	14	14
运行费用	6	6	8	8	10	5	6	8	9	5	5	6	4	5	4	8	8	9	9	10
更新费用	27	29	32	34	37	29	31	34	36	31	32	33	32	33	34	32	34	36	36	38

解:先解释符号的意思。因第 j 年开始机龄为 t 年的机器,其制造年序应为 $j-t$ 年,因此,$I_5(0)$ 为第 5 年新产品的收入,故 $I_5(0)=32$。$I_3(2)$ 为第一年的产品其机龄为 2 年的收入,故 $I_3(2)=20$。同理 $O_5(0)=4$,$O_3(2)=8$。而 $C_5(1)$ 是第 5 年机龄为 1 年的机器(应为第四年的产品)的更新费用,故 $C_5(1)=33$。同理 $C_5(2)=33$,$C_3(1)=31$,其余类推。

当 $j=5$ 时,由于设 $T=1$,故从第 5 年开始计算时,机器使用了 1 年、2 年、3 年、4 年、5 年,则递推关系式为

$$g_5(t) = \max \begin{bmatrix} R: I_5(0) - O_5(0) - C_5(t) + 1 \cdot g_6(1) \\ K: I_5(t) - O_5(t) + 1 \cdot g_6(t+1) \end{bmatrix}$$

因此

$$g_5(1) = \max \begin{bmatrix} R: 32 - 4 - 33 + 0 = -5 \\ K: 28 - 5 + 0 = 23 \end{bmatrix} = 23 \quad 所以 x_5(1) = K$$

$$g_5(2) = \max \begin{bmatrix} R: 32 - 4 - 33 + 0 = -5 \\ K: 24 - 6 + 0 = 18 \end{bmatrix} = 18 \quad 所以 x_5(2) = K$$

同理 $g_5(3)=13$,$x_5(3)=K$;$g_5(4)=6$,$x_5(4)=K$

$$g_5(5)=4, \quad x_5(5)=K$$

当 $j=4$ 时,递推关系为

$$g_4(t) = \max \begin{bmatrix} R: I_4(0) - O_4(0) - C_4(t) + g_5(1) \\ K: I_4(t) - O_4(t) + g_5(t+1) \end{bmatrix}$$

故 $g_4(1) = \max \begin{bmatrix} R: 30-4-32+23=17 \\ K: 26-5+18=39 \end{bmatrix} = 39$ 所以 $x_4(1)=K$

同理 $g_4(2)=29$,$x_4(2)=K$;$g_4(3)=16$,$x_4(3)=K$

$$g_4(4)=13, \quad x_4(4)=R$$

当 $j=3$ 时,有

$$g_3(t) = \max \begin{bmatrix} R: I_3(0) - O_3(0) - C_3(t) + g_4(1) \\ K: I_3(t) - O_3(t) + g_4(t+1) \end{bmatrix}$$

故 $g_3(1) = \max \begin{bmatrix} R: 29-5-31+39=32 \\ K: 25-6+29=48 \end{bmatrix} = 48$ 所以 $x_3(1)=K$

同理　　　$g_3(2) = 31$，$x_3(2) = R$；$g_3(3) = 27$，$x_3(3) = R$

当 $j = 2$ 时，有

$$g_2(t) = \max \begin{bmatrix} R: I_2(0) - O_2(0) - C_2(t) + g_3(1) \\ K: I_2(t) - O_2(t) + g_3(t+1) \end{bmatrix}$$

故　　$g_2(1) = \max \begin{bmatrix} R: 27 - 5 - 29 + 48 = 41 \\ K: 21 - 6 + 31 = 46 \end{bmatrix} = 46$　　所以 $x_2(1) = K$

$$g_2(2) = \max \begin{bmatrix} R: 27 - 5 - 34 + 48 = 36 \\ K: 16 - 8 + 27 = 35 \end{bmatrix} = 36 \quad x_2(2) = R$$

当 $j = 1$ 时，有

$$g_1(t) = \max \begin{bmatrix} R: I_1(0) - O_1(0) - C_1(t) + g_2(1) \\ K: I_1(t) - O_1(t) + g_2(t+1) \end{bmatrix}$$

故　$g_1(1) = \max \begin{bmatrix} R: 22 - 6 - 32 + 46 = 30 \\ K: 18 - 8 + 36 = 46 \end{bmatrix} = 46$　　所以 $x_1(1) = K$

最后，根据上面计算过程反推之，可求得最优策略如表 9 – 12 所示，相应的最佳收益为 46 单位。

表 9 – 12

年	机龄	最佳策略
1	1	K
2	2	R
3	1	K
4	2	K
5	3	K

9.7　货郎担问题

货郎担问题在运筹学里是一个著名的命题，有一个串村走户卖货郎，他从某个村庄出发，通过若干个村庄一次且仅一次，最后仍回到原出发的村庄，问应如何选择行走路线，能使总的行程最短。类似的问题有旅行路线问题，应如何选择行走路线，使总路程最短或费用最少。

现在把问题一般化。设有 n 个城市，以 $1, 2, \cdots, n$ 表示之。d_{ij} 表示从 i 城到 j 城的距离。一个推销员从城市 1 出发到其他每个城市去一次且仅仅是一次，然后回到城市 1。问他如何选择行走的路线，使总的路程最短。这个问题属于组合最优化问题，当 n 不太大时，利用动态规划方法求解是很方便的。

由于规定推销员是从城市 1 开始的，设推销员走到 i 城，记 $N_i = \{2, 3, \cdots, i-1, i+1, \cdots, n\}$ 表示由 1 城到 i 城的中间城市集合。

S 表示到达 i 城之前中途所经过的城市的集合，则有 $S \subseteq N_i$

因此，可选取 (i, S) 作为描述过程的状态变量，决策为由一个城市走到另一个城市，并定义最优值函数 $f_k(i, S)$ 为从 1 城开始经由 k 个中间城市的 S 集到 i 城的最短路线的距离，则可写出动态规划的递推关系为

$$f_k(i, S) = \min_{j \in S}[f_{k-1}(j, S/\{j\}) + d_{ji}]$$

$(k = 1, 2, \cdots, n-1; i = 2, 3, \cdots, n; S \subseteq N_i)$

边界条件为 $f_0(i, \Phi) = d_{1i}$

$P_k(i, S)$ 为最优决策函数，它表示从 1 城开始经 k 个中间城市的 S 集到 i 城的最短路线上紧挨着 i 城前面的那个城市。

表 9 – 13

距离 j \ i	1	2	3	4
1	0	8	5	6
2	6	0	8	5
3	7	9	0	5
4	9	7	8	0

例 11：求解四个城市旅行推销员问题，其距离矩阵如表 9 – 13 所示。当推销员从 1 城出发，经过每个城市一次且仅一次，最后回到 1 城，问按怎样的路线走，使总的行程距离最短。

解：由边界条件可知：

$f_0(2, \Phi) = d_{12} = 8, f_0(3, \Phi) = d_{13} = 5, f_0(4, \Phi) = d_{14} = 6$

$k = 1$ 时，即从 1 城开始，中间经过一个城市到达 i 城的最短距离是：

$f_1(2, \{3\}) = f_0(3, \Phi) + d_{32} = 5 + 9 = 14$

$f_1(2, \{4\}) = f_0(4, \Phi) + d_{42} = 6 + 7 = 13$

$f_1(3, \{2\}) = 8 + 8 = 16$

$f_1(3, \{4\}) = 6 + 8 = 14$

$f_1(4, \{2\}) = 8 + 5 = 13$

$f_1(4, \{3\}) = 5 + 5 = 10$

当 $k = 2$ 时，即从 1 城开始，中间经过两个城市（它们的顺序随便）到达 i 城的最短距离是：

$f_2(2, \{3, 4\}) = \min[f_1(3, \{4\}) + d_{32},\quad f_1(4, \{3\}) + d_{42}]$
$\qquad\qquad\quad = \min[14+9, 10+7] = 17 \quad 所以 p_2(2, \{3, 4\}) = 4$
$f_2(3, \{2, 4\}) = \min[13+8, 13+8] = 21 \quad 所以 p_2(3, \{2, 4\}) = 2\ 或\ 4$
$f_2(4, \{2, 3\}) = \min[14+5, 16+5] = 19 \quad 所以 p_2(4, \{2, 3\}) = 2$

当 $k = 3$ 时，即从 1 城开始，中间经过三个城市（顺序随便）回到 1 城的最短距离是：

$f_3(1, \{2, 3, 4\}) = \min[f_2(2, \{3, 4\}) + d_{21}, f_2(3, \{2, 4\}) + d_{31},$
$f_2(4, \{2, 3\}) + d_{41}] = \min[17+6, 21+7, 19+9] = 23$

所以 $\qquad\qquad\qquad p_3(1, \{2, 3, 4\}) = 2$

由此可知，推销员的最短旅行路线是 1→3→4→2→1，最短总距离为 23。

实际中很多问题都可以归结为货郎担这类问题。如物资运输路线中，汽车应走怎样的路线使路程最短；工厂里在钢板上要挖些小圆孔，自动焊机的割嘴应走怎样的路线使路程最短；城市里在一些地方铺设管道时，管子应走怎样的路线使管子耗费最少等。

第 10 章
图与网络优化

图论是应用十分广泛的运筹学分支，它已广泛地应用在物理学、化学、控制论、信息论、科学管理、电子计算机等各个领域。在实际生活、生产和科学研究中，有很多问题可以用图论的理论和方法来解决。例如，在组织生产中，为完成某项生产任务，各工序之间怎样衔接，才能使生产任务完成得既快又好。一个邮递员送信，要走完他负责投递的全部街道，完成任务后回到邮局，应该按照怎样的路线走，所走的路程最短。再例如，各种通信网络的合理架设，交通网络的合理分布等问题，应用图论的方法求解都很简便。

欧拉在1736年发表图论方面的第一篇论文，解决了著名的哥尼斯堡七桥问题。哥尼斯堡城中有一条河叫普雷格尔河，该河中有两个岛，河上有七座桥。如图10-1（a）所示。

当时那里的居民热衷于这样的问题：一个散步者能否走过七座桥，且每座桥只走过一次，最后回到出发点。

1736年欧拉将此问题归结为如图10-1（b）所示图形的一笔画问题。即能否从某一点开始，不重复地一笔画出这个图形，最后回到出发点。欧拉证明了这是不可能的，因为图10-1（b）中的每个点都只与奇数条线相关联，不可能将这个图不重复地一笔画成。这是古典图论中的一个著名问题。

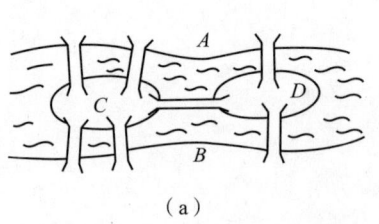 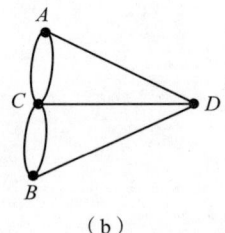

（a） （b）

图 10-1

随着科学技术的发展以及电子计算机的出现与广泛应用，20世纪50年代，图论得到进一步发展。将庞大复杂的工程系统和管理问题用图描述，可以解决很多工程设计和管理决策的最优化问题。例如，完成工程任务的时间最少、距离最短、费用最省等。图论受到数学、工程技术及经营管理等各个方面越来越广泛的重视。

10.1 图的基本概念

在实际生活中，人们为了反映一些对象之间的关系，常常在纸上用点和线画出各种各样的示意图。

例1：图10-2是我国北京、上海等十个城市间的铁路交通图，反映了这十个城市间的铁路分布情况。这里用点代表城市，用点和点之间的连线代表这两个城市之间的铁路线。诸如此类的还有电话线分布图、煤气管道图、航空线图等。

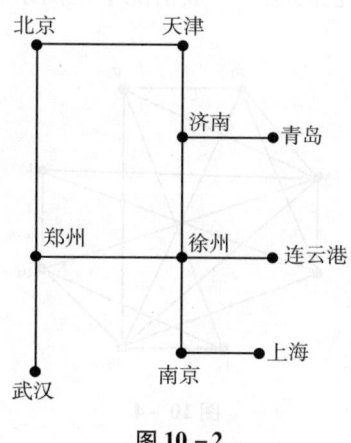

图 10-2

例2：有甲、乙、丙、丁、戊五个球队，它们之间比赛的情况，也可以用图表示出来。已知甲队和其他各队都比赛过一次，乙队和甲、丙队比赛过，丙队和甲、乙、丁队比赛过，丁队和甲、丙、戊队比赛过，戊队和甲、丁队比赛过。为了反映这个情况，可以用点 v_1，v_2，v_3，v_4，v_5 分别代表这五个队，某两个队之间比赛过，就在这两个队所相应的点之间连一条线，这条线不过其他的点，如图10-3所示。

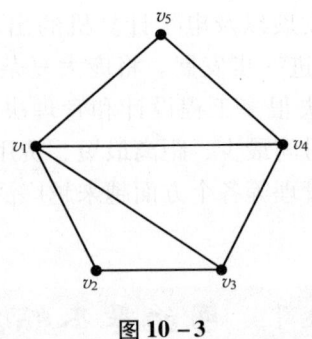

图 10-3

例3：某单位储存八种化学药品，其中某些药品是不能存放在同一个库房里的。为了反映这个情况，可以用点 v_1，v_2，$\cdots$，v_8 分别代表这八种药品，若药品 v_i 和药品 v_j 是不能存放在同一个库房的，则在 v_i 和 v_j 之间连一条线。如图 10-4 所示。从图 10-4 中可以看到，至少要有四个库房，因为 v_1、v_2、v_5、v_8 必须存放在不同的库房里。事实上，四个库房就足够了。例如，$\{v_1\}$，$\{v_2, v_4, v_7\}$，$\{v_3, v_5\}$，$\{v_6, v_8\}$ 各存放在一个库房里（这一类寻求库房的最少个数问题，属于图论中的所谓染色问题，一般情况下是尚未解决的）。

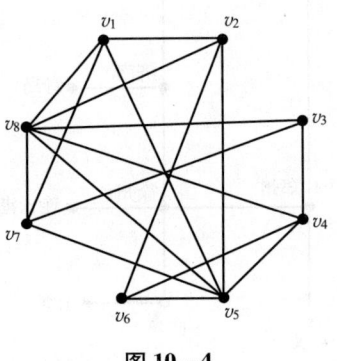

图 10-4

从以上几个例子可见，可以用由点及点与点的连线所构成的图，去反映实际生活中某些对象之间的某个特定的关系。通常用点代表研究的对象（如城市、球队、药品等），用点与点的连线表示这两个对象之间有特定的关系（如两个城市间有铁路线、两个球队比赛过、两种药品不能存放在同一个库房里等）。

因此，可以说图是反映对象之间关系的一种工具，在一般情况下，图中点的相对位置如何，点与点之间连线的长短曲直，对于反映对象之间的关系，并不重要。如例2，也可以用图 10-5 所示的图去反映五个球队的比赛情况，这与图 10-3 没有本质的区别。所以，图论中的图与几何图、工程图是不同的。

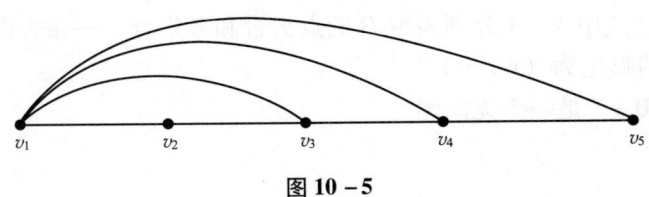

图 10-5

前面几个例子中涉及的对象之间的"关系"具有"对称性",也就是说,如果甲与乙有这种关系,那么同时乙与甲也有这种关系。例如甲药品不能和乙药品放在一起,那么,乙药品当然也不能和甲药品放在一起。在实际生活中,有许多关系不具有这种对称性。比如人们之间的认识关系,甲认识乙并不意味着乙也认识甲。比赛中的胜负关系也是这样,甲胜乙和乙胜甲是不同的。反映这种非对称的关系,只用一条连线就不行了。如例 2,如果人们关心的是五个球队比赛的胜负情况,那么从图 10-3 中就看不出来了。为了反映这一类关系,可以用一条带箭头的连线表示。例如球队 v_1 胜了球队 v_2,可以从 v_1 引一条带箭头的连线到 v_2。

图 10-6 反映了五个球队比赛的胜负情况,可见 v_1 三胜一负,v_4 打了三场球,全负等。类似胜负这种非对称性的关系,在生产和生活中是常见的,如交通运输中的"单行线",部门之间的领导与被领导的关系、一项工程中各工序之间的先后关系等。

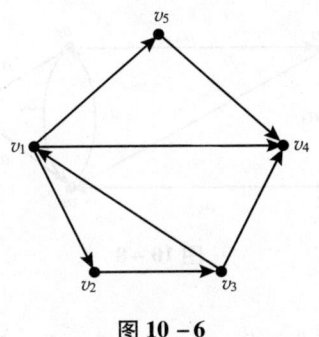

图 10-6

综上所述,一个图是由一些点及一些点之间的连线(不带箭头或带箭头)所组成的。

为了区别起见,把两点之间的不带箭头的连线称为边,带箭头的连线称为弧。

如果一个图 G 是由点及边所构成的,则称为无向图(也简称为图),记为 $G=(V, E)$,式中 V,E 分别是 G 的点集合和边集合。一

条联结点 v_i, $v_j \in V$ 的边记为 $[v_i, v_j]$（或 $[v_j, v_i]$）。

如果一个图 D 是由点及弧所构成的，则称为有向图，记为 $D = (V, A)$，式中 V, A 分别表示 D 的点集合和弧集合。一条方向是从 v_i 指向 v_j 的弧记为 (v_i, v_j)。

图 10-7 是一个无向图。

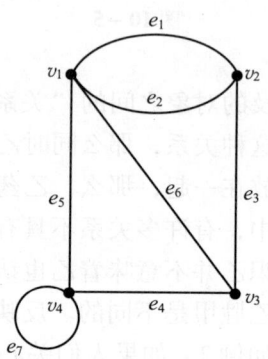

图 10-7

$$V = \{v_1, v_2, v_3, v_4\}, E = \{e_1, e_2, e_3, e_4, e_5, e_6, e_7\}$$

其中

$$e_1 = [v_1, v_2], e_2 = [v_1, v_2], e_3 = [v_2, v_3], e_4 = [v_3, v_4]$$
$$e_5 = [v_1, v_4], e_6 = [v_1, v_3], e_7 = [v_4, v_4]$$

图 10-8 是一个有向图，

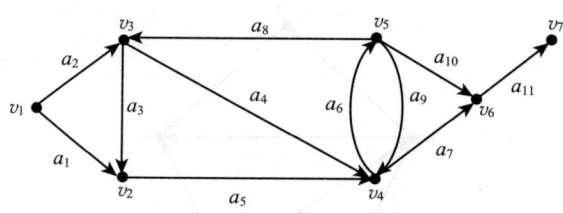

图 10-8

$$V = \{v_1, v_2, v_3, v_4, v_5, v_6, v_7\},$$
$$A = \{a_1, a_2, a_3, a_4, \cdots, a_{11}\}$$

其中

$$a_1 = (v_1, v_2), a_2 = (v_1, v_3), a_3 = (v_3, v_2), a_4 = (v_3, v_4)$$
$$a_5 = (v_2, v_4), a_6 = (v_4, v_5), a_7 = (v_4, v_6), a_8 = (v_5, v_3)$$
$$a_9 = (v_5, v_4), a_{10} = (v_5, v_6), a_{11} = (v_6, v_7)$$

图 G 或 D 中的点数记为 $p(G)$ 或 $p(D)$，边（弧）数记为 $q(G)(q(D))$。在不会引起混淆的情况下，也分别简记为 p, q。

下面介绍常用的一些名词和记号，先考虑无向图 $G = (V, E)$。

若边 $e = [u, v] \in E$，则称 u, v 是 e 的端点，也称 u, v 是相邻的。称 e 是点 u（及点 v）的关联边。若图 G 中，某个边 e 的两个端点相同，则称 e 是环（如图 10-7 中的 e_7），若两个点之间有多于一条的边，称这些边为多重边（如图 10-7 中的 e_1, e_2）。一个无环，无多重边的图称为简单图，一个无环，但允许有多重边的图称为多重图。

以点 v 为端点的边的个数称为 v 的次，记为 $d_G(v)$ 或 $d(v)$。如图 10-7 中，$d(v_1) = 4$，$d(v_2) = 3$，$d(v_3) = 3$，$d(v_4) = 4$（环 e_7 在计算 $d(v_4)$ 时算作两次）。

称次为 1 的点为悬挂点，悬挂点的关联边称为悬挂边，次为零的点称为孤立点。

定理 1：图 $G = (V, E)$ 中，所有点的次之和是边数的 2 倍，即

$$\sum_{v \in V} d(v) = 2q$$

这是显然的，因为在计算各点的次时，每条边被它的端点各用了一次。

次为奇数的点，称为奇点，否则称为偶点。

定理 2：任一个图中，奇点的个数为偶数。

证明：设 V_1 和 V_2 分别是 G 中奇点和偶点的集合，由定理 1，有

$$\sum_{v \in V_1} d(v) + \sum_{v \in V_2} d(v) = \sum_{v \in V} d(v) = 2q$$

因 $\sum_{v \in V} d(v)$ 是偶数，$\sum_{v \in V_2} d(v)$ 也是偶数，故 $\sum_{v \in V_1} d(v)$ 必定也是偶数，从而 V_1 的点数是偶数。

给定一个图 $G = (V, E)$，一个点、边的交错序列 $(v_{i1}, e_{i1}, v_{i2}, e_{i2}, \cdots, v_{ik-1}, e_{ik-1}, v_{ik})$，如果满足 $e_{it} = [v_{it}, v_{it+1}](t = 1, 2, \cdots, k-1)$，则称为一条联结 v_{i1} 和 v_{ik} 的链，记为 $(v_{i1}, v_{i2}, \cdots, v_{ik})$，有时称点 $v_{i2}, v_{i3}, \cdots, v_{ik-1}$ 为链的中间点。

链 $(v_{i1}, v_{i2}, \cdots, v_{ik})$ 中，若 $v_{i1} = v_{ik}$，则称为一个圈，记为 $(v_{i1}, v_{i2}, \cdots, v_{ik-1}, v_{i1})$。若链 $(v_{i1}, v_{i2}, \cdots, v_{ik})$ 中，点 $v_{i1}, v_{i2}, \cdots, v_{ik}$ 都是不同的，则称为初等链；若圈 $(v_{i1}, v_{i2}, \cdots, v_{ik-1}, v_{i1})$ 中，$v_{i1}, v_{i2}, \cdots, v_{ik-1}$ 都是不同的，则称为初等圈；若链（圈）中含的边均不相同，则称为简单圈。以后说到链（圈），除非特别交代，均指初等链（圈）。

例如图 10-9 中，$(v_1, v_2, v_3, v_4, v_5, v_3, v_6, v_7)$ 是一条简单链，但不是初等链，$(v_1, v_2, v_3, v_6, v_7)$ 是一条初等链。这个图中，不存在联结 v_1 和 v_9 的链。$(v_1, v_2, v_3, v_4, v_1)$ 是一个初等圈，$(v_4, v_1, v_2, v_3, v_5, v_7, v_6, v_3, v_4)$ 是简单圈，但不是初等圈。

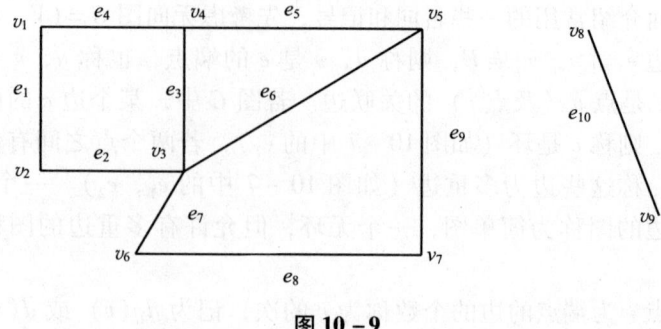

图 10-9

图 G 中，若任何两个点之间，至少有一条链，则称 G 是连通图，否则称为不连通图。若 G 是不连通图，它的每个连通的部分称为 G 的一个连通分图（也简称分图）。如图 10-9 是一个不连通图，它有两个连通分图。

给了一个图 $G=(V,E)$，如果图 $G'=(V',E')$，使 $V=V'$ 及 $E'\subseteq E$，则称 G' 是 G 的一个支撑子图。

设 $v\in V(G)$，用 $G-v$ 表示从图 G 中去掉点 v 及 v 的关联边后得到的一个图。

例如若 G 如图 10-10（a）所示，则 $G-v_3$ 见图 10-10（b）。图 10-10（c）是图 G 的一个支撑子图。

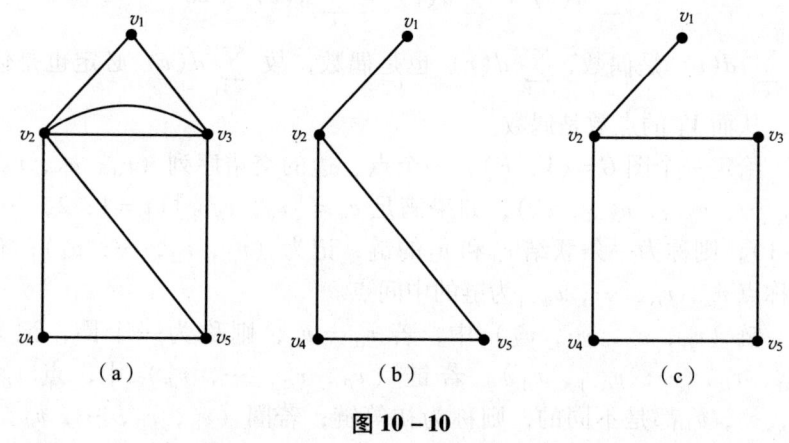

图 10-10

现在讨论有向图的情形。设给了一个有向图，$D=(V,A)$，从 D 中去掉所有弧上的箭头，就得到一个无向图，称为 D 的基础图，记为 $G(D)$。

给 D 中的一条弧度 $a=(u,v)$，称 u 为 a 的始点，v 为 a 的终点，称弧 a 是从 u 指向 v 的。

设 $(v_{i_1}, a_{i_1}, v_{i_2}, a_{i_2}, \cdots, v_{i_{k-1}}, a_{i_{k-1}}, v_{i_k})$ 是 D 中的一个点弧

交错序列,如果这个序列在基础图 $G(D)$ 中所对应的点边序列是一条链,则称这个点弧交错序列是 D 的一条链。类似定义圈和初等链(圈)。

如果 $(v_{i1}, a_{i1}, v_{i2}, a_{i2}, \cdots, v_{ik-1}, a_{ik-1}, v_{ik})$ 是 D 中的一条链,并且对 $t=1, 2, \cdots, k-1$,均有 $a_{it} = (v_{it}, v_{it+1})$,称为从 v_{i1} 到 v_{ik} 的一条路。若路的第一个点和最后一个点相同,则称为回路。类似定义初等路(回路)。

例如图 10-8 中,$(v_3, (v_3, v_2), v_2, (v_2, v_4), v_4, (v_4, v_5), v_5, (v_5, v_3), v_3)$ 是一个回路,$(v_1, (v_1, v_3), v_3, (v_3, v_4), v_4, (v_4, v_6), v_6)$ 是从 v_1 到 v_6 的路,$(v_1, (v_1, v_3), v_3, (v_5, v_3), v_5, (v_5, v_6), v_6)$ 是一条链,但不是路。

对无向图,链与路(圈与回路)这两个概念是一致的。

类似于无向图,可定义简单有向图、多重有向图,图 10-8 是一个简单有向图。以后除特别交代外,说到图(有向图)均指简单图(简单有向图)。

10.2 树

10.2.1 树及其性质

在各式各样的图中,有一类图是极其简单然而却是很有用的,这就是树。

例4:已知有五个城市,要在它们之间架设电话线,要求任何两个城市都可以互相通话(允许通过其他城市),并且电话线的根数最少。

用五个点 v_1, v_2, v_3, v_4, v_5 代表五个城市,如果在某两个城市之间架设电话线,则在相应的两个点之间连一条边,这样一个电话线网就可以用一个图来表示。为了使任何两个城市都可以通话,这样的图必须是连通的。其次,若图中有圈的话,从圈上任意去掉一条边,余下的图仍是连通的,这样可以省去一根电话线。因而,满足要求的电话线网所对应的图必定是不含圈的连通图。图 10-11 代表了满足要求的一个电话线网。

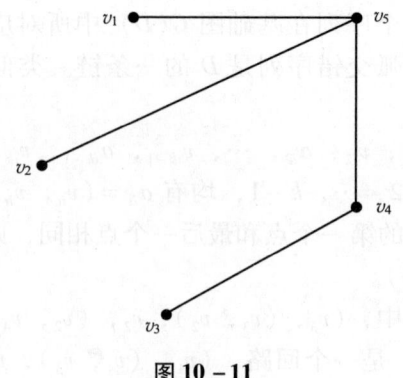

图 10-11

定义 1：一个无圈的连通图称为树。

例 5：某工厂的组织机构如下所示：

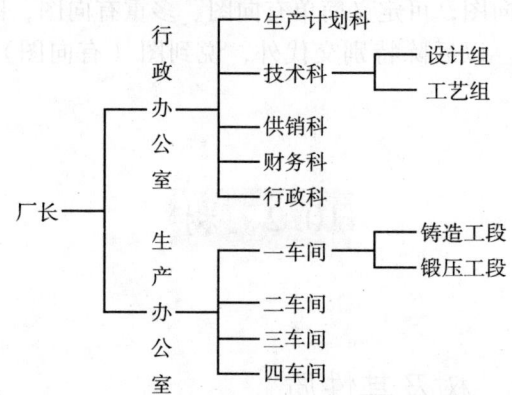

如果用图表示，该工厂的组织机构图就是一个树（如图 10-12 所示）。

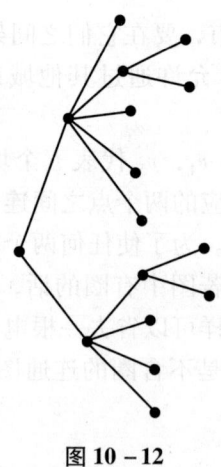

图 10-12

下面介绍树的一些重要性质。

定理 3：设图 $G=(V,E)$ 是一个树，$p(G) \geq 2$，则 G 中至少有两个悬挂点。

证明：令 $P=(v_1, v_2, \cdots, v_k)$ 是 G 中含边数最多的一条初等链，因 $p(G) \geq 2$，并且 G 是连通的，故链 P 中至少有一条边，从而 v_1 与 v_k 是不同的。现在来证明：v_1 是悬挂点，即 $d(v_1)=1$。用反证法，如果 $d(v_1) \geq 2$，则存在边 $[v_1, v_m]$，使 $m \neq 2$。若点 v_m 不在 P 上，那么 $(v_m, v_1, v_2, \cdots, v_k)$ 是 G 中的一条初等链，它含的边数比 P 多一条，这与 P 是含边数最多的初等链矛盾。若点 v_m 在 P 上，那么 $(v_1, v_2, \cdots, v_m, v_1)$ 是 G 中的一个圈，这与树的定义矛盾。于是必有 $d(v_1)=1$，即 v_1 是悬挂点。同理可证 v_k 也是悬挂点，因而 G 至少有两个悬挂点。

定理 4：图 $G=(V,E)$ 是一个树的充分必要条件是 G 不含圈，且恰有 $p-1$ 条边。

证明：必要性：设 G 是一个树，根据定义，G 不含圈，故只要证明 G 恰有 $p-1$ 条边。对点数 p 施行数学归纳法。$p=1,2$ 时，结论显然成立。

假设对点数 $p \leq n$ 时，结论成立。设树 G 含 $n+1$ 个点。由定理 3，G 含悬挂点，设 v_1 是 G 的一个悬挂点，考虑图 $G-v_1$，易见 $p(G-v_1)=n$，$q(G-v_1)=q(G)-1$。因 $G-v_1$ 是 n 个点的树，由归纳假设，$q(G-v_1)=n-1$，于是

$$q(G)=q(G-v_1)+1=(n-1)+1=n=p(G)-1$$

充分性：只要证明 G 是连通的。用反证法，设 G 是不连通的，G 含 s 个连通分图 $G_1, G_2, \cdots, G_s(s \geq 2)$。因每个 $G_i(i=1,2,\cdots,s)$ 是连通的，并且不含圈，故每个 G_i 是树。设 G_i 有 p_i 个点，则由必要性，G_i 有 p_i-1 条边，于是

$$q(G)=\sum_{i=1}^{s} q(G_i)=\sum_{i=1}^{s}(p_i-1)$$

$$=\sum_{i=1}^{s} p_i - s = p(G)-s \leq p(G)-2$$

这与 $q(G)=p(G)-1$ 的假设矛盾。

定理 5：图 $G=(V,E)$ 是一个树的充分必要条件是 G 是连通图，并且

$$q(G)=p(G)-1$$

证明：必要性：设 G 是树，根据定义，G 是连通图，由定理 4，$q(G)=p(G)-1$。

充分性：只要证明 G 不含圈，对点数施行归纳。$p(G)=1,2$ 时，结论显然成立。设 $p(G)=n(n \geq 1)$ 时结论成立。现设 $p(G)=$

$n+1$，首先证明 G 必有悬挂点。若不然，因 G 是连通的，且 $p(G) \geqslant 2$，故对每个点 v_i，有 $d(v_i) \geqslant 2$。从而

$$q(G) = \frac{1}{2}\sum_{i=1}^{p(G)} d(v_i) \geqslant p(G)$$

这与 $q(G) = p(G) - 1$ 矛盾，故 G 必有悬挂点。设 v_1 是 G 的一个悬挂点，考虑 $G - v_1$，这个图仍是连通的，$q(G - v_1) = q(G) - 1 = p(G) - 2 = p(G - v_1) - 1$，由归纳假设知 $G - v_1$ 不含圈，于是 G 也不含圈。

定理 6：图 G 是树的充分必要条件是任意两个顶点之间恰有一条链。

证明：必要性：因 G 是连通的，故任两个点之间至少有一条链。但如果某两个点之间有两条链的话，那么图 G 中含有圈，这与树的定义矛盾，从而任两个点之间恰有一条链。

充分性：设图 G 中任两个点之间恰有一条链，那么易见 G 是连通的。如果 G 中含有圈，那么这个圈上的两个顶点之间有两条链，这与假设矛盾，故 G 不含圈，于是 G 是树。

由这个定理，很容易推出如下结论：

（1）从一个树中去掉任意一条边，则余下的图是不连通的。由此可知，在点集合相同的所有图中，树是含边数最少的连通图。这样，例 4 中所要求的电话线网就是以这五个城市为点的一个树。

（2）在树中不相邻的两个点间添上一条边，则恰好得到一个圈。进一步地说，如果再从这个圈上任意去掉一条边，可以得到一个树。

如图 10 - 11 中，添加 $[v_2, v_1]$，就得到一个圈（v_1, v_2, v_5, v_1），如果从这个圈中去掉一条边 $[v_1, v_5]$，就得到如图 10 - 13 所示的树。

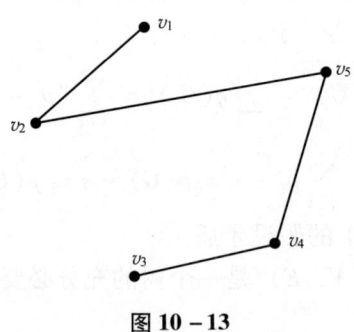

图 10 - 13

10.2.2 图的支撑树

定义 2：设图 $T = (V, E')$ 是图 $G = (V, E)$ 的支撑子图，如果图 $T = (V, E')$ 是一个树，则称 T 是 G 的一个支撑树。

例如图 10 - 14（b）是图 10 - 14（a）所示的一个支撑树。

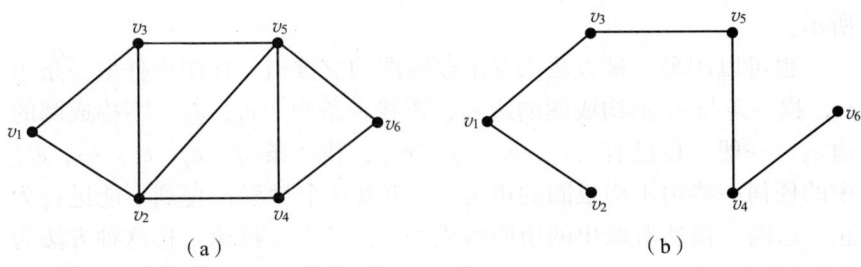

图 10 - 14

若 $T = (V, E')$ 是 $G = (V, E)$ 的一个支撑树，则显然，树 T 中边的个数是 $p(G) - 1$，G 中不属于树 T 的边数是 $q(G) - p(G) + 1$

定理 7：图 G 有支撑树的充分必要条件是图 G 是连通的。

证明：必要性是显然的。

充分性：设图 G 是连通图，如果 G 不含圈，那么 G 本身是一个树，从而 G 是它自身的一个支撑树。现设 G 含圈，任取一个圈，从圈中任意地去掉一条边，得到图 G 的一个支撑子图 G_1。如果 G_1 不含圈，那么 G_1 是 G 的一个支撑树（因为易见 G_1 是连通的）；如果 G_1 仍含圈，那么从 G_1 中任取一个圈，从圈中再任意去掉一条边，得到图 G 的一个支撑子图 G_2，如此重复，最终可以得到 G 的一个支撑子图 G_k，它不含圈，于是 G_k 是 G 的一个支撑树。

定理 5 充分性的证明，提供了一个寻求连通图的支撑树的方法。这就是任取一个圈，从圈中去掉一边，对余下的图重复这个步骤，直到不含圈时为止，即得到一个支撑树，称这种方法为"破圈法"。

例 6：在图 10 - 15 中，用破圈法求出图的一个支撑树。

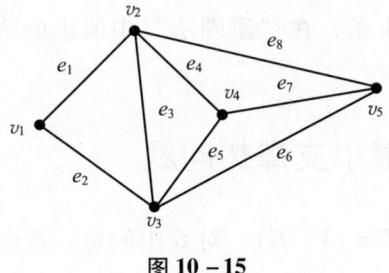

图 10 - 15

解：取一个圈 (v_1, v_2, v_3, v_1)，从这个圈中去掉边 $e_3 = [v_2, v_3]$；在余下的图中，再取一个圈 $(v_1, v_2, v_4, v_3, v_1)$，去掉边 $e_4 = [v_2, v_4]$；在余下的图中，从圈 (v_3, v_4, v_5, v_3) 中去掉边 $e_6 = [v_5,$

v_3]；再从圈 (v_1, v_2, v_5, v_4, v_3, v_1) 中去掉边 $e_8 = [v_2, v_5]$。这时，剩余的图中不含圈，于是得到一个支撑树，如图 10-15 中粗线所示。

也可以用另一种方法来寻求连通图的支撑树。在图中任取一条边 e_1，找一条与 e_1 不构成圈的边 e_2，再找一条与 $\{e_1, e_2\}$ 不构成圈的边 e_3，一般，设已有 $\{e_1, e_2, \cdots, e_k\}$，找一条与 $\{e_1, e_2, \cdots, e_k\}$ 中的任何一些边不构成圈的边 e_{k+1}。重复这个过程，直到不能进行为止。这时，由所有取出的边所构成的图是一个支撑树，称这种方法为"避圈法"。

例7：在图 10-16 中，用避圈法求出一个支撑树。

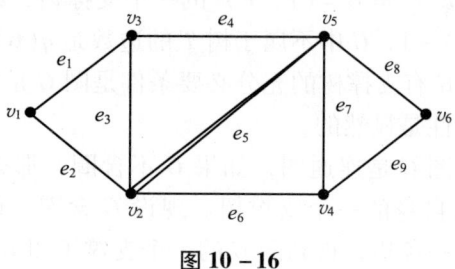

图 10-16

解：首先任取边 e_1，因 e_2 与 e_1 不构成圈，所以可以取 e_2，因为 e_5 与 $\{e_1, e_2\}$ 不构成圈，故可以取 e_5（因 e_3 与 $\{e_1, e_2\}$ 构成一个圈 (v_1, v_2, v_3, v_1)，所以不能取 e_3）；因 e_6 与 $\{e_1, e_2, e_5\}$ 不构成圈，故可取 e_6；因 e_8 与 $\{e_1, e_2, e_5, e_6\}$ 不构成圈，故可取 e_8（注意，因 e_7 与 $\{e_1, e_2, e_5, e_6\}$ 中的 e_5, e_6 构成圈 (v_2, v_5, v_4, v_2)，故不能取 e_7）。这时由 $\{e_1, e_2, e_5, e_6, e_8\}$ 所构成的图就是一个支撑树，如图 10-16 中粗线所示。

实际上，由定理4、定理5可知，在"破圈法"中去掉的边数必是 $q(G) - p(G) + 1$ 条，在"避圈法"中取出的边数必定是 $p(G) - 1$ 条。

10.2.3 最小支撑树问题

定义3：给图 $G = (V, E)$，对 G 中的每一条边 $[v_i, v_j]$，相应地有一个数 w_{ij}，则称这样的图 G 为赋权图，w_{ij} 称为边 $[v_i, v_j]$ 上的权。

这里所说的"权"，是指与边有关的数量指标。根据实际问题的需要，可以赋予它不同的含义，例如表示距离、时间、费用等。

赋权图在图的理论及其应用方面有着重要的地位。赋权图不仅指出各个点之间的邻接关系，而且同时也表示出各点之间的数量关系。所以，赋权图被广泛地应用于解决工程技术及科学生产管理等领域的最优化问题。最小支撑树问题就是赋权图上的最优化问题之一。

设有一个连通图 $G = (V, E)$，每一边 $e = [v_i, v_j]$，有一个非负权

$$w(e) = w_{ij} \quad (w_{ij} \geq 0)$$

定义 4：如果 $T = (V, E')$ 是 G 的一个支撑树，称 E' 中所有边的权之和为支撑树 T 的权，记为 $w(T)$。即

$$w(T) = \sum_{[v_i, v_j] \in T} w_{ij}$$

如果支撑树 T^* 的权 $w(T^*)$ 是 G 的所有支撑树的权中最小者，则称 T^* 是 G 的最小支撑树（简称最小树）。即

$$w(T^*) = \min_T w(T)$$

式中对 G 的所有支撑树 T 取最小。

最小支撑树问题就是要求给定连通赋权图 G 的最小支撑树。

假设给定一些城市，已知每对城市间交通线的建造费用。要求建造一个联结这些城市的交通网，使总的建造费用最小，这个问题就是赋权图上的最小树问题。

下面介绍求最小树的两个方法。

1. 避圈法

开始选一条最小权的边，以后每一步中，总从与已选边不构成圈的那些未选边中，选一条权最小的。（每一步中，如果有两条或两条以上的边都是权最小的边，则从中任选一条）。

算法的具体步骤如下：

第 1 步：令 $i = 1$，$E_0 = \varnothing$，（$\varnothing$ 表示空集）。

第 2 步：选一条边 $e_i \in E \setminus E_{i-1}$，使 e_i 是使 $(V, E_{i-1} \cup \{e\})$ 不含圈的所有边 $e(e \in E \setminus E_{i-1})$ 中权最小的边。令 $E_i = E_{i-1} \cup \{e\}$，如果这样的边不存在，则 $T = (V, E_{i-1})$ 是最小树。

第 3 步：把 i 换成 $i + 1$，转入第 2 步。

在证明这个方法的正确性之前，先介绍一个例子。

例 8：某工厂内联结六个车间的道路网如图 10 – 17（a）所示。已知每条道路的长，要求沿道路架设联结六个车间的电话线网，使电话线的总长最小。

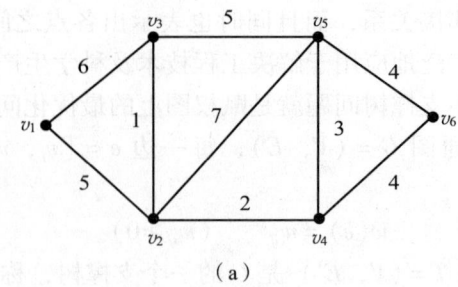

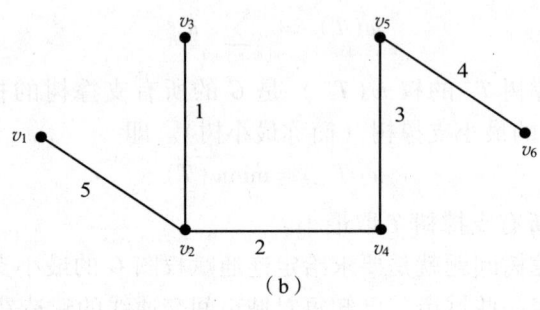

图 10-17

解：这个问题就是求如图 10-17（a）所示的赋权图上的最小树，用避圈法求解。

$i=1$，$E_0=\varnothing$，从 E 中选最小权边 $[v_2,v_3]$，$E_1=\{[v_2,v_3]\}$；

$i=2$，从 $E\setminus E_1$ 中选最小权边 $[v_2,v_4]$（$[v_2,v_4]$ 与 $[v_2,v_3]$ 不构成圈），$E_2=\{[v_2,v_3],[v_2,v_4]\}$；

$i=3$，从 $E\setminus E_2$ 中选 $[v_4,v_5]$（$(V,E_2\cup\{[v_4,v_5]\})$ 不含圈），令 $E_3=\{[v_2,v_3],[v_2,v_4],[v_4,v_5]\}$；

$i=4$，从 $E\setminus E_3$ 中选 $[v_5,v_6]$（或选 $[v_4,v_6]$）（$(V,E_3\cup\{[v_5,v_6]\})$ 不含圈），令 $E_4=\{[v_2,v_3],[v_2,v_4],[v_4,v_5],[v_5,v_6]\}$；

$i=5$，从 $E\setminus E_4$ 中选 $[v_1,v_2]$（$(V,E_4\cup\{[v_1,v_2]\})$ 不含圈）。注意，因 $[v_4,v_6]$ 与已选边 $[v_4,v_5]$，$[v_5,v_6]$ 构成圈，所以虽然 $[v_4,v_6]$ 的权小于 $[v_1,v_2]$ 的权，但这时不能选 $[v_4,v_6]$，令 $E_5=\{[v_2,v_3],[v_2,v_4],[v_4,v_5],[v_5,v_6],[v_1,v_2]\}$；

$i=6$，这时，任一条未选的边都与已选的边构成圈，所以算法终止。

(V,E_5) 就是要求的最小树，即电话线总长最小的电话线网方案见图 10-17（b），电话线总长为 15 单位。

现在来证明方法一的正确性。

令 $G = (V, E)$ 是连通赋权图，根据 2.2 中所述可知：方法一终止时，$T = (V, E_{i-1})$ 是支撑树，并且这时 $i = p(G)$。记

$$E(T) = \{e_1, e_2, \cdots, e_{p-1}\}$$

式中 $p = p(G)$，T 的权为 $w(T) = \sum_{i=1}^{p-1} w(e_i)$。

用反证法来证明 T 是最小支撑树，设 T 不是最小支撑树，在 G 的所有支撑树中，令 H 是与 T 的公共边数最大的最小支撑树。因 T 与 H 不是同一个支撑树，故 T 中至少有一条边不在 H 中。令 $e_i(1 \leq i \leq p-1)$ 是第一个不属于 H 的边，把 e_i 放入 H 中，必得到一个且仅一个圈，记这个圈为 C。因为 T 是不含圈的，故 C 中必有一条边不属于 T，记这条边为 e。在 H 中去掉 e，增加 e_i，就得到 G 的另一个支撑树 T_0，可见

$$w(T_0) = w(H) + w(e_i) - w(e)$$

因为 $w(H) \leq w(T_0)$（因 H 是最小支撑树），推出 $w(e) \leq w(e_i)$。但根据算法，e_i 是使 $(V, \{e_1, e_2, \cdots, e_i\})$ 不含圈的权最小的边，而 $(V, \{e_1, e_2, \cdots, e_{i-1}, e\})$ 也是不含圈的，故必有 $w(e) = w(e_i)$，从而 $w(T_0) = w(H)$。这就是说 T_0 也是 G 的一个最小支撑树，但是 T_0 与 T 的公共边数比 H 与 T 的公共边数多一条，这与 H 的选取矛盾。

2. 破圈法

任取一个圈，从圈中去掉一条权最大的边（如果有两条或两条以上的边都是权最大的边，则任意去掉其中一条）。在余下的图中，重复这个步骤，直至得到一个不含圈的图为止，这时的图便是最小树。

例 9：用破圈法求图 10 – 17（a）所示赋权图的最小支撑树。

解：任取一个圈，比如 (v_1, v_2, v_3, v_1)，边 $[v_1, v_3]$ 是这个圈中权最大的边，于是去掉 $[v_2, v_3]$；再取圈 (v_3, v_5, v_2, v_3)，去掉 $[v_2, v_5]$；取圈 $(v_3, v_5, v_4, v_2, v_3)$，去掉 $[v_3, v_2]$；取圈 (v_5, v_6, v_4, v_5)，这个圈中，$[v_5, v_6]$ 及 $[v_4, v_6]$ 都是权最大的边，去掉其中的一条，比如说 $[v_4, v_6]$。这时得到一个不含圈的图（如图 10 – 17（b）所示），即为最小树。

关于破圈法的正确性略去证明。

10.3 最短路问题

10.3.1 引例

例10：已知如图10-18所示的单行线交通网,每弧旁的数字表示通过这条单行线所需要的费用。现在某人要从 v_1 出发,通过这个交通网到 v_8 去,求使总费用最小的旅行路线。

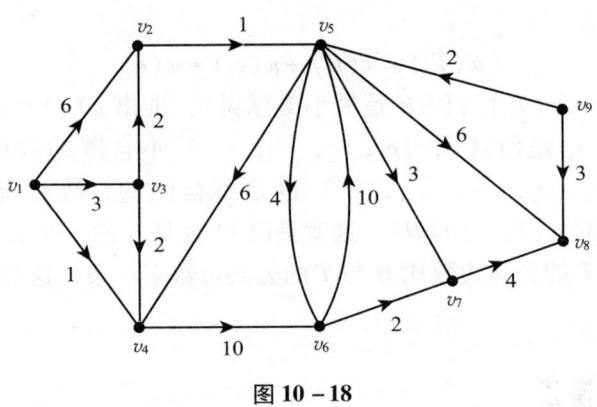

图 10-18

可见,从 v_1 到 v_8 的旅行路线是很多的,例如可以从 v_1 出发,依次经过 v_2,v_5,然后到 v_8;也可以从 v_1 出发,依次经过 v_3,v_4,v_6,v_7,然后到 v_8 等。不同的路线,所需总费用是不同的。比如,按前一个路线,总费用是 $6+1+6=13$ 单位;而按后一个路线,总费用是 $3+2+10+2+4=21$ 单位。不难看到,用图的语言来描述,从 v_1 到 v_8 的旅行路线与有向图中从 v_1 到 v_8 的路是一一对应的。一条旅行路线的总费用就是相应的从 v_1 到 v_8 的路中所有弧旁数字之和。当然,这里说到的路可以不是初等路。例如某人从 v_1 到 v_8 的旅行路线可以是从 v_1 出发,依次经 v_3,v_4,v_6,v_5,v_4,v_6,v_7,最后到达 v_8。这条路线相应的路是 (v_1,v_3,v_4,v_6,v_5,v_4,v_6,v_7,v_8),总费用是47单位。

从这个例子可以引出一般的最短路问题,给定一个赋权有向图,即给了一个有向图 $D=(V,A)$,对每一个弧 $a=(v_i,v_j)$,相应地有权 $w(a)=w_{ij}$,又给定 D 中的两个顶点 v_s,v_t。设 P 是 D 中从 v_s 到 v_t 的一条路,定义路 P 的权是 P 中所有弧的权之和,记为 $w(P)$。最短路问题就是要在所有从 v_s 到 v_t 的路中，求一条权最小的路，即求一条从 v_s 到 v_t 的路 P_0，使

$$w(P_0) = \min_P w(P)$$

式中对 D 中所有从 v_s 到 v_t 的路 P 取最小，称 P_0 是从 v_s 到 v_t 的最短路。路 P_0 的权称为从 v_s 到 v_t 的距离，记为 $d(v_s, v_t)$。显然，$d(v_s, v_t)$ 与 $d(v_t, v_s)$ 不一定相等。

最短路问题是重要的最优化问题之一，它不仅可以直接应用于解决生产实际的许多问题，如管道铺设、线路安排、厂区布局、设备更新等，而且经常被作为一个基本工具，用于解决其他的优化问题。

10.3.2 最短路算法

本节将介绍在一个赋权有向图中寻求最短路的方法，这些方法实际上求出了从给定一个点 v_s 到任一个点 v_j 的最短路。

如下事实是经常要利用的，如果 P 是 D 中从 v_s 到 v_j 的最短路，v_i 是 P 中的一个点，那么，从 v_s 沿 P 到 v_i 的路是从 v_s 到 v_i 的最短路。事实上，如果这个结论不成立，设 Q 是从 v_s 到 v_i 的最短路，令 P' 是从 v_s 沿 Q 到达 v_i，再从 v_i 沿 P 到达 v_j 的路，那么，P' 的权就比 P 的权小，这与 P 是从 v_s 到 v_j 的最短路矛盾。

首先介绍所有 $w_{ij} \geq 0$ 的情形下，求最短路的方法。当所有的 $w_{ij} \geq 0$ 时，目前公认最好的方法是由迪杰斯特拉（Dijkstra）于 1959 年提出来的。

Dijkstra 方法的基本思想是从 v_s 出发，逐步地向外探寻最短路。执行过程中，与每个点对应，记录下一个数（称为这个点的标号），它或者表示从 v_s 到该点的最短路的权（称为 P 标号），或者是从 v_s 到该点的最短路的权的上界（称为 T 标号），方法的每一步是去修改 T 标号，并且把某一个具 T 标号的点改变为具 P 标号的点，从而使 D 中具 P 标号的顶点数多一个，这样，至多经过 $p-1$ 步，就可以求出从 v_s 到各点的最短路。

在叙述 Dijkstra 方法的具体步骤之前，以例 10 为例说明一下这个方法的基本思想。例 10 中，$s=1$。因为所有 $w_{ij} \geq 0$，故有 $d(v_1, v_1) = 0$。这时，v_1 是具 P 标号的点。现在考查从 v_1 发出的三条弧，(v_1, v_2)，(v_1, v_3) 和 (v_1, v_4)。如果某人从 v_1 出发沿 (v_1, v_2) 到达 v_2，这时需要 $d(v_1, v_1) + w_{12} = 6$ 单位的费用；如果他从 v_1 出发沿 (v_1, v_3) 到达 v_3，则需要 $d(v_1, v_1) + w_{13} = 3$ 单位的费用；类似地，若沿 (v_1, v_4) 到达 v_4，需要 $d(v_1, v_1) + w_{14} = 1$ 单位的费用。因

$$\min\{d(v_1, v_1) + w_{12}, d(v_1, v_1) + w_{13}, d(v_1, v_1) + w_{14}\}$$
$$= d(v_1, v_1) + w_{14} = 1$$

可以断言，他从 v_1 出发到 v_4 所需要的最小费用必定是 1 单位，即从 v_1 到 v_4 的最短路是 (v_1, v_4)，$d(v_1, v_4) = 1$。这是因为从 v_1 到 v_4 的任一条路 P，如果不是 (v_1, v_4)，则必是先从 v_1 沿 (v_1, v_2) 到达 v_2，或者沿 (v_1, v_3) 到达 v_3，而后再从 v_2 或 v_3 到 v_4 去，但如上所说，这时候他已需要 6 单位或 3 单位的费用，不管他如何再从 v_2 或 v_3 到达 v_4，所需要的总费用都不会比 1 少（因为所有的 $w_{ij} \geqslant 0$）。因而推知 $d(v_1, v_4) = 1$，这样就可以使 v_4 变成具 P 标号的点。

现在考查从 v_1 到 v_4 指向其余点的弧，由上已知，从 v_1 出发分别沿 (v_1, v_2)、(v_1, v_3) 到达 (v_2, v_3)，需要 6 单位或 3 单位的费用，而从 v_4 出发沿 (v_4, v_6) 到达 v_6，所需要的费用是 $d(v_1, v_4) + w_{46} = 1 + 10 = 11$ 单位，因

$$\min\{d(v_1, v_1) + w_{12}, d(v_1, v_1) + w_{13}, d(v_1, v_4) + w_{46}\}$$
$$= d(v_1, v_1) + w_{13} = 3$$

基于同样的理由可以断言，从 v_1 到 v_3 的最短路是 (v_1, v_3)，$d(v_1, v_3) = 3$。这样又可以使点 v_3 变成具 P 标号的点。如此重复这个过程，可以求出从 v_1 到任一点的最短路。

在下述 Dijkstra 方法具体步骤中，用 P，T 分别表示某个点的 P 标号、T 标号，S_i 表示第 i 步时，具 P 标号点的集合。为了在求出从 v_s 到各点的距离的同时，也求出从 v_s 到各点的最短路，给每个点 v 以一个 λ 值，算法终止时，如果 $\lambda(v) = m$，表示在从 v_s 到 v 的最短路上，v 的前一个点是 v_m；如果 $\lambda(v) = M$，则表示 D 中不含从 v_s 到 v 的路，$\lambda(v) = 0$ 表示 $v = v_s$。

Dijkstra 方法的具体步骤：给定赋权有向图 $D = (V, A)$。

开始（$i = 0$）令 $S_0 = \{v_s\}$，$P(v_s) = 0$，$\lambda(v_s) = 0$，对每一个 $v \neq v_s$，令 $T(v) = +\infty$，$\lambda(v) = M$，令 $k = s$。

① 如果 $S_i = V$，算法终止，这时，对每个 $v \in S_i$，$d(v_s, v) = P(v)$；否则转入②。

② 考查每个使 $(v_k, v_j) \in A$ 且 $v_j \notin S_i$ 的点 v_j。

如果 $T(v_j) > P(v_k) + w_{kj}$，则把 $T(v_j)$ 修改为 $P(v_k) + w_{kj}$，把 $\lambda(v_j)$ 修改为 k；否则转入③。

③ 令 $T(v_{ji}) = \min_{v_j \notin S_i}\{T(v_j)\}$。

如果 $T(v_{ji}) < +\infty$，则把 v_{ji} 的 T 标号变为 P 标号 $P(v_{ji}) = T(v_{ji})$，令 $S_{i+1} = S_i \cup \{v_{ji}\}$，$k = j_i$，把 i 换成 $i+1$，转入①；否则终止，这时对每一个 $v \in S_i$，$d(v_s, v) = P(v)$，而对每一个 $v \notin S_i$，$d(v_s, v) = T(v)$。

现在用 Dijkstra 方法求例 10 中从 v_1 到各个顶点的最短路，这时 $s = 1$。

(1) $i=0$

$S_0 = \{v_1\}$, $P(v_1) = 0$, $\lambda(v_1) = 0$, $T(v_i) = +\infty$, $\lambda(v_i) = M$ ($i = 2, 3, \cdots, 9$)，以及 $k=1$。

转入②，因 $(v_1, v_2) \in A$，$v_2 \notin S_0$，$P(v_1) + w_{12} < T(v_2)$，故把 $T(v_2)$ 修改为 $P(v_1) + w_{12} = 6$，$\lambda(v_2)$ 修改为 1；

同理，把 $T(v_3)$ 修改为 $P(v_1) + w_{13} = 3$，$\lambda(v_3)$ 修改为 1；把 $T(v_4)$ 修改为 $P(v_1) + w_{14} = 1$，$\lambda(v_4)$ 修改为 1。

转入③，在所有的 T 标号中 $T(v_4) = 1$ 最小，于是令 $P(v_4) = 1$，令 $S_1 = S_0 \cup \{v_4\} = \{v_1, v_4\}$，$k=4$。

(2) $i=1$

转入②，$T(v_6)$ 修改为 $P(v_4) + w_{46} = 11$，$\lambda(v_6)$ 修改为 4。

转入③，在所有 T 标号中，$T(v_3) = 3$ 最小，于是令 $P(v_3) = 3$，令 $S_2 = \{v_1, v_4, v_3\}$，$k=3$。

(3) $i=2$

转入②，因 $(v_3, v_2) \in A$，$v_2 \notin S_2$，$T(v_2) > P(v_3) + w_{32}$，把 $T(v_2)$ 修改为 $P(v_3) + w_{32} = 5$，$\lambda(v_2)$ 修改为 3。

转入③，在所有 T 标号中，$T(v_2) = 5$ 最小，于是令 $P(v_2) = 5$，$S_3 = \{v_1, v_4, v_3, v_2\}$，$k=2$。

(4) $i=3$

转入②，$T(v_5)$ 修改为 $P(v_2) + w_{25} = 6$，$\lambda(v_5)$ 修改为 2。

转入③，在所有 T 标号中，$T(v_5) = 6$ 最小，于是令 $P(v_5) = 6$，$S_4 = \{v_1, v_4, v_3, v_2, v_5\}$，$k=5$。

(5) $i=4$

转入②，把 $T(v_6)$、$T(v_7)$、$T(v_8)$ 分别修改为 10，9，12，$\lambda(v_6)$、$\lambda(v_7)$、$\lambda(v_8)$ 修改为 5。

转入③，在所有 T 标号中，$T(v_7) = 9$ 最小，于是令
$P(v_7) = 9$，$S_5 = \{v_1, v_4, v_3, v_2, v_5, v_7\}$，$k=7$。

(6) $i=5$

转入②，因 $(v_7, v_8) \in A$，$v_8 \notin S_5$，但因 $T(v_8) < P(v_7) + w_{73}$，故 $T(v_8)$ 不变。

转入③，在所有 T 标号中，$T(v_6) = 10$ 最小，于是令
$P(v_6) = 10$，$S_6 = \{v_1, v_4, v_3, v_2, v_5, v_7, v_6\}$，$k=6$。

(7) $i=6$

转入②，从 v_6 出发没有弧指向不属于 S_6 的点，故直接转入③。

转入③，在所有 T 标号中，$T(v_8) = 12$ 最小，令
$P(v_8) = 12$，$S_7 = \{v_1, v_4, v_3, v_2, v_5, v_7, v_6, v_8\}$，$k=8$。

(8) $i=7$

转入③，这时仅有的 T 标号点为 v_9，$T(v_9) = +\infty$，算法终止。

算法终止时

$P(v_1)=0$, $P(v_4)=1$, $P(v_3)=3$, $P(v_2)=5$, $P(v_5)=6$,
$P(v_7)=9$, $P(v_6)=10$, $P(v_8)=12$, $P(v_9)=+\infty$
$\lambda(v_1)=0$, $\lambda(v_4)=1$, $\lambda(v_3)=1$, $\lambda(v_2)=3$, $\lambda(v_5)=2$,
$\lambda(v_7)=5$, $\lambda(v_6)=5$, $\lambda(v_8)=5$, $\lambda(v_9)=M$

这表示对 $i=1,2,\cdots,8$，$d(v_1,v_i)=P(v_i)$，而从 v_1 到 v_9 不存在路，根据 λ 值可以求出从 v_1 到 v_i 的最短路 ($i=1,2,\cdots,8$)。

例如为了求从 v_1 到 v_8 的最短路，考查 $\lambda(v_8)$，因 $\lambda(v_8)=5$，故最短路包含弧 (v_5,v_8)；再考查 $\lambda(v_5)$，因 $\lambda(v_5)=2$，故最短路包含弧 (v_2,v_5)；类推，$\lambda(v_2)=3$，$\lambda(v_3)=1$，于是最短路包含弧 (v_3,v_2) 及 (v_1,v_3)，这样从 v_1 到 v_8 的最短路是 (v_1,v_3,v_2,v_5,v_8)。

上面介绍了求一个赋权有向图中，从一个顶点 v_s 到各个顶点的最短路。对于赋权（无向）图 $G=(V,E)$，因为沿边 $[v_i,v_j]$ 既可以从 v_i 到达 v_j，也可以沿 v_j 到达 v_i，所以边 $[v_i,v_j]$ 可以看作是两条弧 (v_i,v_j) 及 (v_j,v_i)，它们具有相同的权 $w[v_i,v_j]$。这样，在一个赋权图中，如果所有的 $w_{ij} \geq 0$，只要把 Dijkstra 方法中的"②考查每个使 $(v_k,v_j) \in A$ 且 $v_j \notin S_i$ 的点 v_j"改为"②考查每个使 $[v_k,v_j] \in E$ 且 $v_j \notin S_i$ 的点 v_j"，同样地可以求出从 v_s 到各点的最短路（对于无向图，即为最短链）。

例 11：用 Dijkstra 方法求图 10-19 所示的赋权图中，从 v_1 到 v_8 的最短路。

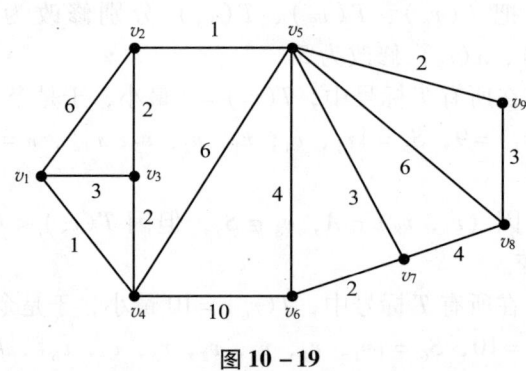

图 10-19

解：这里只写出计算的最后结果，具体步骤留给读者去完成。

$$P(v_1) = 0, \quad P(v_4) = 1, \quad P(v_3) = 3, \quad P(v_2) = 5, \quad P(v_5) = 6,$$
$$P(v_9) = 8, \quad P(v_7) = 9, \quad P(v_6) = 10, \quad P(v_8) = 11。$$
$$\lambda(v_1) = 0, \quad \lambda(v_4) = 1, \quad \lambda(v_3) = 1, \quad \lambda(v_2) = 3, \quad \lambda(v_5) = 2,$$
$$\lambda(v_9) = 5, \quad \lambda(v_7) = 5, \quad \lambda(v_6) = 5, \quad \lambda(v_8) = 9。$$

这样从 v_1 到 v_8 的最短链为 $(v_1, v_3, v_2, v_5, v_9, v_8)$,总权为 11。

现在来证明 Dijkstra 方法的正确性。只要证明对于每一个点 $v \in S_i$,$P(v)$ 是从 v_s 到 v 的最短路的权,即 $d(v_s, v) = P(v)$ 即可。

对 i 施行归纳,$i = 0$ 时,结论显然正确。设对 $i = n$ 时,结论成立,即对每一个 $v \in S_n$,$d(v_s, v) = P(v)$。现在考查 $i = n + 1$,因 $S_{n+1} = S_n \cup \{v_{jn}\}$,所以只要证明 $d(v_s, v_{jn}) = P(v_{jn})$。根据算法,$v_{jn}$ 是这时的具最小 T 标号的点,即

$$T_n(v_{jn}) = \min_{v_j \notin S_n}\{T_n(v_j)\}$$

这里为了清晰起见,用 $T_n(v)$ 表示当 $i = n$ 执行步骤③时点 v 的 T 标号。假设 H 是 D 中任一条从 v_s 到 v_{jn} 的路,因为 $v_s \in S_n$,而 $v_{jn} \notin S_n$,那么从 v_s 出发,沿 H 必存在一条弧,它的始点属于 S_n,而终点不属于 S_n。假设 (v_r, v_l) 是第一条这样的弧,

$$H = (v_s, \cdots, v_r, v_l, \cdots, v_{jn})$$
$$w(H) = w(v_s, \cdots, v_r) + w_{rl} + w(v_l, \cdots, v_{jn})$$

由归纳假设,$P(v_r)$ 是从 v_s 到 v_r 的最短路的权,于是

$$w(H) \geq P(v_r) + w_{rl} + w(v_l, \cdots, v_{jn})$$

根据方法中 T 标号的修改规则,因 $v_r \in S_n$,$v_l \notin S_n$,故 $P(v_r) + w_{rl} \geq T_n(v_l)$。

而 $T_n(v_l) \geq T_n(v_{jn})$,故

$$w(H) \geq T_n(v_{jn}) + w(v_l, \cdots, v_{jn}) \geq T_n(v_{jn})$$

(因为所有的 $w_{ij} \geq 0$,故 $w(v_l, \cdots, v_{jn}) \geq 0$)。

这就证明了 $T_n(v_{jn})$ 是从 v_s 到 v_{jn} 的最短路的权,由方法,$P(v_{jn}) = T_n(v_{jn})$,这样就证明了

$$d(v_s, v_{jn}) = P(v_{jn})$$

Dijkstra 算法只适用于所有 $w_{ij} \geq 0$ 的情形,当赋权有向图中存在负权时,则算法失效。例如在如图 10-20 所示的赋权有向图中,如果用 Dijkstra 方法,可得出从 v_1 到 v_2 的最短路的权是 1,但这显然是不对的,因为从 v_1 到 v_2 的最短路是 (v_1, v_3, v_2),权是 -1。

现在介绍当赋权有向图 D 中,存在具负权的弧时,求最短路的方法。

为方便起见,不妨设从任一点 v_i 到任一个点 v_j 都有一条弧(如果在 D 中,$(v_i, v_j) \notin A$,则添加弧 (v_i, v_j)。令 $w_{ij} = +\infty$)。

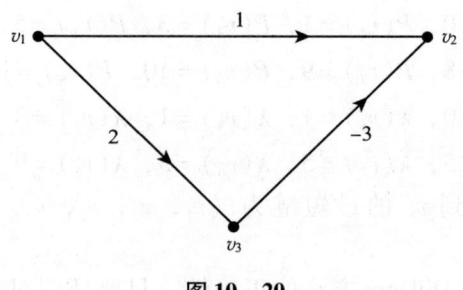

图 10-20

显然,从 v_s 到 v_j 的最短路总是从 v_s 出发,沿着一条路到某个点 v_i,再沿 (v_i, v_j) 到 v_j 的(这里 v_i 可以是 v_s 本身),由本节开始时介绍的一个结论可知,从 v_s 到 v_i 的这条路必定是从 v_s 到 v_i 的最短路,所以 $d(v_s, v_j)$ 必满足如下方程:

$$d(v_s, v_j) = \min_i \{d(v_s, v_i) + w_{ij}\}$$

为了求得这个方程的解 $d(v_s, v_1)$, $d(v_s, v_2)$, $\cdots$, $d(v_s, v_p)$ (这里 $p = p(D)$),可用如下递推公式:

开始时,令

$$d^{(1)}(v_s, v_j) = w_{sj} \quad (j = 1, 2, \cdots, p)$$

对 $t = 2, \cdots, 3$

$$d^{(t)}(v_s, v_j) = \min_i \{d^{(t-1)}(v_s, v_i) + w_{ij}\}$$

$$j = 1, 2, \cdots, p$$

若进行到某一步,例如第 k 步时,对所有 $j = 1, 2, \cdots, p$,有

$$d^{(k)}(v_s, v_j) = d^{(k-1)}(v_s, v_j)$$

则 $\{d^{(k)}(v_s, v_j)\}_{j=1,2,\cdots,p}$ 即为 v_s 到各点的最短路的权。

例 12:求图 10-21 所示赋权有向图中从 v_1 到各点的最短路。

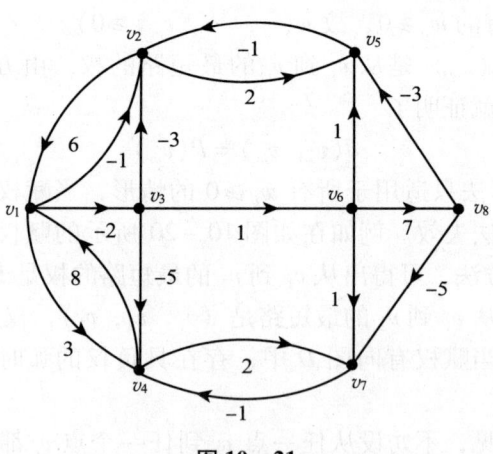

图 10-21

解：利用上述递推公式，求解结果如表 10 - 1 所示（表中未写数字的空格内是 $+\infty$）。

表 10 - 1

点	w_{ij}								$d^{(t)}(v_1, v_j)$			
	v_1	v_2	v_3	v_4	v_5	v_6	v_7	v_8	$t=1$	$t=2$	$t=3$	$t=4$
v_1	0	-1	-2	3					0	0	0	0
v_2	6	0		2					-1	-5	-5	-5
v_3		-3	0	-5		1			-2	-2	-2	-2
v_4				0			2		3	-7	-7	-7
v_5		-1			0					1	-3	-3
v_6					1	0	1	7		-1	-1	-1
v_7			-1			0				5	-5	-5
v_8				-3		-5	0				6	6

可以看到，当 $t = 4$ 时，对所有 $j = 1, 2, \cdots, 8$，有 $d^{(t-1)}(v_1, v_j) = d^{(t)}(v_1, v_j)$，于是表中最后一列 0，-5，-2，-7，-3，-1，-5，6 就分别是从 v_1 到 $v_1, v_2, \cdots, v_8$ 的最短路的权。

为了进一步求得从 v_s 到各点的最短路，可以类似于 Dijkstra 方法中，给每一个点以 λ 值开始，

$$\lambda(v_s) = 0, \quad \lambda(v_i) = s \quad (i \neq s)$$

在迭代过程中，如果

$$d^{(t)}(v_s, v_j) = \min\{d^{(t-1)}(v_s, v_i) + w_{ij}\}$$
$$= d^{(t-1)}(v_s, v_{i_0}) + w_{i_0 j}$$

则把这时的 $\lambda(v_j)$ 修改为 i_0。迭代终止时，根据各点的 λ 值，可以得到从 v_s 到各点的最短路。

寻求最短路的另一个办法是在求出最短路的权以后，采用"反向追踪"的方法。比如已知 $d(v_s, v_j)$，则寻求一个点 v_k，使 $d(v_s, v_k) + w_{kj} = d(v_s, v_j)$，记录下 (v_k, v_j)，再考查 $d(v_s, v_k)$，寻求一点 v_i，使 $d(v_s, v_i) + w_{ik} = d(v_s, v_k)$，如此等等，直至到达 v_s 为止，于是从 v_s 到 v_j 的最短路是 $(v_s, \cdots, v_i, v_k, v_j)$。

如例 3，由表 10 - 1 已知，$d(v_1, v_8) = 6$，

因 $d(v_1, v_6) + w_{68} = (-1) + 7 = d(v_1, v_8)$，故记下 (v_6, v_8)。

因 $d(v_1, v_3) + w_{36} = d(v_1, v_6)$，故记下 (v_3, v_6)。

因 $d(v_1, v_7) + w_{73} = d(v_1, v_3)$，从而从 v_1 到 v_8 的最短路是 (v_1, v_3, v_6, v_8)。

定义 5：设 D 是赋权有向图，C 是 D 中的一个回路，如果 C 的权 $w(C)$ 小于零，则称 C 是 D 中的一个负回路。

不难证明：

（1）如果 D 是不含负回路的赋权有向图，那么，从 v_s 到任一个点的最短路必可取为初等路，从而最多包含 $p-2$ 个中间点；

（2）上述递推公式中的 $d^{(t)}(v_s, v_j)$ 是在至多包含 $t-1$ 个中间点的限制条件下，从 v_s 到 v_j 的最短路的权。

由（1）、（2）可知：当 D 中不含负回路时，上述算法最多经过 $p-1$ 次迭代必定收敛，即对所有的 $j=1, 2, \cdots, p$，均有 $d^{(k)}(v_s, v_j) = d^{(k-1)}(v_s, v_j)$，从而求出从 v_s 到各个顶点的最短路的权。

如果经过 $p-1$ 次迭代，存在某个 j，使 $d^{(p)}(v_s, v_j) \neq d^{(p-1)}(v_s, v_j)$，则说明 D 中含有负回路。显然，这时从 v_s 到 v_j 的路的权是没有下界的。

为了加快收敛速度，可以利用如下的递推公式。

$$d^{(1)}(v_s, v_j) = w_{sj} \quad (j=1, 2, \cdots, p)$$
$$d^{(t)}(v_s, v_j) = \min\{\min_{i<j}\{d^{(t)}(v_s, v_j) + w_{ij}\},$$
$$\min_{i \geq j}\{d^{(t-1)}(v_s, v_i) + w_{ij}\}\}$$
$$(j=1, 2, \cdots, p), (t=2, 3, \cdots)$$

J. Y. Yen 提出一个改进的递推算法：

$$d^{(1)}(v_s, v_j) = w_{sj} \quad j=1, 2, \cdots, p$$

对 $t=2, 4, 6, \cdots$，按 $j=1, 2, \cdots, p$ 的顺序计算：

$$d^{(t)}(v_s, v_j) = \min\{d^{(t-1)}(v_s, v_j), \min_{i<j}\{d^{(t)}(v_s, v_i) + w_{ij}\}\}$$

对 $t=3, 5, 7, \cdots$，按 $j=p, p-1, \cdots, 1$ 的顺序计算：

$$d^{(t)}(v_s, v_j) = \min\{d^{(t-1)}(v_s, v_j), \min_{i>j}\{d^{(t)}(v_s, v_i) + w_{ij}\}\}$$

同样的，对所有的 $j=1, 2, \cdots, p$

$$d^{(k)}(v_s, v_j) = d^{(k-1)}(v_s, v_j)$$

时，算法终止。

10.3.3 应用举例

例 13：设备更新问题。某企业使用一台设备，在每年年初，企业领导部门就要决定是购置新的，还是继续使用旧的。若购置新设备，就要支付一定的购置费用；若继续使用旧设备，则需支付一定的维修费用。现在的问题是如何制订一个几年之内的设备更新计划，使得总的支付费用最少。我们以一个五年之内要更新某种设备的计划为例，若已知该种设备在各年年初的价格为：

第1年	第2年	第3年	第4年	第5年
11	11	12	12	13

还已知使用不同时间（年）的设备所需要的维修费用为：

使用年数	0~1	1~2	2~3	3~4	4~5
维修费用	5	6	8	11	18

可供选择的设备更新方案显然是很多的。例如，每年都购置一台新设备，则其购置费用为 11 + 11 + 12 + 12 + 13 = 59，而每年支付的维修费用为 5，五年合计为 25。于是五年总的支付费用为 59 + 25 = 84。

又如决定在第一、第三、第五年各购进一台，这个方案的设备购置费为 11 + 12 + 13 = 36，维修费为 5 + 6 + 5 + 6 + 5 = 27。五年总的支付费用为 63。

如何制订使得总的支付费用最少的设备更新计划呢？可以把这个问题化为最短路问题，见图 10 - 22。

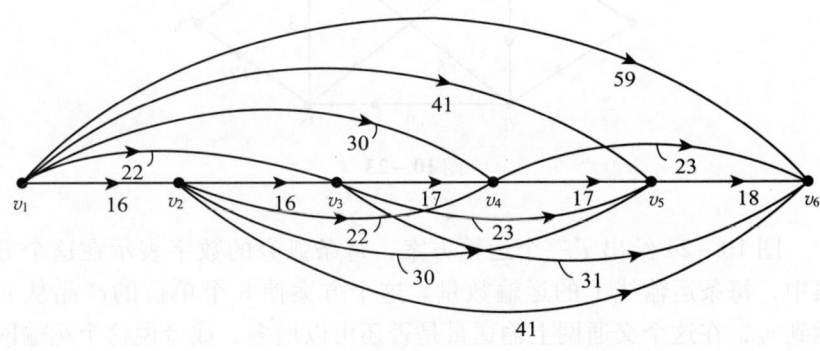

图 10 - 22

用点 v_i 代表"第 i 年年初购进一台新设备"这种状态（加设一点 v_6，可以理解为第 5 年年底）。从 v_i 到 v_{i+1}，…，v_6 各画一条弧。弧 (v_i, v_j) 表示在第 i 年年初购进的设备一直使用到第 j 年年初（即第 $j-1$ 年年底）。

每条弧的权可按已知资料计算出来。例如，(v_1, v_4) 是第 1 年年初购进一台新设备（支付购置费 11），一直使用到第 3 年年底（支付维修费 5 + 6 + 8 = 19），故 (v_1, v_4) 上的权为 30。

这样一来，制订一个最优的设备更新计划问题就等价于寻求从 v_1 到 v_6 的最短路的问题。

按求解最短路的计算方法，$\{v_1, v_3, v_6\}$ 及 $\{v_1, v_4, v_6\}$ 均为

最短路，即有两个最优方案。一个方案是在第 1 年、第 3 年各购置一台新设备；另一个方案是在第 1 年、第 4 年各购置一台新设备。五年总的支付费用均为 53。

10.4　网络最大流问题

许多系统包含了流量问题。例如，公路系统中有车辆流，控制系统中有信息流，供水系统中有水流，金融系统中有现金流等。

图 10-23 是联结某产品产地 v_1 和销地 v_6 的交通网，每一弧 (v_i, v_j) 代表从 v_i 到 v_j 的运输线，产品经这条弧由 v_i 输送到 v_j，弧旁的数字表示这条运输线的最大通过能力。产品经过交通网从 v_1 输送到 v_6。现在要求制定一个运输方案使从 v_1 运到 v_6 的产品数量最多。

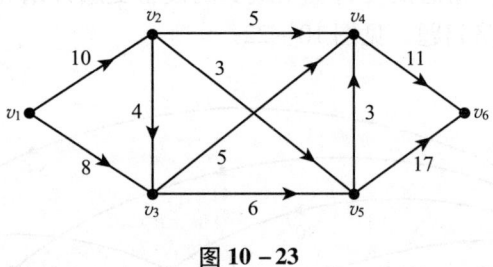

图 10-23

图 10-24 给出了一个运输方案，每条弧旁的数字表示在这个方案中，每条运输线上的运输数量。这个方案使 8 个单位的产品从 v_1 运到 v_6，在这个交通网上输送量是否还可以增多，或者说这个运输网络中，从 v_1 到 v_6 的最大输送量是多少呢？本节就是要研究类似这样的问题。

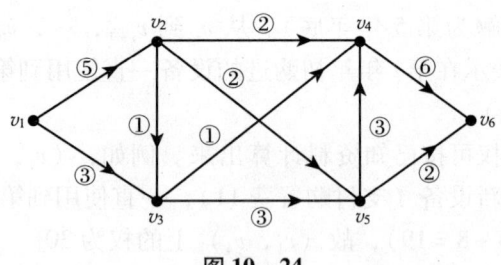

图 10-24

10.4.1 基本概念与基本定理

1. 网络与流

定义6：给一个有向图 $D=(V,A)$，在 V 中指定了一点称为发点（记为 v_s），而另一点称为收点（记为 v_t），其余的点叫中间点。对于每一个弧 $(v_i, v_j) \in A$，对应有一个 $c(v_i, v_j) \geq 0$（或简写为 c_{ij}），称为弧的容量。通常我们就把这样的 D 叫作一个网络。记作

$$D = (V, A, C)$$

所谓网络上的流，是指定义在弧集合 A 上的一个函数 $f = \{f(v_i, v_j)\}$，并称 $f(v_i, v_j)$ 为弧 (v_i, v_j) 上的流量（有时也简记作 f_{ij}）。

例如图 10-23 就是一个网络，指定 v_1 是发点，v_6 是收点，其他的点是中间点。弧旁的数字为 c_{ij}。

图 10-24 所示的运输方案，就可看作是这个网络上的一个流，每个弧上的运输量就是该弧上的流量，即 $f_{12}=5$，$f_{24}=2$，$f_{13}=3$，$f_{34}=1$ 等。

2. 可行流与最大流

在运输网络的实际问题中可以看出，对于流有两个明显的要求：一是每个弧上的流量不能超过该弧的最大通过能力（即弧的容量）；二是中间点的流量为零。因为对于每个点，运出这点的产品总量与运进这点的产品总量之差，是这点的净输出量，简称为是这一点的流量；由于中间点只起转运作用，所以中间点的流量必为零。易见发点的净流出量和收点的净流入量必相等，也是这个方案的总输送量。因此有：

定义7：满足下述条件的流 f 称为可行流：

（1）容量限制条件：对每一弧 $(v_i, v_j) \in A$
$$0 \leq f_{ij} \leq c_{ij}$$

（2）平衡条件：

对于中间点：流出量等于流入量，即对每个 $i(i \neq s, t)$ 有

$$\sum_{(v_i, v_j) \in A} f_{ij} - \sum_{(v_j, v_i) \in A} f_{ji} = 0$$

对于发点 v_s，记

$$\sum_{(v_s, v_j) \in A} f_{sj} - \sum_{(v_j, v_s) \in A} f_{js} = v(f)$$

对于收点 v_t，记

$$\sum_{(v_t, v_j) \in A} f_{tj} - \sum_{(v_j, v_t) \in A} f_{jt} = -v(f)$$

式中 $v(f)$ 称为这个可行流的流量。即发点的净输出量（或收点的净输入量）。

可行流总是存在的。比如令所有弧的流量 $f_{ij} = 0$，就得到一个可行流（称为零流）。其流量 $v(f) = 0$。

最大流问题就是求一个流 $\{f_{ij}\}$ 使其流量 $v(f)$ 达到最大，并且满足：

$$0 \leqslant f_{ij} \leqslant c_{ij} \quad (v_i, v_j) \in A \quad \text{①}$$

$$\sum f_{ij} - \sum f_{ji} = \begin{cases} v(f) & (i = s) \\ 0 & (i \neq s, t) \\ -v(f) & (i = t) \end{cases} \quad \text{②}$$

最大流问题是一个特殊的线性规划问题。即求一组 $\{f_{ij}\}$，在满足条件①和②下使 $v(f)$ 达到极大。将会看到利用图的特点，解决这个问题的方法较之线性规划的一般方法要方便、直观得多。

3. 增广链

若给一个可行流 $f = \{f_{ij}\}$，我们把网络中使 $f_{ij} = c_{ij}$ 的弧称为饱和弧，使 $f_{ij} < c_{ij}$ 的弧称为非饱和弧。使 $f_{ij} = 0$ 的弧称为零流弧，使 $f_{ij} > 0$ 的弧称为非零流弧。

在图 10-24 中，(v_5, v_4) 是饱和弧，其他的弧为非饱和弧。所有弧都是非零流弧。

若 μ 是网络中联结发点 v_s 和收点 v_t 的一条链，我们定义链的方向是从 v_s 到 v_t，则链上的弧被分为两类：一类是弧的方向与链的方向一致，叫做前向弧。前向弧的全体记为 μ^+。另一类弧与链的方向相反，称为后向弧。后向弧的全体记为 μ^-。

图 10-23 中，在链 $\mu = (v_1, v_2, v_3, v_4, v_5, v_6)$ 上

$$\mu^+ = \{(v_1, v_2), (v_2, v_3), (v_3, v_4), (v_5, v_6)\}$$
$$\mu^- = \{(v_5, v_4)\}$$

定义 8：设 f 是一个可行流，μ 是从 v_s 到 v_t 的一条链，若 μ 满足下列条件，称为（关于可行流 f 的）增广链。

在弧 $(v_i, v_j) \in \mu^+$ 上，$0 \leqslant f_{ij} < c_{ij}$，即 μ^+ 中每一弧是非饱和弧。

在弧 $(v_i, v_j) \in \mu^-$ 上，$0 < f_{ij} \leqslant c_{ij}$，即 μ^- 中每一弧是非零流弧。

图 10-24 中，链 $\mu = (v_1, v_2, v_3, v_4, v_5, v_6)$ 是一条增广链。因为 μ^+ 和 μ^- 中的弧满足增广链的条件。比如：

$$(v_1, v_2) \in \mu^+, f_{12} = 5 < c_{12} = 10$$
$$(v_5, v_4) \in \mu^-, f_{54} = 3 > 0$$

4. 截集与截量

设 $S, T \subset V$，$S \cap T = \varnothing$，我们把始点在 S 中，终点在 T 中的所有

弧构成的集合，记为 (S, T)。

定义 9：给网络 $D = (V, A, C)$，若点集 V 被剖分为两个非空集合 V_1 和 $\overline{V}_1$，使 $v_s \in V_1$，$v_t \in \overline{V}_1$，则把弧集 $(V_1, \overline{V}_1)$ 称为是（分离 v_s 和 v_t 的）截集。

显然，若把某一截集的弧从网络中丢去，则从 v_s 到 v_t 便不存在路。所以，直观上说，截集是从 v_s 到 v_t 的必经之道。

定义 10：给一截集 $(V_1, \overline{V}_1)$，把截集 $(V_1, \overline{V}_1)$ 中所有弧的容量之和称为这个截集的容量（简称为截量），记为 $c(V_1, \overline{V}_1)$，即

$$c(V_1, \overline{V}_1) = \sum_{(v_i, v_j) \in (V_1, \overline{V}_1)} c_{ij}$$

不难证明，任何一个可行流的流量 $v(f)$ 都不会超过任一截集的容量。即

$$v(f) \leq c(V_1, \overline{V}_1)$$

显然，若对于一个可行流 f^*，网络中有一个截集 $(V_1^*, \overline{V}_1^*)$，使 $v(f^*) = c(V_1^*, \overline{V}_1^*)$，则 f^* 必是最大流，而 $(V_1^*, \overline{V}_1^*)$ 必定是 D 的所有截集中，容量最小的一个，即最小截集。

定理 8：可行流 f^* 是最大流，当且仅当不存在关于 f^* 的增广链。

证明：若 f^* 是最大流，设 D 中存在关于 f^* 的增广链 μ，令

$$\theta = \min\left\{\min_{\mu^+}(c_{ij} - f_{ij}^*), \min_{\mu^-} f_{ij}^*\right\}$$

由增广链的定义，可知 $\theta > 0$，令

$$f_{ij}^{**} = \begin{cases} f_{ij}^* + \theta & (v_i, v_j) \in \mu^+ \\ f_{ij}^* - \theta & (v_i, v_j) \in \mu^- \\ f_{ij}^* & (v_i, v_j) \notin \mu \end{cases}$$

不难验证 $\{f_{ij}^{**}\}$ 是一个可行流，且 $v(f^{**}) = v(f^*) + \theta > v(f^*)$。这与 f^* 是最大流的假设矛盾。

现在设 D 中不存在关于 f^* 的增广链，证明 f^* 是最大流。我们利用下面的方法来定义 V_1^*：

令 $v_s \in V_1^*$

若 $v_i \in V_1^*$，且 $f_{ij}^* < c_{ij}$，则令 $v_j \in V_1^*$

若 $v_i \in V_1^*$，且 $f_{ji}^* > 0$，则令 $v_j \in V_1^*$

因为不存在关于 f^* 的增广链，故 $v_t \notin V_1^*$。

记 $\overline{V}_1^* = V/V_1^*$，于是得到一个截集 $(V_1^*, \overline{V}_1^*)$。显然必有

$$f_{ij}^* = \begin{cases} c_{ij} & (v_i, v_j) \in (V_1^*, \overline{V}_1^*) \\ 0 & (v_i, v_j) \in (\overline{V}_1^*, V_1^*) \end{cases}$$

所以 $v(f^*) = c(V_1^*, \overline{V}_1^*)$。于是 f^* 必是最大流。定理得证。

由上述证明中可见，若 f^* 是最大流，则网络中必存在一个截集 $(V_1^*, \overline{V}_1^*)$，使

$$v(f^*) = C(V_1^*, \overline{V}_1^*)$$

于是有如下重要的结论:

最大流量最小截量定理:任一个网络 D 中,从 v_s 到 v_t 的最大流的流量等于分离 v_s, v_t 的最小截集的容量。

定理 8 为我们提供了寻求网络中最大流的一个方法。若给了一个可行流 f,只要判断 D 中有无关于 f 的增广链。如果有增广链,则可以按定理 8 前半部证明中的办法,改进 f,得到一个流量增大的新的可行流。如果没有增广链,则得到最大流。而利用定理 8 后半部证明中定义 V_1^* 的办法,可以根据 v_t 是否属于 V_1^* 来判断 D 中有无关于 f 的增广链。

实际计算时,用给顶点标号的方法来定义 V_1^*。在标号过程中,有标号的顶点表示是 V_1^* 中的点,没有标号的点表示不是 V_1^* 中的点。一旦 v_t 有了标号,就表明找到一条增广链;如果标号过程进行不下去,而 v_t 尚未标号,则说明不存在增广链,于是得到最大流。而且同时也得到一个最小截集。

10.4.2 寻求最大流的标号法

从一个可行流出发(若网络中没有给定 f,则可以设 f 是零流),经过标号过程与调整过程。

1. 标号过程

在这个过程中,网络中的点或者是标号点(又分为已检查和未检查两种),或者是未标号点。每个标号点的标号包含两部分:第一个标号表明它的标号是从哪一点得到的,以便找出增广链;第二个标号是为确定增广链的调整量 θ 用的。

标号过程开始,总先给 v_s 标上 $(0, +\infty)$,这时 v_s 是标号而未检查的点,其余都是未标号点。一般地,取一个标号而未检查的点 v_i,对一切未标号点 v_j:

(1) 若在弧 (v_i, v_j) 上,$f_{ij} < c_{ij}$,则给 v_j 标号 $(v_i, l(v_j))$。这里 $l(v_j) = \min[l(v_i), c_{ij} - f_{ij}]$。这时点 v_j 成为标号而未检查的点。

(2) 若在弧 (v_j, v_i) 上,$f_{ji} > 0$,则给 v_j 标号 $(-v_i, l(v_j))$。这里 $l(v_j) = \min[l(v_i), f_{ji}]$。这时点 v_j 成为标号而未检查的点。

于是 v_i 成为标号而已检查过的点。重复上述步骤,一旦 v_t 被标上号,表明得到一条从 v_s 到 v_t 的增广链 μ,转入调整过程。

若所有标号都是已检查过的,而标号过程进行不下去时,则算法结束,这时的可行流就是最大流。

2. 调整过程

首先按 v_t 及其他点的第一个标号，利用"反向追踪"的办法，找出增广链 μ。例如设 v_t 的第一个标号为 v_k（或 $-v_k$），则弧 (v_k, v_t)（或相应地 (v_t, v_k)）是 μ 上的弧。接下来检查 v_k 的第一个标号，若为 v_i（或 $-v_i$），则找出 (v_i, v_k)（或相应地 (v_k, v_i)）。再检查 v_i 的第一个标号，依此类推，直到 v_s 为止。这时被找出的弧就构成了增广链 μ。令调整量 θ 是 $l(v_t)$，即 v_t 的第二个标号。令

$$f'_{ij} = \begin{cases} f_{ij} + \theta & (v_i, v_j) \in \mu^+ \\ f_{ij} - \theta & (v_i, v_j) \in \mu^- \\ f_{ij} & (v_i, v_j) \notin \mu \end{cases}$$

去掉所有的标号，对新的可行流 $f' = \{f'_{ij}\}$，重新进入称号过程。

例 14：用标号法求图 10-25 所示网络的最大流。弧旁的数是 (c_{ij}, f_{ij})。

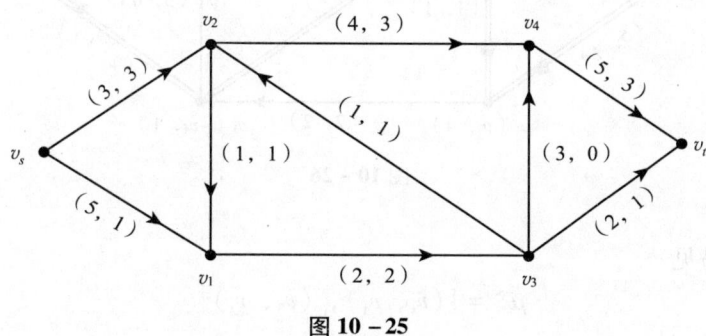

图 10-25

解：（1）标号过程。

① 首先给 v_s 标上 $(0, +\infty)$

② 检查 v_s，在弧 (v_s, v_2) 上，$f_{s2} = c_{s2} = 3$，不满足标号条件。弧 (v_s, v_1) 上，$f_{s1} = 1$，$c_{s1} = 5$，$f_{s1} < c_{s1}$，则 v_1 的标号为 $(v_s, l(v_1))$，其中

$$l(v_1) = \min[l(v_s), (c_{s1} - f_{s1})] = \min[+\infty, 5-1] = 4$$

③ 检查 v_1，在弧 (v_1, v_3) 上，$f_{13} = 2$，$c_{13} = 2$，不满足标号条件。

在弧 (v_2, v_1) 上，$f_{21} = 1 > 0$，则给 v_2 记下标号为 $(-v_1, l(v_2))$，这里

$$l(v_2) = \min[l(v_1), f_{21}] = \min[4, 1] = 1$$

④ 检查 v_2，在弧 (v_2, v_4) 上，$f_{21} = 3$，$c_{24} = 4$，$f_{24} < c_{24}$，则给 v_4 标号 $(v_2, l(v_4))$，这里

$$l(v_4) = \min[l(v_2), (c_{24} - f_{24})] = \min[1, 1] = 1$$

在弧 (v_3, v_2) 上，$f_{31} = 1 > 0$，给 v_3 标号：$(-v_2, l(v_3))$，这里

$$l(v_3) = \min[l(v_2), f_{32}] = \min[1, 1] = 1$$

⑤在 v_3，v_4 中任选一个进行检查。例如

在弧 (v_3, v_t) 上，$f_{3t} = 1$，$c_{3t} = 2$，$f_{3t} < c_{3t}$，给 v_t 标号为 $(v_3, l(v_t))$，这里

$$l(v_t) = \min[l(v_3), (c_{3t} - f_{3t})] = \min[1, 1] = 1$$

因 v_t 有了标号，故转入调整过程。

(2) 调整过程。按点的第一个标号找到一条增广链，如图 10-26 中双箭头线所示。

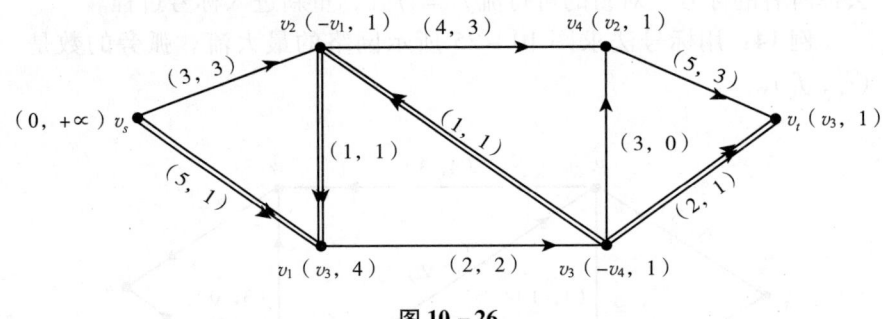

图 10-26

易见

$$\mu^+ = \{(v_s, v_1), (v_3, v_t)\}$$
$$\mu^- = \{(v_2, v_1), (v_3, v_2)\}$$

按 $\theta = 1$ 在 μ 上调整 f。

μ^+ 上： $f_{s1} + \theta = 1 + 1 = 2$
$f_{3t} + \theta = 1 + 1 = 2$

μ^- 上： $f_{21} - \theta = 1 - 1 = 0$
$f_{32} - \theta = 1 - 1 = 0$

其余的 f_{ij} 不变。

调整后得如图 10-27 所示的可行流，对这个可行流进入标号过程，寻找增广链。

开始给 v_s 标以 $(0, +\infty)$，于是检查 v_s，给 v_1 标以 $(v_s, 3)$，检查 v_1，弧 (v_1, v_3) 上，$f_{13} = c_{13}$，弧 (v_2, v_1) 上，$f_{21} = 0$，均不符号条件，标号过程无法继续下去，算法结束。

这时的可行流（图 10-27）即为所求最大流。最大流量为

$$v(f) = f_{s1} + f_{s2} = f_{4t} + f_{3t} = 5$$

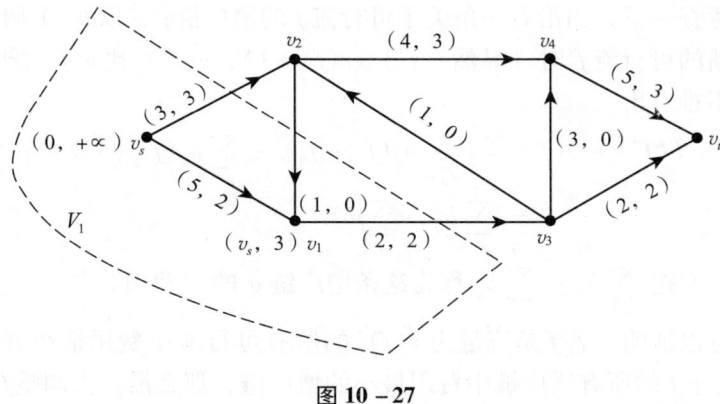

图 10-27

与此同时可找到最小截集 $(V_1, \overline{V}_1)$，其中 V_1 为标号点集合，$\overline{V}_1$ 为未标号点集合。弧集合 $(V_1, \overline{V}_1)$ 即为最小截集。

上例中，$V_1 = \{v_s, v_1\}$，$\overline{V}_1 = \{v_2, v_3, v_4, v_t\}$，于是 $(V_1, \overline{V}_1) = \{(v_s, v_2), (v_1, v_3)\}$ 是最小截集，它的容量也是5。

由上述可见，用标号法找增广链以求最大流的结果，同时得到一个最小截集。最小截集容量的大小影响总的输送量的提高。因此，为提高总的输送量，必须首先考虑改善最小截集中各弧的输送状况，提高它们的通过能力。另一方面，一旦最小截集中弧的通过能力被降低，就会使总的输送量减少。

10.5 最小费用最大流问题

上一节讨论了寻求网络中的最大流问题。在实际生活中，涉及"流"的问题时，人们考虑的还不只是流量，而且还有"费用"的因素，本节介绍的最小费用最大流问题就是这类问题之一。

给网络 $D = (V, A, C)$，每一弧 $(v_i, v_j) \in A$ 上，除了已给容量 c_{ij} 外，还给了一个单位流量的费用 $b(v_i, v_j) \geq 0$（简记为 b_{ij}）。所谓最小费用最大流问题就是要求一个最大流 f，使流的总输送费用

$$b(f) = \sum_{(v_i, v_j) \in A} b_{ij} f_{ij}$$

取极小值。

下面介绍解决这个问题的一种方法。

从上节可知，寻求最大流的方法是从某个可行流出发，找到关于这个流的一条增广链 μ。沿着 μ 调整 f，对新的可行流试图寻求关于它的增广链，如此反复直至最大流。现在要寻求最小费用的最大流，

首先考查一下，当沿着一条关于可行流 f 的增广链 μ，以 $\theta=1$ 调整 f，得到新的可行流 f' 时（显然 $v(f')=v(f)+1$），$b(f')$ 比 $b(f)$ 增加多少？不难看出

$$b(f')-b(f) = [\sum_{\mu^+} b_{ij}(f'_{ij}-f_{ij}) - \sum_{\mu^-} b_{ij}(f'_{ij}-f_{ij})]$$

$$= \sum_{\mu^+} b_{ij} - \sum_{\mu^-} b_{ij}$$

我们把 $\sum_{\mu^+} b_{ij} - \sum_{\mu^-} b_{ij}$ 称为这条增广链 μ 的"费用"。

可以证明，若 f 是流量为 $v(f)$ 的所有可行流中费用最小者，而 μ 是关于 f 的所有增广链中费用最小的增广链，那么沿 μ 去调整 f，得到的可行流 f'，就是流量为 $v(f')$ 的所有可行流中的最小费用流。这样，当 f' 是最大流时，它也就是所要求的最小费用最大流了。

注意到，由于 $b_{ij} \geqslant 0$，所以 $f=0$ 必是流量为 0 的最小费用流。这样，总可以从 $f=0$ 开始。一般地，设已知 f 是流量 $v(f)$ 的最小费用流，余下的问题就是如何去寻求关于 f 的最小费用增广链。为此，可构造一个赋权有向图 $W(f)$，它的顶点是原网络 D 的顶点，而把 D 中的每一条弧 (v_i, v_j) 变成两个相反方向的弧 (v_i, v_j) 和 (v_j, v_i)。定义 $W(f)$ 中弧的权 w_{ij} 为：

$$w_{ij} = \begin{cases} b_{ij} & 若 f_{ij} < c_{ij} \\ +\infty & 若 f_{ij} = c_{ij} \end{cases}$$

$$w_{ji} = \begin{cases} -b_{ij} & 若 f_{ij} > 0 \\ +\infty & 若 f_{ij} = 0 \end{cases}$$

（长度为 $+\infty$ 的弧可以从 $w(f)$ 中略去）

于是在网络 D 中寻求关于 f 的最小费用增广链就等价于在赋权有向图 $W(f)$ 中，寻求从 v_s 到 v_t 的最短路。因此有如下算法：

开始取 $f^{(0)}=0$，一般情况下若在第 $k-1$ 步得到最小费用流 $f^{(k-1)}$，则构造赋权有向图 $W(f^{(k-1)})$，在 $W(f^{(k-1)})$ 中，寻求从 v_s 到 v_t 的最短路。若不存在最短路（即最短路权是 $+\infty$），则 $f^{(k-1)}$ 就是最小费用最大流；若存在最短路，则在原网络 D 中得到相应的增广链 μ，在增广链 μ 上对 $f^{(k-1)}$ 进行调整。调整量为：

$$\theta = \min[\min_{\mu^+}(c_{ij}-f_{ij}^{(k-1)}), \min_{\mu^-}(f_{ij}^{(k-1)})]$$

令

$$f_{ij}^{(k)} = \begin{cases} f_{ij}^{(k-1)} + \theta & (v_i, v_j) \in \mu^+ \\ f_{ij}^{(k-1)} - \theta & (v_i, v_j) \in \mu^- \\ f_{ij}^{(k-1)} & (v_i, v_j) \notin \mu \end{cases}$$

得到新的可行流 $f^{(k)}$，再对 $f^{(k)}$ 重复上述步骤。

例 15：以图 10-28 为例，求最小费用最大流。弧旁数字为

$(b_{ij},\ c_{ij})$。

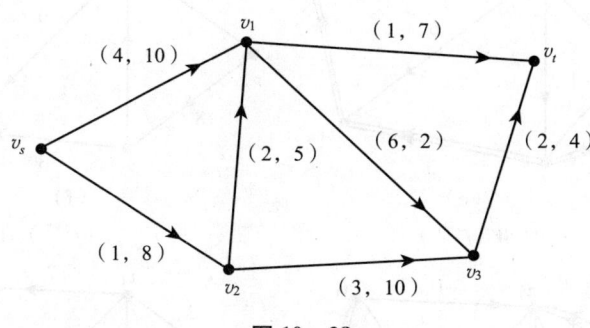

图 10-28

（1）取 $f^{(0)} = 0$ 为初始可行流。

（2）构造赋权有向图 $W(f^{(0)})$，并求出从 v_s 到 v_t 的最短路 (v_s, v_2, v_1, v_t)，如图 10-29（a）所示（双箭头即为最短路）。

（3）在原网络 D 中，与这条最短路相应的增广链为 $\mu = (v_s, v_2, v_1, v_t)$。

（4）在 μ 上进行调整，$\theta = 5$，得 $f^{(1)}$ 见图 10-29（b）。按照上述算法依次得 $f^{(1)}, f^{(2)}, f^{(3)}, f^{(4)}$，流量依次为 5, 7, 10, 11；构造相应的赋权有向图为 $W(f^{(1)}), W(f^{(2)}), W(f^{(3)}), W(f^{(4)})$，见图 10-29。

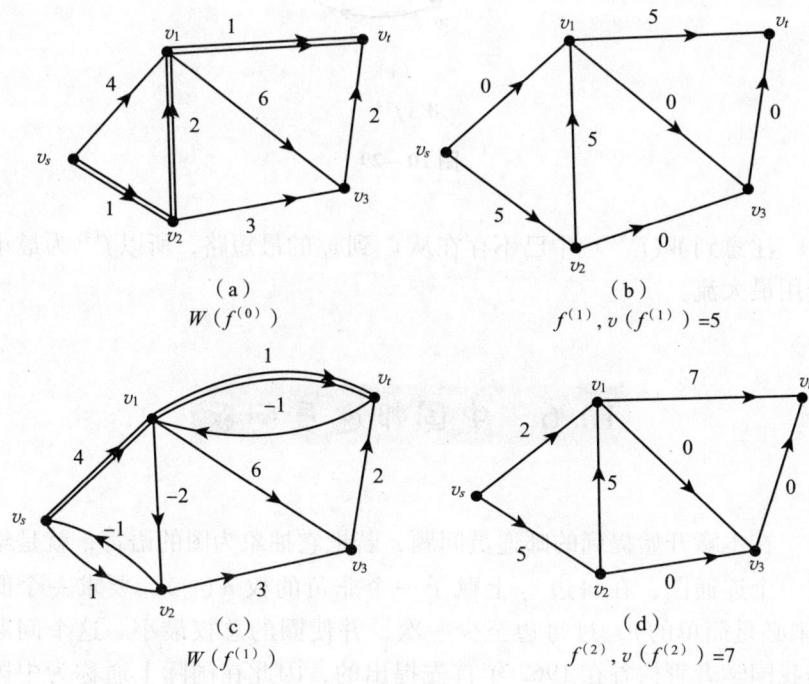

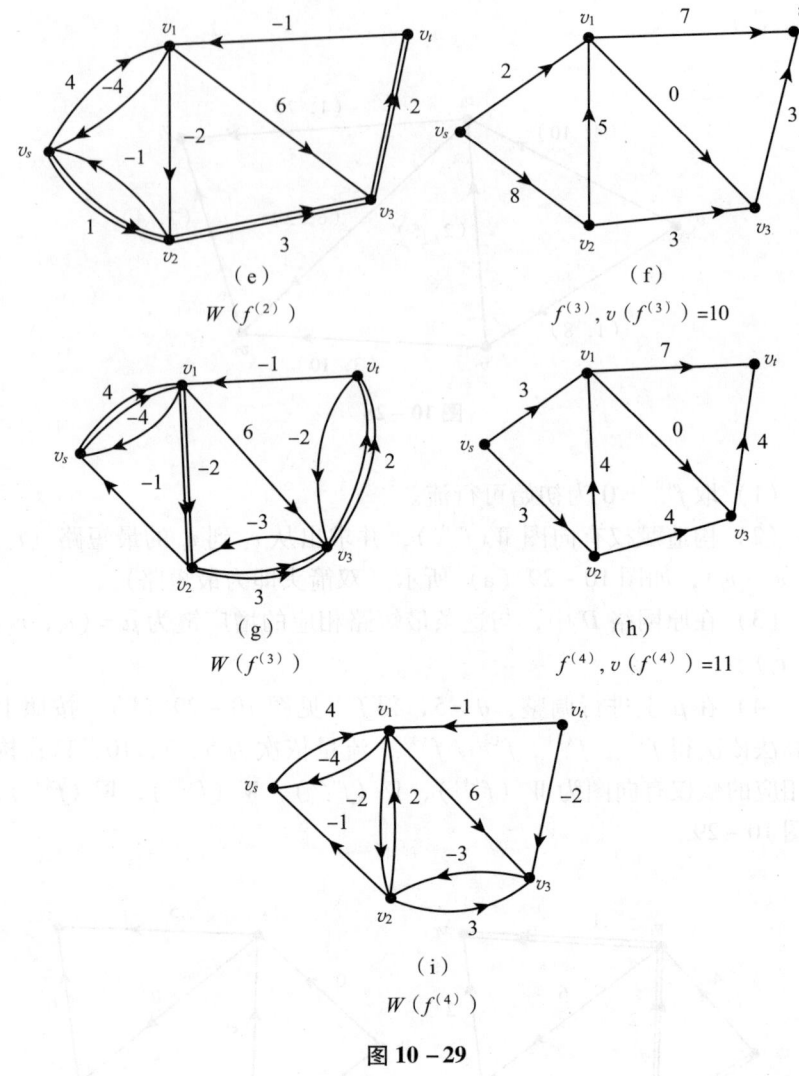

图 10-29

注意到 $W(f^{(4)})$ 中已不存在从 v_s 到 v_t 的最短路,所以 $f^{(4)}$ 为最小费用最大流。

10.6 中国邮递员问题

在本章开始提到的邮递员问题,若把它抽象为图的语言,就是给定一个连通图,在每边 e_i 上赋予一个非负的权 $w(e_i)$,要求一个圈(未必是简单的),过每边至少一次,并使圈的总权最小。这个问题是我国学者管梅谷在 1962 年首先提出的,因此在国际上通称为中国邮递员问题。

10.6.1 一笔画问题

给定一个连通多重图 G，若存在一条链，过每边一次，且仅一次，则称这条链为欧拉链。若存在一个简单圈，过每边一次，且仅一次，称这个圈为欧拉圈。一个图若有欧拉圈，则称为欧拉图。显然，一个图若能一笔画出，这个图必是欧拉图（出发点与终止点重合）或含有欧拉链（出发点与终止点不同）。

定理 9：连通多重图 G 有欧拉圈，当且仅当 G 中无奇点。

证明：必要性是显然的，只证明充分性。不妨设 G 至少有三个点，对边数 $q(G)$ 进行数学归纳，因 G 是连通图，不含奇点，故 $q(G) \geqslant 3$。首先 $q(G) = 3$ 时，G 显然是欧拉图。考查 $q(G) = n+1$ 的情况，因 G 是不含奇点的连通图，并且 $p(G) \geqslant 3$，故存在三个点 u，v，w，使 $[u, v]$，$[w, v] \in E$。从 G 中丢去边 $[u, v]$，$[w, v]$，增加新边 $[u, w]$，得到新的多重图 G'。G' 有 $q(G) - 1$ 条边，并且仍不含奇点，G' 至多有两个分图。若 G' 是连通的，那么根据归纳假设，G' 有欧拉圈 C'。把 C' 中的 $[w, u]$ 这一条边换成 $[w, v]$，$[v, u]$，即得 G 中的欧拉圈。现设 G' 有两个分图 G_1，G_2。设 v 在 G_1 中。根据归纳假设，G_1，G_2 分别有欧拉圈 C_1，C_2，则把 C_2 中的 $[u, w]$ 这条边换成 $[u, v]$，C_1 及 $[v, w]$，即得 G 的欧拉圈。

推论：连通多重图 G 有欧拉链，当且仅当 G 恰有两个奇点。

证明：必要性是显然的。现设连通多重图 G 恰有两个奇点 u，v。在 G 中增加一个新边 $[u, v]$（如果在 G 中，u，v 之间就有边，那么这个新边是原有边上的重复边），得连通多重图 G'，易见 G' 中无奇点。由定理 3，G' 有欧拉圈 C'，从 C' 中丢去增加的那个新边 $[u, v]$，即得 G 中的一条联结 u，v 的欧拉链。

上述定理和推论为我们提供了识别一个图能否是一笔画的简单办法。如前面提到的七桥问题，因为图 10-1（b）中有 4 个奇点。所以不能一笔画出。也就是说，七桥问题的回答是否定的。如图 10-30 所示，它有两个奇点 v_2 和 v_5，因此可以从点 v_2 开始，用一笔画到点 v_5 终止。

现在的问题是：如果我们已经知道图 G 是可以一笔画的，怎样把它一笔画出来呢？也就是说，怎样找出它的欧拉圈（这时 G 无奇点）或欧拉链（这时 G 恰有两个奇点）呢？下面简单地介绍由 Fleury 提供的方法。

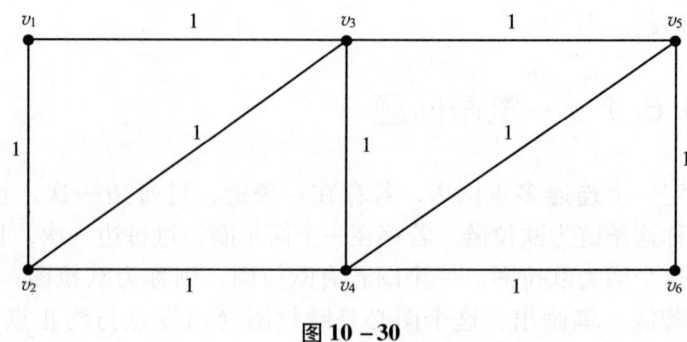

图 10-30

为此，首先介绍割边的概念。设 e 是连通图 G 一个边，如果从 G 中去掉 e，图就不连通了，则称 e 是图 G 的割边。例如，图 10-10 (b) 中，$[v_1, v_2]$ 是割边；树中的每一个边都是割边。

设 $G = (V, E)$ 是无奇点的连通图，以

$$\mu_k = (v_{i0}, e_{i1}, v_{i1}, e_{i2}, v_{i2}, \cdots, v_{ik-1}, e_{ik}, v_{ik})$$

记在第 k 步得到的简单链。记 $E_k = \{e_{i1}, e_{i2}, \cdots, e_{ik}\}$，$\bar{E}_k = E/E_k$，以及 $G_k = (V, \bar{E}_k)$（开始 $k = 0$ 时，令 $\mu_0 = (v_{i0})$，这里 v_{i0} 是图 G 的任意一点，$E_0 = \varnothing$；$G_0 = G$）。进行第 $(k+1)$ 步：在 G_k 中选 v_{ik} 的一条关联边 $e_{ik+1} = [v_{ik}, v_{ik+1}]$，使 e_{ik+1} 不是 G_k 的割边（除非 v_{ik} 是 G_k 的悬挂点，这时 v_{ik} 在 G_k 中的悬挂边选为 e_{ik+1}）。令

$$\mu_{k+1} = (v_{i0}, e_{i1}, v_{i1}, e_{i2}, v_{i2}, \cdots, v_{ik-1}, e_{ik}, v_{ik}, e_{ik+1}, v_{ik+1})$$

重复这个过程，直到选不到所要求的边为止。可以证明：这时的简单链必定终止于 v_{i0}，并且就是我们要求的图 G 的欧拉圈。

如果 $G = (V, E)$ 是恰有两个奇点的连通图。只需要取 v_{i0} 是图 G 的一个奇点就可以了。最终得到的简单链就是图中联结两个奇点的欧拉链。

10.6.2 奇偶点图上作业法

根据上面的讨论，如果在某邮递员所负责的范围内，街道图中没有奇点，那么他就可以从邮局出发，走过每条街道一次，且仅一次，最后回到邮局，这样他所走的路程也就是最短的路程。对于有奇点的街道图，就必须在某些街道上重复走一次或多次。

例如图 10-30 的街道图中，若 v_1 是邮局，邮递员可以按如下的路线投递信件：

$v_1 \to v_2 \to v_4 \to v_3 \to v_2 \to v_4 \to v_6 \to v_5 \to v_4 \to v_6 \to v_5 \to v_3 \to v_1$，总权为 12。

也可按另一条路线走：

$v_1 \to v_2 \to v_3 \to v_2 \to v_4 \to v_5 \to v_6 \to v_4 \to v_3 \to v_5 \to v_3 \to v_1$，总权为 11。

可见，按第一条路线走，在边 $[v_2, v_4]$，$[v_4, v_6]$，$[v_6, v_5]$ 上各重复走了一次。而按第二条路线走，在边 $[v_3, v_2]$，$[v_3, v_5]$ 上各重复走了一次。

如果在某条路线中，边 $[v_i, v_j]$ 上重复走了几次，我们在图中 v_i，v_j 之间增加几条边，令每条边的权和原来的权相等，并把新增加的边，称为重复边。于是这条路线就是相应的新图中的欧拉圈。例如在图 10-30 中，上面提到的两条投递路线分别是图 10-31（a）和图 10-31（b）中的欧拉圈。

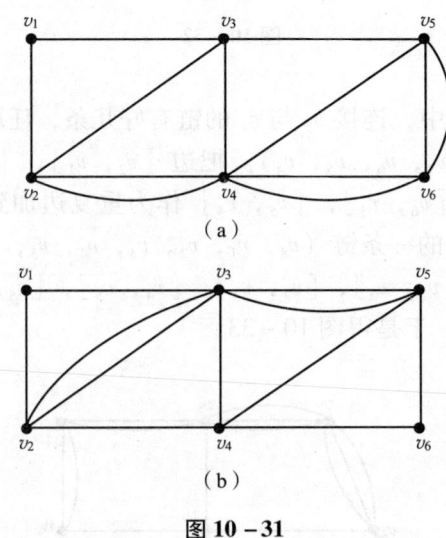

图 10-31

显然，两条邮递路线的总权的差必等于相应的重复边总权的差。因而，中国邮递员问题可以叙述为在一个有奇点的图中，要求增加一些重复边，使新图不含奇点，并且重复边的总权为最小。

我们把使新图不含奇点而增加的重复边，简称为可行（重复边）方案，使总权最小的可行方案称为最优方案。

现在的问题是第一个可行方案如何确定，在确定一个可行方案后，怎样判断这个方案是否为最优方案？若不是最优方案，如何调整这个方案？

1. 第一个可行方案的确定方法

在第 1 节中，我们已经证明，在任何一个图中，奇点个数必为偶数。所以如果图中有奇点，就可以把它们配成对。又因为图是连通的，故每一对奇点之间必有一条链，我们把这条链的所有边作为重复边加到图中去，可见新图中必无奇点，这就给出了第一个可行方案。

例16：图 10-32 中的街道图，有四个奇点，v_2，v_4，v_6，v_8，将

其分成两对，比如说 v_2 与 v_4 为一对，v_6 与 v_8 为一对。

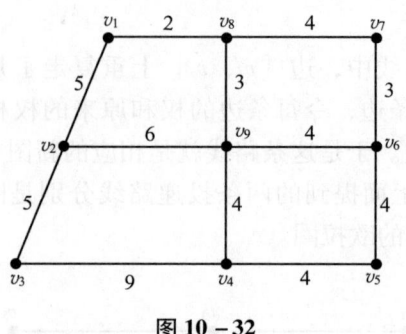

图 10-32

在图 10-32 中，连接 v_2 与 v_4 的链有好几条，任取一条，例如取链 $(v_2, v_1, v_8, v_7, v_6, v_5, v_4)$。把边 $[v_2, v_1]$，$[v_1, v_8]$，$[v_8, v_7]$，$[v_7, v_6]$，$[v_6, v_5]$，$[v_5, v_4]$ 作为重复边加到图中去，同样地取 v_6 与 v_8 之间的一条链 $(v_8, v_1, v_2, v_3, v_4, v_5, v_6)$，把边 $[v_8, v_1]$，$[v_1, v_2]$，$[v_2, v_3]$，$[v_3, v_4]$，$[v_4, v_5]$，$[v_5, v_6]$ 也作为重复边加到图中去，于是得图 10-33。

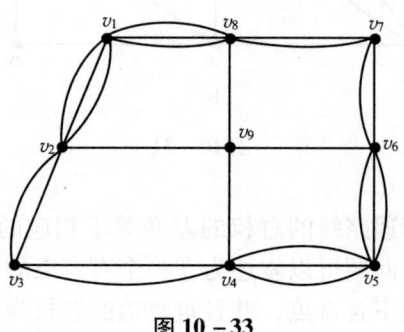

图 10-33

在图 10-33 中，没有奇点，对应于这个可行方案，重复边总权为：

$$2w_{12} + w_{23} + w_{34} + 2w_{45} + 2w_{56} + w_{67} + w_{78} + 2w_{18} = 51$$

2. 调整可行方案，使重复边总权下降

首先，从图 10-33 中可以看出，在边 $[v_1, v_2]$ 上有两条重复边，如果把它们都从图中去掉，图仍然无奇点。即剩下的重复边还是一个可行方案，而总长度却有所下降。同样道理，$[v_1, v_8]$，$[v_4, v_5]$，$[v_5, v_6]$ 上的重复边也是如此。

一般情况下，若边 $[v_i, v_j]$ 上有两条或两条以上的重复边时，

从中去掉偶数条，就能得到一个总权较小的可行方案。

因而有：

(1) 在最优方案中，图的每一边上最多有一条重复边。

依此，图10-33可以调整为图10-34，重复边总权下降为21。

其次，我们还可以看到，如果把图中某个圈上的重复边去掉，而给原来没有重复边的边加上重复边，图中仍没有奇点。因而如果在某个圈上重复边的总权大于这个圈的总权的一半，像上面所说的那样作一次调整，将会得到一个总权下降的可行方案。

(2) 在最优方案中，图中每个圈上的重复边的总权不大于该圈总权的一半。

如在图10-34中，圈$(v_2, v_3, v_4, v_9, v_2)$的总权为24，但圈上重复边总权为14，大于该圈总权的一半。因此可以作一次调整，以$[v_2, v_9]$，$[v_9, v_4]$上的重复边代替$[v_2, v_3]$，$[v_3, v_4]$上的重复边，使重复边总权下降为17，如图10-35所示。

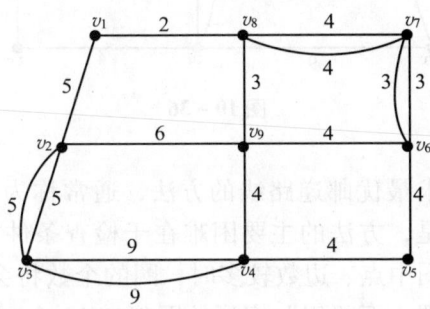

图 10-34

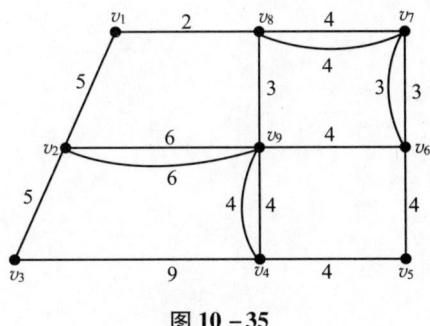

图 10-35

3. 判断最优方案的标准

从上面的分析中可知，一个最优方案一定是满足(1)和(2)的可行方案，反之，可以证明一个可行方案若满足(1)和(2)，则这个可行方案一定是最优方案。根据这样的判断标准，对给定的可行方案，检查它是否满足条件（1）和（2）。若满足，所得方案即为最优方案；若不满足，则对方案进行调整，直至条件（1）和（2）均得到满足时为止。

检查图 10 – 35 中的圈 $(v_1, v_2, v_9, v_6, v_7, v_8, v_1)$，它的重复边总权为 13，而圈的总权为 24，不满足条件（2），经调整得图 10 – 36。重复边总权下降为 15。

检查图 10 – 36，条件（1）和（2）均满足。于是得最优方案，图 10 – 36 中的任一个欧拉圈就是邮递员的最优邮递路线。

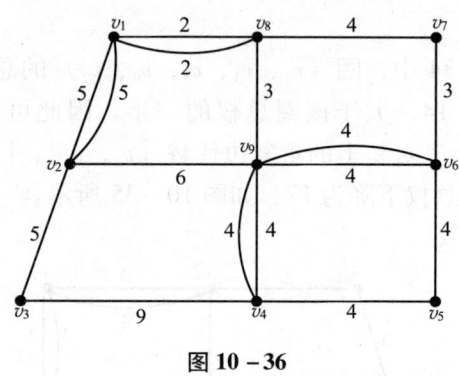

图 10 – 36

以上所说的求最优邮递路线的方法，通常称为奇偶点图上作业法。值得注意的是，方法的主要困难在于检查条件（2），它要求检查每一个圈。当图中点、边数较多时，圈的个数将会很多。如"日"字形图就有三个圈，而"田"字形的图就有 13 个圈。关于中国邮递员问题，已有比较好的算法，我们不去介绍它了。

第 11 章
网 络 计 划

当前，世界上工业发达国家都非常重视网络计划技术在现代管理中的应用。它已被许多国家公认为当前最为行之有效的管理方法之一。国外多年实践证明，应用网络计划技术组织与管理生产和项目一般能缩短工期20%左右，降低成本10%左右。

美国是网络计划技术的发源地。美国政府于1962年规定，凡与政府签订合同的企业，都必须采用网络计划技术，以保证工期进度和质量。1974年麻省理工学院调查指出："绝大部分美国公司采用网络计划编制施工计划"。目前，美国基本上实现了用计算机绘画、优化计算和资源平衡、项目进度控制，实现了计划工作自动化。以后又提出了新的网络计划技术，如图示评审技术（GERT），风险评审技术（VERT）等。

我国应用网络计划技术是从20世纪60年代初期开始。著名科学家钱学森将网络计划方法引入我国，并在航天系统应用。著名数学家华罗庚在综合研究各类网络方法的基础上，结合我国实际情况加以简化，于1965年发表了《统筹方法平话》，为推广应用网络计划方法奠定了基础。近几年，随着科技的发展和进步，网络计划技术的应用也日趋得到工程管理人员的重视，且已取得可观的经济效益。如上海宝钢炼铁厂1号高炉土建工程施工中，应用网络法，缩短工期21%，降低成本9.8%，广州白天鹅宾馆在建设中，运用网络计划技术，工期比外商签订的合同提前四个半月，仅投资利息就节约1 000万港元。为在我国推广普及网络计划技术，我国建设部公布了《工程网络计划技术规程》，以便统一技术术语、符号、代号和计算规范。特别是近几年来，微机的普及和网络计划软件的不断更新换代。这些为在国内大范围推广网络计划技术创造了条件。

11.1 网络计划图

网络计划图的基本思想是：首先应用网络计划图来表示工程项目中计划要完成的各项工作，完成各项工作必然存在先后顺序及其相互依赖的逻辑关系；这些关系用节点、箭线来构成网络图。网络图是由左向右绘制，表示工作进程。并标注工作名称、代号和工作持续时间等必要信息。通过对网络计划图进行时间参数的计算，找出计划中的关键工作和关键路线；通过不断改进网络计划，寻求最优方案，以求在计划执行过程中对计划进行有效的控制与监督，保证合理地使用人力、物力和财力，以最小的消耗取得最大的经济效果。

11.1.1 基本术语

网络计划图是在网络图上标注时标和时间参数的进度计划图，实质上是有时序的有向赋权图。表述关键路线法（CPM）和计划评审技术（PERT）的网络计划图没有本质的区别，它们的结构和术语是一样的。仅前者的时间参数是确定型的，而后者的时间参数是不确定型的。于是统一给出一套专用的术语和符号。

（1）节点，箭线是网络计划图的基本组成元素。箭线是一线段带箭头实射线（用"→"表示）和虚射线（用"⇢"表示），节点是箭线两端的连接点（用"○"或"□"表示）。

（2）工作（也称工序、活动、作业），将整个项目按需要粗细程度分解成若干需要耗费时间或需要耗费其他资源的子项目或单元。它们是网络计划图的基本组成部分。

（3）描述工程项目网络计划图有两种表达的方式：双代号网络计划图和单代号网络计划图。双代号网络计划图在计算时间参数时，又可分为工作计算法和节点计算法。

（4）双代号网络计划图。在双代号网络计划图中，用箭线表示工作，箭尾的节点表示工作的开始点，箭头的节点表示工作的完成点。用（i–j）两个代号及箭线表示一项工作，在箭线上标记必需的信息，如图 11 – 1 所示。

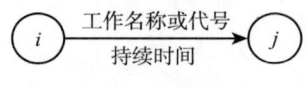

图 11 – 1

箭线之间的连接顺序表示工作之间的先后开工的逻辑关系。

(5) 单代号网络计划图。用节点表示工作,箭线表示工作之间的先完成与后完成的关系为逻辑关系。在节点中标记必需的信息,如图 11-2 所示。

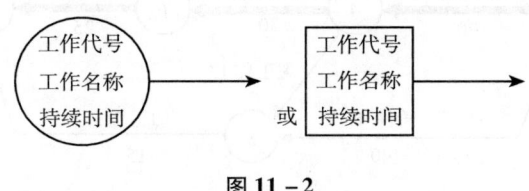

图 11-2

11.1.2 双代号网络计划图

这里主要介绍双代号网络计划图的绘制和按工作计算时间参数的方法。以下通过例题来说明网络计划图的绘制和时间参数的计算。

例 1：开发一个新产品,需要完成的工作和先后关系,各项工作需要的时间汇总在逻辑关系表中,见表 11-1。要求编制这项目的网络计划图和计算有关参数,根据表 11-1 中的数据,绘制网络图,见图 11-3。

表 11-1

序号	工作名称	工作代号	工作持续时间（天）	紧后工作
1	产品设计和工艺设计	A	60	B, C, D, E
2	外购配套件	B	45	L
3	锻件准备	C	10	F
4	工装制造 1	D	20	G, H
5	铸件	E	40	H
6	机械加工 1	F	18	L
7	工装制造 2	G	30	K
8	机械加工 2	H	15	K
9	机械加工 3	K	25	L
10	装配与调试	L	35	/

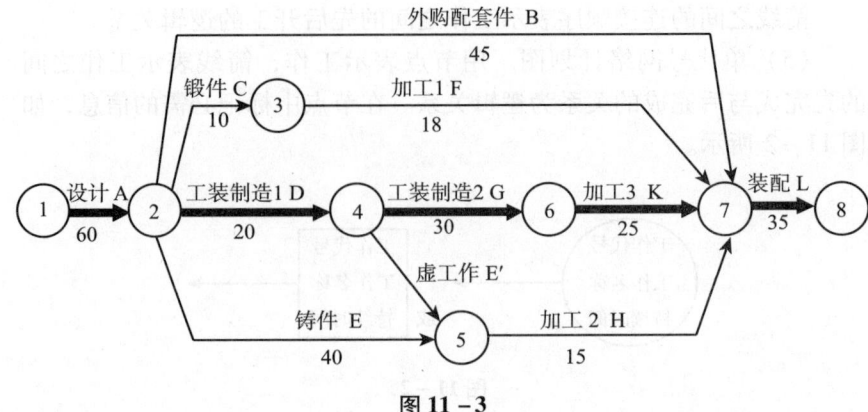

图 11 - 3

为了正确表述工程项目中各个工作的相互连接关系和正确绘制网络计划图，应遵循以下规则和术语：

1. 网络计划图的方向、时序和节点编号

网络计划图是有向、有序的赋权图，按项目的工作流程自左向右地绘制。在时序上反映完成各项工作的先后顺序。节点编号必须按箭尾节点的编号小于箭头节点的编号来标记。在网络图中只能有一个起始节点，表示工程项目的开始。一个终点节点，表示工程项目的完成。从起始节点开始沿箭线方向顺序自左往右，通过一系列箭线和节点，最后到达终点节点的通路，称为路线。

2. 紧前工作和紧后工作

紧前工作是指紧排在本工作之前的工作，且开始或完成后，才能开始本工作。紧后工作是指紧排在本工作之后的工作，且本工作开始或完成后，才能做的工作。如图 11 - 3 中，只有工作 A 完成后工作 B、C、D、E 才能开始，工作 A 是 B、C、D、E 的紧前工作；而工作 B、C、D、E 则是工作 A 的紧后工作。在复杂的工程项目中，它们之间的有三种关系：结束后，才开始；开始后，才开始；结束后，才结束。本例只涉及结束后才开始的关系。从起始节点至本工作之前在同一路线的所有工作，称为先行工作；自本工作到终点节点在同一路线的所有工作，称为后继工作。工作 G 的先行工作有工作 A、D；工作 K、L 是工作 G 的后继工作。

3. 虚工作

在双代号网络计划图中，只表示相邻工作之间的逻辑关系，不占用时间和不消耗人力、资金等的虚设的工作。虚工作用虚箭线→表示。如在图 11 - 3 中的④→⑤只表示工作 D 完成后，工作 H 才能

开始。

4. 相邻两节点之间只能有一条箭线连接，否则将造成逻辑上的混乱

如图 11-4 是错误画法，为了使两节点之间只有一条箭线，可增加一个节点②′，并增加一项虚工作②′→②。图 11-5 是正确的画法。

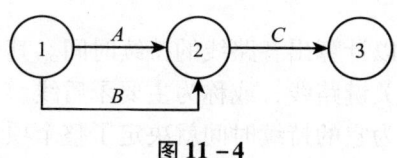

图 11-4

应当改成

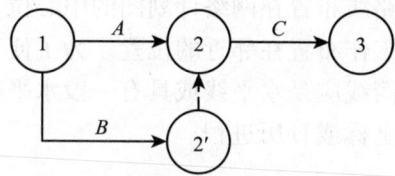

图 11-5

5. 网络计划图中不能有缺口和回路

在网络计划图中严禁出现从一个节点出发，顺箭线方向又回到原出发节点，形成回路。回路将表示这工作永远不能完成。网络计划图中出现缺口，表示这些工作永远达不到终点。项目无法完成。

6. 平行工作

可与本工作同时进行的工作。

7. 起始节点与终点节点

在网络计划图中只能有一个起始节点和一个终点节点。当工程开始或完成时存在几个平行工作时，可以用虚工作将它们与起始节点或终点节点连接起来。

8. 路线

网络图中从起点节点沿箭线方向顺序通过一系列箭线与节点，最后到达终点节点的通路。本例中有五条路线。并可以计算出各路线的持续时间，见表 11-2。

表 11-2

路线	路线的组成	各工作的持续时间之和（天）
1	①→②→⑦→⑧	60 + 45 + 35 = 140
2	①→②→③→⑦→⑧	60 + 10 + 18 + 35 = 123
3	①→②→④→⑥→⑦→⑧	60 + 20 + 30 + 25 + 35 = 170
4	①→②→④→⑤→⑦→⑧	60 + 20 + 15 + 35 = 130
5	①→②→⑤→⑦→⑧	60 + 40 + 15 + 35 = 150

从网络图中可以计算出各路线的持续时间。其中有一条路线的持续时间最长路线是关键路线，或称为主要矛盾线。关键路线上的各工作为关键工作。因为它的持续时间就决定了整个项目的工期。关键路线的特征以后再进一步阐述。

9. 网络计划图的布局

尽可能将关键路线布置在网络计划图的中心位置，按工作的先后顺序将联系紧密的工作布置在邻近的位置。为了便于在网络计划图上标注时间等数据，箭线应是水平线或具有一段水平线的折线。在网络计划图上附有时间坐标或日历进程。

10. 网络计划图的类型

（1）总网络计划图，以整个项目为计划对象，编制网络计划图。供决策领导层使用。

（2）分级网络计划图，这是按不同管理层次的需要，编制的范围大小不同，详细程度不同的网络计划图，供不同管理部门使用。

（3）局部网络计划图，将整个项目某部分为对象，编制的更详细的网络计划图，供专业部门使用。

当用计算机网络计划软件编制时，可在计算机上可进行网络计划图分解与合并。网络计划图详细程度，可以根据需要，将工作分解为更细的子工作，也可以将几项工作合并为综合的工作，以便显示不同粗细程度的网络计划。

11.2　网络计划图的时间参数计算

网络计划的时间参数计算有几种类型：双代号网络计划有工作计算法和节点计算法；单代号网络计划有节点计算法。以下仅介绍工作计算法，其他的计算法可参考《工程网络计划技术规程》(JGJ/T121—99)。

网络图中工作的时间参数,它们是:工作持续时间(D),工作最早开始时间(ES),工作最早完成时间(EF);工作最迟开始时间(LS),工作最迟完成时间(LF);工作总时差(TF)和工作自由时差(FF)。

11.2.1 工作持续时间(D)

工作持续时间计算是一项基础工作,关系到网络计划是否能得到正确实施。为了有效地使用网络计划技术,需要建立相应的数据库。这需要专项讨论的问题。这里简述计算工作持续时间的两类数据和两种方法。

1. 单时估计法(定额法)

每项工作只估计或规定一个确定的持续时间值的方法。一般具有工作的工作量,劳动定额资料以及投入人力的多少等,计算各工作的持续时间;

工作持续时间: $$D = \frac{Q}{R \cdot S \cdot n}$$

Q——工作的工作量。以时间单位表示,如小时,或以体积、质量、长度等单位表示;

R——可投入人力和设备的数量;

S——每人或每台设备每工作班能完成的工作量;

n——每天正常工作班数。

当具有类似工作的持续时间的历史统计资料时,可以根据这些资料,采用分析对比的方法确定所需工作的持续时间。

2. 三时估计法

在不具备有关工作的持续时间的历史资料时,在较难估计出工作持续时间时,可对工作进行估计三个时间值,然后计算其平均值。这三个时间值是:

在不具备有关工作的持续时间的历史资料时,在较难估计出工作持续时间时,可对工作进行估计三种时间值,然后计算其平均值。这三个时间值是:

乐观时间——在一切都顺利时,完成工作需要的最少时间,记作 a。

最可能时间——在正常条件下,完成工作所需要时间,记作 m。

悲观时间——在不顺利条件下,完成工作需要最多时间,记

作 b。

显然上述三种时间发生都具有一定的概率,根据经验,这些时间的概率分布认为是正态分布。一般情况下,通过专家估计法,给出三时估计的数据。可以认为工作进行时出现最顺利和最不顺利的情况比较少,较多是出现正常的情况。按平均意义可用以下公式计算工作持续时间值: $D = \dfrac{a+4m+b}{6}$;方差 $\sigma^2 = \left(\dfrac{b-a}{6}\right)^2$。

11.2.2 计算关系式

这些时间参数的关系可以用图 11–6 表示工作的关系状态。手工计算可在网络图上进行,计算步骤为:

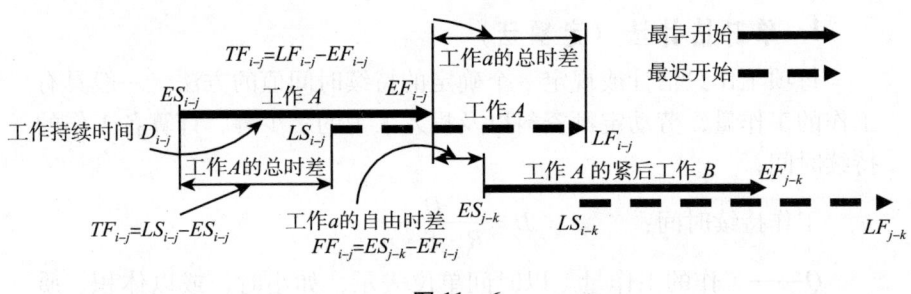

图 11–6

(1) 计算各路线的持续时间(见表 11–2)。

(2) 按网络图的箭线的方向,从起始工作开始,计算各工作的 ES,EF。

(3) 从网络图的终点节点开始,按逆箭线的方向,推算出各工作的 LS,LF。

(4) 确定关键路线(CP)。

(5) 计算 TF,FF。

(6) 平衡资源。

例 2:计算各工作的时间参数,并将计算结果记入网络计划图相应工作的□中,见图 11–7。

1. 工作最早开始时间 ES 和工作最早完成时间 EF 的计算

利用网络计划图,从网络计划图的起始点开始,沿箭线方向依次逐项计算。第一项工作的最早开始时间是为 0,记作 $ES_{i-j} = 0$。(起始点 $i=1$)。第一件工作的最早完成时间 $EF_{1-j} = ES_{1-j} + D_{1-j}$。第一件工作完成后,其紧后工作才能开始。它工作最早完成时间 EF 就是其紧后工作最早开始时间 ES。本工作的持续时间 D。表示为：

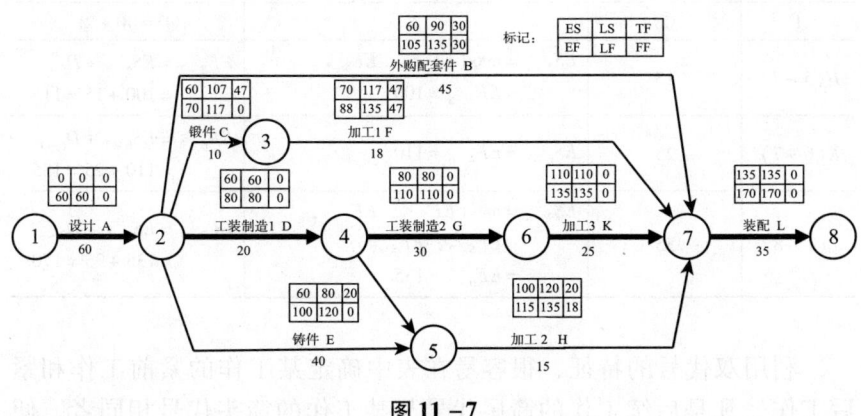

图 11-7

$$EF_{i-j} = ES_{i-j} + D_{i-j}$$

计算工作的 ES 时，当有多项紧前工作情况下，只能这些紧前工作中都完成后才能开始。因此本工作的最早开始时间是：$ES = \max$（紧前工作的 EF）其中 $EF = ES +$ 工作持续时间 D，表示为：

$$ES_{i-j} = \max_h(EF_{h-i}) = \max_h(ES_{h-i} + D_{h-i})$$

例 2 的 ES，EF 计算值在表 11-3 的③，④列中。

表 11-3

工作 $i-j$ ①	持续时间 D_{i-j} ②	最早开始时间 ES_{i-j} ③	最早完成时间 EF_{i-j} ④＝③＋②
$A(1-2)$	60	$ES_{1-2} = 0$	$EF_{1-2} = ES_{1-2} + D_{1-2}$ $= 0 + 60 = 60$
$B(2-7)$	45	$ES_{2-7} = EF_{1-2} = 60$	$EF_{2-7} = ES_{2-7} + D_{2-7}$ $= 60 + 45 = 105$
$C(2-3)$	10	$ES_{2-3} = EF_{1-2} = 60$	$EF_{2-3} = ES_{2-3} + D_{2-3}$ $= 60 + 10 = 70$
$D(2-4)$	20	$ES_{2-4} = EF_{1-2} = 60$	$EF_{2-4} = ES_{2-4} + D_{2-4}$ $= 60 + 20 = 80$
$E(2-5)$	40	$ES_{2-5} = EF_{1-2} = 60$	$EF_{2-5} = ES_{2-5} + D_{2-5}$ $= 60 + 40 = 100$
$E'(4-5)$	0（虚工作）	$ES_{4-5} = EF_{2-4} = 80$	$EF_{4-5} = ES_{4-5} + D_{4-5}$ $= 80 + 0 = 80$
$F(3-7)$	18	$ES_{3-7} = EF_{2-3} = 70$	$EF_{3-7} = ES_{3-7} + D_{3-7}$ $= 70 + 18 = 88$
$G(4-6)$	30	$ES_{4-6} = EF_{2-4} = 80$	$EF_{4-6} = ES_{4-6} + D_{4-6}$ $= 80 + 30 = 110$

续表

工作 $i-j$ ①	持续时间 D_{i-j} ②	最早开始时间 ES_{i-j} ③	最早完成时间 EF_{i-j} ④ = ③ + ②
$H(5-7)$	15	$ES_{5-7} = \max(EF_{2-5}, EF_{4-5})$ $= EF_{2-5} = 100$	$EF_{5-7} = ES_{5-7} + D_{5-7}$ $= 100 + 15 = 115$
$K(6-7)$	25	$ES_{6-7} = EF_{4-6} = 110$	$EF_{6-7} = ES_{6-7} + D_{6-7}$ $= 110 + 25 = 135$
$L(7-8)$	35	$ES_{7-8} = \max(EF_{2-7}, EF_{3-7},$ $EF_{6-7}, EF_{5-7})$ $= EF_{6-7} = 135$	$EF_{7-8} = ES_{7-8} + D_{7-8}$ $= 135 + 35 = 170$

利用双代号的特征,很容易在表中确定某工作的紧前工作和紧后工作。凡是后续工作的箭尾代号与某工作的箭头代号相同者,便是它的紧后工作;凡是先行工作的箭头代号与某工作的箭尾代号相同者,便是它的紧前工作。在表 11-3 中首先填入①、②两列数据,然后由上往下计算 ES 与 EF。若某工作 $(i-j)$ 的先行工作中存在几个 $(h-i)$,从中选择最大的 EF_{h-i} 进行计算 $ES_{i-j} = \max_h [EF_{h-i}]$,即计算 EF_{i-j},如计算 ES_{7-8} 时,可从表 11-3 的第④列已有的 $EF_{6-7}, EF_{5-7}, EF_{3-7}$ 中找到最大的 $EF_{6-7} = 135$。将它填入表 11-3 的③列,对应的 $L(7-8)$ 行即可。如此计算也很方便。

2. 工作最迟开始时间 LS 与工作最迟完成时间 LF

应从网络图的终点节点开始,采用逆序法逐项计算。即按逆箭线方向,依次计算各工作的最迟完成时间 LF 和最迟开始时间 LS,直到第一项工作为止。网络图中最后一项工作 $(i-n)(j=n)$ 的最迟完成时间应由工程的计划工期确定。在未给定时,可令其等于其最早完成时间,即 $LF_{i-n} = EF_{i-n}$。EF_{i-n} 由表 11-3 中的计算结果是已知的了,并且应当小于或等于计划工期规定的时间 T_r。

$LF = \min($紧后工作的 $LS)$,$LS = LF - $ 工作持续时间 D

其他工作的最迟开始时间 $LS_{i-j} = LF_{i-j} - D_{i-j}$;当有多个紧后工作时,最迟完成时间 $LF = \min($紧后工作的 $LS)$,或表示为 $LF_{i-j} = \min_k(LF_{j-k} - D_{j-k})$。

可在表 11-4 中进行。计算从下到上地进行,从工作 $(7-8)$ 开始,令表 11-4 的⑤列最后一行 $LF_{7-8} = EF_{7-8} = 170$。

表 11-4

工作 $i-j$ ①	持续时间 D_{i-j} ②	最迟完成时间 $LF_{i-j} = \min_k(LS_{j-k})$ ⑤	最迟开始时间 $LS_{i-j} = LF_{i-j} - D_{i-j}$ ⑥=⑤-②	总时差 $TF_{i-j} = LS_{i-j} - ES_{i-j}$ ⑦=⑥-③	自由时差 $FF_{i-j} = ES_{j-k} - EF_{i-j}$ ⑧
$A(1-2)$	60	$LF_{1-2} = LS_{2-4} = 60$	$LS_{1-2} = LF_{1-2} - 60 = 60 - 60 = 0$	$0 - 0 = 0$	$FF_{1-2} = ES_{2-3} - EF_{1-2} = 0$
$B(2-7)$	45	$LF_{2-7} = LS_{7-8} = 135$	$LS_{2-7} = LF_{2-7} - 45 = 135 - 45 = 90$	$90 - 60 = 30$	$FF_{2-7} = ES_{7-8} - EF_{2-7} = 135 - 105 = 30$
$C(2-3)$	10	$LF_{2-3} = LS_{3-7} = 117$	$LS_{2-3} = LF_{2-3} - 10 = 117 - 10 = 107$	$107 - 60 = 47$	$FF_{2-3} = ES_{3-7} - EF_{2-3} = 70 - 70 = 0$
$D(2-4)$	20	$LF_{2-4} = LS_{4-6} = 80$	$LS_{2-4} = LF_{2-4} - 20 = 80 - 20 = 60$	$60 - 60 = 0$	$FF_{2-4} = ES_{4-6} - EF_{2-4} = 80 - 80 = 0$
$E(2-5)$	40	$LF_{2-5} = LS_{5-7} = 120$	$LS_{2-5} = LF_{2-5} - 40 = 120 - 40 = 80$	$80 - 60 = 20$	$FF_{2-5} = ES_{5-7} - EF_{2-5} = 100 - 100 = 0$
$F(3-7)$	18	$LF_{3-7} = LS_{7-8} = 135$	$LS_{3-7} = LF_{3-7} - 18 = 135 - 18 = 117$	$117 - 70 = 47$	$FF_{3-7} = ES_{7-8} - EF_{3-7} = 135 - 88 = 47$
$G(4-6)$	30	$LF_{4-6} = LS_{6-7} = 110$	$LS_{4-6} = LF_{4-6} - 30 = 110 - 30 = 80$	$80 - 80 = 0$	$FF_{4-6} = ES_{6-7} - EF_{4-6} = 110 - 110 = 0$
$H(5-7)$	15	$LF_{5-7} = LS_{7-8} = 135$	$LS_{5-7} = LF_{5-7} - 15 = 135 - 15 = 120$	$120 - 100 = 20$	$FF_{5-7} = ES_{7-8} - EF_{5-7} = 135 - 115 = 20$
$K(6-7)$	25	$LF_{6-7} = LS_{7-8} = 135$	$LS_{6-7} = LF_{6-7} - 25 = 135 - 25 = 110$	$110 - 110 = 0$	$FF_{6-7} = ES_{7-8} - EF_{6-7} = 135 - 135 = 0$
$L(7-8)$	35	$LF_{7-8} = EF_{7-8} = 170$	$LS_{7-8} = LF_{7-8} - 35 = 170 - 35 = 135$	$135 - 135 = 0$	$FF_{7-8} = T - 170 = 170 - 170 = 0$

于是可计算出 $EF_{7-8} = LF_{7-8} - D_{7-8} = 135$。工作 $L(7-8)$ 的紧前工作的箭尾代号与工作 $L(7-8)$ 的箭头代号是相同的，这里有 $K(6-7)$，$H(5-7)$，$F(3-7)$，$B(2-7)$；它们只有唯一的紧后工作 $L(7-8)$，所以 LF_{6-7}，LF_{5-7}，LF_{3-7}，LF_{2-7} 都等于 $LF_{7-8} = 135$。填入表 11-4⑤列的相应行即可。当具有多个紧后工作时，如要计算 LF_{1-2} 时，先查 $A(1-2)$ 的紧后工作有几个，从代号可以看到是 $B(2-7)$，$C(2-3)$，$D(2-4)$，$E(2-5)$，对应的有 $LS_{2-7} = 90$，$LS_{2-3} = 107$，$LS_{2-4} = 60$，$LS_{2-5} = 80$。其中最小的是 60，即 $LF_{1-2} = LS_{2-4} = 60$。

3. 工作时差

工作时差是指工作有机动时间。常用有两种时差，即工作总时差和工作自由时差。

（1）工作总时差 TF_{i-j}。

TF_{i-j} 是指在不影响工期的前提下，工作所具有的机动时间，按工作计算法计算。在表 11-4 中⑦=⑥-③的数据。

$$TF_{i-j} = EF_{i-j} - ES_{i-j} - D_{i-j} = LS_{i-j} - ES_{i-j} \text{ 或 } TF_{i-j} = LF_{i-j} - EF_{i-j}$$

注：工作总时差往往为若干项工作共同拥有的机动时间，如工作 $C(2-3)$ 和工作 $F(3-7)$，其工作总时差为 47，当工作 $C(2-3)$ 用去一部分机动时间后，工作 $F(3-7)$ 的机动时间将相应地减少。

（2）工作自由时差 FF。

工作自由时差是指：在不影响其紧后工作最早开始的前提下，工作所具有的机动时间。

$$FF_{i-j} = ES_{j-k} - ES_{i-j} - D_{i-j}; \text{ 或 } FF_{i-j} = ES_{j-k} - EF_{i-j}$$

计算结果见表 11-4⑧列和图 11-7。工作自由时差是某项工作单独拥有的机动时间，其大小不受其他工作机动时间的影响。

关键路线的特征：在路线上从起点到终点都由关键工作组成。在确定型网络计划中是指路线中工作总持续时间最长的路线。在关键路线上无机动时间，工作总时差为零。在非确定型网络计划中是指估计工期完成可能性最小的路线。

11.3 网络计划的优化

绘制网络计划图，计算时间参数和确定关键路线，仅得到一个初始计划方案。然后根据上级要求和实际资源的配置，需要对初始方案进行调整和完善，即进行网络计划优化。目标是综合考虑进度，合理利用资源，降低费用等。

11.3.1 工期优化

若网络计划图的计算工期大于上级要求的工期时，必须根据要求计划的进度，缩短工程项目的完工工期。主要采取以下措施，增加对关键工作的投入，以便缩短关键工作的持续时间，实现工期缩短。

（1）采取技术措施，提高工效，缩短关键工作的持续时间，使关键路线的时间缩短。

（2）采取组织措施，充分利用非关键工作的总时差，合理调配人力、物力和资金等资源。

11.3.2 资源优化

在编制初始网络计划图后，需要进一步考虑尽量利用现有资源的问题。即在项目的工期不变的条件下，均衡地利用资源。实际工程项目包括工作繁多，需要投入资源种类很多，均衡地利用资源是很麻烦的事，要用计算机来完成。为了简化计算，具体操作如下：

（1）优先安排关键工作所需要的资源。

（2）利用非关键工作的总时差，错开各工作的开始时间，避开在同一时区内集中使用同一资源，以免出现高峰。

（3）在确实受到资源制约，或在考虑综合经济效益的条件下，在许可时，也可以适当地推迟工程的工期。实现错开高峰的目的。

下面通过例1的例子说明平衡人力资源的方法。假设在例1中，现有机械加工工人数65人，要完成工作D,F,G,H,K。各工作需要工人人数列于表11-5。

表11-5

工作	持续时间（天）	需要工人（人数）	总时差（天）
D	20	58	0
F	18	22	47
G	30	42	0
H	15	39	20
K	25	26	0

由于机械加工工人数的限制。若上述工作都按最早开始时间安排，在完成各关键工作的75天工期中，每天需要机械加工工人人数如图11-8所示。有10天需要80人，另10天需要81人。超过了现

有机械工人人数的约束,必须进行调整。以虚线表示的非关键路线上非关键工作 F、H 有机动时间,若将工作 F 延迟 10 天开工,就可以解决第 70~80 天的超负荷问题;将工作 H 推迟 10 天开工,可以解决第 100~110 天的超负荷问题。于是新的负荷图(见图 11-9)能满足机械工人的人数 65 人约束条件。以上人力资源平衡是利用非关键工作的总时差,可以避开资源负荷的高峰。

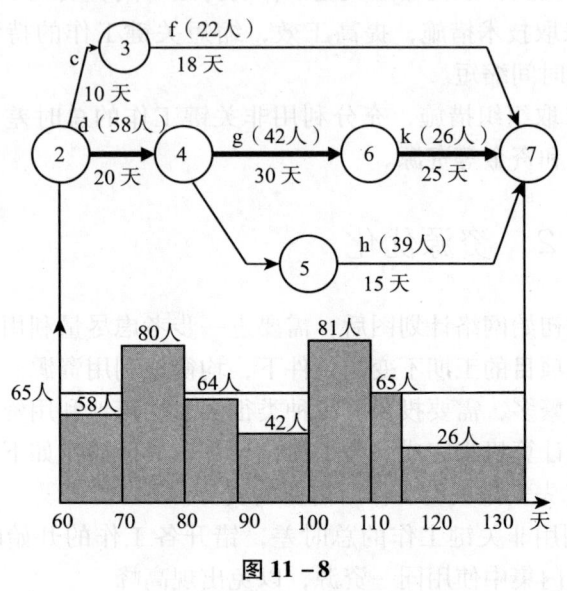

图 11-8

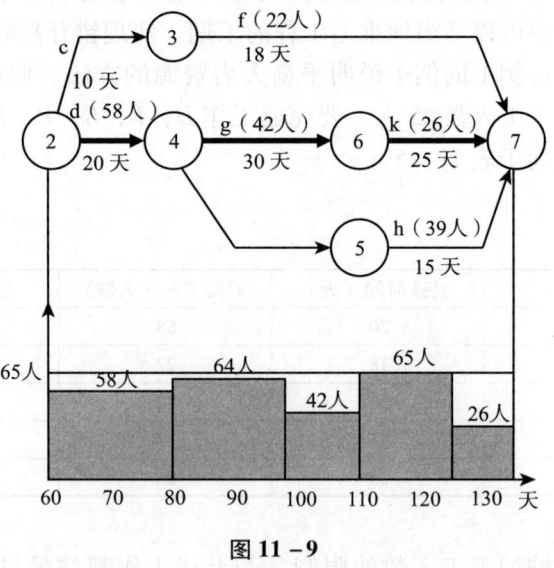

图 11-9

避开资源负荷高峰时,可以采用将非关键工作分段作业或采用技术措施减少所需要资源,也可以根据计划规定适当延长项目的工期。

11.3.3 时间—费用优化

编制网络计划时,要研究如何使完成项目的工期尽可能缩短,费用尽可能少;或在保证既定项目完成时间条件下,所需要的费用最少;或在费用限制的条件下,项目完工的时间最短。这就是时间—费用优化要解决的问题。完成一项目的费用可以分为两大类:

1. 直接费用

直接与项目的规模有关的费用,包括材料费用,直接生产工人工资等。为了缩短工作的持续时间和工期,就需要增加投入,即增加直接费用。

2. 间接费用

间接费用包括管理费等。一般按项目工期长度进行分摊,工期愈短,分摊的间接费用就愈少。一般项目的总费用与直接费用、间接费用、项目工期之间存在一定关系,可以用图 11 – 10 表示。

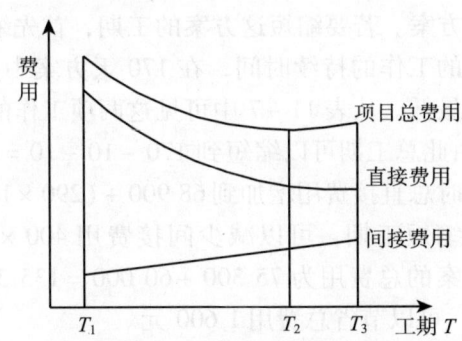

图 11 – 10 工期与总费用的关系曲线

图中:T_1——最短工期,项目总费用最高;

T_2——最佳工期;

T_3——正常的工期。

当总费用最少工期短于要求工期时,这就是最佳工期。

进行时间—费用优化时,首先要计算出不同工期下最低直接费用率,然后考虑相应的间接费用。费用优化的步骤如下:

(1)计算工作费用增加率(简称费用率)。费用增加率是指缩短工作持续时间每一单位时间(如一天)所需要增加的费用。

按工作的正常持续时间计算各关键工作的费用率,通常可表示为：

$$\Delta C_{i-j} = \frac{CC_{i-j} - CN_{i-j}}{DN_{i-j} - DC_{i-j}}$$

ΔC_{i-j}——工作 $i-j$ 的费用率；

CC_{i-j}——将工作 $i-j$ 持续时间缩短为最短持续时间后，完成该工作所需要的直接费用；

CN_{i-j}——在正常条件下完成工作 $i-j$ 所需要的直接费用；

DN_{i-j}——工作 $i-j$ 正常持续时间；

DC_{i-j}——工作 $i-j$ 最短持续时间。

（2）在网络计划图找出费用率最低的一项关键工作或一组关键工作作为缩短持续时间的对象。其缩短后的值不能小于最短持续时间，不能成为非关键工作。

（3）同时计算相应的增加的总费用，然后考虑由于工期的缩短间接费用的变化，在这基础上计算项目的总费用。

重复以上步骤，直到获得满意的方案为止。

以下通过举例说明。已知项目的每天间接费用为400元，利用表11-6中的已知资料，按表11-7安排进度，项目正常工期为170天，对应的项目直接费用为68 900元，间接费用为170×400 = 68 000元，项目总费用为136 900元。这是在正常条件下进行的方案，称为170天方案。若要缩短这方案的工期，首先缩短关键路线上直接费用率最小的工作的持续时间，在170天方案中关键工作 K，G 的直接费用率是最低。从表11-7中可见这两项工作的持续时间都只能缩短10天。由此总工期可以缩短到170-10-10 = 150天。按150天工期计算，这时总直接费用增加到68 900 + (290×10 + 350×10) = 75 300元。由于缩短工期，可以减少间接费用400×20 = 8 000元，工期为150天方案的总费用为75 300 + 60 000 = 135 300元。与工期170天方案相比，可以节省总费用1 600元。

表11-6

序号	工作代号	正常持续时间（天）	工作直接费用（元）	最短工作时间（天）	工作直接费用（元）	费用率（元/天）
1	A	60	10 000	60	10 000	/
2	B	45	4 500	30	6 300	120
3	C	10	2 800	5	4 300	300
4	D	20	7 000	10	11 000	400
5	E	40	10 000	35	12 500	500
6	F	18	3 600	10	5 440	230
7	G	30	9 000	20	12 500	350

续表

序号	工作代号	正常持续时间（天）	工作直接费用（元）	最短工作时间（天）	工作直接费用（元）	费用率（元/天）
8	H	15	3 750	10	5 750	400
9	K	25	6 250	15	9 150	290
10	L	35	12 000	35	12 000	/

但在 150 天方案中已有两条关键路线，即
①→②→④→⑥→⑦→⑧与①→②→⑤→⑦→⑧

如果再缩短工期，工作的直接费用将大幅度增加。例如在 150 天方案的基础上再缩短工期 10 天，成为 140 天方案。这时应选择工作 D，缩短 10 天；工作 H 缩短 5 天（只能缩短 5 天），工作 E 缩短 5 天。这时直接费用成为 75 300 + 400 × 10 + 400 × 5 + 500 × 5 = 83 800 元。间接费用为 140 × 400 = 56 000 元，总费用为 139 800 元。显然 140 天方案的总费用比 150 天方案和 170 天方案的总费用都高。综合考虑 150 天方案为最佳方案。计算结果汇总在表 11 - 7 中。

表 11 - 7

工期方案	170 天方案	150 天方案	140 天方案
缩短关键工作		K, G	D, H, E
缩短工作持续时间（天）		10, 10	10, 5, 5
直接费用（元）	68 900	75 300	83 800
间接费用（元）	68 000	60 000	56 000
总费用（元）	139 600	135 300	139 800

11.4　网络计划软件

11.4.1　概况

20 世纪 60 年代，网络计划图用手工编制时，工作量很大，若遇到有些工作资源配置有变化时，就需要及时修改网络计划图。这是非常麻烦的事，推广应用都存在很多困难。1980 年以后，微机开始普及起来，到 1983 年以后有了在微机上使用的网络计划的软件。这之后经历了几次变革，网络计划的软件随计算机的更新换代而不断改进。目前网络计划技术应用软件的水平，大约处在第五代。大多数软

件是 Windows 操作系统。可以处理表格及图形输入方式、横道图（甘特图）带逻辑联线、单代号网络计划图、完成各种数值计算等。第六代是面向对象的图形智能化的操作，并在不断完善。如我国梦龙科技有限公司开发的智能项目动态控制软件，目前是国内工程领域中用户最多的项目进度控制软件，它极易进行进度计划编制、进度计划优化、进度跟踪反馈、进度分析、控制等各方面工作。

它可以同时优化、计划、管理和控制多个项目，可以多方案分析比较、目标计划跟踪、可实时监控。它利用先进的资源平衡来优化资源计划，采用图像化操作、双代号网络图，并同时自动生成7种不同模式图、双代号网络图、单代号、逻辑图、单双混合图、横道图、时标网络图，完全根据不同的需要来反映工程各种数据。

将整个项目作为一个系统加以处理，通过网络计划形式对整个系统统筹规划，并进行有效的监控管理，解决项目上最关心的两个问题：进度和费用。

以网络计划为核心技术的梦龙智能项目管理动态控制系统 MrPert，也正好体现了这一点。它很好地解决了项目管理者关心的两个问题：进度和费用，为有效的管理工程提供了极大的方便。

大量的工程项目实践表明，应用网络计划技术管理后可以缩短建设周期20%，降低工程成本10%，而编制网络计划所需费用仅为总费用的0.1%。

在三峡工程、50周年大阅兵、"神舟"号研制和发射等众多的项目中，梦龙的 MrPert 系统得到很好的应用。

有关网络计划的计算机软件的开发和研究发展很快，现在已有不少商品化的软件。国外的网络计划软件有：Time Line，Project Scheduler，Microsoft Project 等。如 Microsoft Project 有若干不断改进的版本，但基本部分是大同小异的。学习和掌握使用可分阶段进行：初步了解和掌握使用、熟悉掌握和灵活使用。它有一套术语，也可以分阶段的熟悉它们。要全部掌握这些软件的使用是需要花一定时间的。编制大型工程项目网络计划图，要掌握网络计划技术，必须要掌握有关网络计划软件的使用。否则网络计划图就失去其实际控制进度的作用。以下作初步介绍，便于读者入门和引起兴趣。

11.4.2 编制网络计划图前的准备工作

1. 项目的工作分解结构

将一个项目按由粗到细的原则，分解为若干层次，一般是树状结构。分解的粗细程度，取决于使用者的要求。最好将项目的工作分解层次多一些，细一些。这是一项基础工作，要求项目的（Work Breakdown Structure，WBS）应当是稳定的，然后确定工作的逻辑关系，列出工作逻辑关系表，如表 11-1 那样，但是要更详细。一旦经过有关部门审定后，不能随意变动。当将整个项目的 WBS 输入计算机后，软件可按使用者的需要，随时显示不同层次的纲目和细目。

将工作逻辑关系表输入计算机后，软件能自动地给 WBS 的每组成部分指定识别编号。计算机根据工作的识别编号进行运算。并按软件具有的功能，自动完成各种图表的绘制和有关参数的计算。

2. 数据

收集和整理对应项目工作分解结构各层次工作的数据。包括与计算工作持续时间有关的数据，对应各工作的所需要资源及其经济指标，与计算项目经济指标有关的各工作的费用数据，以便进行项目的时间—费用分析。

3. 熟悉有关网络计划软件的术语

不同软件的术语虽然有些不一样，但基本术语是相同的。掌握本章的基本术语后，就比较容易理解不同软件中的术语。另一类是进一步分析用的术语，需要专门学习。

11.4.3 软件的功能

网络计划软件一般都具有：项目清算表、资源清算表、任务清算表、甘特图、网络图、项目分解结构树形图、资源分布图、日历、各种分析报告或报表。图与表之间的数据是动态连接的，保证数据输入或修改的一致性。当在任务清算表中输入项目的各工作与有关数据后，软件自动生成甘特图，网络图根据日历中指定的项目开工日期，按规定的每月或周的工作日和工作班数，计算出各工作的最早开始日期、最迟开始日期、最早结束日期和最迟结束日期，并计算出关键路线和时差。软件具有平衡资源和优化资源利用的功能，根据需要可打印出不同详细程度的网络计划图和有关报表。

1. 界面

一般软件都采用视窗界面，能显示带有时标的甘特图界面、网络计划图界面、资源平衡界面、可指定日期的日历、资源配置表等，显示需要的计算结果，显示关键路线（CPM）。

2. 操作

软件启动后，软件具有操作提示或帮助，便于使用。可以修改初始数据，新增加工作或删改已有工作。各工作的细化或合并，在界面上很容易实现。进行调整软件给出的图表，编制需要的计算关系式和设计输出报表的格式。通过人—机交换，进一步分析网络和优化网络等。

3. 输出结果

打印出网络计划图、横道图、资源平衡图、日历进度计划、分析报表等。有的软件可允许使用者自行设计报表的格式和打印需要的内容。

第 12 章 排 队 论

12.1 基本概念

12.1.1 排队过程的一般表示

图 12-1 就是排队过程的一般模型。各个顾客由顾客源（总体）出发，到达服务机构（服务台、服务员）前排队等候接受服务，服务完成后就离开。排队结构指队列的数目和排队列方式，排队规则和服务规则是说明顾客在排队系统中按怎样的规则、次序接受服务的。

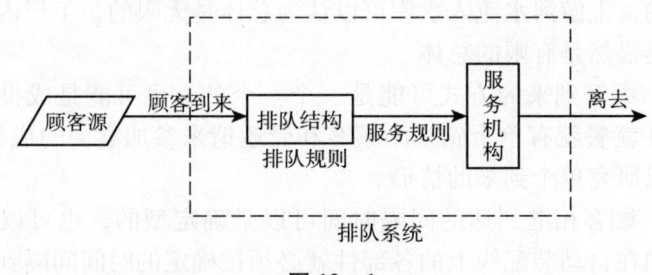

图 12-1

我们所说的排队系统就指图中虚线所包括的部分。

在现实中的排队现象是多种多样的，对上面所说的"顾客"和"服务员"，要做广泛的了解。它可以是人，也可以是非生物；队列可以是具体地排列，也可以是无形的（例如向电话交换台要求通话的呼唤）；顾客可以走向服务机构，也可以相反（如送货上门）。下面举一些例子说明现实中形形色色的排队系统（见表 12-1）。

表 12-1

到达的顾客	要求服务内容	服务机构
1. 不能运转的机器	修理	修理技工
2. 修理技工	领取修配零件	发放修配零件的管理员
3. 病人	诊断或动手术	医生（或包括手术台）
4. 电话呼唤	通话	交换台
5. 文件稿	打字	打字员
6. 提货单	提取存货	仓库管理员
7. 到达机场上空的飞机	降落	跑道
8. 驶入港口的货船	装（卸）货	装（卸）货码头（泊位）
9. 上游河水进入水库	放水，调整水位	水闸管理员
10. 进入我方阵地的敌机	我方高射炮进行射击	我方高射炮

12.1.2 排队系统的组成和特征

一般的排队系统都有三个基本组成部分：（1）输入过程；（2）排队规则；（3）服务机构。

现在分别说明各部分的特征。

1. 输入过程

输入即指顾客到达排队系统，可能有下列各种不同情况，当然这些情况并不是彼此排斥的。

（1）顾客的总体（称为顾客源）的组成可能是有限的，也可能是无限的。上游河水流入水库可以认为总体是无限的，工厂内停机待修的机器显然是有限的总体。

（2）顾客到来的方式可能是一个一个的，也可能是成批的。例如到餐厅就餐就有单个到来的顾客和受邀请来参加宴会的成批顾客，我们将只研究单个到来的情形。

（3）顾客相继到达的间隔时间可以是确定型的，也可以是随机型的。如在自动装配线上的各部件就必须按确定的时间间隔到达装配点，定期运行的班车、班轮、班机的到达也是确定型的。但一般到商店购物的顾客、到医院就诊的病人、通过路口的车辆等，它们的到达都是随机型的。对于随机型的情形，要知道单位时间内的顾客到达数或相继到达的间隔时间的概率分布（见图 12-2）。

（4）顾客的到达可以是相互独立的，也就是说，以前的到达情况对以后顾客的到来没有影响，否则就是有关联的。例如工厂的机器在一个短的时间区间内出现停机（顾客到达）的概率就受已经待修或被修理的机器数目的影响。我们主要讨论的是相互独立的情形。

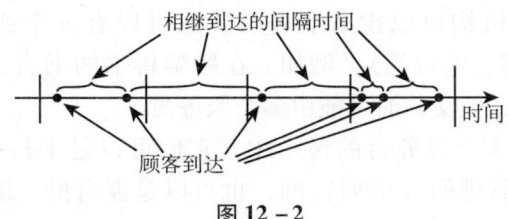

图 12-2

(5) 输入过程可以是平稳的，或称对时间是齐次的，是指描述相继到达的间隔时间分布和所含参数（如期望值、方差等）都是与时间无关的，否则称为非平稳的。非平稳情形的数学处理是困难的。

2. 排队规则

(1) 顾客到达时，如所有服务台都正被占用，在这种情形下顾客可以随即离去，也可以排队等候。随即离去的称为即时制或损失制，因为这将失掉许多顾客；排队等候的称为等待制。电话的呼唤属于前者，而到医院挂号排队属于后者。

对于等待制，为顾客进行服务的次序可以采用下列各种规则：先到先服务，后到先服务，随即服务，有优先权的服务等。

先到先服务，即按到达次序接受服务，这是最通常的情形。

后到先服务，如乘用电梯的顾客是后入先出的。仓库中存放的厚钢板也是如此。在情报系统中，最后到达的信息往往是最有价值的，因而常采用后到先服务（指被采用）的规则。

随机服务，指服务员从等待的顾客中随机地选取其一进行服务，而不管到达的先后，如电话交换台接通呼唤的电话就是如此。

有优先权的服务，如医院对于病情严重的患者将给予优先治疗。

(2) 从占有的空间来看，队列可以排在具体的处所（如售票处、候诊室等），也可以是抽象的（如向电话交换台要求通话的呼唤）。由于空间的限制或其他原因，有的系统要规定容量（即允许进入排队系统的顾客数）的最大限；有的没有这种限制（即认为容量可以是无限的）。

(3) 从队列的数目看，可以是单列的，也可以是多列。在多列的情形，各列的顾客有的可以互相转移，有的不能（如用绳子或栏杆隔开）。有的排队顾客因等候时间过长而中途退出，有的不能退出（如高速公路上的汽车流），必须坚持到被服务为止。我们将只讨论各队列间不能互相转移，也不能中途退出的情形。

3. 服务机构

从机构形式和工作情况来看有以下几种情况。

(1) 服务机构可以没有服务员，也可以有一个或多个服务员（服务台、通道、窗口等）。例如，在敞架售书的书店，顾客选书时就没有服务员，但交款时可能由多个服务员。

(2) 在有多个服务台的情形中，它们可以是平行排列（并列）的，可以是前后排列（串列）的，也可以是混合的。图 12-3 说明了这些情形。

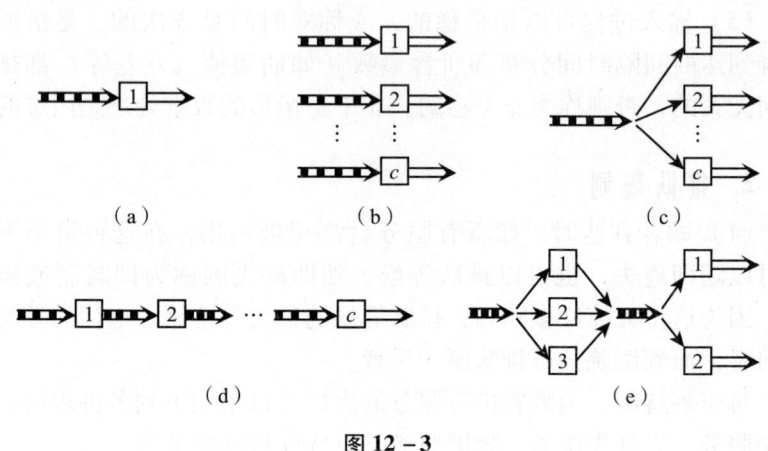

图 12-3

图 12-3 中 (a) 是单队——单服务台的情形；(b) 是多队—多服务台（并列）的情形；(c) 是单队—多服务台（并列）的情形；(d) 是多服务台（串列）的情形；(e) 是多服务台（混合）的情形。

(3) 服务方式可以对单个顾客进行，也可以对成批顾客进行，公共汽车队在站台等候的顾客就成批进行服务。我们将只研究单个对单个的服务方式。

(4) 和输入过程一样，服务时间也分确定型的和随机型的。自动冲洗汽车的装置对每辆汽车冲洗（服务）的时间就是确定型的，但大多数情形的服务时间是随机型的。对于随机型的服务时间，需要知道它的概率分布。

如果输入过程，即相继到达的间隔时间和服务时间二者都是确定型的，那么问题就太简单了。因此，在排队论中所讨论的是二者至少有一个是随机型的情形。

(5) 和输入过程一样，服务时间的分布我们总假定是平稳的，即分布的期望值、方差等参数都不受时间的影响。

12.1.3 排队模型的分类

肯德尔（D. G. Kendall）在 1953 年提出排队模型分类方法，按照

上述各部分的特征中最主要的,影响最大的特征有三个,即

(1) 相继顾客达到间隔时间的分布;

(2) 服务时间的分布;

(3) 服务台的个数。

按照这三个特征分类,并用一定符号表示,称为肯德尔记号。这只对并列的服务台(如果服务台是多于一个的话)的情形,他用的符号形式是:

$$X/Y/Z$$

其中,X 处填写表示相继达到间隔时间的分布;Y 处填写表示服务时间的分布;Z 处填写并列的服务台的数目。

表示相继达到间隔时间和服务时间的各种分布的符号是:

M——负指数分布(M 是 Markov 的字头,因为负指数分布具有无记忆性,即 Markov 性);

D——确定型(Deterministic);

E_k——k 阶爱尔朗(Erlang)分布;

GI——一般相互独立(General Independent)的时间间隔的分布;

G——一般(General)服务时间的分布。

例如,$M/M/1$ 表示相继达到间隔时间为负指数分布、服务时间为负指数分布、单服务台的模型;$D/M/C$ 表示确定的到达间隔、服务时间为负指数分布、C 个平行服务台(但顾客是一队)的模型。以后,在 1971 年一次关于排队论符号标准化会议上决定,将肯德尔符号扩充为:

$X/Y/Z/A/B/C$ 形式,其中前三项意义不变,而后三项意义分别是:

A 处填写系统容量限制 N;

B 处填写顾客源数目 m;

C 处填写服务规则,如先到先服务(FCFS),后到后服务(LCFS)等。

并约定,如略去后三项,即指 $X/Y/Z/\infty/\infty/$ FCFS 的情形。在本书中,因只讨论先到先服务 FCFS 的情形,所以略去第六项。

12.1.4 排队问题的求解

一个实际问题作为排队问题求解时,首先要研究它属于哪个模型,其中只有顾客到达的间隔时间分布和服务时间的分布需要实测的数据来确定,其他因素都是在问题提出时给定的。

解排队问题的目的,是研究排队系统运行的效率,估计服务质量,确定系统参数的最优值,以决定系统结构是否合理、研究设计改进措施等。所以必须确定用以判断系统运行优劣的基本数量指标,解

排队问题就是首先求出这些数量指标的概率分布或特征数。这些指标通常是：

（1）队长，指在系统中的顾客数，它的期望值记作 L_s；

排队长（队列长），指在系统中排队等待服务的顾客数，它的期望值记作 L_q；

$$\begin{bmatrix}系统中\\顾客数\end{bmatrix} = \begin{bmatrix}在队列中等待\\服务的顾客数\end{bmatrix} + \begin{bmatrix}正被服务\\的顾客数\end{bmatrix}$$

一般情形，L_s（或 L_q）越大，说明服务率越低，排队成龙，是顾客最讨厌的。

（2）逗留时间，指一个顾客在系统中的停留时间，它的期望值记作 W_s；

等待时间，指一个顾客在系统中排队等待的时间，它的期望值记作 W_q，

$$[逗留时间] = [等待时间] + [服务时间]$$

在机器故障问题中，无论是等待修理或正在修理都使工厂受到停工的损失。所以逗留时间（停工时间）是主要的。但一般购物、诊病等问题中仅仅等待时间常是顾客们所关心的。

此外，还有忙期（busy period）指从顾客到达空闲服务机构起到服务机构再次为空闲止这段时间长度，即服务机构连续繁忙的时间长度，它关系到服务员的工作强度。忙期和一个忙期中平均完成服务顾客数都是衡量服务机构效率的指标。

在即时制或排队有限制的情形，还有由于顾客被拒绝而使企业受到损失的损失率以及以后经常遇到的服务强度等，这些都是很重要的指标。

计算这些指标的基础是表达系统状态的概率。所谓系统的状态即指系统中顾客数，如果系统中有 n 个顾客就说系统的状态是 n，它的可能值是：

（1）队长没有限制时，$n = 0, 1, 2, \cdots$

（2）队长有限制，最大数为 N 时，$n = 0, 1, 2, \cdots, N$

（3）即时制，服务台个数是 c 时，$n = 0, 1, 2, \cdots, c$

后者，状态 n 又表示正在工作（繁忙）的服务台数。

这些状态的概率一般是随时刻 t 而变化，所以在时刻 t、系统状态为 n 的概率用 $P_n(t)$ 表示。

求状态概率 $P_n(t)$ 的方法，首先要建立含 $P_n(t)$ 的关系式见图 12-4，因为 t 是连续变量，而 n 只取非负整数，所以建立的 $P_n(t)$ 的关系式一般是微分差分方程（关于 t 的微分方程，关于 n 的差分方程）。方程的解称为瞬态（或称过渡状态）（transient state）解。求瞬态解是不容易的，一般的，即使求出也很难利用，因此我们常用它的

极限（如果存在的话）
$$\lim_{t\to\infty} P_n(t) = P_n$$

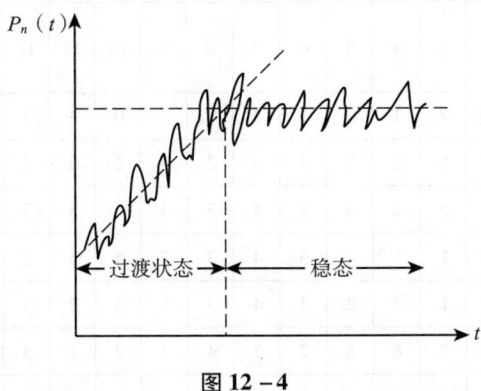

图 12 – 4

称为稳态（steady state），或称统计平衡状态（statistical equilibrium state）的解。

稳态的物理含义是，当系统运行了无限长的时间之后，初始（$t=0$）出发状态的概率分布（$P_n(0)$，$n \geqslant 0$）的影响将消失，而且系统的状态概率分布不再随时间变化。当然，在实际应用中大多数问题系统会很快趋于稳态，而无须等到 $t \to \infty$ 以后。但永远达不到稳态的情形也确实存在的。

求稳态概率 P_n 时，并不一定求 $t \to \infty$ 时 $P_n(t)$ 的极限，而只需令导数 $P_n'(t) = 0$ 即可。我们以下着重研究问题的情形。

12.2 到达间隔的分布和服务时间的分布

解决排队问题首先要根据原始资料作出顾客到达间隔和服务时间的经验分布，然后按照统计学的方法（例如 χ^2 检验法）以确定合于哪种理论分布，并估计它的参数值。本节先举例说明经验分布，然后介绍常见的理论分布——泊松分布、负指数分布和爱尔朗（Erlang）分布。

12.2.1 经验分布

现在举例说明原始资料的整理。

例 1：大连港大港区 1979 年载货 500 吨以上船舶到达（不包括

定期到达的船舶）逐日记录见表 12 - 2。

表 12 - 2

月\日	1	2	3	4	5	6	7	8	9	10	11	12	13	14	15	16
一	8	10	4	1	0	1	4	4	7	0	3	2	4	0	2	2
二	2	5	5	2	7	3	6	2	3	2	2	2	2	3	4	6
三	3	8	5	2	4	7	4	3	3	4	3	2	4	5	3	2
四	6	2	1	5	4	3	4	3	7	5	5	1	1	3	7	4
五	7	4	1	2	2	3	4	3	5	3	2	7	5	4	3	7
六	1	4	2	6	5	2	7	4	3	3	1	3	4	5	5	3
七	4	1	1	3	3	4	8	4	4	4	3	5	3	0	7	4
八	4	3	4	4	3	1	2	5	5	3	5	4	3	6	1	3
九	3	4	4	1	7	7	0	7	2	3	0	6	6	2	2	3
十	5	2	1	1	6	6	4	6	2	3	6	7	3	5	3	2
十一	5	4	3	5	2	3	4	4	3	1	3	3	3	4	5	0
十二	6	5	5	2	1	5	4	2	2	2	3	1	7	5	1	4

月\日	17	18	19	20	21	22	23	24	25	26	27	28	29	30	31
一	5	4	2	1	1	3	6	2	3	4	4	2	0	3	1
二	2	2	6	5	2	1	5	3	5	5	2	2			
三	1	2	3	8	2	3	3	2	5	4	7	2	4	1	3
四	5	4	4	6	5	1	4	4	1	4	3	6	4		
五	2	1	6	3	2	5	2	5	4	2	4	4	4	4	2
六	5	2	4	3	3	3	6	3	5	5	6	2	1	4	
七	1	3	4	4	2	3	5	5	1	2	4	3	4	6	3
八	2	0	6	3	4	6	4	4	5	1	2	8	4	5	1
九	4	4	5	3	1	4	6	1	2	3	5	0	2	4	
十	6	2	5	1	0	7	9	3	2	5	1	7	3	5	3
十一	2	1	0	3	6	6	3	5	5	1	2	2	2	4	
十二	6	7	3	1	2	1	3	4	1	3	9	3	3	1	4

资料来源：摘自《港口装卸》，1980 年第 5 期，第 5 页。

将表 12 - 2 整理成船舶到达数的分布表（见表 12 - 3）。

表12-3　　船舶到达数分布表（大连港大港区1979年）

船舶到达数 n	频数	频率（%）
0	12	0.033
1	43	0.118
2	64	0.175
3	74	0.203
4	71	0.195
5	49	0.134
6	26	0.071
7	19	0.052
8	4	0.011
9	2	0.005
10以上	1	0.003
合计	365	1.000

$$\text{平均到达率} = \frac{\text{到达总数}}{\text{总天数}} = \frac{1271}{365} = 3.48 \text{（艘／天）}$$

更原始的资料是记录各顾客到达的时刻和对各顾客的服务时间。以 τ_i 表示第 i 号顾客到达的时刻，以 S_i 表示对它的服务时间，这样可算出相继到达的间隔时间 t_i（$t_i = \tau_{i+1} - \tau_i$）和排队等待时间 W_i，它们的关系见图12-5。

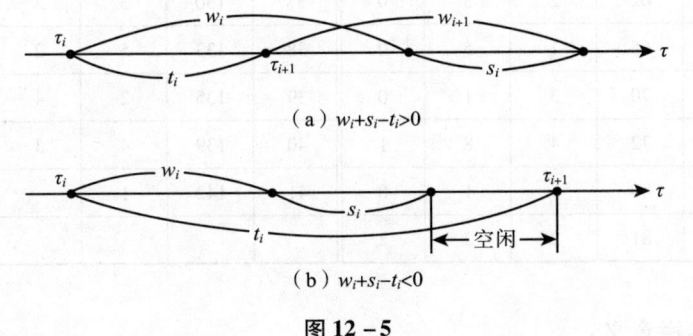

图12-5

从图12-5中可以看出

间隔　　　　　　　　$t_i = \tau_{i+1} - \tau_i$

等待时间　　$w_{i+1} = \begin{cases} w_i + s_i - t_i & \text{当 } w_i + s_i - t_i > 0 \\ 0, & \text{当 } w_i + s_i - t_i < 0 \end{cases}$ （12-1）

例2：某服务机构是单服务台，先到先服务，对41个顾客记录到达时刻 τ 和服务时间 s（单位为分钟）如表12-4所示，在表中以第1号顾客到达时刻为0。全部服务时间为127分钟。

表12-4

(1)i	(2)τ_i	(3)s_i	(4)t_i	(5)w_i	(1)i	(2)τ_i	(3)s_i	(4)t_i	(5)w_i
1	0	5	2	0	22	83	3	3	2
2	2	7	4	3	23	86	6	2	2
3	6	1	5	6	24	88	5	4	6
4	11	9	1	2	25	92	1	3	7
5	12	2	7	10	26	95	3	6	5
6	19	4	3	5	27	101	2	4	2
7	22	3	4	6	28	105	2	1	0
8	26	3	10	5	29	106	1	3	1
9	36	1	2	0	30	109	2	5	0
10	38	2	7	0	31	114	1	2	0
11	45	5	2	0	32	116	8	1	0
12	47	4	2	3	33	117	4	4	7
13	49	1	3	5	34	121	2	6	7
14	52	2	9	3	35	127	1	2	3
15	61	1	1	0	36	129	6	1	2
16	62	2	3	0	37	130	3	3	7
17	65	1	5	0	38	133	5	2	7
18	70	3	1	0	39	135	2	4	10
19	72	4	8	1	40	139	4	3	8
20	80	3	1	0	41	142	1		9
21	81	2	2	2					

各栏意义：

(1) 顾客编号 i；(2) 到达时刻 τ_i；(3) 服务时间 s_i；以上三栏是原始记录；(4) 到达间隔 t_i；(5) 排队等待时间 w_i，这两栏是通过式（12-1）计算得到的。

现将上面的原始记录整理成表12-5和表12-6。

表 12-5　　　　到达间隔分布表

到达间隔/分钟	次数
1	6
2	10
3	8
4	6
5	3
6	2
7	2
8	1
9	1
10 以上	1
合计	40

表 12-6　　　　服务时间分布表

服务时间/分钟	次数
1	10
2	10
3	7
4	5
5	4
6	2
7	1
8	1
9 以上	1
合计	41

平均间隔时间 = 142/40 = 3.55（分钟/人）

平均到达率 = 41/142 = 0.28（人/分钟）

平均服务时间 = 127/41 = 3.12（分钟/人）

平均服务率 = 41/127 = 0.32（人/分钟）

下面介绍经常用的几个理论分布。

12.2.2　泊松流

设 $N(t)$ 表示在时间区间 $[0, t)$ 内到达的顾客数（$t > 0$）。

令 $P_n(t_1, t_2)$ 表示在时间区间 $[t_1, t_2)(t_1 < t_2)$ 内有（$n \geq 0$）

个顾客到达（这当然是随机事件）的概率，即

$$P_n(t_1, t_2) = P\{N(t_2) - N(t_1) = n\} \quad (t_2 > t_1, n \geq 0)$$

当 $P_n(t_1, t_2)$ 合于下列三个条件时，我们说顾客的到达形成泊松流。这三个条件是：

（1）在不相重叠的时间区间内顾客到达数是相互独立的，我们称这性质为无后效性。

（2）对充分小的 Δt，在时间区间 $[t, t+\Delta t)$ 内有 1 个顾客到达的概率与 t 无关，而约与区间长 Δt 成正比，即

$$P_1[t, t+\Delta t] = \lambda \Delta t + o(\Delta t) \quad (12-2)$$

其中 $o(\Delta t)$，当 $\Delta t \to 0$ 时，是关于 Δt 的高阶无穷小。$\lambda > 0$ 是常数，它表示单位时间有一个顾客到达的概率，称为概率强度。

（3）对于充分小的 Δt，在时间区间 $[t, t+\Delta t)$ 内有 2 个或 2 个以上顾客到达概率极小，以至于可以忽略，即

$$\sum_{n=2}^{\infty} P_n[t, t+\Delta t] = o(\Delta t) \quad (12-3)$$

在上述条件下，我们研究顾客到达数 n 的概率分布。再由条件（2），我们总可以取时间由 0 算起，并简记 $P_n(0, t) = P_n(t)$。由条件（2）和条件（3），容易推得在 $[t, t+\Delta t)$ 区间内没有顾客到达的概率

$$P_0[t, t+\Delta t] = 1 - \lambda \Delta t + o(\Delta t)$$

在求 $P_n(t)$ 时，用通常建立未知函数的微分方程法的方法，先求未知函数 $P_n(t)$ 由时刻 t 到 $t+\Delta t$ 的改变量，从而建立 t 时刻的概率分布与 $t+\Delta t$ 时刻概率分布的关系方程。

对于区间 $[0, t+\Delta t)$，可分成两个互不重叠的区间 $[0, t)$ 和 $[t, t+\Delta t)$。现在到达总数是 n，分别出现在这两个区间上，不外下列三种情况。各种情况出现个数和概率见表 12-7。

表 12-7

区间 情况	$[0, t)$		$[t, t+\Delta t)$		$[0, t+\Delta t)$	
	个数	概率	个数	概率	个数	概率
(A)	n	$P_n(t)$	0	$1 - \lambda \Delta t + o(\Delta t)$	n	$P_n(t)(1 - \lambda \Delta t + o(\Delta t))$
(B)	$n-1$	$P_{n-1}(t)$	1	$\lambda \Delta t$	n	$P_{n-1}(t) \lambda \Delta t$
(C)	$n-2$ $n-3$ $\vdots$ 0	$P_{n-2}(t)$ $P_{n-3}(t)$ $\vdots$ $P_0(t)$	2 3 $\vdots$ n	$o(\Delta t)$	n n $\vdots$ n	$o(\Delta t)$

在 $[0, t+\Delta t)$ 内到达 n 个顾客应是表中三种互不相容的情况之一，所以概率 $P_n(t+\Delta t)$ 应是表中三个概率之和（各 $o(\Delta t)$ 合为一项）

$$P_n(t+\Delta t) = P_n(t)(1-\lambda\Delta t) + P_{n-1}(t)\lambda\Delta t + o(\Delta t)$$

$$\frac{P_n(t+\Delta t) - P_n(t)}{\Delta t} = -\lambda P_n(t) + \lambda P_{n-1}(t) + \frac{o(\Delta t)}{\Delta t} \quad (12-4)$$

令 $\Delta t \to 0$，得下列方程，并注意到初始条件，则有

$$\begin{cases} \dfrac{dP_n(t)}{dt} = -\lambda P_n(t) + \lambda P_{n-1}(t), & n \geqslant 1 \\ P_n(0) = 0; \end{cases} \quad (12-5)$$

当 $n=0$ 时，没有（B），（C）两种情况，所以得

$$\begin{cases} \dfrac{dP_0(t)}{dt} = -\lambda P_0(t) \\ P_0(0) = 1 \end{cases} \quad (12-6)$$

解式（12-5）和式（12-6），就得

$$P_n(t) = \frac{(\lambda t)^n}{n!} e^{-\lambda t},$$

$$t > 0 \quad n = 0, 1, 2\cdots \quad (12-7)$$

$P_n(t)$ 表示长为 t 的时间区间内到达 n 个顾客的概率，由式 (12-7)，像在概率论中所学过的，我们说随机变量 $\{N(t) = N(s+t) - N(s)\}$ 服从泊松分布。它的数学期望和方差分别是

$$E[N(t)] = \lambda t; \quad Var[N(t)] = \lambda t \quad (12-8)$$

期望值和方差相等，是泊松分布的一个重要特征，我们可以利用它对一个经验分布是否合于泊松分布进行初步的识别。

12.2.3 负指数分布

随机变量 T 的概率密度若是

$$f_T(t) = \begin{cases} \lambda e^{-\lambda t}, & t \geqslant 0 \\ 0, & t < 0 \end{cases} \quad (12-9)$$

则称 T 服从负指数分布。它的分布函数是

$$F_T(t) = \begin{cases} 1 - e^{-\lambda t}, & t \geqslant 0 \\ 0, & t < 0 \end{cases} \quad (12-10)$$

数学期望 $E[T] = \dfrac{1}{\lambda}$；方差 $Var[T] = \dfrac{1}{\lambda^2}$；标准差 $\sigma[T] = \dfrac{1}{\lambda}$

负指数分布有下列性质：
（1）由条件概率公式容易证明

$$P\{T > t+s \mid T > s\} = P\{T > t\} \quad (12-11)$$

这性质称为无记忆或马尔柯夫性。若 T 表示排队系统中顾客到达的间隔时间，那么这个性质说明一个顾客到来所需的时间与过去一个顾客到来所需时间 s 无关，所以说这情形下的顾客到达是纯随机的。

（2）当输入过程是泊松流时，那么顾客相继到达的间隔时间 T 必须服从负指数分布。这是因为对于泊松流，在 $[0, t)$ 区间内至少有 1 个顾客到达的概率是

$$1 - P_0(t) = 1 - e^{\lambda t}, \ t > 0$$

而这概率又可表示为

$$P\{T \leq t\} = F_T(t)$$

结合式（12-10），这性质得到证明。

因此，相继到达的间隔时间是独立且为同负指数分布（密度函数为 $\lambda e^{-\lambda t}$, $t \geq 0$），与输入过程为泊松流（参数为 λ）是等价的。所以在 Kendall 记号中就都用 M 表示。

对于泊松流，λ 表示单位时间平均到达的顾客数，所以 $1/\lambda$ 就表示相继到达平均间隔时间，而这正和 $E[T]$ 的意义相符。

服务时间 v 的分布：对一顾客的服务时间也就是在忙期相继离开系统的两顾客的间隔时间，有时也服从负指数分布。这时设它的分布函数和密度分别是

$$F_v(t) = 1 - e^{-\mu t}, \ f_v(t) = \mu e^{-\mu t} \qquad (12-12)$$

其中 μ 表示单位时间能被服务完成的顾客数，称为平均服务率，而 $\dfrac{1}{\mu} = E(v)$ 表示一个顾客平均服务时间，这里平均就是期望值。

12.2.4　爱尔朗分布

设 $v_1, v_2, \cdots, v_k$ 是 k 个相互独立的随机变量，服从相同参数 $k\mu$ 的负指数分布，那么

$$T = v_1 + v_2 + \cdots + v_k$$

的概率密度是

$$b_k(t) = \frac{\mu k (\mu k t)^{k-1}}{(k-1)!} e^{-\mu k t}, \ t > 0 \qquad (12-13)$$

（证明略）我们说 T 服从 k 阶爱尔朗分布。

$$E[T] = \frac{1}{\mu}; \ Var[T] = \frac{1}{k\mu^2} \qquad (12-14)$$

这是因为

$$E[v_i] = \frac{1}{k\mu}, \ i = 1, 2, \cdots, k$$

所以

$$E[T] = \sum_{i=2}^{k} E(v_i) = \frac{1}{\mu}$$

例如串列的 k 个服务台,每台服务时间相互独立,服从相同的负指数分布(参数 $k\mu$),那么一顾客走完这 k 个服务台总共所需要服务时间就服从上述的 k 阶爱尔朗分布。

爱尔朗分布族提供更为广泛的模型类,比指数分布有更大的适应性。事实上,当 $k=1$ 时,爱尔朗分布化为负指数分布,这可看成是完全随机的;当 k 增大时,爱尔朗分布的图形逐渐变为对称的;当 $k \geqslant 30$ 时爱尔朗分布近似于正态分布;$k \to \infty$ 时,由式(12 – 14)可以看出 $Var[T] \to 0$,因此这时爱尔朗分布化为确定型分布(见图 12 – 6),所以一般的 k 阶爱尔朗分布可看成完全随机与完全确定的中间型,能对现实世界提供更为广泛的适应性。

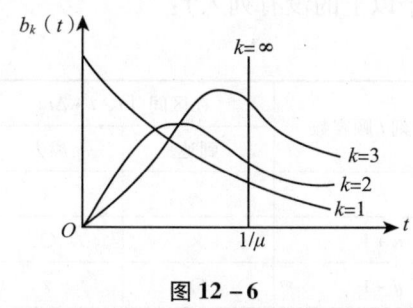

图 12 – 6

12.3 单服务台负指数分布排队系统的分析

在本节中讨论单服务台的排队系统,它的输入过程服从泊松分布过程,服务时间服从负指数分布。按以下三种情形讨论。
(1) 标准的 $M/M/1$ 模型,即 $(M/M/1/\infty/\infty)$;
(2) 系统的容量有限制,即 $(M/M/1/N/\infty)$;
(3) 顾客源为有限,即 $(M/M/1/\infty/m)$。

12.3.1 标准的 $M/M/1$ 模型 $(M/M/1/\infty/\infty)$

标准的 $M/M/1$ 模型是指适合下列条件的排队系统:
(1) 输入过程——顾客源是无限的,顾客单个到来,相互独立,一定时间的到达数服从泊松分布,到达过程已是平稳的。
(2) 排队规则——单队,且对队长没有限制,先到先服务。
(3) 服务机构——单服务台,各顾客的服务时间是相互独立的,服从相同的负指数分布。

此外,还假定到达间隔时间和服务时间是相互独立的。在分析标准的 $M/M/1$ 模型时,首先要求出系统在任意时刻 t 的状态为 n(系统中有 n 个顾客)的概率 $P_n(t)$,它决定了系统运行的特征。

因已知到达规律服从参数为 λ 的泊松过程,服务时间服从参数为 μ 的负指数分布,所以在 $[t, t+\Delta t]$ 时间区间内分布为:

(1) 有 1 个顾客到达的概率为 $\lambda\Delta t + o(\Delta t)$;没有顾客到达的概率就是 $1 - \lambda\Delta t + o(\Delta t)$。

(2) 当有顾客在接受服务时,1 个顾客被服务完了(离去)的概率是 $\mu\Delta t + o(\Delta t)$,没有离去的概率就是 $1 - \mu\Delta t + o(\Delta t)$。

(3) 多于 1 个顾客的到达或离去的概率是 $o(\Delta t)$,是可以忽略的。

在时刻 $t + \Delta t$,系统中有 n 个顾客($n > 0$)存在下列四种情况(到达或离去是 2 个以上的没有列入):

情况	在时刻 t 顾客数	在区间 $[t, t+\Delta t]$		在时刻 $t+\Delta t$
		到达	离去	
(A)	n	×	×	n
(B)	$n+1$	×	○	n
(C)	$n-1$	○	×	n
(D)	n	○	○	n

注:○表示发生(1 个);×表示没有发生。

它们的概率分别是(略去 $o(\Delta t)$):

情况 (A):$P_n(t)(1 - \lambda\Delta t)(1 - \mu\Delta t)$

情况 (B):$P_{n+1}(t)(1 - \lambda\Delta t) \cdot \mu\Delta t$

情况 (C):$P_{n-1}(t) \cdot \lambda\Delta t(1 - \mu\Delta t)$

情况 (D):$P_n(t) \cdot \lambda\Delta t \cdot \mu\Delta t$

由于这四种情况是互不相容的,所以 $P_n(t+\Delta t)$ 应是这四项之和,即(将关于 Δt 的高阶无穷小合成一项):

$$P_n(t+\Delta t) = P_n(t)(1 - \lambda\Delta t - \mu\Delta t) + P_{n+1}(t)\lambda\Delta t + P_{n-1}(t)\lambda\Delta t + o(\Delta t)$$

$$\frac{P_n(t+\Delta t) - P_n(t)}{\Delta t} = \lambda P_{n-1}(t) + \mu P_{n+1}(t) - (\lambda + \mu)P_n(t) + \frac{o(\Delta t)}{\Delta t}$$

令 $\Delta t \to 0$,得关于 $P_n(t)$ 的微分差分方程

$$\frac{dP_n(t)}{dt} = \lambda P_{n-1}(t) + \mu P_{n+1}(t) - (\lambda + \mu) P_n(t) \quad n=1,2,\cdots \tag{12-15}$$

当 $n=0$，则只有上表中（A）、（B）两种情况，即
$$P_0(t+\Delta t) = P_0(t)(1-\lambda \Delta t) + P_1(t)(1-\lambda \Delta t)\mu \Delta t$$

同理求得
$$\frac{dP_0(t)}{dt} = -\lambda P_0(t) + \mu P_1(t) \tag{12-16}$$

这样系统状态（n）随时间的过程是称为生灭过程的一个特殊情形。解方程（12-15）、方程（12-16）是很麻烦的，求得解（瞬态解）中因为含有修正的贝赛耳函数，也不便于应用，我们只研究稳态的情况，这时 $P_n(t)$ 与 t 无关，可写成 P_n，它的导数为 0，由式（12-15）和式（12-16）可得

$$\begin{cases} -\lambda P_0 + \mu P_1 = 0 & (12-17) \\ \lambda P_{n-1} + \mu P_{n+1} - (\lambda + \mu) P_n = 0 \quad n \geq 1 & (12-18) \end{cases}$$

这是关于 P_n 的差分方程。它表明了各状态间的转移关系，用图 12-7 表示。

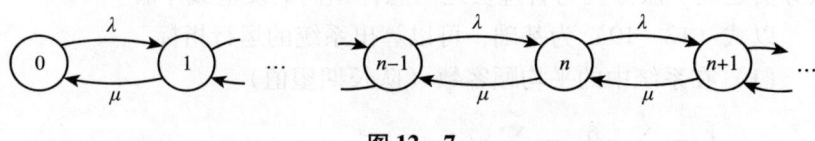

图 12-7

由图 12-7 可见，状态 0 转移到状态 1 的转移率为 λP_0，状态 1 转移到状态 0 的转移率为 μP_1。对状态 0 必须满足以下平衡方程
$$\lambda P_0 = \mu P_1$$

同样对任何 $n \geq 1$ 状态，可得到式（12-18）的平衡方程。求解式（12-17）得
$$P_1 = \left(\frac{\lambda}{\mu}\right) P_0$$

将它代入式（12-18），令 $n=1$，
$$\mu P_2 = (\lambda + \mu)\left(\frac{\lambda}{\mu}\right) P_0 - \lambda P_0 ; \text{ 所以 } P_2 = \left(\frac{\lambda}{\mu}\right)^2 P_0$$

同理依次推得
$$P_n = \left(\frac{\lambda}{\mu}\right)^n P_0$$

今设 $\rho = \frac{\lambda}{\mu} < 1$（否则队列将排至无限远），又由概率的性质知
$$\sum_{n=0}^{\infty} P_n = 1$$

将 P_n 的关系代入,

$$P_0 \sum_{n=0}^{\infty} \rho^n = P_0 \cdot \frac{1}{1-\rho} = 1$$

得

$$\boxed{\begin{aligned} P_0 &= 1 - \rho \\ P_n &= (1-\rho)\rho^n, \ n \geq 1 \end{aligned}} \quad \rho < 1 \tag{12-19}$$

这时系统状态为 n 的概率。

式 (12-19) 的 ρ 有其实际意义。根据表达式的不同,可以有不同的解释。当 $\rho = \frac{\lambda}{\mu}$ 表达时,它是平均到达率与平均服务率之比;即在相同时区内顾客到达的平均数与被服务的平均数之比。若表示为 $\rho = \left(\frac{1}{\mu}\right)\left(\frac{1}{\lambda}\right)$,它是为一个顾客的服务时间与到达间隔时间之比;称 ρ 为服务强度 (traffic intensity),或称 ρ 为话务强度。这是因为早期排队论是爱尔朗等在研究电话理论时用的术语,一直沿用至今。由式 (12-19),$\rho = 1 - P_0$,它刻画了服务机构的繁忙程度;所以又称服务机构的利用率。读者可考虑由于 ρ 的大小不同值,将会产生顾客与服务员之间、服务员与管理员之间怎样不同的反应或矛盾。

以式 (12-19) 为基础,可以算出系统的运行指标。

(1) 在系统中的平均顾客数 (队长期望值)

$$\begin{aligned} L_s &= \sum_{n=0}^{\infty} n P_n = \sum_{n=1}^{\infty} n(1-\rho)\rho^n \\ &= (\rho + 2\rho^2 + 3\rho^3 + \cdots) - (\rho^2 + 2\rho^3 + 3\rho^4 + \cdots) \\ &= \rho + \rho^2 + \rho^3 + \cdots = \frac{\rho}{1-\rho}, \quad 0 < \rho < 1 \end{aligned}$$

或

$$L_s = \frac{\lambda}{\mu - \lambda}$$

(2) 在队列中等待的平均顾客数 (队列长期望值)

$$\begin{aligned} L_q &= \sum_{n=1}^{\infty} (n-1) P_n = \sum_{n=1}^{\infty} n P_n - \sum_{n=1}^{\infty} P_n \\ &= L_s - \rho = \frac{\rho^2}{1-\rho} = \frac{\rho\lambda}{\mu - \lambda} \end{aligned}$$

关于顾客在系统中逗留的时间 W (随机变量),在 $M/M/1$ 情形下,它服从参数为 $\mu - \lambda$ 的负指数分布,即

$$\begin{aligned} &\text{分布函数 } F(w) = 1 - e^{-(\mu - \lambda)w} \quad w \geq 0 \\ &\text{概率密度 } f(w) = (\mu - \lambda) e^{-(\mu - \lambda)w} \end{aligned} \tag{12-20}$$

于是得

(3) 在系统中顾客等待逗留时间的期望值

$$W_s = E[W] = \frac{1}{\mu - \lambda}$$

(4) 在队列中顾客等待时间的期望值

$$W_q = W_s - \frac{1}{\mu} = \frac{\rho}{\mu - \lambda}$$

现将以上各式归纳如下：

$$\boxed{\begin{array}{ll}(1)\, L_s = \dfrac{\lambda}{\mu - \lambda} & (2)\, L_q = \dfrac{\rho\lambda}{\mu - \lambda} \\ (3)\, W_s = \dfrac{1}{\mu - \lambda} & (4)\, W_q = \dfrac{\rho}{\mu - \lambda}\end{array}} \quad (12-21)$$

它们相互的关系如下：

$$\boxed{\begin{array}{ll}(1)\, L_s = \lambda W_s & (2)\, L_q = \lambda W_q \\ (3)\, W_s = W_q + \dfrac{1}{\mu} & (4)\, L_s = L_q + \dfrac{\lambda}{\mu}\end{array}} \quad (12-22)$$

式（12-22）Little 公式。

例 3：某医院手术室根据病人就诊和完成手术时间的记录，任意抽查 100 个工作小时，每小时来就诊的病人数 n 的出现次数如表 12-8 所示。又任意抽查了 100 个完成手术的病历，所用时间 v（小时）出现的次数如表 12-9 所示。

表 12-8

到达的病人数 n	出现次数 f_n
0	10
1	28
2	29
3	16
4	10
5	6
6 以上	1
合计	100

表 12-9

为病人完成手术时间 v（小时）	出现次数 f_v
0.0 ~ 0.2	38
0.2 ~ 0.4	25
0.4 ~ 0.6	17

续表

为病人完成手术时间 v（小时）	出现次数 f_v
0.6~0.8	9
0.8~1.0	6
1.0~1.2	5
1.2 以上	0
合计	100

(1) 算出每小时病人平均到达率 $=\dfrac{\sum nf_n}{100}=2.1$（人/小时）

每次手术平均时间 $=\dfrac{\sum vf_v}{100}=0.4$（小时/人）

每小时完成手术人数（平均服务率）$=\dfrac{1}{0.4}=2.5$（人/小时）

(2) 取，$\lambda=2.1$，$\mu=2.5$，可以通过统计检验的方法（例如 χ^2 检验法），认为病人到达数服从参数为 2.1 的泊松分布，手术时间服从参数为 2.5 的负指数分布。

(3) $\rho=\dfrac{\lambda}{\mu}=\dfrac{2.1}{2.5}=0.84$

它说明服务机构（手术室）有 84% 的时间是繁忙（被利用），有 16% 的时间是空闲的。

(4) 依次代入式（12-21），算出各指标：

在病房中病人数（期望值）$L_s=\dfrac{2.1}{2.5-2.1}=5.25$（人）

排队等待病人数（期望值）$L_q=0.84\times 5.25=4.41$（人）

病人在病房中逗留时间（期望值）$W_s=\dfrac{1}{2.5-2.1}=2.5$（小时）

病人排队等待时间（期望值）$W_s=\dfrac{0.84}{2.5-2.1}=2.1$（小时）

不同的服务规则（先到先服务，后到先服务，随机服务）它们的不同点主要反映在等待时间的分布函数的不同，而一些期望值是相同。我们上面讨论的各种指标，因为都是期望值，所以这些指标的计算公式对三种服务规则都适用（但对有优先权的规则不适用）。

12.3.2 系统的容量有限限制的情况（M/M/1/N/∞）

如果系统的最大容量为 N，对于单服务台的情形，排队等待的顾

客最多为 $N-1$，在某时刻一顾客到达时，如系统中已有 N 个顾客，那么这个顾客就被拒绝进入系统（见图 12-8）。

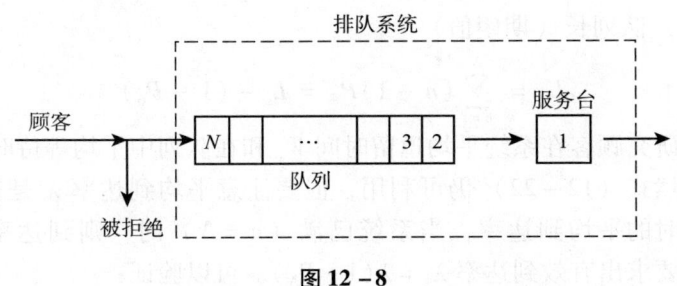

图 12-8

当 $N=1$ 时为即时制的情形；当 $N\to\infty$，为容量无限制的情形。

若只考虑稳态的情形，可作各状态间概率强度的转换关系见图 12-9。

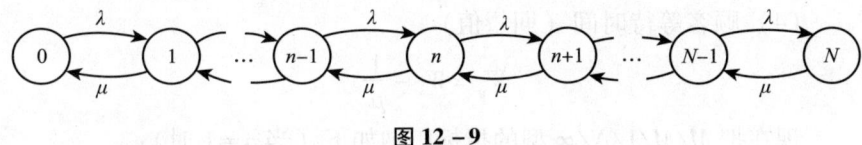

图 12-9

根据图 12-9，列出状态概率的稳态方程：

$$\begin{cases} \mu P_1 = \lambda P_0 \\ \mu P_{n+1} + \lambda P_{n-1} = (\lambda+\mu)P_n, & n \leq N-1 \\ \mu P_N = \lambda P_{N-1} \end{cases}$$

解这差分方程与解式（12-17）、式（12-18）是很类似的，所不同的是，

$$P_0 + P_1 + \cdots + P_N = 1$$

仍令 $\rho = \dfrac{\lambda}{\mu}$，因而得，

$$\begin{cases} P_0 = \dfrac{1-\rho}{1-\rho^{N+1}} & \rho \neq 1 \\ P_n = \dfrac{1-\rho}{1-\rho^{N+1}}\rho^n & n \leq N \end{cases} \quad (12-23)$$

这里略去 $\rho=1$ 情形的讨论。

在对容量没有限制的情形，我们曾设 $\rho<1$，这不仅是实际问题的需要，也是无穷级数收敛所必需的。在容量为有限数 N 的情形下，这个条件就没有必要了。不过当 $\rho>1$ 时，表示损失率的 P_n（或表示被拒绝排队的顾客平均数 λP_n）将是很大的。

根据式（12-23）我们可以导出系统的各种指标（计算过程略）：

(1) 队长（期望值）
$$L_s = \sum_{n=0}^{N} np_n = \frac{\rho}{1-\rho} - \frac{(N+1)\rho^{N+1}}{1-\rho^{N+1}} \quad \rho \neq 1$$

(2) 队列长（期望值）
$$L_q = \sum_{n=1}^{N} (n-1)P_n = L_s - (1-P_0)$$

当研究顾客在系统平均逗留时间 W_s 和在队列中平均等待时间 W_q 时，虽然式（12-22）仍可利用，但要注意平均到达率 λ 是在系统中有空时的平均到达率，当系统已满（$n=N$）时，则到达率为 0，因此需要求出有效到达率 $\lambda_e = \lambda(1-P_N)$。可以验证：
$$1 - P_0 = \frac{\lambda_e}{\mu}$$

(3) 顾客逗留时间（期望值）
$$W_s = \frac{L_s}{\mu(1-P_0)} = \frac{L_q}{\lambda(1-P_N)} + \frac{1}{\mu}$$

(4) 顾客等待时间（期望值）
$$W_q = W_s - \frac{1}{\mu}$$

现在把 $M/M/1/N/\infty$ 型的指标归纳如下（当 $\rho \neq 1$ 时）：

$$\begin{cases} L_s = \dfrac{\rho}{1-\rho} - \dfrac{(N+1)\rho^{N+1}}{1-\rho^{N+1}} \\ L_q = L_s - (1-P_0) \\ W_s = \dfrac{L_s}{\mu(1-P_0)} \\ W_q = W_s - \dfrac{1}{\mu} \end{cases} \quad (12-24)$$

例4：单人理发馆有 6 个椅子接待人们排队等待理发。当 6 个椅子都坐满时，后来到的顾客不进店就离开。顾客平均到达率为 3 人/小时，理发需时平均 15 分钟。则 $N=7$ 为系统中最大的顾客数，$\lambda = 3$/小时，$\mu = 4$ 人/小时。

(1) 求某顾客一到达就能理发的概率
$$P_0 = \frac{1 - \dfrac{3}{4}}{1 - \left(\dfrac{3}{4}\right)^8} = 0.2778$$

(2) 求需要等待的顾客数的期望值
$$L_s = \frac{\dfrac{3}{4}}{1 - \dfrac{3}{4}} - \frac{8\left(\dfrac{3}{4}\right)^8}{1 - \left(\dfrac{3}{4}\right)^8} = 2.11$$

$$L_q = L_s - (1 - P_0) = 2.11 - (1 - 0.2778) = 1.39$$

（3）求有效到达率

$$\lambda_e = \mu(1 - P_0) = 4(1 - 0.2778) = 2.89 \text{（人/小时）}$$

（4）求一顾客在理发馆内逗留的期望时间

$$W_s = \frac{L_s}{\lambda_e} = \frac{2.11}{2.89} = 0.73 \text{（小时）} = 43.8 \text{（分钟）}$$

（5）在可能到来的顾客中不等待就离开的概率（$P_n \geq 7$）

这就是求系统中有 7 个顾客的概率：

$$P_7 = \left(\frac{\lambda}{\mu}\right)^7 \left(\frac{1-\frac{\lambda}{\mu}}{1-\left(\frac{\lambda}{\mu}\right)^8}\right) = \left(\frac{3}{4}\right)^7 \left(\frac{1-\frac{3}{4}}{1-\left(\frac{3}{4}\right)^8}\right) \approx 3.7\%$$

这也是理发馆的损失率。现以本例比较队长为有限和无限，两种结果如下。

$\lambda=3$ 人/小时 $\mu=4$ 人/小时	L_s	L_q	W_s	W_q	P_0	可能到来的顾客中有百分之几离开 P_7
有限队长 $N=7$	2.11	1.39	0.73	0.48	0.278	3.7%
无限队长	3	2.25	1.0	0.75	0.25	0

12.3.3 顾客源为有限的情形（M/M/1/∞/m）

现以最常见的机器因故障停机待修问题来说明。设共有 m 台机器（顾客总体），机器因故障停机表示"到达"，待修的机器形成队列，修理工人是服务员，本节只讨论单服务员的情形。类似的例子还有 m 个打字员共用一台打字机，m 个会计分析员同用一个计算机终端等。顾客总体虽只有 m 个，但每个顾客到来并经过服务后，仍回到原来总体，所以仍然可以到来。在机器故障问题中同一台机器出了故障（到来）并经修好（服务完了）仍可再出故障（见图 12-10）。模型的符号中第 4 项，写了 ∞，在这表示对系统的容量没有限制，但实际上它永远不会超过 m，所以和写成（M/M/1/∞/m）的意义相同。

关于平均到达率，在无限源的情形是按全体顾客来考虑的；在有限源的情形必须按每个顾客来考虑。为简单起见，设各个顾客的到达率都是相同的 λ（在这里 λ 的含义是每台机器单位运转时间内发生故障的概率或平均次数），这时在系统外的顾客平均数为 $m - L_s$，对系统的有效到达率 λ_e 应是

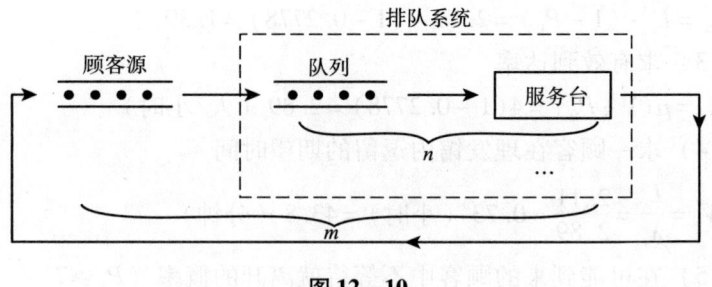

图 12 - 10

$$\lambda_e = \lambda(m - L_s) \quad (12-25)$$

对于 ($M/M/1/\infty/m$) 模型的分析可用前述的方法。在稳态的情况下，考虑状态间的转移率。当由状态 0 转移到状态 1，每台设备由正常状态转移为故障状态，其转移率为 λP_0，现有 m 台设备由无故障状态转移为有一台设备（不论哪一台）发生故障，其转移率为 $m\lambda P_0$。至于由状态 1 转移到状态 0，其状态转移率为 μP_1。所以在状态 0 时有平衡方程 $m\lambda P_0 = \mu P_1$。其关系可用图 12 - 11 表示。

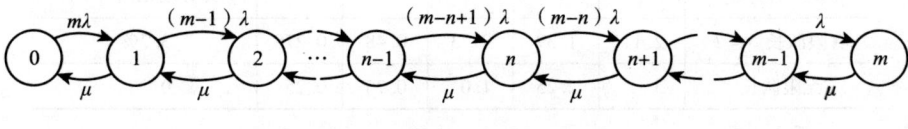

图 12 - 11

由图 12 - 11 可得到各状态间的转移差分方程。

$$\begin{cases} \mu P_1 = m\lambda P_0 \\ \mu P_{n+1} + (m-n+1)\lambda P_{n-1} = [(m-n)\lambda + \mu] P_n, \quad 1 \leq n \leq m-1 \\ \mu P_m = \lambda P_{m-1} \end{cases}$$

解这差分方程，用递推方法，并注意到

$$\sum_{i=0}^{m} P_i = 1 \left(\text{因而不要求} \frac{\lambda}{\mu} < 1 \right)$$

得

$$\begin{cases} P_0 = \dfrac{1}{\sum_{i=0}^{m} \dfrac{m!}{(m-i)!} \left(\dfrac{\lambda}{\mu}\right)^i} \\ P_n = \dfrac{m!}{(m-n)!} \left(\dfrac{\lambda}{\mu}\right)^n P_0 \quad (1 \leq n \leq m) \end{cases} \quad (12-26)$$

求得系统的各项指标为

$$\begin{cases} L_s = m - \dfrac{\mu}{\lambda}(1-P_0) \\ L_q = m - \dfrac{(\lambda+\mu)(1-P_0)}{\lambda} = L_s - (1-P_0) \\ W_s = \dfrac{m}{\mu(1-P_0)} - \dfrac{1}{\lambda} \\ W_q = W_s - \dfrac{1}{\mu} \end{cases} \qquad (12-27)$$

在机器故障问题中 L_s 就是平均故障台数，而 $M - L_s$ 表示正常运转的平均台数。

$$m - L_s = \dfrac{\mu}{\lambda}(1-P_0)$$

例 5：某车间有 5 台机器，每台机器的连续运转时间服从负指数分布，平均连续运转时间 15 分钟，有一个修理工，每次修理时间服从负指数分布，平均每次 12 分钟。求：

（1）修理工空闲的概率；
（2）五台机器都出故障的概率；
（3）出故障的平均台数；
（4）等待修理的平均台数；
（5）平均停工时间；
（6）平均等待修理时间；
（7）评价这些结果。

解：$m = 5$，$\lambda = \dfrac{1}{15}$，$\mu = \dfrac{1}{12}$，$\dfrac{\lambda}{\mu} = 0.8$

（1）$P_0 = \left[\dfrac{5!}{5!}(0.8)^0 + \dfrac{5!}{4!}(0.8)^1 + \dfrac{5!}{3!}(0.8)^2 + \dfrac{5!}{2!}(0.8)^3 + \dfrac{5!}{1!}(0.8)^4 + \dfrac{5!}{0!}(0.8)^5 \right]^{-1} = \dfrac{1}{136.8} = 0.0073$

（2）$P_5 = \dfrac{5!}{0!}(0.8)^5 P_0 = 0.287$

（3）$L_s = 5 - \dfrac{1}{0.8}(1 - 0.0073) = 3.76$（台）

（4）$L_q = 3.76 - 0.993 = 2.77$（台）

（5）$W_s = \dfrac{5}{\dfrac{1}{12}(1 - 0.007)} - 15 = 46$（分钟）

（6）$W_q = 46 - 12 = 34$（分钟）

（7）机器停工时间过长，修理工几乎没有空闲时间，应当提高服务率减少修理时间或增加修理工人。

12.4 多服务台负指数分布排队系统的分析

现在讨论单队、并列的多服务台（服务台数 C）的情形，我们分以下三种情形讨论。

(1) 标准的 $M/M/C$ 模型（$M/M/C/\infty/\infty$）；
(2) 系统容量有限制（$M/M/C/N/\infty/\infty$）；
(3) 有限顾客客源（$M/M/C/\infty/m$）。

12.4.1 标准的 $M/M/C$ 模型（$M/M/C/\infty/\infty$）

关于标准的 $M/M/C$ 模型各种特征的规定与标准的 $M/M/1$ 模型的规定相同。另外规定各服务台工作是相互独立（不搞协作）且平均服务率相同 $\mu_1 = \mu_2 = \cdots = \mu_c = \mu$。于是整个服务机构的平均服务率为 $c\mu$（当 $n \geqslant c$）；为 $n\mu$（当 $n < c$）。令 $\rho = \dfrac{\lambda}{c\mu}$，只有当 $\dfrac{\lambda}{c\mu} < 1$ 时才不会排成无限的队列，称它为这个系统的服务强度或称服务机构的平均利用率（见图 12-12）。

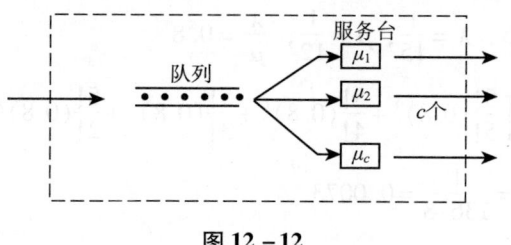

图 12-12

在分析这排队系统时，仍从状态间的转移关系开始，可见图 12-13。如状态 1 转移状态 0，即系统中有一名顾客被服务完了（离去）的转移率为 μP_1。状态 2 转移到状态 1 时，这就是在两个服务台上被服务的顾客中有一个被服务完成而离去。因为不限哪一个，那么这时状态的转移率便是 $2\mu P_2$。同理，再考虑状态 n 转移到 $n-1$ 的情况。当 $n \leqslant c$ 时，状态转移率为 $n\mu P_n$；

当 $n > c$ 时，因为只有 c 个服务台，最多 c 个顾客在被服务，$n-c$ 个顾客在等候，因此这时状态转移率应为 $c\mu P_n$。

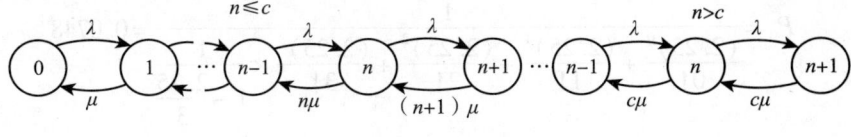

图 12-13

由图 12-13 可得

$$\begin{cases} \mu P_1 = \lambda P_0 \\ (n+1)\mu P_{n+1} + \lambda P_{n-1} = (\lambda + n\mu)P_n & (1 \leq n \leq c) \\ c\mu P_{n+1} + \lambda P_{n-1} = (\lambda + c\mu)P_n & (n > c) \end{cases}$$

这里 $\sum_{i=0}^{\infty} P_i = 1$，且 $\rho \leq 1$

用递推法解上述差分方程，可求得状态概率。

$$\begin{cases} P_0 = \left[\sum_{k=0}^{c-1} \frac{1}{k!} \left(\frac{\lambda}{\mu}\right)^k + \frac{1}{c!} \cdot \frac{1}{1-\rho} \cdot \left(\frac{\lambda}{\mu}\right)^c \right]^{-1} \\ P_n = \begin{cases} \frac{1}{n!} \left(\frac{\lambda}{\mu}\right)^n P_0 & (n \leq c) \\ \frac{1}{c! \, c^{n-c}} \left(\frac{\lambda}{\mu}\right)^n P_0 & (n > c) \end{cases} \end{cases} \quad (12-28)$$

系统的运行指标求得如下：

平均队长

$$\begin{cases} L_s = L_q + \frac{\lambda}{\mu} \\ L_q = \sum_{n=c+1}^{\infty} (n-c)P_n = \frac{(c\rho)^c \rho}{c!(1-\rho)^2} P_0 \end{cases} \quad (12-29)$$

（因为 $\sum_{n=c+1}^{\infty}(n-c)P_n = \sum_{n'=1}^{\infty} n' P_{n'+c} = \sum_{n'=1}^{\infty} \frac{n'}{c! \, c^{n'}} (c\rho)^{n'+c} P_0 = $ 右边）

平均等待时间和逗留时间仍由 Little 公式求得，

$$W_q = \frac{L_q}{\lambda}, \quad W_s = \frac{L_s}{\lambda}$$

例6：某售票处有三个窗口，顾客的到达服务泊松过程，平均到达率每分钟 $\lambda = 0.9$（人），服务（售票）时间服从负指数分布，平均服务率每分钟 $\mu = 0.4$ 人。现设顾客到达后排成一队，依次向空闲的窗口购票如图 12-14（a）所示，这就是一个 *M/M/C* 型的系统，其中 $c = 3$，$\frac{\lambda}{\mu} = 2, 25$，$\rho = \frac{\lambda}{c\mu} = \frac{2.25}{3}$（<1）符合要求的条件，代入公式得：

（1）整个售票处空闲的概率

$$P_0 = \frac{1}{\frac{(2.25)^0}{0!} + \frac{(2.25)^1}{1!} + \frac{(2.25)^2}{2!} + \frac{(2.25)^3}{3!} \times \frac{1}{1-\frac{2.25}{3}}} = 0.0748$$

（2）平均队长

$$L_q = \frac{(2.25)^3 \times \frac{3}{4}}{3!\left(\frac{1}{4}\right)^2} \times 0.0748 = 1.70$$

$$L_s = L_q + \frac{\lambda}{\mu} = 3.95$$

（3）平均等待时间和逗留时间

$$W_q = \frac{1.70}{0.9} = 1.89 \text{（分钟）}$$

$$W_s = 1.89 + \frac{1}{0.4} = 4.39 \text{（分钟）}$$

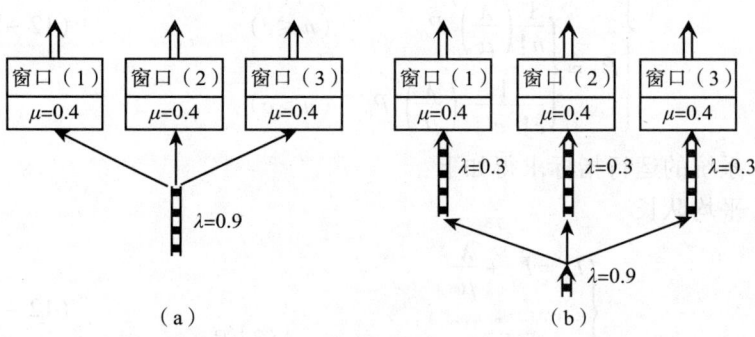

图 12 – 14

顾客到达后必须等待（即系统中顾客数已有 3 人，即各服务台都没有空闲）的概率

$$P(n \geqslant 3) = \frac{(2.25)^2}{3!\frac{1}{4}} 0.0748 = 0.57$$

12.4.2　M/M/C 型系统和 c 个 M/M/1 型系统的比较

现就上面的例子说明，如果原题除排队方式外其他条件不变，但顾客到达后在每个窗口前各排一队，且进入队列后坚持不换，这就形成 3 个队列，见图 12 – 14（b）而每个队列平均到达率为

$$\lambda_1 = \lambda_2 = \lambda_3 = \frac{0.9}{3} = 0.3 \text{（每分钟）}$$

这样，原来的系统就变成 3 个 $M/M/1$ 型的子系统。现按 $M/M/1$ 型解决这个问题，并与上面比较如表 12-10 所示。

表 12-10

模型 指标	（1）M/M/3 型	（2）M/M/3 型
服务台空闲的概率 P_0	0.0748	0.25（每个子系统）
顾客必须等待的概率	$P(n \geq 3) = 0.57$	0.75
平均队列长 L_q	1.70	2.25（每个子系统）
平均队长 L_s	3.95	9.00（整个系统）
平均逗留时间 W_s	4.39（分钟）	10（分钟）
平均等待时间 W_q	1.89（分钟）	7.5（分钟）

从表 12-10 中各指标的对比可以看出（1）（单队）比（2）（三队）有显著优越性，在安排排队方式时应该注意。

由于计算 P_0 和各项指标式（12-29）、式（12-30）很复杂，现在已有专门的数值表可供使用。式（12-29）、式（12-30）各式中 P_0 和 L_q 都是由 C 和 ρ 完全确定的，于是 $W_q \cdot \mu$ 也由 C 和 ρ 完全确定。可构造一个 $W_q \cdot \mu$ 数值表，便于使用。

表 12-11　　　　　　多服务台 $W_q \cdot \mu$ 的数值表

$\dfrac{\lambda}{c\mu}$	服务台数				
	$C=1$	$C=2$	$C=3$	$C=4$	$C=5$
0.1	0.1111	0.0101	0.0014	0.0002	0.0000*
0.2	0.2500	0.0417	0.0103	0.0030	0.0010
0.3	0.4286	0.0989	0.0333	0.0132	0.0058
0.4	0.6667	0.1905	0.0784	0.0378	0.0199
0.5	1.0000	0.3333	0.1579	0.0870	0.0521
0.6	1.5000	0.5625	0.2956	0.1794	0.1181
0.7	2.3333	0.9608	0.5470	0.3572	0.2519
0.8	4.0000	1.7778	1.0787	0.7455	0.5541
0.9	9.0000	4.2632	2.7235	1.9694	1.5250
0.95	19.0000	9.2564	6.0467	4.4571	3.5112

注：*表示小于 0.00005。

在例 6 中，已知 $c = 3$，$\rho = \dfrac{\lambda}{c\mu} = 0.75$。查表 12 – 11，无此数。故用线性插值法求得

$W_q \cdot \mu = 0.8129$

因 $\mu = 0.4$，所以 $W_q = 2.03$ 分

$W_s = 2.03 + \dfrac{1}{0.4} = 4.53$（分）

$L_q = \dfrac{2.03}{0.9} = 2.2$（人）

$L_s = 2.2 + 2.5 = 4.45$（人）

这结果和前面计算的有差异，这时由插值引起的。

12.4.3 系统的容量有限制的情形（M/M/C/N/∞）

设系统的容量最大限制为 $N(\geq c)$，当系统中的顾客数 n 已达到 N（即队列中顾客数已达 $N - C$）时，再来的顾客即被拒绝，其他条件与标准的 M/M/C 型相同。这时系统的状态概率和运行指标如下：

$$P_0 = \dfrac{1}{\sum\limits_{k=0}^{c} \dfrac{(c\rho)^k}{k!} + \dfrac{c^c}{c!} \cdot \dfrac{\rho(\rho^c - \rho^N)}{1 - \rho}} \quad \rho \neq 1$$

$$P_n = \begin{cases} \dfrac{(c\rho)^n}{n!} P_0 & (0 \leq n \leq c) \\ \dfrac{c^c}{c!} \rho^n P_0 & (c \leq n \leq N) \end{cases}$$

(12 – 30)

其中 $\rho = \dfrac{\lambda}{c\mu}$，但现在已不必对 ρ 加以限制。

$$\begin{cases} L_q = \dfrac{P_0 \rho (c\rho)^c}{c!\,(1-\rho)^2}[1 - \rho^{N-c} - (N-c)\rho^{N-c}(1-\rho)] \\ L_s = L_q + c\rho(1 - P_N) \\ W_q = \dfrac{L_q}{\lambda(1 - P_N)} \\ W_s = W_q + \dfrac{1}{\mu} \end{cases}$$

(12 – 31)

由于公式的复杂，现在已有一些专门图表可供使用。

特别当 $N = c$（即时制）的情形，例如在街头的停车场就不允许排队等待空位，这时

$$\begin{cases} P_0 = \dfrac{1}{\sum_{k=0}^{c} \dfrac{(c\rho)^k}{k!}} \\ P_n = \dfrac{(c\rho)^n}{n!} P_0, \quad 0 \leq n \leq c \end{cases} \quad (12-32)$$

其中，当 $N = c$ 即关于 P_c 的公式，被称为爱尔朗呼唤损失公式，是 A. K. Erlang 早在 1917 年发现的，并广泛应用于电话系统的设计中。

这时的运行指标如下：

$$\begin{cases} L_q = 0, \quad W_q = 0, \quad W_s = \dfrac{1}{\mu} \\ L_s = \sum_{n=1}^{c} n P_n = \dfrac{c\rho \sum_{n=0}^{c-1} \dfrac{(c\rho)^{n-1}}{n!}}{\sum_{n=0}^{c} \dfrac{(c\rho)^n}{n!}} = c\rho (1 - P_c) \end{cases} \quad (12-33)$$

它又是使用的服务台数（期望值）。

例 7：在某风景区准备建造旅馆，顾客到达为泊松流，每天平均到 (λ) 6 人，顾客平均逗留时间 $\left(\dfrac{1}{\mu}\right)$ 为 2 天，试就该旅馆在具有 (c) 1，2，3，…，8 个房间的条件下，分别计算每天客房平均占用数 L_s 及满员概率 P_c。

这是即时式，因为在客房满员条件下，旅客显然不能排队等待。计算过程通过表 12-12 进行 $\left(\lambda = 6, \dfrac{1}{\mu} = 2, c\rho = \dfrac{\lambda}{\mu} = 12\right)$。

表 12-12

(1) n	(2) $(c\rho)^n$ $= 12^n$	(3) $n!$	(4) $\dfrac{(c\rho)^n}{n!}$	(5) $\sum_{n=0}^{c} \dfrac{(c\rho)^n}{n!}$	(6) P_c（答）	(7) $\dfrac{\sum_{n=0}^{c-1}}{\sum_{n=0}^{c}}$	(8) L_s（答）
0	1	1	1	1	1	—	—
1	1.2×10	1	12	13	0.92	0.08	0.92
2	1.44×10^2	2	72	85	0.85	0.15	1.83
3	1.73×10^3	6	288	373	0.77	0.23	2.74
4	2.07×10^4	24	864	1.24×10^3	0.70	0.30	3.62
5	2.49×10^5	120	2.07×10^3	3.31×10^3	0.63	0.37	4.48
6	2.99×10^6	720	4.15×10^3	7.46×10^3	0.56	0.44	5.33
7	3.58×10^7	5.04×10^3	7.11×10^3	1.45×10^4	0.49	0.51	6.14
8	4.30×10^8	4.03×10^4	1.07×10^4	2.52×10^5	0.42	0.58	6.93

第（4）栏：（2）/（3）。

第（5）栏：第（4）栏各数累加。

第（6）栏：（4）、（5）得满足概率 P_c，注意第（5）、（6）两栏的 c 就是同行的 n，P_c 的具体意义是：

当 $c=1$ 旅馆只有一个房间，满员（旅客被拒绝）概率 0.92。

当 $c=5$ 旅馆备有 5 个房间，满员（旅客被拒绝）概率 0.63。

当 $c=8$ 旅馆备有 8 个房间，满员（旅客被拒绝）概率 0.42。

第（7）栏：为求 L_s 做准备，用第（5）栏同行去除上一行结果。

第（8）栏：（7）×12 得 L_s，为每天客房平均占用数，它的具体意义是：

当 $n=1$ 旅馆只有一个房间，每天客房平均占用数 $L_s=0.93$（间）

$n=5$ 旅馆备有五个房间，$L_s=4.48$（间）

$n=8$ 旅馆备有八个房间，$L_s=6.92$（间）

也就是说每天平均都有一间以上的房间是空闲的。

12.4.4 顾客源为有限的情形（M/M/C/∞/m）

设顾客总体（顾客源）为有限数 m，且 $m>c$，和单服务台情形一样，顾客到达率 λ 是按每个顾客来考虑的，在机器管理问题中，就是共有 m 台机器，有 c 个修理工人，顾客到达就是机器出了故障，而每个顾客的到达率 λ 是指每台机器每单位运转时间出故障的期望次数。系统中顾客数 n 就是出故障的机器台数，当 $n \leq c$ 时，所有的故障机器都在被修理，有 $(c-n)$ 个修理工人在空闲；当 $c<n\leq m$ 时，有 $(n-c)$ 台机器在停机等待修理，而修理工人都在繁忙状态。假定这 c 个工人修理技术相同，修理（服务）时间都服从参数为 μ 的负指数分布，并假定故障的修复时间和正在生产的机器是否发生故障是相互独立的。

(1) $P_0 = \dfrac{1}{m!} \cdot \dfrac{1}{\sum\limits_{k=0}^{c} \dfrac{1}{k!(m-k)!}\left(\dfrac{c\rho}{m}\right)^k + \dfrac{c^c}{c!}\sum\limits_{k=c+1}^{m} \dfrac{1}{(m-k)!}\left(\dfrac{\rho}{m}\right)^k}$

其中 $\rho = \dfrac{m\lambda}{c\mu}$

$$P_n = \begin{cases} \dfrac{m!}{(m-n)!\,n!}\left(\dfrac{\lambda}{\mu}\right)^n P_0 & (0 \leq n \leq c) \\ \dfrac{m!}{(m-n)!\,c!\,c^{n-c}}\left(\dfrac{\lambda}{\mu}\right)^n P_0 & (c+1 \leq n \leq m) \end{cases} \qquad (12-34)$$

(2) 平均顾客数（即平均故障台数）

$$L_s = \sum_{n=1}^{m} nP_n$$

$$L_q = \sum_{n=c+1}^{m} (n-c)P_n$$

有效的到达率 λ_e 应等于每个顾客的到达率 λ 乘以在系统外（即正常生产的）机器的期望数：

$$\lambda_e = \lambda(m - L_s)$$

在机器故障问题中，它是每单位时间 m 台机器平均出现故障的次数。

（3）可以证明

$$\begin{cases} L_s = L_q + \dfrac{\lambda_e}{\mu} = L_q + \dfrac{\lambda}{\mu}(m - L'_s) \\ M_s = \dfrac{L_s}{\lambda_e} \\ W_q = \dfrac{L_q}{\lambda_e} \end{cases} \quad (12-35)$$

由于 P_0、P_n 计算公式过于复杂，有专用图书列成表格可供使用。

例 8：设有两个修理工人，负责 5 台机器的正常运行，每台机器平均损坏率为每运转小时 1 次，两工人能以相同的平均修复率 4（次/小时）修好机器。求：

（1）等待修理的机器平均数；
（2）需要修理的机器平均数；
（3）有效损坏率；
（4）等待修理时间；
（5）停工时间。

解：$m = 5$，$\lambda = 1$（次/小时），$\mu = 4$（台/小时），$c = 2$，$\dfrac{\varphi}{m} = \dfrac{\lambda}{\mu} = \dfrac{1}{4}$

$$P_0 = \dfrac{1}{5!}\left[\dfrac{1}{5!}\left(\dfrac{1}{4}\right)^0 + \dfrac{1}{4!}\left(\dfrac{1}{4}\right)^1 + \dfrac{1}{2!\,3!}\left(\dfrac{1}{4}\right)^2 + \dfrac{2^2}{2!\,2!}\left(\dfrac{1}{8}\right)^3 + \left(\dfrac{1}{8}\right)^4 + \left(\dfrac{1}{8}\right)^5\right]^{-1}$$

$= 0.3149$

$P_1 = 0.394$，$P_2 = 0.197$，$P_3 = 0.074$，$P_4 = 0.018$，$P_5 = 0.002$

（1）$L_q = P_3 + 2P_4 + 3P_5 = 0.118$

（2）$L_s = \displaystyle\sum_{n=1}^{m} nP_n = L_q + c - 2P_0 - P_1 = 1.094$

（3）$\lambda_e = 1 \times (5 - 1.094) = 3.906$

（4）$W_q = \dfrac{0.118}{3.906} = 0.03$（小时）

（5）$W_s = \dfrac{1.094}{3.906} = 0.28$（小时）

12.5 一般服务时间 M/G/1 模型

前面我们研究了泊松输入和负指数的服务时间的模型。下面将讨论服务时间是任意分布的情形。当然，对任何情形，下面关系都是正确的。

$E[$系统中顾客数$] = E[$队列中顾客数$] + E[$服务机构中顾客数$]$

$E[$在系统中逗留时间$] = E[$排队等候时间$] + E[$服务时间$]$

其中 $E[\cdot]$ 表示求期望值，用符号表示：

$$\begin{cases} L_s = L_q + L_{se} \\ W_s = W_q + E[T] \end{cases} \quad (12-36)$$

T 表示服务时间（随机变量），当 T 服从负指数分布时，$E[T] = \frac{1}{\mu}$ 是讨论过的。又式（12-22）中的关系式：

$$L_s = \lambda W_s, \quad L_q = \lambda W_q$$

也是常被利用的。所以上面的 7 个数中只要知道 3 个就可求出其余，不过再有限源和队长有限制情况下，λ 要换成有效到达率 λ_e。

12.5.1 Pollaczek–Khintchine（P–K）公式

对于 M/G/1 模型，服务时间 T 的分布是一般的，（但要求期望值 $E[T]$ 和方差 $Var[T]$ 都存在），其他条件和标准的 M/M/1 型相同。为了达到稳态，$\rho<1$ 这一条件还是必要的，其中 $\rho = \lambda E[T]$。

在上述条件下，则有

$$L_s = \rho + \frac{\rho^2 + \lambda^2 Var[T]}{2(1-\rho)} \quad (12-37)$$

这就是 Pollaczek–Khintchine（P–K）公式。只要知道 λ，$E[T]$ 和 $Var[T]$，不管 T 是什么具体分布，就可求出 L_s，然后通过式（12-36）和式（12-22）可求出 L_q、W_q 和 W_s。由这公式还可注意到，因为有方差项的存在，在研究各期望值（各运行指标都是期望值）时，完全不考虑概率性质会得出错误结果，仅当 $Var[T]=0$ 时，随机性的波动才不影响 L_s，所以要想改进各指标，除考虑期望值外，还可以从改变方差来考虑。

现在举例说明公式的应用。

例9：有一售票口，已知顾客按平均为 2 分 30 秒的时间间隔的负指数分布到达。顾客在售票口前服务时间平均为 2 分钟。

(1) 若服务时间也服从负指数分布，求顾客为购票所需时间的平均逗留时间和等待时间；

(2) 若经过调查，顾客在售票口前至少要占用 1 分钟，且认为服务时间服从负指数分布是不恰当的，而应服从以下概率密度分布，在求顾客的逗留时间和等待时间。

$$f(y) = \begin{cases} e^{-y+1} & y \geq 1 \\ 0 & y < 1 \end{cases}$$

解：(1) $\lambda = \dfrac{1}{2.5} = 0.4$，$\mu = \dfrac{1}{2} = 0.5$，$\rho = \dfrac{\lambda}{\mu} = 0.8$

$W_s = \dfrac{1}{\mu - \lambda} = 10$（分钟）

$W_q = \dfrac{\rho}{\mu - \lambda} = 8$（分钟）

(2) 令 y 为服务时间，那么 $Y = 1 + X$，X 服从均值为 1 的负指数分布。于是

$E[Y] = 2$，$Var[Y] = Var[1+x] = Var[X] = 1$

$\rho = \lambda E[Y] = 0.8$

代入 P-K 公式，得

$L_s = 0.8 + \dfrac{0.8^2 + 0.4^2 \times 1}{2 \times (1 - 0.8)} = 2.8$

$L_q = L_s - \rho = 2$

$W_s = \dfrac{L_s}{\lambda} = 7$（分钟）

$W_q = \dfrac{L_q}{\lambda} = 5$（分钟）

12.5.2 定长服务时间 M/D/1 模型

服务时间是确定的常数，例如在一条装配线上完成一件工作的时间就应是常数。自动的汽车冲洗台，冲洗一辆汽车的时间也是常数，这时

$$T = \dfrac{1}{\mu}, \quad Var[T] = 0$$

$$L_s = \rho + \dfrac{\rho^2}{2(-\rho)}$$

(12-38)

例 10：某实验室有一台自动检验机器性能的仪器，要求检验机器的顾客按泊松分布到达，每小时平均 4 个顾客，检验每台机器所需时间为 6 分钟。求：

(1) 在检验室内机器台数 L_s（期望值，下同）；

(2) 等候检验的机器台数 L_q；

(3) 每台机器在室内消耗（逗留）时间 W_s；

(4) 每台机器平均等待检验的时间 W_q。

解：$\lambda = 4$，$E(T) = \dfrac{1}{10}$（小时），$\rho = \dfrac{4}{10}$，$Var[T] = 0$

(1) $L_s = 0.4 + \dfrac{(0.4)^2}{2(1-0.4)} = 0.533$（台）

(2) $L_q = 0.533 - 0.4 = 0.133$（台）

(3) $W_s = \dfrac{0.533}{4} = 0.133$（小时）$= 8$（分钟）

(4) $W_q = \dfrac{0.133}{4} = 0.033$（小时）$= 2$（分钟）

可以证明，在一般服务时间分布的 L_q 和 W_q 中以定长服务时间的为最小，这符合我们通俗的理解——服务时间越有规律，等候的时间就越短。读者还可在热力学或信息论中熵的概念中找出类似的性质。

12.5.3 爱尔朗服务时间 $M/E_k/1$ 模型

由图 12-15 可知，如果顾客必须经过 k 个服务站，再每个服务站的服务时间 T_i 相互独立，并服从相同的负指数分布（参数为 $k\mu$），那么 $T = \sum_{i=1}^{k} T_i$ 服从 k 阶爱尔朗分布。

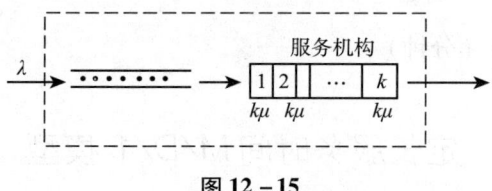

图 12-15

$$E[T_i] = \dfrac{1}{k\mu} \quad Var[T_i] = \dfrac{1}{k^2\mu^2}$$

$$E[T] = \dfrac{1}{\mu} \quad Var[T] = \dfrac{1}{k\mu^2}$$

对于 $M/E_k/1$ 模型（除服务时间外，其他条件与标准的 $M/M/1$ 型相同）

$$L_s = \rho + \dfrac{\rho^2 + \dfrac{\lambda^2}{k\mu^2}}{2(1-\rho)} = \rho + \dfrac{(k+1)\rho^2}{2k(1-\rho)}$$

$$L_q = \dfrac{(k+1)\rho^2}{2k(1-\rho)} \tag{12-39}$$

$$W_s = \frac{L_s}{\lambda}, \quad W_q = \frac{L_q}{\lambda}$$

例11：某单人裁缝店做西服，每套需经过 4 个不同的工序，4 个工序完成后才开始做另一套。每一工序的时间服从负指数分布，期望值为 2 小时。顾客到来服从泊松分布，平均订货率为 5.5 套/周（设一周 6 天，每天 8 小时）。问一顾客为等到做好一套西服期望时间有多长？

解：顾客到达 $\lambda = 5.5$ 套/周，设：

μ——平均服务率（单位时间做完的套数）；

$\dfrac{1}{\mu}$——平均每套所需的时间；

$\dfrac{1}{4\mu}$——平均每工序所需的时间。

由题设 $\dfrac{1}{4\mu} = 2$（小时），$\mu = \dfrac{1}{8}$（套/小时）$= 6$（套/周），$\rho = \dfrac{5.5}{6}$，设：

T_i——做完第 i 个工序所需的时间；

T——做完一套西服所需的时间。

$E[T_i] = 2$，$Var[T_i] = \left(\dfrac{1}{4 \times 6}\right)^2$

$E[T] = 8$（小时），$Var[T] = \dfrac{1}{4 \times 6^2}$，$\rho = \dfrac{5.5}{6}$

$$L_s = \frac{5.5}{6} + \frac{\left(\frac{5.5}{6}\right)^2 + (5.5)^2 \times \frac{1}{4 \times 6^2}}{2\left(1 - \frac{5.5}{6}\right)} = 7.2188$$

顾客为等到做好一套西服的期望时间：

$$W_s = \frac{L_s}{\lambda} = \frac{7.2188}{5.5} = 1.3 \text{（周）}$$

12.6 经济分析——系统的最优化

12.6.1 排队系统的最优化问题

排队系统的最优化问题分为两类：系统设计的最优化和系统控制最优化。前者称为静态问题，从排队论一诞生起就成为人们研究的内容，目的在于使设备达到最大效益，或者说，在一定的质量指标下要求机构最为经济。后者称为动态问题，是指一个给定的系统，如何运营可使某个目标函数得到最优，这是近10年来排队论的研究重点之一，由于学习这后一问题还需更多的数学知识，所以本节只讨论静态最优的问题。

在一般情形下，提高服务水平（数量、质量）自然会降低顾客的等待费用（损失）。但却常常增加了服务机构的成本，我们最优化的目标之一是使二者费用之和为最小，决定达到这个目标的最优的服务水平。另一个常用的目标函数是使纯收入或使利润（服务收入与服务成本之差）为最大（见图12-16）。

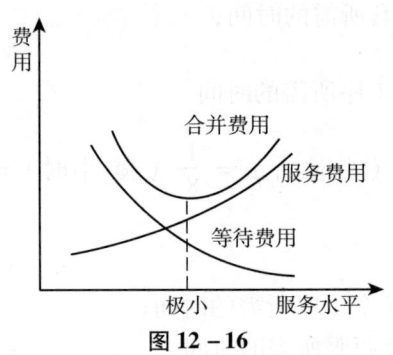

图 12-16

各种费用在稳态情形下，都是按单位时间来考虑的。一般情形，服务费用（成本）是可以确切计算或估计的。至于顾客的等待费用就有许多不同情况，像机械故障问题中等待费用（由于机器待修而使生产遭受的损失）是可以确切估计的，但像病人就诊的等待费用（由于拖延治疗使病情恶化所受的损失），或由于队列过长而失掉潜在顾客所造成的营业损失，就只能根据统计的经验资料来估计。

服务水平也可以由不同形式来表示，主要的是平均服务率 μ（代表服务机构的服务能力和经验等），其次是服务设备，如服务台的个数 c，以及由队列所占空间大小所决定的队列最大限制数 N 等，服务水平也可以通过服务强度 ρ 来表示。

我们常用的求解方法，对于离散变量常用边际分析法，对于连续变量常用经典的微分法，对于复杂问题读者们当然可以用非线性规划或动态规划的方法。

12.6.2　M/M/1 模型中最有服务率 μ

1. 标准的 M/M/1 模型

取目标函数 z 为单位时间服务成本与顾客在系统逗留费用之和的

期望值
$$z = c_s\mu + c_w L_s \tag{12-40}$$

其中 c_s 为当 $\mu=1$ 时服务机构单位时间的费用；c_w 为每个顾客在系统停留单位时间的费用。将式（12-21）中 L_s 之值代入，得

$$z = c_s\mu + c_w \cdot \frac{\lambda}{\mu-\lambda}$$

为了求极小值，先求 $\dfrac{dz}{d\mu}$，然后令它为 0。

$$\frac{dz}{d\mu} = c_s - c_w\lambda \cdot \frac{1}{(\mu-\lambda)^2}$$

$$c_s - c_w\lambda \cdot \frac{1}{(\mu-\lambda)^2} = 0$$

解出最优的

$$\mu^* = \lambda + \sqrt{\frac{c_w}{c_s}\lambda} \tag{12-41}$$

根号前取 + 号，是因为保证 $\rho<1$，$\mu>1$ 的缘故。

2. 系统中顾客最大限制数为 N 的情形

在这情形下，系统中如已有 N 个顾客，则后来的顾客即被拒绝，于是：

P_N——被拒绝的概率（借用电话系统的术语，称为呼损率）；

$1-P_N$——能接受服务的概率；

$\lambda(1-P_N)$——单位时间实际进入服务机构顾客的平均数。在稳定状态下，它也等于单位时间内实际服务完成的平均顾客数。

设每服务 1 人能收入 G 元，于是单位时间收入的期望值是 $\lambda(1-P_N)G$ 元。

纯利润
$$\begin{aligned}z &= \lambda(1-P_N)G - c_s\mu \\ &= \lambda G \cdot \frac{1-\rho^N}{1-\rho^{N+1}} - c_s\mu \\ &= \lambda\mu G \cdot \frac{\mu^N - \lambda^N}{\mu^{N+1} - \lambda^{N+1}} - c_s\mu\end{aligned}$$

求 $\dfrac{dz}{d\mu}$，并令 $\dfrac{dz}{d\mu}=0$ 得

$$\rho^{N+1} \cdot \frac{N-(N+1)\rho+\rho^{N+1}}{(1-\rho^{N+1})^2} = \frac{c_s}{G}$$

最优的解 μ^* 应合于上式。上式中 c_s、G、λ、N 都是给定的，但要由上式中解出 μ^* 是很困难的。通常是通过数值计算来求 μ^* 的，或将上式左方（对一定的 N）作为 ρ 的函数做出图形（见图 12-17），对于给定的 $\dfrac{G}{c}$，根据图形可求出 $\dfrac{\mu^*}{\lambda}$。

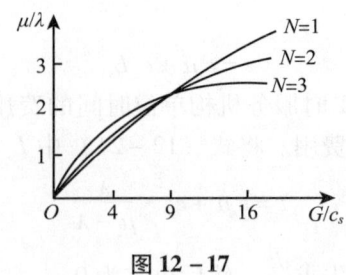

图 12-17

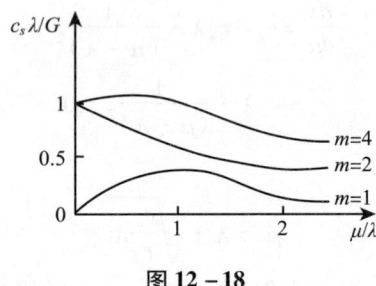

图 12-18

3. 顾客源为有限的情形

仍按机械故障问题来考虑。设共有机器 m 台，各台连续运转时间服从负值数分布。有 1 个修理工人，修理时间服从负值数分布。当服务率 $\mu=1$ 时的修理费用 c_s。单位时间每台机器运转可得收入 G 元。平均运转台数为 $m-L_s$，所以单位时间纯利润为

$$z = (m-L_s)G - c_s\mu$$

$$= \frac{mG}{\rho} \cdot \frac{E_{m-1}\left(\frac{m}{\rho}\right)}{E_m\left(\frac{m}{\rho}\right)} - c_s\mu$$

式中的 $E_m(x) = \sum_{k=0}^{m} \frac{x^k}{k!} e^{-x}$ 称为泊松部分和，$\rho = \frac{m\lambda}{\mu}$，而

$$\frac{d}{dx}E_m(x) = E_{m-1}(x) - E_m(x)$$

为了求最优服务率 μ^*，求 $\frac{dz}{d\mu}$，并令 $\frac{dz}{d\mu}=0$，得

$$\frac{E_{m-1}\left(\frac{m}{\rho}\right)E_m\left(\frac{m}{\rho}\right) + \frac{m}{\rho}\left[E_m\left(\frac{m}{\rho}\right)E_{m-2}\left(\frac{m}{\rho}\right) - E_{m-1}^2\left(\frac{m}{\rho}\right)\right]}{E_m^2\left(\frac{m}{\rho}\right)} = \frac{c_s\lambda}{G}$$

当给定 m、G、c_s、λ，要由上式解出 μ^* 是很困难的，通常是利用泊松分布表通过数值计算来求得，或将上式左方（对一定的 m

作为 ρ 的函数作出图形（见图 12-18），对于给定的 $\dfrac{c_s \lambda}{G}$ 根据图形可求出 $\dfrac{\mu^*}{\lambda}$。

12.6.3 M/M/c 模型中最优的服务台数 c

仅讨论标准的 M/M/c 模型，且在稳态情形下，这时单位时间全部费用（服务成本与等待费用之和）的期望值

$$z = c_s' \cdot c + c_w \cdot L \qquad (12-42)$$

其中，c 是服务台数；c_s' 是每服务台单位时间的成本；c_w 为每个顾客在系统停留单位时间的费用；L 是系统中顾客平均数 L_s 或队列中等待的顾客平均数 L_q（它们都随 c 值的不同而不同）。因为 c_s' 和 c_w 都是给定的，唯一可能变动的是服务台数 c，所以 z 是 c 的函数 $z(c)$，现在是求最优解 c^* 使 $z(c^*)$ 为最小。因为 c 只取整数值，$z(c)$ 不是连续变量的函数，所以不能用经典的微分法。我们采用边际分析法（Marginal Analysis），根据 $z(c^*)$ 是最小的特点，我们有

$$\begin{cases} z(c^*) \leqslant z(c^*-1) \\ z(c^*) \leqslant z(c^*+1) \end{cases}$$

将式（12-42）中 z 代入，得

$$\begin{cases} c_s'c^* + c_w L(c^*) \leqslant c_s'(c^*-1) + c_w L(c^*-1) \\ c_s'c^* + c_w L(c^*) \leqslant c_s'(c^*+1) + c_w L(c^*+1) \end{cases}$$

上式化简后，得

$$L(c^*) - L(c^*+1) \leqslant \dfrac{c_s'}{c_w} \leqslant L(c^*-1) - L(c^*) \qquad (12-43)$$

依次求 $c = 1, 2, 3, \cdots$ 时 L 的值，并作出两相邻的 L 值之差，因 $\dfrac{c_s'}{c_w}$ 是已知数，根据这个数落在哪个不等式的区间里就可定出 c^*。

例 12：某检验中心为各工厂服务，要求做检验的工厂（顾客）的到来服从泊松流，平均到达率 λ 为每天 48 次，每次来检验由于停工等原因损失为 6 元。服务（做检验）时间服从负值数分布，平均服务率 μ 为每天 25 次，每设置 1 个检验员服务成本（工资及设备损耗）为每天 4 元。其他条件适合标准的 M/M/c 模型，问应设几个检验员（及设备）才能使总费用的期望值为最小？

解：$c_s' = 4$ 元/检验员；$c_w = 6$ 元/次；$\lambda = 48$；$\mu = 25$；$\dfrac{\lambda}{\mu} = 1.92$。

设检验员数为 c，令 c 依次为 1、2、3、4、5，根据表 12-11，求出 L_s。计算过程如下：

c	1	2	3	4	5
$\dfrac{\lambda}{\mu}$	1.92	0.96	0.64	0.48	0.38
查表 $W_q \cdot \mu$	—	10.2550	0.3961	0.0772	0.0170
$L_s = \dfrac{\lambda}{\mu}(W_q \cdot \mu + 1)$	—	21.610	2.680	2.068	1.952

将 L_s 值代入式（12.43）得表 12–13。

表 12–13

检验员数 c	来检验顾客数 $L_s(c)$	$L(c) - L(c+1) \sim$ $L(c) - L(c-1)$	总费用（每天）$z(c)$
1	∞		∞
2	21.610	18.930 ~ ∞	154.94
3	2.680	0.612 ~ 18.930	27.879（*）
4	2.068	0.116 ~ 0.612	28.38
5	1.952		31.71

$\dfrac{c'_s}{c_w} = 0.666$，落在区间（0.612 ~ 18.930）内，所以 $c^* = 3$。即以设 3 个检验员使总费用为最小，直接代入式（12–42）也可验证总费用为最小。

$$z(c^*) = z(3) = 27.87 \text{（元）}$$

12.7 分析排队系统的随机模拟法

当排队系统的到达间隔和服务时间的概率分布很复杂时，或不能用公式给出时，那么就不能用解析法求解。这就需用随机模拟法求解，现举例说明。

例 13：设某仓库前有一卸货场，货车一般是夜间到达，白天卸货。每天只能卸货 2 车，若一天内到达数超过 2 车，那么就推迟到次日卸货。根据表 12–14 所示的经验货车到达数的概率分布（相对频率）平均为 1.5 车/天，求每天推迟卸货的平均车数。

表 12–14

到达车数	0	1	2	3	4	5	≥6
概率	0.23	0.30	0.30	0.1	0.05	0.02	0.00

解：这是单服务台的排队系统，可验证到达车数不服从泊松分布，服务时间也不服从负值数分布（这是定长服务时间），不能用以前的方法求解。

随机模拟法首先要求事件能按历史的概率分布规律出现。对例13 的数据进行分析，取 100 张卡片，按表 12 - 14 的概率，取 23 张卡片填入 0；取 30 张填 1；取 30 张填 2；取 10 张填 3；取 5 张填 4；取 2 张填 5。然后将这些卡片放在盒内搅均匀，再随机地一一取出，依次记录卡片上的数据，得到这一系列数据就是每天到达车数的模拟。实际应用时可用随机数表，表 12 - 15 就随机数表的一部分。

表 12 - 15　　　　　　随机数表

97	95	12	11	90	49	57	13	86	81
02	92	75	91	24	58	39	22	13	02
80	67	14	99	16	89	96	63	67	60
66	24	72	57	32	15	49	63	00	04
96	76	20	28	72	12	77	23	79	46
55	64	82	61	73	94	26	18	37	31
50	02	74	70	16	85	95	32	85	67
29	53	08	33	81	34	30	21	24	25
58	16	01	91	70	07	50	13	18	24
51	16	69	67	16	53	11	06	36	10
04	55	36	97	30	99	80	10	52	40
86	54	35	61	59	89	64	97	16	02
24	23	52	11	59	10	88	68	17	39
39	36	99	50	74	27	69	48	32	68
47	44	41	86	83	50	24	51	02	08
60	71	41	25	90	93	07	24	29	59
65	88	48	06	68	92	70	97	02	66
44	74	11	60	14	57	08	54	12	90
93	10	95	80	32	50	40	44	08	12
20	46	36	19	47	78	16	90	59	64
86	54	24	88	94	14	58	49	80	79
12	88	12	25	19	70	40	06	40	31
42	00	50	24	60	90	69	60	07	86
29	98	81	68	61	24	90	92	32	68

续表

36	63	02	37	89	40	81	77	74	82
01	77	82	78	20	72	35	38	56	89
41	69	43	37	41	21	36	39	57	80
54	40	76	04	05	01	45	84	55	11
68	03	82	32	22	80	92	47	77	62
21	31	77	75	43	13	83	43	70	16
53	64	54	21	04	23	85	44	81	36
91	66	21	47	95	69	58	91	47	59
48	72	74	40	97	92	05	01	61	18
56	21	47	71	84	46	09	85	32	82
55	95	24	85	84	51	61	60	62	13
70	27	01	88	84	85	77	94	67	35
38	13	66	15	38	54	43	64	25	43
36	80	25	24	92	98	35	12	17	62
98	10	91	61	04	90	05	22	75	20
50	54	29	19	26	26	87	94	27	73

本例在求解时先按到达车数的概率，分别给它们分配随机数，见表 12-16。

表 12-16

到达车数	概率	累积概率	对应的随机数
0	0.23	0.23	00~22
1	0.30	0.53	23~52
2	0.30	0.83	53~82
3	0.10	0.93	83~92
4	0.05	0.98	93~97
5	0.02	1.00	98~99
	1.00		

以下开始模拟（见表 12-17）。前 3 天作为模拟的预备期，记为 x。然后依次从第 1 天，第 2 天，……，第 50 天。如第 1 天得到随机数 66，从表 12-16 中可见，第 1 天达到车数为 2，将它记入表 12-17。第 2 天，得到随机数 96，它在表 12-16 中，对应达到 4 车……如此

一直到第 50 天。表 12 – 17 的第（2）、（3）列数字都填入后，计算出第（4）、（5）、（6）列数字，从第一个 x 日开始。当天到车数（3）+ 前一天推迟车数（6）= 当天需要卸货车数（4）；

$$卸货车数（5）= \begin{cases} 需要卸货车数（4），当需要卸货车数 \leq 2 \\ 2 \quad 当需要卸货车数 > 2 \end{cases}$$

分析结果时，不考虑头三天写 x 的预备阶段的数据。这是为了使模拟在一个稳态过程中任意点开始，否则若认为开始时没有积压就失去随机性了。表 12 – 17 中表明了模拟第 50 天运行情况，这相当于一个随机样本。由此可见多数情况下很少发生推迟卸车而造成积压。只是在第 36 天比较严重，平均达车数为 1.58，比期望值略高。又知平均每天有 0.9 车推迟卸货，当然模拟时间越长结果越准确。这方法适用于对不同方案可能产生的结果进行比较，用电子计算机进行模拟是更为方便。模拟方法只能得到数字结果，不能得出解析式。

表 12 – 17　　　　　　　　　排队过程的模拟表

（1）日期	（2）随机数	（3）到达数	（4）需要卸货车数	（5）卸货车数	（6）推迟卸货车数
x	97	4	4	2	2
x	02	0	2	2	0
x	80	2	2	2	0
1	66	2	2	2	0
2	96	4	4	2	2
3	55	2	4	2	2
4	50	1	3	2	1
5	29	1	2	2	0
6	58	2	2	2	0
7	51	1	1	1	0
8	04	0	0	0	0
9	86	3	3	2	1
10	24	1	2	2	0
11	39	1	1	1	0
12	47	1	1	1	0
13	60	2	2	2	0
14	65	2	2	2	0
15	44	1	1	1	0
16	93	4	4	2	2

续表

(1) 日期	(2) 随机数	(3) 到达数	(4) 需要卸货车数	(5) 卸货车数	(6) 推迟卸货车数
17	20	0	2	2	0
18	86	3	3	2	1
19	12	0	1	1	0
20	42	1	1	1	0
21	29	1	1	1	0
22	36	1	1	1	0
23	01	0	0	0	0
24	41	1	1	1	0
25	54	2	2	2	0
26	68	2	2	2	0
27	21	0	0	0	0
28	53	2	2	2	0
29	91	3	3	2	1
30	48	1	2	2	0
31	36	1	1	1	0

参 考 文 献

[1] 运筹学教材编写组．运筹学（修订版）．北京：清华大学出版社，1990．

[2] 马仲蕃，魏权龄，赖炎连．数学规划讲义．北京：中国人民大学出版社，1981．

[3] 吴云从．随机存储的几个问题．系统工程（第一期），1984．

[4] 黄孟藩．管理决策概论．北京：中国人民大学出版社，1982．

[5] 傅清样，王晓东编著．算法与数据结构．北京：电子工业出版社，1998．

[6] 俞玉森主编．数学规划的原理和方法．武汉：华中工学院出版社，1985．

[7] 田丰，马仲蕃．图与网络流理论．北京：科学出版社，1987．

[8] 吴望名，李念祖等译．图论及其应用．北京：科学出版社，1984．

[9] 马振华主编．现代应用数学手册（运筹学与最优化理论卷）．北京：清华大学出版社，1998．

[10] 顾基发，魏权龄．多目标决策问题．应用数学与计算数学．1980（1）．

[11] 郭耀煌等．运筹学与工程系统分析．北京：中国建筑工业出版社，1986．

[12] 刘振宏，蔡茂诚译．组合最优化：算法和复杂性．北京：清华大学出版社，1988．

[13] 卢开澄．图论及其应用．北京：清华大学出版社，1981．

[14] 华罗庚．统筹方法平话及补充．北京：中国工业出版社，1985．

[15] 徐光辉主编．运筹学基础手册．北京：科学出版社，1990．

[16] 谢金星，邢文顺．网络优化．北京：清华大学出版社，2000．

[17] 姜青舫编著．实用决策分析．贵阳：贵州人民出版社，1985．

[18] 哈维·M·瓦格纳著．邓三瑞等译．运筹学原理与应用（第二版）．北京：国防工业出版社，1992．

[19] 宣家骥等．目标规划及其应用．合肥：安徽教育出版社，1987．

[20] 卢向南．项目计划与控制．北京：机械工业出版社，2004．

[21] 谢金星，邢文顺．网络优化．北京：清华大学出版社，2000．

[22] 孙东川译．网络流规划．北京：科学出版社，1988．

[23] 张盛开．对策论及其应用．武汉：华中科技大学出版社，1985．

[24] 胡运权．运筹学习题集（第三版）．北京：清华大学出版社，2002．

[25] 弗雷德里克·S·希利尔等著．任建标等译．数据、模型与决策．北京：中国财政经济出版社，2001．

[26] 中国建筑学会建筑统筹管理分会编著．工程网络计划技术规程教程．北京：中国建筑工业出版社，2000．

[27] 胡运权．运筹学基础及应用（第三版）．哈尔滨：哈尔滨工业大学出版社，1998．

[28] 林文源．物料管理学．澳门：澳门科技丛书出版社，1978．

[29] 张盛开．矩阵对策初步．上海：上海教育出版社，1980．

[30] 郭耀煌等．运筹学原理与方法．成都：西南交通大学出版社，1994．

[31] James O. Berger 著．贾乃光译．统计决策论及贝叶斯分析．北京：中国统计出版社，1998．

[32] 严颖，程世学，程侃．运筹学随机模型．北京：中国人民大学出版社，1995．

[33] 王众托等．网络计划技术．沈阳：辽宁人民出版社，1984．

[34] 伊格尼西奥著．胡运权译．目标规划及其应用．哈尔滨：哈尔滨工业大学出版社，1988．

[35] 徐光辉．随机服务系统．北京：科学出版社，1980．

[36] 王日爽等．应用动态规划．北京：国防工业出版社，1987．

[37] 罗伯特·吉本斯著．高峰译．博弈论基础．北京：中国社会科学出版社，1999．

[38] Dreyfus S E, Law A M. The art and theory of Dynamic Programming. Academic Press, 1977.

[39] Ahuja R K, Magnanti T L & Orlin J B. *Network Flows Theory Algorithms and Applications*. Prentice-Hall, 1993.

[40] Bollobas B. *Modern Graph Theory*. Grad Texts Math. 184,

Springer, 1998.

[41] Bondy J A & Murty U S R. *Graph Theory with Applications*. The Macmillan Press, 1976.

[42] Chartrand G & Oellermann O R. *Applied and Algorithmic Graph Theory*. McGraw-Hill, 1993.

[43] Deo N. *Graph Theory with Applications in Engineering and Computer Science*. Prentice-Hall, 1974.

[44] Diestel R. *Graph Theory*. Grad. Texts Math. 173, Springer-Verlag, 2000.

[45] Even S. *Graph Algorithms*. Computer Science Press, 1979.

[46] Fleischner H. *Eulerian Graphs and Related Topics*. Ann. Dis. Math. 45, North Holland, Amsterdam, 1990.

[47] Ford L R & Fulkerson D R. *Flows in Networks*. Princeton University Press, 1962.

[48] Foulds L R. *Graph Theory Applications*. Springer-Velag, 1992.

[49] Gibbons A. *Algorithmic Graph Theory*. Cambridge University Press, 1985.

[50] Hu T C. *Combinatorial Algorithms*. Addison-Wesley Publishing Company, 1982.

[51] Jensen P A & Barnes J W. *Network Flow Programming*. John Wiely & Sons, 1980.

[52] Korte B & Vygen J. *Combinatorial Optimization. Theory and Algorithms*. Springer, 1991.

[53] Lawler E L. *Combinatorial Optimization: Networks and Matroids*. Holt Rinehart and Winston, 1976.

[54] Lawler E L, Lenstra J K & Rinooy-Kan A H G. *The Traveling Salesman Problem*. Wiley-Interscience. John Wiley & Sons, 1985.

[55] Lovasz L & Plummer M D. *Matching Theory*. Elsevier Science Publishing Company Inc, 1986.

[56] Papadimitriou C H & Steiglitz K. *Combinatorial Optimization. Algorithms and Complexity*. Prentice-Hall, 1982.

[57] Swamy M N S & Thulasiraman K. *Graphs Networks and Algorithms*. Wiley-Interscience, John Wiley & Sons, 1981.

[58] West D B. *Introduction to Graph Theory*. Prentice-Hall, 1993.

[59] Wilson R J & Beineke W L. *Applications of Graph Theory*. Academic Press, 1979.

[60] Milan Zeleny. Multiple Creteria Decision Making. McGraw Hill Book Company, 1982.